SpringerWienNewYork

Karl-Michael Brunner
Sonja Geyer
Marie Jelenko
Walpurga Weiss
Florentina Astleithner

Ernährungsalltag im Wandel

Chancen für Nachhaltigkeit

SpringerWienNewYork

a.o.Univ.-Prof. Mag. Dr. Karl-Michael Brunner
Mag. Sonja Geyer
Institut für Soziologie und empirische Sozialforschung, Wirtschaftsuniversität Wien, Österreich

Mag. Marie Jelenko
abif – analyse beratung und interdisziplinäre forschung, Wien, Österreich

Mag. Dr. Walpurga Weiss
Humboldt-Universität zu Berlin, Deutschland

Mag. Florentina Astleithner
Institut für interdisziplinäre Nonprofit Forschung, Wirtschaftsuniversität Wien, Österreich

Gedruckt mit Unterstützung von:

BM.W_Fª
Bundesministerium für Wissenschaft und Forschung

FWF
Der Wissenschaftsfonds.

© 2007 Springer-Verlag /Wien
Ursprünglich erschienen ber Springer-Verlag Wien 2007
springer.at

Satz: Reproduktionsfertige Druckvorlage der Autoren
Druck: Ferdinand Berger & Söhne Gesellschaft m.b.H., 3580 Horn, Österreich

Gedruckt auf säurefreiem, chlorfrei gebleichtem Papier – TCF

Coverbild: Info GettyImages/StockFood Creative/Milk can and basket of lettuce and tomatoes/Innerhofer

Mit 2 Abbildungen
SPIN: 11824275

Bibliografische Information der Deutschen Bibliothek
Die Deutsche Bibliothek verzeichnet diese Publikation in der Deutschen Nationalbibliografie, detaillierte bibliografische Daten sind im Internet über http://dnb.ddb.de abrufbar.

ISBN 978-3-211-48604-7 Springer Wien New York

Inhaltsverzeichnis

Karl-Michael Brunner

Walpurga Weiss

Vorwort

Das vorliegende Buch untersucht aus sozialwissenschaftlicher Perspektive die alltäglichen Ernährungspraktiken von Österreicherinnen und Österreichern[1] mit dem Ziel, Potenziale für nachhaltige Entwicklung in der Ernährung sichtbar zu machen. Nachhaltigkeit[2] ist ein Entwicklungskonzept, das auf die langfristige, dynamische Selbsterhaltung von Gesellschaften in ökologischer, ökonomischer und sozialer Hinsicht gerichtet ist. Wie können Gesellschaften ihren Umgang mit der Natur so gestalten, dass auch zukünftige Generationen funktionierende Ökosysteme vorfinden? Wie können Gesellschaften gerechter eingerichtet werden und große soziale und ökonomische Unterschiede abgebaut werden? Wie können gegenwärtige Gesellschaften in einem zunehmend globaler vernetzten Wirtschaftsraum und die natürlichen Lebensräume in ein Verhältnis gebracht werden, dass eine dynamische Interaktion aller Systeme langfristig möglich wird? Dies sind nur einige der Fragen, die mit nachhaltiger Entwicklung angesprochen sind. Auch im Ernährungssystem ist die Frage nachhaltiger Entwicklung von hoher Relevanz. Wie Lebensmittel produziert, verarbeitet, gehandelt, konsumiert und die Reste entsorgt werden, hat ökologische, soziale, ökonomische und gesundheitliche Auswirkungen. Die ganze Ernährungskette steht vor der Herausforderung Nachhaltigkeit (Brunner/Schönberger 2005). In diesem Buch ist die Konzentration vor allem auf die Konsumseite des Ernährungssystems gerichtet, auf die alltäglichen Ernährungspraktiken der Menschen. Bisherige Studien haben sich in erster Linie auf die landwirtschaftliche Produktion und die ökologischen Dimensionen von Nachhaltigkeit konzentriert. Der Nahrungskonsum und der Ernährungsalltag sind bis dato unterbelichtet. Nachhaltigkeitskonzepte waren größtenteils appellativ und normativ-ökologistisch ausgerichtet, haben die sozialen Kontexte, die Handlungsmöglichkeiten und -restriktionen der Menschen ausgeblendet, die Umsetzungsprobleme von Nachhaltigkeitsanforderungen unterschätzt. Deshalb wurde für die vorliegende Studie das Ziel gesetzt, die Ernährungspraktiken der Menschen in den Mittelpunkt zu stellen und besonderes Augenmerk auf die soziokulturellen Dimensionen von Ernährungsprozessen unter der Perspektive der Nachhaltigkeit zu legen.

Grundlage des Buches sind die Ergebnisse eines vom Fonds zur Förderung der wissenschaftlichen Forschung (FWF) geförderten Projekts, das im Zeitraum von Oktober 2003 bis Dezember 2005 durchgeführt wurde.[3] Das Projektteam bestand aus Karl-Michael Brunner (Projektleitung), Sonja Geyer, Marie Jelenko und Walpurga Weiss. In der letzten Projektphase wurde das Team durch Florentina Astleithner erweitert.

Wie ist das Buch aufgebaut? Kapitel 1 führt in den Zusammenhang von Ernährung und Nachhaltigkeit ein und verdeutlicht das theoretische Rahmenkonzept unserer Studie. Kapitel 2 ist der methodologischen und methodischen Anlage des Projekts gewidmet. Die

---

[1] Wir werden im ganzen Buch durchgehend gendergerechte Formulierungen verwenden. Ausnahmen sind Zitate aus der Literatur, die im Original nicht gendergerecht formuliert sind.

[2] Nachhaltigkeit und nachhaltige Entwicklung werden im Text synonym verwendet. Beide Begriffe zielen auf einen dynamischen, offenen Prozess und nicht auf einen statischen Zustand ab.

[3] Das Projekt hatte die Bezeichnung „Food consumption practices and sustainable development" und trug die Projektfördernummer „P16556-G04".

folgenden sechs Kapitel stellen empirische Ergebnisse der Interviewanalyse zu einzelnen thematischen Schwerpunkten vor, die sich im Rahmen der Analyse als besonders zentral herauskristallisiert haben: In Kapitel 3 werden die verschiedenen Ernährungsorientierungen expliziert, an denen Menschen ihr Ernährungshandeln ausrichten und im Hinblick auf Nachhaltigkeitspotenziale befragt. Kapitel 4 untersucht das Kochen und Essen im Alltag und daraus resultierende Chancen und Barrieren für nachhaltige Ernährung. Besonderes Augenmerk wird hier auf soziale und kulturelle Dimensionen der Ernährung gelegt. Die Frage der Geschlechterbeziehungen ist im Ernährungsfeld eine zentrale: Kapitel 5 konzentriert sich auf den Zusammenhang von Gender und Ernährung und problematisiert Genderungerechtigkeiten beim Ernährungshandeln. Gesundheit erweist sich als wesentlicher Anknüpfungspunkt für nachhaltige Ernährung. Allerdings kann Gesundheit im Alltag der KonsumentInnen sehr Unterschiedliches bedeuten und nicht in jedem Fall nachhaltigkeitsaffin sein. In Kapitel 6 werden verschiedene gesundheitsorientierte Ernährungspraktiken identifiziert und auf ihre Nachhaltigkeitsrelevanz befragt. Ernährungsbiographischen Dimensionen ist das darauf folgende Kapitel gewidmet: Hier werden Kontinuitäten und Veränderungen im Verlauf der Ernährungsbiographie untersucht. Kapitel 8 ist als Kontrastfall zu den Interviews im städtischen Raum gedacht und beschreibt die Ergebnisse aus der Untersuchung in der ländlichen Kleingemeinde Waldhausen.

Während in den Kapiteln 3 bis 8 Ernährungspraktiken anhand thematischer Schwerpunkte aus einer holistischen Perspektive betrachtet werden, sind Kapitel 9 bis 12 einzelnen Dimensionen gewidmet, die als zentrale Kriterien in der nachhaltigen Ernährungsforschung diskutiert werden. Dabei werden einerseits häufig diskutierte Kriterien in das Zentrum gestellt wie etwa der Konsum von Bio-Lebensmitteln (Kapitel 10) oder die Frage von Regionalität (Kapitel 11). Andererseits haben wir Kriterien ausgewählt, denen zwar ein hoher Stellenwert im Zusammenhang mit nachhaltiger Ernährung zugeschrieben wird, die aber bisher empirisch wenig bearbeitet wurden wie der Fleischkonsum (Kapitel 9) und Fragen der Ernährungskompetenz und -verantwortung (Kapitel 12). In Kapitel 13 werden die Ergebnisse zusammenfassend diskutiert und aus den gewonnenen Erkenntnissen konkrete Ansatzpunkte für Handlungsstrategien in Richtung nachhaltiger Ernährung vorgeschlagen.

Das Buch ist zwar als Einheit zu sehen, aber so verfasst, dass die jeweiligen Kapitel auch einzeln gelesen werden können. Dieses Buch ist Ergebnis einer gemeinsamen Arbeit und basiert auf mehrmals diskutierten und überarbeiteten Textversionen. Die Endversionen der einzelnen Kapitel wurden von verschiedenen Personen des Projektteams verfasst, die auch die Verantwortung für die jeweiligen Inhalte tragen.

Wir möchten uns bei allen InterviewpartnerInnen in Stadt und Land für die Bereitschaft zum Interview herzlich bedanken. Auch für die erfahrene Gastfreundlichkeit während unserer Aufenthalte in der Landgemeinde wollen wir Dank sagen. Dem FWF gebührt unser Dank für die Förderung des Projekts und der Publikation, dem Bundesministerium für Bildung, Wissenschaft und Kunst für den gewährten Druckkostenzuschuss. Besonders verbunden sind wir Frau Petra Geppl für die Unterstützung bei der Herstellung des Manuskripts.

Karl-Michael Brunner

1. Ernährungspraktiken und nachhaltige Entwicklung – eine Einführung

Das folgende Kapitel wird in die Thematik des Buches einführen und das theoretische Rahmenkonzept der Studie verdeutlichen. Im ersten Abschnitt wird auf die Bedeutung nachhaltiger Entwicklung und nachhaltigen Konsums eingegangen. Der zweite Abschnitt ist dem Zusammenhang von Ernährung und nachhaltiger Entwicklung gewidmet. Im dritten Abschnitt werden in mehreren Schritten Bausteine zu einer Theorie der Ernährungspraktiken entwickelt, die den konzeptionellen Rahmen der empirischen Untersuchung bildet.

1.1. Nachhaltige Entwicklung – Zukunftskonzepte für Umwelt und Gesellschaft

1.1.1. Was wird unter nachhaltiger Entwicklung verstanden?

Die Idee der Nachhaltigkeit reicht bis Anfang des 18. Jahrhunderts zurück. In der Forstwirtschaft war damit der Grundsatz gemeint, dass nur so viel an Holz eingeschlagen werden darf wie durch Neupflanzung an Bäumen nachwächst (Knaus/Renn 1998). Die weltweite Diskussion dieses Konzepts wurde aber erst mit dem Bericht „Unsere Gemeinsame Zukunft" der „Weltkommission für Umwelt und Entwicklung" eingeleitet, dem so genannten „Brundtland-Bericht" (Hauff 1987). Diese Kommission hatte die Aufgabe, Analysen und Lösungsvorschläge für die globale Umweltzerstörung, die weltweiten Ungleichheiten, die wachsende Armut und die Bedrohung von Frieden und Sicherheit zu entwickeln. Dabei wurde von mehreren normativen Imperativen ausgegangen: Zum einen sollten die natürlichen Umweltbedingungen für heutige und zukünftige Generationen gesichert werden. Zum anderen sollte mehr Gerechtigkeit zwischen und innerhalb von Generationen hergestellt und die großen Ungleichheiten zwischen Nord und Süd reduziert werden. Und schließlich sollte politische Partizipation gewährleistet sein (Kopfmüller et al. 2001). Die inzwischen weltweit bekannte Definition von nachhaltiger Entwicklung[1] im Brundtland-Bericht lautet: „Dauerhafte Entwicklung ist Entwicklung, die die Bedürfnisse der Gegenwart befriedigt, ohne zu riskieren, dass künftige Generationen ihre eigenen Bedürfnisse nicht befriedigen können" (Hauff 1987, 46). Nachhaltige Entwicklung versucht global drei Aspekte miteinander zu verbinden: Ein ökologisch verträgliches Wirtschaftswachstum und Armutsbekämpfung im Süden, mehr Demokratisierung und Gerechtigkeit in den Nord-Süd-Beziehungen und einen ökologischen Umbau von Wirtschaft und Gesellschaft in den Industrieländern (Marmora 1992).

---

[1] In der Literatur werden statt des Begriffs „nachhaltig" manchmal auch die Begriffe „dauerhaft" oder „zukunftsfähig" verwendet. Wir werden in diesem Buch durchgehend den Begriff „nachhaltig" verwenden.

Der Brundtland-Bericht bereitete den Boden für die UN-Konferenz für Umwelt und Entwicklung 1992 in Rio de Janeiro und die Folgekonferenz 2002 in Johannisburg. Mit der Rio-Konferenz fand das Leitbild nachhaltige Entwicklung weltweite Verbreitung und wurde vielfach zur Grundlage lokaler, nationaler oder internationaler Strategien. Jedoch bedeutet die Einigung auf das abstrakte Leitbild noch keinen Konsens über konkrete Wege. Zwar findet das Leitbild einer nachhaltigen Entwicklung breite Zustimmung bei allen gesellschaftlichen AkteurInnen: „Wenn es jedoch um die konkrete Benennung von Zielen, Strategien und Handlungsprioritäten geht und um die Geschwindigkeit der Umsetzung des Leitbildes, so klaffen die Vorstellungen noch weit auseinander" (Jörissen et al. 2000, 5). Trotz unterschiedlicher Interpretationen ist aber unstrittig, dass Nachhaltigkeit als möglicher Zukunftsentwurf für die Gestaltung von Gesellschaften und gesellschaftlicher Naturbeziehungen inzwischen zu einem kollektiven Leitbild geworden ist. Hinter allen Definitionsversuchen „steht die Bemühung um die Gestaltung und Durchsetzung einer neuen Arbeits- und Lebensweise, bei der die Potentiale von Natur und Kultur auch für kommende Generationen erhalten bleiben sollen" (Knaus/Renn 1998, 31). In ethischer Hinsicht stellt die intergenerationelle Gerechtigkeit eine handlungsbeschränkende Norm dar: „Es geht um die Frage, wie Menschen leben sollen und was heute und morgen ein ‚gutes' Leben sei" (ebda., 32). Bezüglich der Frage, ob die Norm intragenerationeller Gerechtigkeit und zwar nicht nur verstanden als Gerechtigkeit zwischen Nord und Süd, sondern auch als Gerechtigkeit innerhalb industrialisierter Staaten, ebenfalls handlungsbeschränkend sein soll, gibt es allerdings markante Auffassungsunterschiede.

1.1.2. Dimensionen nachhaltiger Entwicklung

Nachhaltigkeit wird oft nur in ökologischer Hinsicht interpretiert, es setzt sich aber zunehmend die Auffassung durch, dass zumindest von einem „Drei-Säulen-Modell" auszugehen ist, d.h. neben ökologischen auch ökonomische und soziale Dimensionen einbezogen werden sollten und diese in ihren Wechselbeziehungen, aber auch ihren Konflikten und Nebenfolgen zu betrachten sind.

Die *ökologische Dimension von Nachhaltigkeit* ist mit Fragen wie den Folgenden verknüpft: Leben heutige Gesellschaften auf Kosten der Natur? Welche Natur ist zukünftigen Generationen zu hinterlassen? Es geht hier um die Untersuchung anthropogen beeinflusster Ökosysteme und deren Quellen-, Senken- und Rekreationsfunktionen (Metzner 1998) sowie um die Grundsätze, an denen ein „nachhaltiges Management" der Ökosysteme ausgerichtet sein soll. Solche „Managementregeln" hat z.B. die „Enquete-Kommission ‚Schutz des Menschen und der Umwelt'" formuliert (zit. nach Schäfer/Schön 2000, 25):

- Die Abbaurate erneuerbarer Ressourcen soll deren Regenerationsrate nicht überschreiten;
- Die Nutzung nicht erneuerbarer Ressourcen soll minimiert werden. Nicht erneuerbare Ressourcen sollen nur in dem Umfang genutzt werden, in dem ein physisch und/oder funktionell gleichwertiger Ersatz in Form erneuerbarer Ressourcen geschaffen wird;
- Die Freisetzung von Stoffen darf nicht größer sein als die Tragfähigkeit des Naturhaushalts;
- Das Zeitmaß anthropogener Eingriffe in die Umwelt muss in einem ausgewogenen Verhältnis zum Zeitmaß der natürlichen Prozesse stehen;

- Gefahren und unvertretbare Risiken für die menschliche Gesundheit durch anthropogene Einwirkungen sind zu vermeiden.

Zusätzlich werden manchmal auch eine tragbare Bevölkerungsdichte und naturverträgliche Innovationen (Herstellung konsistenter Stoffkreisläufe) als Regeln formuliert (Huber 1995) oder weitere Postulate erhoben, wie zum Beispiel die Verhinderung neuer und die Reduktion bestehender Groß-Risikopotenziale sowie die Gestaltung und Erhaltung einer lebenswerten, menschenwürdigen Natur- und Kulturlandschaft (Minsch et al. 1998).

Welche „Naturverhältnisse" gesellschaftlich gewünscht und kommenden Generationen hinterlassen werden sollen und wie solche Verhältnisse herzustellen sind, kann allerdings nicht aus der Ökologie abgeleitet, sondern nur in gesellschaftlichen Abwägungsprozessen bestimmt und ausgehandelt werden (Kopfmüller et al. 2001).

Bezüglich der *ökonomischen Säule der Nachhaltigkeit* können zwei Argumentationslinien unterschieden werden: Eine Linie beschäftigt sich mit dem Verhältnis Wirtschaft und Natur, die zweite mit Voraussetzungen der nachhaltigen Funktionsfähigkeit des ökonomischen Systems generell. Wirtschaftliche Entwicklung hängt nicht nur von Humankapital, Sachkapital und technischem Fortschritt ab, sondern auch vom „Öko-Realkapital". Da Natur als Quelle und Senke knapp ist und es unterschiedliche Nutzungsansprüche gibt, stellt die ökonomische Betrachtung die notwendigen Bewertungs- und Abwägungsprozesse um die Naturnutzung in das Zentrum. Künftige Generationen sollen mindestens den gleichen Nutzen realisieren können wie die heute lebenden. Um dies zu erreichen, soll ein bestimmter Umweltkapitalstock von Generation zu Generation weitergegeben werden (Cansier 1996). In der Nachhaltigkeitsdiskussion stehen sich Vertreter der starken und der schwachen Nachhaltigkeit gegenüber (Daly 1999). Starke Nachhaltigkeit meint, der Nachwelt solle der natürliche Kapitalstock erhalten bleiben, was zur Folge hätte, dass nur erneuerbare Ressourcen genutzt werden dürften. Schwache Nachhaltigkeit geht davon aus, dass eine nutzenorientierte Substituierbarkeit von natürlichem durch künstliches Kapital legitim ist, „dass die heutige Generation die Potentiale der Natur so lange und intensiv nutzen darf, wie sie gleichzeitig die entsprechenden künstlichen Potentiale für die Nachwelt bereitstellt. (...) Eingriffe in die Natur werden hier durch die Errechnung eines Nettonutzens gerechtfertigt" (Knaus/Renn 1998, 49). Eine mittlere Position der „beschränkten Substituierbarkeit" wägt Nutzungsmöglichkeiten ab und distanziert sich auf der einen Seite von der Konservierung und Tabuisierung von Natur. Auf der anderen Seite stuft sie aber bestimmte komplementäre Funktionen der natürlichen Ressourcen als erhaltenswert ein (ebda.). Eine Politik der Nachhaltigkeit hätte die Substitutionsgrenzen festzulegen und zu bestimmen, welcher Kapitalbestand an natürlichen Ressourcen erhalten bleiben soll. Neben der Frage, welche Art der Naturnutzung nachhaltig ist, sind aber auch allgemeine, für die nachhaltige Funktionsfähigkeit des ökonomischen Systems relevante Zielsetzungen bei der ökonomischen Dimension von Nachhaltigkeit anzuführen. Damit sind meist wirtschaftspolitische Ziele wie Geldwertstabilität, Vollbeschäftigung, konjunkturelle und außenwirtschaftliche Ausgeglichenheit gemeint.

Die *soziale Säule* hat in der Nachhaltigkeitsdiskussion bisher eher untergeordneten Stellenwert gehabt (Fischer-Kowalski et al. 1995; Heins 1998). Dies ist nicht unproblematisch, da gerade die gesellschaftlichen Veränderungen der letzten Jahre (Arbeitslosigkeit, veränderter Stellenwert von Erwerbsarbeit, Krise der Sozialversicherungssysteme usw.) es erforderten, „dringender als zuvor über die soziale Dimension von nachhaltiger Entwicklung (zu) reden" (Heins 1998, 59). Soziale Dimensionen sind auch wegen der sozialen Akzeptanz und Anschlussfähigkeit für nachhaltige Entwicklung relevant, da von einer be-

grenzten Fähigkeit der Bevölkerung auszugehen ist, Wohlfahrtsverluste im Interesse lang-
fristiger Entwicklungsziele hinzunehmen. Daraus wird die Forderung abgeleitet, Nachhaltigkeitsstrategien müssten in stärkerem Ausmaß Sozialverträglichkeitsaspekte und Ver-
teilungseffekte in den Industriestaaten berücksichtigen, den Grundsatz der „Ver-
teilungsneutralität von Umweltentlastungsstrategien" akzentuieren (Kraemer 2002). Mit
den sozialen Dimensionen von Nachhaltigkeit treten die Begriffe Gerechtigkeit und Sozialverträglichkeit in das Zentrum. Vergleicht man bisherige Beiträge zur sozialen Säule
(z.B. Brandl 2002; Empacher/Wehling 1999; Hans-Böckler-Stiftung 2000; Littig 2002),
dann zeigt sich eine relativ große Übereinstimmung, welche Aspekte damit gemeint sind:
Befriedigung der Grundbedürfnisse aller Gesellschaftsmitglieder, soziale Sicherheit,
Chancengleichheit, Partizipation an gesellschaftlichen Entscheidungsprozessen, Erhaltung
des kulturellen Erbes und der kulturellen Vielfalt, soziale Kohäsion und Integration,
selbstbestimmte Lebensführung auf Basis eigener Arbeit, Geschlechtergerechtigkeit, Erhaltung und Weiterentwicklung der Sozialressourcen. Fischer-Kowalski et al. formulieren
als allgemeine soziale Zielsetzung die „Erhaltung des sozialen Friedens". Sozialer Friede
würde zwar oft gleichgesetzt mit dem Fehlen gewaltsamer Auseinandersetzungen plus
Vollbeschäftigung, umfasse aber mehr: „Gewiss geht es dabei auch um eine akzeptable
Lösung der Verteilungsprobleme zwischen Regionen, zwischen sozialen Schichten, Geschlechtern und Altersgruppen. Und es geht dabei um akzeptable Lösungen des Problems
kultureller Integration, von Zugehörigkeiten und Identitäten – man könnte auch sagen, es
geht um ein Klima der Freundlichkeit und Kooperation" (Fischer-Kowalski et al. 1995, 9).
Auch soziale Dimensionen können nicht vorab definitorisch festgelegt werden, sondern
deren Berücksichtigung und Akzentuierung muss in gesellschaftlichen Aushandlungspro-
zessen vor sich gehen (Dangschat 2001).

Neben diesen drei Hauptsäulen von Nachhaltigkeit werden manchmal auch zusätzliche Dimensionen in die Diskussion einbezogen. Die *politisch-institutionelle Dimension*
befasst sich weniger mit inhaltlichen Aspekten von Nachhaltigkeit (dem „Was"), sondern
mehr mit dem Prozesscharakter (dem „Wie"), mit der Frage, wie die heutigen Institutionen
gemäß dem Leitbild Nachhaltigkeit weiterzuentwickeln wären (Minsch et al. 1998) und
wie eine integrative Politik der Nachhaltigkeit auszusehen hätte. Aufgrund unterschiedlicher Interessen und Zielkonflikte, bisher wenig auf die Erfordernisse von Nachhaltigkeit
(z.B. das Prinzip der Langfristigkeit) ausgerichteten Institutionen ist dies eine immense
Herausforderung. Dazu kommt, dass die hohe Komplexität der Zusammenhänge zwischen
den Systemen auf die Vorläufigkeit und Begrenztheit von Wissen verweist, was zu einem
konstitutiven Wissensproblem führt (Minsch et al. 1996). Daraus folgt, dass eine nachhaltige Wirtschaft und Gesellschaft sich nicht anhand exakter Kriterien operationalisieren und
als detailliertes Zielsystem festhalten lässt. Daher muss von einem offenen und unsicheren
Prozess ausgegangen werden: „Nachhaltige Entwicklung ist ein gesellschaftliches Projekt.
Aufgerufen sind sämtliche Akteure in Politik, Wirtschaft, Kultur und Wissenschaft, im
Rahmen eines gesellschaftlichen Such-, Lern- und Gestaltungsprozesses zukunftsfähige
Formen des Wirtschaftens und Lebens zu finden. Das Konzept der nachhaltigen Entwicklung selbst ist deshalb als eine regulative Idee zu verstehen, so wie es auch für die Begriffe
Gesundheit, Freiheit, Gerechtigkeit, Wahrheit und Demokratie gilt" (ebda., 18). Regulative Ideen sollen helfen, Erkenntnis zu organisieren und systematisch mit normativen Ele-
menten zu verknüpfen. Prinzipiell geht es um einen Prozess vom „Was" zum „Wie", wobei kritisch angemerkt werden kann, dass „die Komplexität des ‚Wie' (...) bisher kaum erkannt und deshalb nicht selbst zum Verhandlungsgegenstand" (Alisch/Herrmann 2001,

97) wurde. Eine weitere, vor allem im Diskurs um nachhaltige Ernährung eigenständig zu behandelnde Dimension, ist die *gesundheitliche Säule von Nachhaltigkeit*, die im allgemeinen Nachhaltigkeitsdiskurs oft den sozialen Dimensionen zugerechnet wird (vgl. Kapitel 6 zu Gesundheit).

1.1.3. Nachhaltigkeit als multidimensionales, integratives Konzept?

Die Forderung, die drei (oder mehr) Säulen zu berücksichtigen und integriert zu behandeln, bedeutet aber nicht, dass dieses Postulat auch tatsächlich eingelöst würde: „Bestenfalls werden zwei Dimensionen systematischer (analytisch und empirisch) miteinander verbunden, auf die dritte Dimension gibt es meist nur punktuelle Verweise. Teilweise finden sich integrative Ansätze bei der Konstruktion kombinierter Indikatoren und (selten) in konkreten Handlungsfeldern" (Hans-Böckler-Stiftung 2000, 7). Das größte Manko vieler Nachhaltigkeitsstudien betrifft aus sozialwissenschaftlicher Sicht ihren schwachen Bezug „auf die Erwartungen, Interessen, Kapazitäten und Restriktionen der verschiedenen gesellschaftlichen Akteure" (ebda.). Deshalb ist es auch nicht verwunderlich, dass „zwischen den normativen Ansprüchen, die in gewichtigen Dokumenten wie dem Brundtland-Report (...) formuliert wurden und der Alltagspraxis, in der nachhaltig gehandelt werden soll, (...) eine institutionelle Lücke" klafft (Alisch/Herrmann 2001, 96).

Während manche den integrativen Anspruch verteidigen und angesichts realpolitischer und -wirtschaftlicher Zwänge die systematische Suche nach Win-Win-Situationen und nach Konsens fordern (Minsch et al. 1998), gehen andere davon aus, dass der integrative Anspruch überzogen und nicht einlösbar ist (Alisch/Herrmann 2001), weshalb angesichts konfligierender Ziele eine pragmatische Beschränkung des Anspruchs für sinnvoll erachtet wird. Zum Beispiel wird dafür plädiert zuerst solche Maßnahmen zu setzen, die einer engen ökologischen Definition von Nachhaltigkeit entsprechen, um später auch konfligierende Ziele berücksichtigen zu können: „Alle auf einmal wird man niemals erreichen können" (Knaus/Renn 1998, 82).

Vergleiche unterschiedlicher Nachhaltigkeitskonzepte (Brand/Jochum 2000; Jörissen et al. 2000) zeigen, dass manche ein ökologisches Einsäulen-Prinzip vertreten, das allerdings sozial- und ökonomieverträglich umgesetzt werden soll. Andere fordern zwar definitorisch die Verknüpfung der drei Dimensionen, konzentrieren sich dann aber auf die ökologische Dimension. Manche Konzepte gehen von der Notwendigkeit einer gleichberechtigten und gleichwertigen Behandlung der drei Dimensionen aus. Offen bleibt aber häufig, wie die Integration erfolgen soll. Dass der integrative Anspruch nur selten eingelöst wird, liegt sowohl an der Komplexität der Thematik als auch daran, dass Nachhaltigkeit aufgrund von Interessensunterschieden der beteiligten AkteurInnen verschieden ausbuchstabiert wird. Je nach Naturkonzept, Gerechtigkeits- und Entwicklungsvorstellungen und präferierten Steuerungsstrategien sind die jeweiligen Nachhaltigkeitsverständnisse sehr unterschiedlich (Brand 1997; Bruckmeier 1994; Huber 1995), weshalb Nachhaltigkeit ein in mehrfacher Hinsicht unscharfes, kontrovers interpretiertes Prinzip ist: „Ökologische und soziale Imperative, Forderungen nach Umweltschutz und Naturnutzung, Wert- und Risikofragen, Verteilungs- und Identitätskonflikte vermischen sich auf diesem neuen Terrain gesellschaftlicher Diskurse zu einer neuen Gemengelage, in der es nicht nur um die Entwicklung neuer Regulierungsformen gesellschaftlicher Naturnutzung, sondern auch um neue Lebens- und Wohlstandsmodelle geht. (...) Der integrative Charakter des Nachhaltigkeitskonzepts und die diagnostizierte Dringlichkeit der Probleme bindet die verschiedenen

Parteien aber in einen, trotz aller Gegensätze, konsensuell orientierten Prozess der Entwicklung konkreter Nachhaltigkeitskonzepte und Umsetzungsschritte ein – allerdings nur,
soweit sie die Prämissen des Leitbilds nachhaltiger Entwicklung teilen" (Brand/Jochum
2000, 175f.).

1.1.4.   Konsum als wichtiges Nachhaltigkeitsthema

Konsumaktivitäten und die durch sie verursachten Umweltbeeinträchtigungen in verschiedensten Bedürfnisfeldern sind in den letzten Jahren zu einem wichtigen Thema der Nachhaltigkeitsdiskussion geworden. Es wird geschätzt, dass zwischen 30 und 50 % der Umweltbelastungen durch die Konsumhandlungen privater Haushalte verursacht werden
(Joerges 1982; Knaus/Renn 1998). Was mit dem Zusammenhang von Konsumniveau und
Umweltdegradation global gemeint ist, wird an folgendem Beispiel deutlich: „20 % der
Weltbevölkerung in den Industrieländern verbrauchen mehr als die Hälfte der bereitge-
stellten Energie, 84 % allen produzierten Papiers und besitzen 87 % aller PKW weltweit.
Ein weiterhin hohes Verbrauchsniveau in den Industrieländern sowie ein steigender
Verbrauch in den Entwicklungs- und Transformationsländern verstärken den Druck auf
die Natur und schaffen damit ein wachsendes globales Konfliktpotential" (Stephan 1999,
295). Die Inanspruchnahme der Natur durch die Befriedigung privater Bedürfnisse in zentralen Handlungsfeldern ist in den letzten Jahrzehnten eher steigend als fallend
(Knaus/Renn 1998), Entlastungen in einem Bereich wurden durch zusätzliche Belastungen
in anderen Bereichen (z.B. Mobilität) überkompensiert (Brand et al. 2003).

   Angesichts des hohen Ressourcenverbrauchs wird auf internationalen Nachhaltig-
keitskonferenzen immer wieder betont, dass der Norden Anstrengungen zur Veränderung
von ressourcenintensiven Konsummustern unternehmen müsse (Roepke 1999; Wuppertal-
Institut 2005). Zentrale Herausforderungen seien eine Veränderung nicht-nachhaltiger
Trends und die Bestärkung und Beschleunigung positiver Entwicklungen. Dazu wird ein
besseres Verständnis gegenwärtiger Konsummuster und deren treibender Faktoren für
notwendig erachtet. Es müssten Möglichkeiten der Beeinflussung von Lebensstilen und
Konsummustern geprüft werden und Konsummuster prägende AkteurInnen und Institutionen zu Veränderungen in Richtung Nachhaltigkeit gebracht werden. Insbesondere den Sozialwissenschaften wird hier eine wesentliche Rolle zugeschrieben (OECD 1997). Während Forschungsaktivitäten im Bereich industrieller Produktionsprozesse und Nachhaltigkeit bereits eine relativ lange Tradition haben, hat die Erforschung nachhaltiger Konsummuster erst in den letzten Jahren an Bedeutung gewonnen (z.B. Hansen/Schrader
2001; Lange/Warsewa 2005; Reisch/Roepke 2004; Scherhorn/Weber 2002; Umweltbundesamt 2002a).

   Was ist eigentlich gemeint, wenn von nachhaltigem Konsum die Rede ist? „‚Nachhaltig' ist ein Konsumverhalten dann zu nennen, wenn es die Bedürfnisse der Konsumenten in einer Weise erfüllt, die die Absorptions- und Regenerationsfähigkeit der natürlichen
Mitwelt nicht überfordert" (Scherhorn et al. 1997, 7). Das Kriterium Sozialverträglichkeit
ist mit der Frage verbunden, „ob mit dem jeweiligen Konsumverhalten soziale Ausbeu-
tung und gesellschaftliche Ungleichheit verringert oder vergrößert (wird) und inwieweit
sich damit die Chancen auf eine Befriedigung existentieller Grundbedürfnisse der an den
Produktions- und Konsumketten beteiligten Bevölkerungsgruppen erhöhen oder ver-
schlechtern" (Brand et al. 2002, 10). Ein Vergleich verschiedener Definitionen zu nachhaltigem Konsum hat folgende gemeinsame Aspekte herausdestilliert (Wuppertal-Institut

2005, 17f.): Demnach ist nachhaltiger Konsum eine Zielvorstellung und keine Zustandsbeschreibung. Konsum ist dann nachhaltig, wenn er – gemäß der Nachhaltigkeitsdefinition der Brundtland-Kommission – zur Befriedigung der Bedürfnisse der heutigen Generation beiträgt, ohne die Chancen auf die Bedürfnisbefriedigung zukünftiger Generationen zu gefährden. Ziel nachhaltigen Konsums ist eine ökologisch, sozial und ökonomisch verträgliche Verbesserung der Lebensqualität. Außerdem soll bei der Betrachtung nachhaltigen Konsums die gesamte Produktkette einbezogen werden, um die Interaktionen zwischen Konsum- und Produktionssystem zu erfassen. Alle drei Säulen von Nachhaltigkeit (sozial, ökologisch und ökonomisch) müssten berücksichtigt werden.

Über diese allgemeinen Kriterien nachhaltigen Konsums lässt sich meist Einigkeit erzielen, wenn jedoch die Alltagsebene und notwendige Konkretisierungen betroffen sind, wird deutlich, dass nachhaltiger Konsum „ein hochkomplexes Gebilde" (Brand et al. 2003, 17) ist. Ein Weg zur Reduktion der Überkomplexität besteht darin, nachhaltigen Konsum auf einzelne Handlungsbereiche (z.B. Mobilität oder Ernährung) zu beziehen und bereichsspezifisch eine Ausdifferenzierung der Einzeldimensionen nachhaltigen Konsums vorzunehmen. Was Nachhaltigkeit im Ernährungsbereich allgemein und im Bereich des Nahrungskonsums im Speziellen bedeuten kann, wird im nächsten Abschnitt genauer herausgearbeitet.

1.2.   Nachhaltigkeit und Ernährung

1.2.1.   Nachhaltigkeitsprobleme im Ernährungssystem

Im Zusammenhang mit Nachhaltigkeitsfragen gilt das Ernährungssystem („from farm to mouth"; Tansey/Worsley 1995) als wichtiges Handlungsfeld. Lebensmittelproduktion, -verarbeitung, -distribution, -konsum und -abfall haben bedeutende Umweltauswirkungen (z.B. hohe Energie- und Materialintensität, Emissionen, Bodenkontaminationen, Verlust von Biodiversität, Flächenverbrauch), aber auch soziale, ökonomische und gesundheitliche Implikationen (z.B. Überproduktion, Externalisierung der Umweltkosten, hohe Subventionen, Konzentrationstendenzen, Bauernhofsterben, Zunahme an ernährungsbezogenen Krankheiten, steigendes Übergewicht, Ernährungsarmut, Hunger). Einige zentrale Nachhaltigkeitsprobleme im Ernährungssystem werden im Folgenden skizziert.

Viele Analysen sehen die jetzige Form der Lebensmittelproduktion als nicht nachhaltig an (z.B. Hofer 1999; Pimentel/Pimentel 1996; Umweltbundesamt 2002b). Das Ernährungssystem umfasst – so wurde geschätzt – ein Fünftel des gesamten Material- und Energieverbrauchs (BUND/Misereor 1996). Beim Materialverbrauch fällt besonders die Erzeugung und Aufbereitung von Fleisch- und Milchprodukten ins Gewicht. Aus Klimaperspektive ist die Schätzung bedeutsam, dass die Lebensmittelkette in Österreich etwa die Hälfte der gesamten anthropogenen Treibhausgas-Emissionen verursacht (Payer/Schmatzberger 2000). Die Lebensmittelkette zählt neben Bauen und Energieversorgung zu jenen gesellschaftlichen Bedürfnisfeldern, die in Bezug auf den gesellschaftlichen Metabolismus des österreichischen Wirtschaftssystems (materiell und energetisch) den höchsten Bedarf an natürlichen Ressourcen aufweisen (Fischer-Kowalski et al. 1997; Schandl et al. 2000). Auf welch hohem Ressourcenverbrauch die Lebensmittelproduktion beruhen kann, mag ein Extrembeispiel aus dem Ausland verdeutlichen: Die Vereinigten Arabischen Emirate leisten sich den Luxus des Zitrusfruchtanbaus, wobei die Erzeugung von einem Liter Orangensaft den Verbrauch von 55.000 Litern Wasser erfordert (Geier 1999).

Die moderne *Landwirtschaft* ist Ursache vieler Umweltprobleme, stichwortartig können genannt werden (Goodman/Redclift 1991; Schäfer/Schön 2000; Weizsäcker 1994):

- Gefährdung und Reduktion der Artenvielfalt durch Düngung, Pestizid- und Herbizideinsatz und Flurbereinigung;
- Belastung von Grund- und Oberflächenwasser mit Nährstoffen, Eutrophierung der Gewässer;
- Bodenerosion durch Wasser und Wind;
- Saurer Regen aufgrund von Ammoniak und Stickoxiden aus Viehwirtschaft und Überdüngung;
- Überweidung und ökologisch schädliches Weiden;
- Bodenverdichtung durch schwere Landmaschinen;
- Verlagerung der Umweltkosten in Länder der Dritten Welt;
- Verstärkung regionaler Ungleichheiten;
- Beförderung von kleinbäuerlichen Verarmungsprozessen in den Entwicklungsländern.

Industrialisierung und Rationalisierung haben die Landwirtschaft hoch produktiv gemacht, wobei diese Produktivität mit hohen Inputs an Energie, Material und Kapital sowie mit Umwelt schädigenden Emissionen verbunden ist und zu einem radikalen Abbau an Existenzgrundlagen in der Landwirtschaft führt. Diese Form der Lebensmittelproduktion ist noch nicht sehr alt, sie hat sich erst nach dem Zweiten Weltkrieg durchgesetzt. Der Produktionsprozess wurde durch massiven Einsatz an Düngungs- und Pflanzenschutzmitteln intensiviert, Fremdenergie ersetzte in zunehmendem Ausmaß tierische und menschliche Energie. Die moderne Landwirtschaft wurde vom Energielieferanten zum Energieverbraucher (Lutzenberger/Gottwald 2000; Weizsäcker 1994). Die Globalisierung des Lebensmittelhandels macht es möglich, dass die Saisonabhängigkeit der Verfügbarkeit bestimmter Lebensmittel überwunden wurde. Die Ernährungskette zwischen ProduzentInnen und KonsumentInnen wird immer länger, nur mehr wenige Prozent an Lebensmitteln kommen direkt von ProduzentInnen auf den Tisch der KonsumentInnen. Lebensmittel haben einen steigenden Verarbeitungsgrad, ermöglichen Industrie und Handel höhere Gewinne, für viele Bauern und Bäuerinnen ist dieser Prozess aber Existenz gefährdend und führt zu Hofaufgaben. Die *Lebensmittelindustrie und der Handel* gewinnen zunehmend Marktmacht auf Kosten der Landwirtschaft. Durch die Konzentration im Lebensmittelhandel und die Stagnation des Lebensmittelkonsums kommt es zu einer Verlagerung der Wertschöpfung von der Produktion zum Handel. Zwar hat sich der Energieverbrauch in der Industrie auf hohem Niveau verringert, jedoch steigen die Umweltbelastungen aufgrund größerer Transportmengen, längerer Anfahrtswege und einer größeren Verarbeitungstiefe (Rösch/Heincke 2001). Die Großstrukturen im Lebensmittelhandel benachteiligen generell die kleineren Anbieter, da die Einstiegsschwellen für neue Produkte sehr hoch sind, den ProduzentInnen standardisierte Produktqualitäten abgefordert werden und Preisdruck ausgeübt wird. Die Lebensmittelindustrie steht vor dem Problem, auf einem stagnierenden und längerfristig schrumpfenden Markt (Überalterung der Bevölkerung) Gewinne erzielen zu müssen. Die Entwicklung neuer Produktklassen ist eine Antwort auf dieses Problem: Gegenwärtig werden immer mehr funktionelle Lebensmittel auf den Markt gebracht, die zum Beispiel aufgrund bestimmter Inhaltsstoffe einen gesundheitlichen Nutzen für die KonsumentInnen versprechen. Einen Boom erleben so genannte Convenience-Produkte, von denen europaweit jährlich mehr als 10.000 neue Varianten auf den Markt kommen (von denen allerdings viele bald wieder verschwinden), auch der Absatz von Tiefkühlerzeugnissen und anderen verarbeiteten Lebensmitteln nimmt zu. Insgesamt sind diese Entwicklungen aus ökologischer Perspektive nicht günstig: Bei wachsender Kontrolle der natürlichen Eigenzeiten von Wachstum und Verfall der Lebensmittel und bei größerer Verarbeitungstiefe steigt auch der Stoff- und Energieumsatz. Generell wird sich der Trend fortsetzen, dass immer mehr Verarbeitungsschritte vom Haushalt in die Industrie verlagert werden.

Neben Produktion, Verarbeitung und Distribution ist auch die *Konsumseite* des Ernährungssystems nachhaltigkeitsrelevant. Private Haushalte verursachen zum einen direkte Umweltauswirkungen im ernährungsbezogenen Konsumprozess (z.B. Energieverbrauch durch Kühlen und Kochen, Transportaufkommen für Einkaufsfahrten, Abfall), indirekte Umweltauswirkungen werden vor allem durch das Nachfrageverhalten nach bestimmten Lebensmitteln wirksam. So führen ein hoher Fleischkonsum und die zunehmende Präferenz für hoch verarbeitete Produkte und Fertigmahlzeiten auch zu erhöhten Umweltauswirkungen (OECD 2001; Spangenberg/Lorek 2002). Eine vergleichende Studie der Entwicklung des „Einkaufen-Kochen-Essen-Komplexes" in mehreren europäischen Staaten hat festgestellt, dass die Nachfrage nach verarbeiteten und gefrorenen Lebensmitteln stark zunimmt, dass der Konsum energieintensiver und exotischer Gemüse ansteigt und dass die Menschen generell zu viel essen (Quist et al. 1998). Will man die Ernährungsmuster in den westlichen Industriestaaten auf eine Kurzformel bringen, dann geht der Trend in Richtung „fetter, schwerer, schneller, mehr" (Döcker et al. 1994). Problematisch ist, dass sich die Ernährungspraktiken weltweit in diese Richtung bewegen: Immer mehr Entwicklungsländer folgen westlichen Ernährungsstilen mit allen Implikationen für Umwelt und Gesundheit. Insbesondere die Nachfrage an Fleisch steigt rasant. Übergewicht und ernährungsbedingte Krankheiten sind nicht mehr nur ein Kennzeichen hoch industrialisierter Länder (Halweil/Nierenberg 2004; White 2000).

Gleichwohl gibt es global betrachtet unter dem Aspekt der Nahrungssicherheit eher das Problem des Mangels, als jenes des Überflusses. Von den mehr als sechs Milliarden Menschen auf der Erde leidet ein Sechstel Hunger, ein weiteres Sechstel ist zeitweise von Hunger und Mangelernährung betroffen. Nur ein Sechstel der Weltbevölkerung ist gut ernährt, davon hat ein Zehntel Übergewicht. Redclift unterscheidet weltweit grob gefasst drei Konsumklassen: Die erste Gruppe bilden KonsumentInnen in den reichen Ländern (ca. ein Viertel der Weltbevölkerung), die unter anderem bevorzugt Fleisch essen, Lebensmittel mit hohem Verarbeitungsgrad verzehren und „soft drinks" mit hohem Zuckeranteil zu sich nehmen. Die zweite Gruppe besteht aus KonsumentInnen, die (weit) über dem Subsistenzminimum leben (zwei Viertel der Weltbevölkerung), vor allem Getreideprodukte verzehren und sauberes Wasser trinken. Die dritte Gruppe bilden die ärmsten KonsumentInnen (ca. ein Viertel der Weltbevölkerung), die ebenfalls weitgehend Getreideprodukte essen, jedoch meist zu wenig davon bekommen und schmutziges Wasser trinken müssen (Redclift 1996). Den Fokus unserer Studie bildet die erste Gruppe, wobei die generalisierende Rede von KonsumentInnen die teilweise markanten Differenzen in den Ernährungspraktiken verdeckt.

Bis vor kurzem wurde im Rahmen der Nachhaltigkeitsdiskussion das Handlungsfeld Ernährung eher randständig behandelt (Erdmann et al. 2003). Bisherige Nachhaltigkeitsstudien haben sich vor allem auf die landwirtschaftliche Produktion und die ö-

kologischen Dimensionen von Nachhaltigkeit konzentriert und andere Aspekte des Zusammenhangs von Ernährung und Nachhaltigkeit oft ausgespart. Die Konsumseite des Ernährungssystems war bisher unterbelichtet, allenfalls in Form von Marktdaten und allgemeinen Trendeinschätzungen präsent. Den Ernährungspraktiken der Menschen, ihrem Ernährungsalltag wurde wenig Aufmerksamkeit zuteil. Nachhaltigkeitskonzepte waren größtenteils appellativ und normativ-ökologistisch ausgerichtet (wie z.B. „Die Menschen
müssen aus ökologischen Gründen ihren Fleischkonsum reduzieren"), haben die sozialen
Kontexte, die Handlungsmöglichkeiten und -restriktionen der Menschen ausgeblendet, die
Umsetzungsprobleme von Nachhaltigkeitsanforderungen unterschätzt. Erst in letzter Zeit
ist hier ein Umdenken feststellbar (Brand et al. 2006a, 2006b; Eberle et al. 2006; Pfriem et
al. 2006). Die vorliegende Studie hat sich das Ziel gesetzt, die Ernährungspraktiken der
Menschen in den Mittelpunkt zu stellen und besonders auf die soziokulturellen Dimensionen von Ernährungsprozessen zu achten.

1.2.2.   Nachhaltige Ernährung? Zwischen allgemeinen Grundsätzen und schwieriger Konkretisierung

Aufgrund der Mehrdimensionalität von Nachhaltigkeit ist eine konkrete Bestimmung von
nachhaltiger Ernährung nicht einfach. Viele Studien widmen sich ökologischen Dimensionen des Nahrungskonsums oder zählen Aspekte der entsprechenden Nachhaltigkeitsdimensionen im Ernährungsfeld bloß auf (Erdmann et al. 2003; Payer/Schmatzberger 2000;
Schönberger/Brunner 2005).

Beispielhaft sei hier eine Tabelle von Hauptproblemen und Teilzielen von Nachhaltigkeit im Ernährungssektor angeführt:

Tab. 1:   Hauptprobleme und Teilziele der Nachhaltigkeitsdiskussion im Ernährungssektor (Erdmann et al. 2003, S. 63)

Dimension	Ökologisch	Ökonomisch	Sozial	Gesundheitlich
Hauptprobleme	Intensivierung der Landwirtschaft Intensivierung der Lebensmittelverarbeitung Transporte	Welternährung Wirtschaftsstruktur Liberalisierung und Wettbewerb	Armut und soziale Benachteiligung als Ursachen von Fehlernährung „McDonaldisierung" und Autonomieverlust Arbeitslosigkeit und inhumane Arbeitsbedingungen	Ernährungsbedingte Krankheiten Diskrepanzen in der Risikobeurteilung Mangelnde Wertschätzung der Nahrung
Teilziele	Ressourcenschonung Ökologische Tragfähigkeit Erhalt und Entwicklung der Arten- und Biotopvielfalt	Nahrungssicherheit Innovations- und Wettbewerbsfähigkeit von Unternehmen Stabile und effiziente Märkte	Solidaritätsprinzip und Arbeitsplatzsicherheit Internationale Gerechtigkeit Stärkung von Verbraucherinteressen	Gesundheitsförderung Veränderung der Ernährungsgewohnheiten Sinnlicher Bezug und Genuss beim Essen

Eine Konkretisierung dieser Ziele in Bezug auf Ernährungspraktiken erfolgt selten integrativ, meist additiv. Ökologische Dimensionen sind in der Literatur am häufigsten vertreten. So definiert etwa die Ernährungsökologie nachhaltige Ernährung als eine, die unter anderem durch folgende Charakteristika gekennzeichnet ist: Einen geringen oder gar keinen Fleischkonsum, den Konsum ökologisch produzierter Lebensmittel, eine Bevorzugung wenig verarbeiteter Lebensmittel und solcher, die regional und saisonal erzeugt wurden (Koerber et al. 2004). Konzepte, die auch soziale und kulturelle Dimensionen einbeziehen, sind selten. Die soziale Nachhaltigkeitsdimension von Ernährung wird oft nur mit der sozialen Lage in den Entwicklungsländern und weltweiten Ungleichheiten in Verbindung gebracht.

In der Forschungslandschaft besteht Übereinstimmung, dass das Ernährungssystem auf sehr hohem Umweltverbrauch beruht (Jungbluth/Frischknecht 2000). Der direkte Anteil der KonsumentInnen an diesen Umweltauswirkungen wird dabei mit weniger als einem Viertel bemessen. Verglichen mit anderen Teilen der Ernährungskette sind die direkten Umweltauswirkungen des „Einkaufen-Kochen-Essen-Komplexes" (Quist et al. 1998) nicht sehr hoch. Direkte Umweltauswirkungen sind durch die Modi des Einkaufs, der Lagerung, der Zubereitung und der Entsorgung gegeben. Die jeweiligen Praktiken haben zum Beispiel Auswirkungen auf den Energieverbrauch im Haushalt, wobei der Anteil der Ernährung am Energieverbrauch mit ca. 10 Prozent eingeschätzt wird (OECD 2001). Bezogen auf den ernährungsbezogenen Ausstoß an Treibhausgasen wird ungefähr ein Drittel den Haushalten zugeschrieben, insbesondere Kühlen, Heizen und Einkaufsfahrten fallen besonders ins Gewicht. Durch Veränderungen im Handel (Konzentrationstendenzen, Verdrängung der Nahversorgung durch große Einkaufszentren am Stadtrand) nehmen die von KonsumentInnen für den Lebensmitteleinkauf zurückzulegenden Wegstrecken zu, was wiederum mit vermehrtem Ressourcenverbrauch einhergehen kann.

Durch veränderte Ernährungspraktiken können die direkten Umweltauswirkungen bis zu einem gewissen Grad verringert werden, etwa durch die Anschaffung energieeffizienter Kühlgeräte in den Haushalten. Wesentlich ist allerdings auch der Einfluss der KonsumentInnen bezüglich der indirekten Umweltauswirkungen. KonsumentInnen treffen durch ihre Nahrungswahl indirekt auch Entscheidungen über die Umweltauswirkungen, die den dem Konsum vorgelagerten Gliedern der Ernährungskette zugerechnet werden können. Wie Lebensmittel produziert und verarbeitet werden, wie sie vermarktet werden, darauf haben die KonsumentInnen mit ihrem Nachfrageverhalten zumindest einigen Einfluss. So können mit der Wahl eines bestimmten Menüs die indirekten Umweltauswirkungen deutlich reduziert werden. Carlsson-Kanyama (1998) hat beispielsweise vier Gerichte mit dem gleichen Energie- und Proteingehalt hinsichtlich der mit ihnen verbundenen Treibhausgasemissionen verglichen: Ein ausschließlich vegetarisches Gericht mit weitgehend heimisch produzierten Lebensmitteln, ein vegetarisches Gericht mit exotischen, „weit gereisten" Produkten, ein Gericht bestehend aus sowohl tierischen als auch exotischen pflanzlichen Lebensmitteln und ein Gericht mit tierischen und pflanzlichen Bestandteilen aus ausschließlich regionaler Produktion. Das „tierisch-exotische" Gericht ist mit 1800g Kohlendioxid-Äquivalenten verknüpft, während das vegetarisch-heimische Gericht neun Mal weniger Emissionen erfordert, nämlich 190g. Das vegetarisch-exotische Gericht jedoch kann hauptsächlich aufgrund des Transportaufwands einen wesentlich höheren Emissions-Impact aufweisen als das fleischlich-lokale Gericht. Dieses Beispiel macht deutlich, welche Umweltpotenziale veränderte Ernährungsmuster haben können. Allerdings sollten nicht nur mögliche Lebensmittelkombinationen untersucht werden, sondern die realen Ernährungsgewohnheiten. In diesem Fall können die Unterschiede in den Ernährungsstilen hinsichtlich ihrer Klimarelevanz deutlich geringer sein (Eberle et al. 2006). Allerdings ist zu berücksichtigen, dass die Menschen ihr Ernährungshandeln selten an Emissionswerten ausrichten, sondern eher daran, ob ein bestimmtes Lebensmittel gesundheitsverträglich ist oder ob es zu einem Gericht „passt".

Im Bereich Nahrungskonsum können grundsätzlich zwei sehr wesentliche „Umweltfresser" identifiziert werden: Fleisch und Verkehr. Die Umweltbelastungen durch die intensive Tierproduktion sind sehr hoch, das heißt ein veränderter (Fleisch aus ökologischer Produktion) oder reduzierter Fleischkonsum hätte längerfristig ökologisch positive Auswirkungen. Für Österreich wird angenommen, dass eine Verdoppelung des Anteils an VegetarierInnen den gesamten materiellen Metabolismus um 10 bis 15 Prozent reduzieren würde (Fischer-Kowalski et al. 1997). Neben den Umweltbelastungen hätte eine Reduktion des Fleischkonsums auch gesundheitlich positive Auswirkungen auf die KonsumentInnen (Koerber et al. 2004). Allerdings müssen dabei auch soziokulturelle Faktoren berücksichtigt werden, da in einer karnivoren Kultur große Änderungen des Fleischkonsums – manche Nachhaltigkeitsstudien fordern eine Reduktion bis zu 80 %! – eher unwahrscheinlich sind (Brunner 2001) (vgl. Kapitel 9).

Das lebensmittelbezogene Verkehrsaufkommen ist ebenfalls nachhaltigkeitspolitisch hoch relevant: Der Wert des internationalen Lebensmittelhandels hat sich seit 1960 verdreifacht, das Volumen vervierfacht. Heute „reist" ein durchschnittliches Lebensmittel in den USA 2.500 bis 4.000 Kilometer, ca. 25 Prozent weiter als im Jahr 1980 (Halweil/Nierenberg 2004). Die Globalisierung und die Differenzierung von Konsummustern führen zu erhöhten Umweltschäden durch Lebensmitteltransporte, es wird angenommen, dass das lebensmittelbezogene Transportaufkommen in Zukunft noch steigen wird (OECD 2001; Quist et al. 1998). KonsumentInnen können durch ihre Nahrungsmittelwahl (saisonal und regional) Transportkilometer und damit negative Umweltauswirkungen verringern helfen und gleichzeitig auch die lokale Ökonomie unterstützen. Mit der Nachfrage nach umweltfreundlich produzierten Lebensmitteln (aus ökologischem Anbau oder aus integrierter Produktion) unterstützen KonsumentInnen Umsteuerungen in Richtung nachhaltiger Landwirtschaft. So liegt der Energieverbrauch eines ökologischen Landbaubetriebs bei ca. einem Drittel eines konventionellen Vergleichsbetriebs, verbunden mit einer weniger intensiven Bodennutzung (Spangenberg/Lorek 2002). Auch die Schadstoffbelastung biologisch produzierter Lebensmittel ist deutlich geringer, was oft von an Gesundheit interessierten KonsumentInnen positiv bewertet wird (vgl. Kapitel 10).

Ökologische Aspekte des Lebensmittelkonsums dürfen aber nicht verabsolutiert werden. Oft wird im Nachhaltigkeitskontext empfohlen, dass KonsumentInnen aus ökologischen und gesundheitlichen Gründen (z.B. Nährstoffdichte) solche Lebensmittel bevorzugen sollten, die wenig verarbeitet sind. Anhand dieser Forderung lassen sich aber bereits mögliche Zielkonflikte mit der sozialen Dimension von Nachhaltigkeit absehen. Die Frage stellt sich nämlich, wer für die Zubereitung solcher Lebensmittel verantwortlich ist. In unserer Gesellschaft wird trotz steigender Frauenerwerbstätigkeit und Emanzipationsbestrebungen die Verantwortung für Ernährungs- und Hausarbeit weitgehend den Frauen zugeschrieben und von ihnen übernommen (vgl. Kapitel 5). Nun ist aber die Frage der Geschlechtergerechtigkeit eine wesentliche soziale Dimension von Nachhaltigkeit, das heißt eine ungleiche geschlechtliche Verteilung der Ernährungsarbeit ist nicht nachhaltig. Die aus ökologischer Sicht erhobene Forderung nach dem Kauf von unverarbeiteten Lebensmitteln kann also ohne eine Lösung der Geschlechterfrage in sozialer Hinsicht kontraproduktive Wirkungen entfalten und Geschlechterungleichheiten verfestigen. Verarbeitete Lebensmittel und Fertiggerichte haben aus dieser Perspektive durchaus emanzipatorischen Charakter (Kaufmann 2006), insofern als sie die Verfestigung der traditionellen Hausfrauenrolle unterminieren. Die Problematik einer Forderung nach unverarbeiteten Lebensmitteln betrifft auch die Frage der Ess-Kontexte und der alltäglichen Lebensführung. In vielen Fällen wird dabei der Ernährungsalltag der Menschen nicht berücksichtigt und dessen möglicherweise Nachhaltigkeit hemmende Strukturen. Aus sozialer und ökonomischer Sicht ist wesentlich, dass nachhaltige Ernährung kein elitäres Programm ist und nicht zur Verschärfung sozialer, ernährungsbezogener und gesundheitlicher Unterschiede beiträgt, sondern zu deren Minimierung. Nachhaltige Ernährung sollte für breite Kreise der Bevölkerung leistbar und umsetzbar sein, d.h. sozial benachteiligte Gruppen in der Gesellschaft müssen ebenso in der Lage sein, sich nachhaltige Lebensmittel leisten zu können wie sozial und ökonomisch privilegierte. Die Struktur des Angebots und infrastrukturelle Voraussetzungen sollen die Realisierung einer nachhaltigen Ernährung erleichtern und nicht erschweren.

Eberle et al. (2004a, 1; kursiv im Original) haben eine sehr breite Definition nachhaltiger Ernährung vorgeschlagen, wonach diese *„bedarfsgerecht* und *alltagsadäquat, sozialdifferenziert* und *gesundheitsfördernd, risikoarm* und *umweltverträglich"* ist. Mit dieser Definition wird allen nachhaltigkeitsrelevanten Dimensionen Rechnung getragen und gleichzeitig eine Zielperspektive formuliert. Diese Definition hatte auch für unser Projekt

Orientierungscharakter, insbesondere wegen der Berücksichtigung soziokultureller Faktoren, die bisher in der Diskussion um nachhaltige Ernährung aus Konsumperspektive wenig thematisiert wurden.

1.2.3. Nachhaltige Ernährung im Forschungsalltag

Die Beschäftigung mit dem normativen Leitbild nachhaltiger Entwicklung bringt im konkreten Forschungsalltag einige Schwierigkeiten mit sich bzw. erfordert Entscheidungen, welche die Komplexität der Thematik reduzieren. Die verschiedenen Nachhaltigkeitssäulen lassen sich zwar in abstrakter Weise gemeinsam diskutieren bzw. in Indikatorensystemen mehr oder weniger differenziert abarbeiten, Nachhaltigkeit im Kontext alltäglicher Ernährungspraktiken zu betrachten, erfordert aber immer wieder eine Antwort auf die Frage, wie denn eigentlich nachhaltige Ernährung zu bestimmen sei und was denn nun „nachhaltig oder nachhaltiger" bzw. das Gegenteil davon sei. Umgangsweisen mit den unterschiedlichen Dimensionen des Nachhaltigkeitskonzepts zu finden, ist eine ständige Herausforderung im Forschungsalltag. Ökologische Kriterien scheinen dabei leichter greifbar zu sein, vermitteln kurzfristig (beispielsweise beim Konsum biologischer Lebensmittel) eine Eindeutigkeit, die sich allerdings bei Einbezug weiterer Kriterien wieder verflüchtigt. Aber auch ökologische Kriterien sind in der Literatur umstritten und diese Uneindeutigkeit muss auch im Forschungsalltag mitberücksichtigt werden. Es besteht die Versuchung, anhand scheinbar eindeutiger Kriterien die Interviewpersonen als „sehr nachhaltig" oder „nicht nachhaltig" einzuordnen, wobei der Gefahr begegnet werden muss, mit dieser Einordnung eine normative Abwertung bestimmter Konsumpraktiken zu vollziehen, wenn gerade im Forschungsprozess klar wird, dass die gesellschaftlichen Bedingungen es den KonsumentInnen nicht immer leicht machen, nachhaltige Ernährung zu praktizieren.

Der gesamte Forschungsprozess war durch ständiges Pendeln zwischen „Öffnung" und „Schließung" bezüglich der Nachhaltigkeitskriterien gekennzeichnet. Um vorläufige Einordnungen zu ermöglichen, wurde anhand eingeschränkter Kriterien (meist ökologischer Herkunft) systematisiert, im nächsten Moment wurde die Beschränktheit solcher Einordnungen erkannt und die Notwendigkeit des Einbezugs zusätzlicher Kriterien deutlich. Daraus ergab sich für das Forschungsteam oft der Eindruck, die Konturen des Forschungsobjekts würden ständig unscharf, weil eine Vielzahl an Kriterien und Dimensionen zu berücksichtigen sind, die eine Herausarbeitung klarer Tendenzen erschwert. Der gesamte Forschungsablauf war letztlich ein Prozess der ständigen Abwägung verschiedener Nachhaltigkeitsdimensionen und der Diskussion von Nachhaltigkeitskriterien in der Literatur.

Für die Auswertung und die Darstellung wurde eine Doppelstrategie entwickelt: Zum einen wurden die konkreten Ernährungspraktiken in das Zentrum gestellt und vor dem Hintergrund sowohl eines breiten Begriffs von Nachhaltigkeit als auch eines ökologisch verengten Begriffs „bewertet". Diese Bewertungen waren allerdings vorläufiger Natur und wurden ständigen Revisionen unterzogen. Dadurch wurde es möglich, Anknüpfungspunkte und Hemmnisse für nachhaltige Ernährung anhand eines breiten Nachhaltigkeitsbegriffs herauszuarbeiten. Die zweite Entscheidung bestand darin, einige wenige Kriterien nachhaltiger Ernährung anhand von Literatur und Interviewmaterial genauer zu bearbeiten. Dazu wurden folgende Kriterien ausgewählt (vgl. Kapitel 9 bis 12):

- Fleischkonsum,
- Konsum biologischer Lebensmittel,

- der Aspekt Regionalität,
- die Frage von Ernährungskompetenz.

Diese Auswahl wurde einerseits aufgrund der hohen Relevanz dieser Kriterien im Nachhaltigkeitsdiskurs getroffen, zum anderen teilweise auch wegen ihrer bisherigen „Unerforschtheit" im Kontext einer sozialwissenschaftlich orientierten nachhaltigen Konsumforschung (z.B. Fleischkonsum oder Ernährungskompetenz).

Bevor wir die Ergebnisse unserer Studie präsentieren, soll im folgenden Abschnitt der konzeptuell-theoretische Rahmen unserer Forschungsarbeit skizziert werden, der als grundlegende Forschungsfolie die empirische Arbeit bestimmte.

1.3.   Bausteine zu einer Theorie der Ernährungspraktiken

Ein Konzept alltäglicher Ernährungspraktiken im Kontext der Nachhaltigkeitsdebatte wird im Folgenden unter Anschluss an drei Forschungsstränge entwickelt: Die sozialwissenschaftliche Umwelt- und Konsumforschung, die Soziologie der Ernährung und den Theorieansatz alltäglicher Lebensführung. Dabei wird für ein Abgehen von individualistischen Tendenzen in der Forschung und für einen Ansatz sozialer Kontextualisierung plädiert.

1.3.1.   Die sozialwissenschaftliche Umwelt- und Konsumforschung

- ### Ökologie im Alltag: Kritik der Klufthypothese

Schon seit längerem widmet sich die sozialwissenschaftliche Umweltforschung der Frage, was Menschen dazu motiviert, ökologische Aspekte bei ihren Handlungen zu berücksichtigen, welche Rolle dabei das Umweltbewusstsein spielt und welche Faktoren umweltorientiertes Handeln im Alltag ermöglichen oder verhindern. In der Umweltbewusstseins- und Umwelthandlungsforschung dominiert bis heute das Einstellungs-Verhaltens-Paradigma. Basierend auf individualistischen Theorien der (Sozial-)Psychologie und der Wirtschaftswissenschaften wird häufig von rationalen, sozial entbetteten EntscheiderInnen ausgegangen, die auf Basis von Wertorientierungen, Einstellungen und Wissen, also ihres Umweltbewusstseins, Umwelthandlungen setzen. Grundlegende Annahme ist, dass ausgeprägtes Umweltbewusstsein eine Voraussetzung für Umwelthandeln sei. Allerdings hat sich empirisch der Zusammenhang zwischen umweltbezogenen Einstellungen und selbst berichtetem oder beobachtetem Umwelthandeln in vielen Studien als relativ gering erwiesen, wie eine Zusammenfassung von Forschungsergebnissen der internationalen Umweltbewusstseinsforschung zeigt: „Zwischen Einstellungs- und Verhaltensvariablen werden korrelative Zusammenhänge im Bereich zwischen 0,14 bis maximal 0,45 gefunden. (...) Von der Unterschiedlichkeit, die man bei verschiedenen Personen hinsichtlich ihres geäußerten persönlichen Umweltverhaltens feststellen kann, sind 12 % durch ihre unterschiedlichen Umwelteinstellungen erklärbar" (deHaan/Kuckartz 1996, 106). Die Erkenntnisse der Umweltbewusstseinsforschung münden meist in die These einer „Kluft zwischen Umweltbewusstsein und Umwelthandeln", d.h. Menschen hätten zwar ein mehr oder weniger ausgeprägtes Umweltbewusstsein, würden dieses aber aus verschiedenen Gründen (z.B. Bequemlichkeit) nicht in entsprechendes Handeln umsetzen (vgl. Kapitel 3).

Werden objektive Umweltauswirkungen menschlicher Handlungen in Betracht gezogen (z.B. Energieverbrauch), dann zeigt sich jedoch, dass es Umwelthandeln auch ohne Umweltbewusstsein gibt, d.h. umweltbewusstes Handeln stellt nur einen Typus von Umwelthandeln unter anderen dar. So wurde eine relativ große Gruppe „einstellungsungebundener Umweltschützer" (Preisendörfer 1999) identifiziert, die zwar ein unterdurchschnittliches Umweltbewusstsein, aber ein überdurchschnittliches Umweltverhalten aufweist. Letzteres ist dabei weniger durch Motive des Umweltschutzes angeleitet, sondern durch solche wie Sparsamkeit, Gesundheit oder Fürsorge für andere. Die Bedeutung von Umweltbewusstsein für Umwelthandeln ist also zu relativieren, die These einer Kluft von Bewusstsein und Handeln zu hinterfragen.

Aus soziologischer Sicht baut die Kluftthese auf falschen Voraussetzungen auf. Sie konstruiert „eine eindimensionale Beziehung zwischen Bewusstsein und Handeln; sie setzt dabei das Bewusstsein als treibende Kraft und macht das Handeln gleichsam linear zu dessen Folge; sie verrechnet so genannte Inkonsistenzen zwischen Bewusstsein und Handeln als Konsequenzen eines unzulänglichen Bewusstseins, das – sofern das nötige Wissen vorhanden ist – seinerseits nur als Ausdruck unzureichender moralischer Qualitäten des Subjekts gedeutet werden kann" (Lange 2000, 29). Der Klufthypothese liegt die normativ überhöhte Annahme zugrunde, dass Bewusstsein und Handeln in einem engen Verhältnis stehen müssten. Im Alltag jedoch kann nicht von einheitlichen und linearen Denk- und Handlungsmustern ausgegangen werden, „eine durchgehende systematische Organisation und Stilisierung sowie subjektiv-sinnhafte Einbeziehung ökologischer Anliegen nach dem Muster methodisch stringenter Lebensführung dürfte (...) ein seltener Grenzfall sein" (Poferl 2000, 39). Umweltbezüge des Handelns treten nicht isoliert auf, sondern hängen mit anderen Zielen und Werten zusammen, wobei Zielkonflikte wahrscheinlich sind: „Es ist eben nicht so, dass die Umwelt der einzige Wert ist, der unter das Wolfsrudel rationaler Egoismen fällt, sondern dass er sich auch noch mit einer Pluralität konkurrierender und keineswegs weniger anspruchsvoller Wertorientierungen arrangieren muss" (Heine/Mautz 2000, 140). Gerade unter der Perspektive von Nachhaltigkeit, die neben ökologischen auch ökonomische und soziale Dimensionen umfasst, muss dieser Werte- und Zielpluralität besondere Aufmerksamkeit gewidmet werden. Das Konstrukt Umweltbewusstsein und die Klufthypothese abstrahieren von den widersprüchlichen sozialen Kontexten, in die jedes umweltrelevante Handeln eingelassen ist: „Das Problem ist nicht, warum Menschen das ökologisch Richtige wollen, aber auch wider besseres Wissen doch nicht tun, sondern was sie eigentlich wollen, und welche Chance in diesem Zusammenhang ,ökologische Einsicht' hat" (Gestring et al. 1997, 137). Es geht also darum, die Kontexte zu beachten, in denen umweltrelevant gehandelt wird und Arrangements zu entwickeln, in denen sich ökologisch erwünschte Verhaltensweisen auf potenzielle Ko-Motive (nach Selbsttätigkeit, nachbarschaftlicher Nähe, Gesundheit usw.) stützen können. Es darf nicht a priori von einer möglichen Harmonisierung von ökologischen und anderen Motiven ausgegangen werden. In vielen Fällen müssen mit einer Umwelthandlung gleichzeitig mehrere motivationale Bedingungen erfüllt werden, damit sie als akzeptabel erscheint. Es stellt sich also die Frage nach „Motivallianzen" (Littig 1995, 126) bzw. „Bedürfniskoalitionen" (Gestring et al. 1997), die für eine Ökologisierung der Alltagspraxis möglich sind und handlungsrelevant werden. Bedürfnisse stehen aber meist in einem Spannungsverhältnis, wobei nicht immer klar ist, welcher Pol als förderliches und welcher als widerständiges Bedürfnis für eine Ökologisierung der Alltagspraxis anzusehen ist. Zum Beispiel kann sich in Bezug auf die Anforderungen ökologischen Wohnens das Bedürfnis nach körperlicher Gesundheit in ein eher partnerschaftlich-förderliches und ein eher hinderliches Motivbündel aufspalten: „Eher förderlich für die natürliche Umwelt ist es, wenn deren Schutz als Bedingung der eigenen Gesundheit erscheint; eher hinderlich, wenn verinnerlichte Hygiene- und Peinlichkeitsnormen die Chemisierung der Haushaltsführung unterstützen" (ebda., 97). Neben förderlichen und hemmenden Faktoren nachhaltigen Konsumverhaltens gibt es aber auch ambivalente Motivhintergründe, die erst mit anderen motivationalen Ansatzpunkten fördernd oder hemmend wirken (Empacher et al. 2000). So kann etwa eine ausgeprägte Sparorientierung ein Hemmnis für den Kauf teurer Bioprodukte sein, gleichzeitig aber einen Ansatzpunkt für Wasser- oder Energiesparansätze bieten. Es sind also die jeweiligen Bedürfnislagen und Handlungskontexte herauszuarbeiten, die förderlichen oder hemmenden Voraussetzungen und Bereitschaften zu identifizieren, um sowohl Anknüpfungspunkte für Umwelthandeln sichtbar zu machen als auch die Grenzen eines solchen zu bestimmen.

- ### Das Paradigma sozialer Praxis und sozialer Kontextualisierung

Um der sozialen und kulturellen Kontextualität menschlichen Handelns Rechnung zu tragen, ist das Einstellungs-Verhaltens-Paradigma in der Umweltforschung durch das Paradigma sozialer Praxis und sozialer Kontextualisierung zu relativieren. Das Einstellungs-Verhaltens-Paradigma ist in mehrfacher Hinsicht problematisch: „Among the theoretical problems are the neglect of the influence of ‚structure‘ on action and the emphasis on action as a matter of constant and conscious choices. When applied in empirical research, these faults are shared by a third problem namely the fact that most of the attitude-behavior research is conducted with respect to isolated strings of behavior like choosing between paper or plastics, bicycle or car etc." (Spargaaren 2000, 59).

Umwelthandeln und damit verbundene Motive und Interessen können beispielsweise im Anschluss an Giddens' Strukturierungstheorie im Kontext sozialer Praktiken konzeptualisiert werden, die in Raum und Zeit verankert sind und mit anderen Menschen geteilt werden (Spargaaren 2000). Einstellungen, Normen und Werte sind dabei als Regeln zu verstehen, die in diesen sozialen Kontexten wirksam sind. Ob ein Handelnder die Macht hat, seine Handlungen zu verändern, hängt von den Kontexten und den jeweiligen Ressourcen ab. Regeln und Ressourcen machen gemeinsam die Strukturen aus, die in die Reproduktion gesellschaftlicher Zusammenhänge involviert sind. Im Unterschied zum Einstellungs-Verhaltens-Paradigma wird in der Strukturierungstheorie Handeln nicht vorwiegend von Intentionen und Motiven abgeleitet, sondern bei der Analyse von (Umwelt-)Handeln geht es mehr um das, was Menschen tun, als um die Rechtfertigung ihres Tuns. (Umwelt-)Bewusstsein bezieht sich dabei nicht auf isolierte Intentionen oder Motive, sondern auf soziale Praktiken, in denen Intentionen wirksam werden oder nicht (Spargaaren 1997). Soziale Praktiken können verstanden werden „als know-how abhängige und von einem praktischen ‚Verstehen‘ zusammengehaltene Verhaltensroutinen, deren Wissen einerseits in den Körpern der handelnden Subjekte ‚inkorporiert‘ ist, die andererseits regelmäßig die Form von routinisierten Beziehungen zwischen Subjekten und von ihnen ‚verwendeten‘ materialen Artefakten annehmen" (Reckwitz 2003, 289). Handlungen werden in der Praxistheorie nicht als einzelne, diskrete und individuelle konzipiert, sondern werden eingebettet gesehen in umfassendere, sozial geteilte und durch ein implizites, methodisches und interpretatives Wissen zusammengehaltene Praktiken. Diese Praktiken stellen ein typisiertes, routinisiertes und sozial verstehbares Bündel von Aktivitäten dar (Hörning/Reuter 2004; Reckwitz 2000; Schatzki et al. 2001; Warde 2005). Im Unterschied zum Einstellungs-Verhaltens-Paradigma wird dabei nicht angenommen, dass Wissen der Praxis vorausgeht, sondern dass Wissen Teil der Praxis ist. Hier geht es allerdings nicht um theoretisches Wissen, sondern um praktisches Wissen und Können, um bestimmte Alltagstechniken. Soziale Praktiken sind aber nicht notwendigerweise routinisiert, sondern zwischen Routinehaftigkeit, Reflexion und Stilisierung angesiedelt. Nicht nur die Repetitivität sozialer Praxis ist wesentlich, sondern auch ihre Offenheit und Veränderbarkeit. Praxistheoretische Ansätze haben deutliche Affinitäten zum Konzept alltäglicher Lebensführung, welches das tagtägliche Tun als Basis individueller Existenz und gesellschaftlicher Wirklichkeit fasst: „Vorstellungen des alltäglichen Tuns von Menschen, die nicht primär dessen intentional-sinnhafte Fundierung oder dessen (zweck-)rationale Steuerung oder Kalkulation fokussieren, sondern dem Handeln (etwa in der Routine, der Gewohnheit, dem Habituellen) eine unvermeidbar immer auch teil- oder unbewusste Qualität zugestehen, ohne die Alltag nicht funktionieren kann" (Weihrich/Voß 2002, 9). Der Fokus auf soziale Praktiken verbindet sich mit der Perspektive einer sozialen Kontextualisierung der Bewusstseins- und Handlungsformen. Dabei werden die strukturellen und kontextuellen Einflussfaktoren auf menschliches Handeln berücksichtigt und im Unterschied zu individualistisch-voluntaristischen Theorieansätzen wird dieses nicht nur auf bewusste Wahlhandlungen reduziert, sondern vor allem auch vorreflexives und routinisiertes Handeln miteinbezogen. Ein soziologischer Zugang verweist auf die Kontextgebundenheit des Umwelthandelns (z.B. den Kontext gesellschaftlicher Entwicklungstrends und öffentlicher Umweltdiskurse, den Kontext sozialer Milieus und die je spezifischen alltagsweltlichen Sinn- und Handlungskontexte). Eine adäquate Konzeption von Umweltbewusstsein und -handeln muss das „ungesellschaftliche" Menschenbild (Lange 2000) der Klufthypothese durch ein solches ersetzen, das von sozial verankerten, kontextuell eingebetteten, ihre (natürliche und soziale) Umwelt interpretierenden und mit ihnen interagierenden Individuen ausgeht. Lange Zeit war aber die gesellschaftliche Debatte zu Umwelthandeln auf die Anhebung des Umweltbewusstseins konzentriert und hat soziale und strukturelle Voraussetzungen und Hemmnisse des Umwelthandelns nur unzureichend berücksichtigt (Hildebrandt 2000).

Demgegenüber kann ein Mehrebenenmodell des Umwelthandelns makrostrukturelle Entwicklungen über Vermittlungsstrukturen auf der Meso-Ebene mit den Handlungen auf der Mikroebene verknüpfen: Auf der Makro-Ebene sind gruppenübergreifende, dauerhaftere Gegebenheiten bzw. Regeln und Ressourcen gesellschaftlicher Reproduktion (materiell-institutionelle Sachverhalte, allgemeine Wertmuster und Normen industriegesellschaftlicher Kultur sowie gesellschaftliche Diskurse und Leitbilder; Poferl et al. 1997) ebenso angesiedelt wie makrostrukturelle Trends der gesellschaftlichen Entwicklung. Auf der Meso-Ebene sind sozialstrukturelle und soziokulturelle Differenzierungen im Zuge des sozialen Wandels zu berücksichtigen. Individualisierungsprozesse und Pluralisierungstendenzen von Lebensführung und Lebensstilen haben sich in den letzten Jahrzehnten verstärkt, traditionelle Klassen- und Schichtformationen wurden durch neue Sozialverbände wie Milieus oder Lebensstile abgelöst bzw. überlagert. Menschliches Handeln muss eingebettet in solche sozialen Milieus und Lebensstile thematisiert werden. Soziale Milieus sind subkulturelle Einheiten innerhalb einer Gesellschaft, die Menschen ähnlicher Lebensauffassung und Lebensweise zusammenfassen (Flaig et al. 1997). Studien zeigen, dass Mitglieder aus unterschiedlichen sozialen Milieus aus sehr differenten Motivhintergründen und eingebettet in jeweils verschiedene Handlungskontexte mehr oder weniger ausgeprägtes Umwelthandeln praktizieren (Hagemann 2000; Kleinhückelkotten 2002; Rink 2002).

Alltagsweltliche Zusammenhänge auf der Mikro-Ebene schließlich sind in die Veränderungen auf Makro- und Meso-Ebene eingebunden und wirken wiederum auf diese

Veränderungen zurück, allerdings nicht linear, sondern vielfältig gebrochen. So schlagen sich gesamtgesellschaftliche Entwicklungstrends in den sozialen Milieus sehr unterschiedlich nieder, beeinflussen die alltägliche Lebensführung der Menschen in verschiedener Hinsicht bzw. werden auf Basis vorhandener Ressourcen und Mentalitäten unterschiedlich verarbeitet. In der alltäglichen Lebenspraxis finden Prozesse der personalen und soziokulturellen Identitätsformung statt, die wiederum die Lebens- und Alltagspraxis beeinflussen. Lebensstile dienen der Darstellung und Abgrenzung der Lebensführung und des Selbstverständnisses nach außen und der Identitätsbildung nach innen. Wichtig ist jedoch, nicht nur kulturelle Stilisierungsprozesse zu sehen, sondern auch die Routinehaftigkeit des Alltagslebens und die komplexen alltäglichen Koordinationsleistungen von Anforderungen aus verschiedenen Handlungsfeldern einzubeziehen. Charakteristisch für Alltagswissen und -handeln sind u.a. die Merkmale Pragmatismus und tendenzieller Konservativismus (Poferl et al. 1997; Schülein et al. 1994). Die alltägliche Lebensführung zu analysieren erfordert, die Gesamtheit von Handlungspotenzialen im Verhältnis zu den Handlungsanforderungen aus den verschiedenen Lebensbereichen (z.B. Erwerbstätigkeit, Familie und Hausarbeit, Freizeit usw.) zu sehen, in die jeder Mensch eingebunden ist und die er/sie nur beschränkt beeinflussen kann (Voß/Weihrich 2001) (vgl. im Detail 1.3.3). Außerdem muss berücksichtigt werden, dass jeder Mensch in seinem Handeln eine Vielzahl an persönlichen Interessen verfolgt, die nicht notwendigerweise harmonieren müssen (z.B. Erzielung von Einkommen, Kontrolle über die eigene Lebenssituation, Gesunderhaltung, soziale Teilhabe). Ökologische Imperative kommen zu diesem Interessenbündel dazu, erhöhen die Komplexität und teilweise auch Widersprüchlichkeit der jeweiligen Handlungen (Hildebrandt 2000).

Diese soziologische Mehrebenenkonzeption alltäglichen Umwelthandelns verknüpft integrativ gesellschaftliche Veränderungen auf der Makro-Ebene, sozialstrukturelle und soziokulturelle Differenzierungsformen auf der Meso-Ebene mit der Mikro-Ebene alltäglicher Handlungen und wird auch für die nun folgende Konzeptualisierung von Ernährungspraktiken Orientierungsfunktion haben. Dazu sind Konsumprozesse im Ernährungsalltag inmitten der gesamten alltäglichen Lebensführung zu untersuchen, das Ernährungshandeln eingebettet in soziale Milieus und Lebensstile zu konzipieren und sind auch allgemeine gesellschaftliche Rahmenbedingungen und Entwicklungstrends in die Analyse einzubeziehen, um Chancen und Grenzen nachhaltiger Ernährungspraktiken angemessen identifizieren zu können.

• Konsumprozesse aus soziologischer Sicht

Die Analyse von Konsumprozessen im Ernährungsfeld braucht einen adäquaten Konsumbegriff. Um der Komplexität des Leitbildes Nachhaltigkeit gerecht zu werden und die bisher in der Forschung zu nachhaltigem Konsum unterbelichteten sozialen Dimensionen von Konsumprozessen hervorzuheben, gehen wir von einem vielschichtigen Konsumbegriff aus. Dazu muss die häufige Reduktion von Konsum auf den Kaufakt überwunden werden und dem Konsumprozess, der dem Kauf von Waren folgt, mehr Aufmerksamkeit geschenkt werden (Heiskanen/Pantzar 1997). Konsum sollte als dynamischer, mehrstufiger Prozess konzeptualisiert werden, der mit der Entwicklung von Bedürfnissen beginnt, Aktivitäten der Informationssuche und Kaufentscheidungen umfasst, aber auch den Gebrauch der Güter bzw. Dienstleistungen einbezieht (was oft Zusatzarbeit in der Transformation der Produkte bedeutet, z.B. beim Kochen) und mit der Entsorgung endet (Hedtke 2001;

Scherhorn et al. 1997; Schultz 1997). Da es aus Nachhaltigkeitsperspektive auch um die Veränderbarkeit von Konsummustern geht, sind sowohl die Bedingungen und treibenden Kräfte des Konsums, als auch die ökologischen, sozialen und ökonomischen Folgen zu berücksichtigen (Myers 2000; Roepke 1999; Stern et al. 1997). Zum Verständnis von Konsumdynamiken ist eine prozessbezogene, die Konsum- und Lebensgeschichte der KonsumentInnen einbeziehende Perspektive notwendig (Brunner 2005, 2006b). Im Unterschied zu individualistischen Konsumkonzepten aus der ökonomischen und psychologischen Theorietradition sehen wir Konsumprozesse eingebettet in soziale Beziehungen und Kontexte des alltäglichen Lebens (Bögenhold 2000; Brand et al. 2002; Edgell/Hetherington 1996). Wie und was jemand konsumiert, wird durch andere Menschen beeinflusst, ist auf andere Menschen bezogen, z.B. wenn eine Person bestimmte Lebensmittel kauft, um damit nahe Angehörige zu erfreuen (Hedtke 2001; Warde 2002). Konsum ist keine isolierte, individuelle Angelegenheit, sondern ein bestimmter Typus sozialer Praxis (Warde 2005), der oftmals unspektakulär und routinisiert abläuft (Shove/Warde 2002). Konsum umfasst ein Set von Praktiken, die es Menschen ermöglichen, Selbst-Identität auszudrücken, die Zugehörigkeit zu sozialen Gruppen zu kennzeichnen, soziale Distinktion zu demonstrieren und Teilhabe an sozialen Aktivitäten sicherzustellen (Warde 1996). Konsum kann sowohl als eine Form sozialer Strukturierung als auch als eine Form der Identitätskonstruktion gesehen werden (Uusitalo 1998). In einer Konsumgesellschaft verleihen Erwerb, Besitz und Nutzung von Gütern und Dienstleistungen vielen Menschen „Status *und* Sinn" (Schneider 2000, 12; kursiv im Original). Konsumpraktiken zu analysieren erfordert ein Verstehen der impliziten sozialen Verpflichtungen, die mit Konsum verbunden sind, der unreflektierten Aspekte des alltäglichen Lebens (Redclift 1996) und der jeweiligen gesellschaftlichen Konstruktion von Normalität. Die Hauptfunktion des Konsums wird häufig in der Erfüllung funktionaler Nutzenaspekte gesehen. Ohne diese Funktionen ausblenden zu wollen, kann mit der Kulturtheorie davon ausgegangen werden, dass eine wesentliche Funktion des Konsums auch in seiner Kapazität zur Sinnstiftung liegt. Douglas/Isherwood (1979) drücken dies so aus: Güter sind gut zum Denken. Produkte tragen soziale Bedeutungen und dienen als Kommunikatoren, um kulturelle Bedeutungssysteme sichtbar zu machen und zu stabilisieren (Appadurai 1986; Corrigan 1997). Sie werden dazu benutzt, soziale Beziehungen zu stiften und zu befestigen. Produkte erfüllen nicht nur „Grundbedürfnisse", sondern gleichzeitig immer auch kognitive, soziale und kulturelle Funktionen (Eisendle/Miklautz 1992; Müller 1992b; Slater 1997).

Bezogen auf den Nahrungskonsum bedeutet dies, dass Ernährung zwar eine physiologische Notwendigkeit ist, jedoch gleichzeitig eine soziale und kulturelle Praxis, die eng mit der Frage von Lebensqualität verknüpft ist (Antoni-Komar 2006; Neumann et al. 2001). Kompakt lassen sich zumindest vier Funktionen von Ernährung unterscheiden (Feichtinger 1998): Physiologische Funktionen (Versorgung mit Nährstoffen und Energie, Stoffwechsel), soziale Funktionen (Identität, Integration und Distanz, Kommunikation), kulturelle Funktionen (Wertsysteme, Gebräuche, Nahrungsnormen, Tabus) und psychische Funktionen (Genuss, emotionale Sicherheit, Kompensation, Selbstwertgefühl). Der Geschmack verknüpft sensorische, emotionale, soziale und kulturelle Dimensionen. Das Essen ist eine komplexe Sinneswahrnehmung, es bereitet Gefühle der Lust und Freude, das Esserlebnis ist ein Geschehen, das sich körperlich-leiblich ereignet und entsprechend durch sensorische Wahrnehmungen und innerliches Empfinden gekennzeichnet ist. Dass Ernährung sich so gut für die sozialen Funktionen der Vergemeinschaftung und Distinktion eignet, liegt auch an ihrer sinnlichen Qualität: „Das ‚Schmecken' mit Zunge und Gaumen und die Eindrücke der anderen am Esserlebnis beteiligten Sinne fallen hier mit den geschmacklichen Urteilen, welche soziale Verortungen vornehmen, zusammen" (Setzwein 2004, 319f.). In sozialer Hinsicht kann Nahrung als soziales Zeichen gesehen werden. Durch den Konsum bestimmter Lebensmittel und Gerichte wird soziale Nähe oder Distanz geschaffen, Zugehörigkeit oder Abgrenzung signalisiert (Barlösius 1999). Der Abgrenzungsaspekt findet etwa in der Alltagssprache seinen Ausdruck, wenn Menschen über eine mit dem Essen verbundene Zuschreibung sozial abgewertet werden (als Beispiel kann der abfällige Ausdruck „Spaghettifresser" angeführt werden). Der sozial verbindende Charakter des Essens wird in Sprüchen wie „Liebe geht durch den Magen" oder „Ich habe dich zum Fressen gern" deutlich, was wiederum auf die ersten Nahrungserfahrungen verweist, auf die Lust der Einverleibung, auf die sexuelle Komponente von Ernährung (Harrus-Révidi 1998). Beispielhaft für kulturelle Funktionen kann der Zusammenhang von Religion und Essen angeführt werden: In besonderen alimentären Ritualen und dem Einverleiben bestimmter Lebensmittel kann eine Verbindung mit göttlichen Wesen hergestellt werden (Gottwald/Kolmer 2005). Psychische Funktionen hat der Kabarettist Helmut Qualtinger mit folgendem Satz zum Ausdruck gebracht: „Wenn I traurig bin, muss I fress'n". Die nichtphysiologischen Funktionen der Ernährung sind aber lange Zeit nur wenig beachtet worden. Eine Analyse von Nachhaltigkeitspotenzialen im Ernährungsfeld muss die vielfältigen Funktionen von Ernährung sowie die sozialen und kulturellen Kontexte berücksichtigen, innerhalb derer Ernährungshandlungen vollzogen werden. Geschieht dies nicht, könnten sich viele Nachhaltigkeitsbemühungen als realitätsfern erweisen und im Ernährungsalltag der Menschen keinen Niederschlag finden. Erkenntnisse der Ernährungssoziologie werden der nächste Theoriebaustein sein, um Strukturierungsmerkmale alltäglicher Ernährungspraktiken transparent zu machen.

1.3.2. Ernährung und Gesellschaft: Soziale Strukturierungsmerkmale des Ernährungshandelns

Nachdem wir die Umwelt- und Konsumforschung auf der Suche nach Bausteinen zu einer Theorie der Ernährungspraktiken im Kontext der Nachhaltigkeitsdebatte konsultiert haben, stehen in diesem Abschnitt ausgewählte Befunde der Ernährungssoziologie im Zentrum.

Bisher hat sich die Soziologie mit dem Themenkomplex Ernährung wenig beschäftigt (Bayer et al. 1999), insbesondere im deutschsprachigen Raum ist keine eigenständige Kultur- oder Sozialwissenschaft des Essens verfügbar (Barlösius 1999). Dies scheint sich allerdings in den letzten Jahren etwas zu ändern. Eine interdisziplinäre „Kulturwissenschaft des Essens" kann schon auf einige Ansätze verweisen (Neumann et al. 2001; Teuteberg et al. 1997; Wierlacher et al. 1993). Auch in der Soziologie lässt sich in den letzten Jahren ein Bedeutungsgewinn soziologischer Arbeiten zur Ernährung feststellen (Brunner 2000). Die intensivere gesellschaftliche Aufmerksamkeit bezüglich Ernährungsfragen (z.B. Gesundheit, Lebensmittelrisiken, Zukunft der Landwirtschaft, Nachhaltigkeit) bringt neben den Naturwissenschaften verstärkt auch diejenigen Wissenschaften ins Gespräch, die traditionellerweise für das „Soziale" zuständig sind, die Soziologie und andere Sozialwissenschaften. Insbesondere im Schnittfeld Umwelt – Ernährung – Gesundheit (Eberle et al. 2004a) und im Feld Nachhaltigkeit und Ernährung (Brunner/Schönberger 2005; Pfriem et al. 2006) gibt es zunehmenden Bedarf an sozial- und kulturwissenschaftlichen Forschungsansätzen.

In den nächsten Unterabschnitten werden wir einige wesentliche Strukturierungsmerkmale von Ernährungshandeln diskutieren, um den Blick für soziale Differenzierungen im Ernährungsfeld zu schärfen, wobei einzelne „Determinanten" zwar analytisch kurzfristig isoliert betrachtet werden, jedoch immer im Zusammenspiel mit anderen
Einflussfaktoren zu sehen sind (vgl. die Abbildung in Abschnitt 1.5.).

- ## Schichtspezifische Unterschiede im Ernährungshandeln

Ernährungsformen und Mahlzeitenmuster waren lange Zeit direkt von der Zugehörigkeit
zu sozialen Schichten und Ständen geprägt. Essen, soziale Hierarchie und Macht standen
in einem engen Verhältnis (Elias 1976; Mennell 1988). Die Einschätzungen zum gegenwärtigen Zusammenhang von sozialer Schichtung/Ungleichheit und Ernährung sind kontrovers und reichen von einer „Verringerung der sozialen Kontraste" (Mennell 1988) bis
hin zu Thesen einer vollkommenen Individualisierung des Essens jenseits sozialer Unterschiede. Letztere basieren allerdings meist auf undifferenzierten Trendforschungen mit
vagen empirischen Evidenzen.

Viele Studien zeigen immer noch deutliche schichtbezogene Ernährungsunter-
schiede (Warde 1997). Soziallagenbedingte Ungleichheiten werden aus Untersuchungen
zum Zusammenhang von Ernährungshandeln und Gesundheit ersichtlich (Prahl/Setzwein
1999). Weniger privilegierte Statusgruppen zeigen deutlich ungesundere Ernährungsmuster und sind u.a. auch deswegen einem höheren Risiko für bestimmte Krankheiten ausgesetzt (Herz-Kreislauf- und Stoffwechselerkrankungen) (DGE 1996; Mennell et al. 1992;
Ralph 1998). Eine international vergleichende Studie zu Sozialstatus, Ernährung und Gesundheit fasst die Ergebnisse zusammen: „In general, those of higher standing in the class
order more likely enjoy food in sufficient amounts and of sufficient quality to possess not
only a desirable lifestyle but also good health. In fact, even those of middle- or upper-class
background are less likely to experience so-called overnutrition" (McIntosh 1996, 102).
Präferenzen für unterschiedliche Lebensmittel und Speisen erweisen sich oft als schicht-
spezifisch unterschiedlich (Bayer et al. 1999; Calnan/Cant 1990; Landsteiner/Mayer
1994). So steigt etwa eine fleischärmere Ernährung mit dem Bildungsgrad (Elmadfa et al.
2003). Allerdings scheinen diese Unterschiede nicht durchgehend gegeben zu sein, sondern lebensmittelspezifisch zu variieren (Fine et al. 1996). Schichtunterschiede sind auch
hinsichtlich Struktur und Bedeutung gemeinsamer Mahlzeiten gegeben, beim Außerhaus-
Essen, in Bezug auf Gastfreundschaft und die Rezeptivität für mediale Ernährungsdiskurse
(Charles/Kerr 1988; deVault 1991; Warde/Martens 1998). Eine Studie in Großbritannien
hat den Lebensmittelkonsum im Jahre 1968 mit jenem im Jahre 1988 verglichen und bemerkenswerte Stabilitäten in schichtbezogenen Unterschieden bei der Ernährung festgestellt (Warde 1997). So haben sich deutliche Differenzen in den Lebensmittelpräferenzen
zwischen Berufsgruppen ergeben (z.B. die stärksten Ähnlichkeiten zwischen gelernten
Arbeitern und dem Kleinbürgertum und die größten Unterschiede zwischen diesen und
den Freiberuflern) und die Fortdauer einer klar von den Mittelschichten abgegrenzten
„working-class diet". Diese Unterschiede sind aber nicht nur eine Funktion des Einkommens und der Kosten – wie es ökonomische Ansätze annehmen –, sondern haben auch mit
kulturellen Unterschieden und sozialen Distinktionen zu tun (Bourdieu 1982; Charles/Kerr
1988; Karmasin 1999).

Einblicke in den Zusammenhang von sozialer Lage und kulturellen Einstellungen
bieten Studien zum Ernährungshandeln armer Haushalte (Barlösius et al. 1995; Dobson et

al. 1994; Köhler 1995; Köhler/Feichtinger 1998). Die Erfahrung von Mangel und Entbehrung in armen Lebenssituationen ist nicht nur „objektiv" anhand finanzieller Parameter feststellbar, sondern immer auf die Praktiken und Formen des Lebensstils bezogen, dem man sich zugehörig fühlt (Barlösius 1995). Ernährung unter Armutsbedingungen ist nicht nur eine materielle Frage, die mit physiologischem Bedarf zu tun hat oder mit einer Ökonomie des Mangels, sondern sie ist auch wesentlich mit sozialen und kulturellen Faktoren verbunden, d.h. mit der Frage nach kulturellen Standards und sozialen Zuschreibungen. So leiden arme Haushalte oft weniger unter der materiellen Einschränkung der Ernährung als unter der Einschränkung der Wahlfreiheit und der Reduzierung der sozialen Ernährungsqualität, indem statushohe durch statusniedrigere Lebensmittel ersetzt oder Lebensmittel mit hohem sozialen oder emotionalen Gehalt eingeschränkt werden müssen bzw. kulturell übliche Mahlzeitenkonzepte nicht mehr praktiziert werden können (Charles/Kerr 1986; Feichtinger 1995, 1998). Nahrungsnormen, kulturelle Vorstellungen über die Zusammensetzung eines „richtigen Essens", soziale Beziehungen, Geschlechtsaspekte, infrastrukturelle Bedingungen und ein praktizierter Lebensstil erweisen sich auch unter strikten ökonomischen Bedingungen als wichtige beeinflussende Dimensionen von Ernährungspraktiken. Gleichwohl darf die Bedeutung ökonomischer Faktoren bei der Analyse von Konsum- und Ernährungspraktiken nicht unterschätzt werden (Fine et al. 1998).

- **Geschlechterverhältnisse und Ernährungsprozesse**

Denken und Handeln im Ernährungsfeld sind untrennbar mit der Frage der Konstitution von Geschlechterverhältnissen und der sozialen Herstellung von Männlichkeit und Weiblichkeit verbunden (vgl. Kapitel 5). Nachweise geschlechtsspezifischer Differenzierungen im Ernährungskontext sind vielfältig, sowohl was die Ebene der Bedeutungen, die symbolische Ordnung der Geschlechter betrifft, als auch die interaktive Herstellung und Reproduktion von Geschlecht sowie die geschlechtsspezifische Körper- und Ernährungssozialisation (Setzwein 2004). Der Gender-Symbolismus durchzieht den gesamten Nahrungsbereich und ist Teil der sozialen Konstruktion der Zweigeschlechtlichkeit. Bestimmte Lebensmittel werden aufgrund ihrer Eigenschaften unterschiedlichen Geschlechtern zugeschrieben und fungieren als Medien der symbolischen Kommunikation von Geschlecht. Die Differenz „männlich-weiblich" scheint im Ernährungszusammenhang eine weit verbreitete stoffliche und geschmackliche Binarität zu sein (IKUS 1994). Unterschiedliche Auffassungen über „männliche" und „weibliche" Ernährungsbedürfnisse und die entsprechende geschlechtliche Zuordnung von Lebensmitteln ziehen reale Auswirkungen im alimentären Alltag nach sich (Delphy 1995), sowohl was die Art als auch die Quantität des Essens betrifft (Charles/Kerr 1988; Ekström 1991; deVault 1991). Männer meiden Nahrungsmittel, mit denen ein Minderwertigkeitsgefühl verbunden wird und die bevorzugt von Personen eines niedrigeren sozialen Status verzehrt werden (Frauen oder Kinder) (Barthes 1982). Die Konstitution und Reproduktion von Geschlechterverhältnissen spielt sich also nicht nur auf der semantischen Ebene ab, sondern geht in konkreten Interaktionen und Praktiken vor sich.

Unter Bezugnahme auf das Konzept des „doing gender" (West/Zimmerman 1987) kann Geschlecht als Produkt sozialer Handlungen verstanden werden. „Doing gender" meint einen Interaktionsprozess, in dem Männlichkeit und Weiblichkeit durch Alltagshandlungen hergestellt werden. Im Ernährungsbereich zeigt sich dies durch Nahrungspräferenzen und -meidungen, Verzehrsmengen, Essstile, Kochpraktiken, bestimmte Körperhaltungen beim Essen oder die Demonstration von Fürsorglichkeit. Geschlechtsdifferente Ernährungsstile sind eine Komponente der Stilisierung und Inszenierung von Männlichkeit und Weiblichkeit. Der Umgang mit Nahrung lässt sich als „eine aktive Leistung in der Konstruktion der zweigeschlechtlichen Wirklichkeit erkennen" (Setzwein 2004, 183). Unzählige Ernährungsstudien zeigen geschlechtsspezifische Unterschiede in den Nahrungspräferenzen (Beardsworth/Keil 1992; Elmadfa et al. 2003; Karmasin 1999; Lupton 1996). Die unterschiedlichen Nahrungspräferenzen stehen jedoch nicht gleichberechtigt nebeneinander, sondern die Präferenzen der Männer tendieren dazu, jene der Frauen zu dominieren, was oft ein Zurückstellen weiblicher Bedürfnisse zur Folge hat (Caplan et al. 1998).

Das „doing gender", das die Reproduktion von Asymmetrie und Hierarchie einschließt, findet im kulinarischen Kontext in Korrespondenz mit gesellschaftlichen Vorstellungen über die Geschlechtskörper statt: „In der kulinarischen Interaktion fungieren die essenden Körper als Konstrukteure der Zweigeschlechtlichkeit, indem sie Vorstellungen von ‚Männlichkeit' und ‚Weiblichkeit' in je typischen Haltungen, Strategien, Verwendungsweisen etc. visuell realisieren" (Setzwein 2004, 186f.). Der Geschmack für bestimmte Speisen und Getränke muss im Zusammenhang mit dem jeweiligen sozial geprägten Körperbild und den vermuteten Auswirkungen bestimmter Lebensmittel auf den Körper gesehen werden (Bourdieu 1982). In der geschlechtsspezifischen Körper- und Ernährungssozialisation werden geschlechtsdifferente Körperkarrieren produziert (mit den Leitunterscheidungen Stärke vs. Schönheit, Funktionalität vs. Emphase, Härte vs. Vulnerabilität usw.), es kommt zur Herausbildung geschlechtsspezifischer somatischer Kulturen (Kolip 1999; Methfessel 2000). Alimentäre Praxis ist als Teil der Körpersozialisation anzusehen: „Während sich heranwachsende Jungen also ihre Körper und ihre Geschlechtlichkeit vielfach durch alimentäre Verhaltensweisen aneignen, die von hoher Risikobereitschaft, Lustbetontheit und Präferenzen für statushohe Nahrungsgüter (in großen Mengen) geprägt sind, entwickeln Mädchen im Verlauf ihrer Körpersozialisation eher eine höhere Sensibilität gegenüber der Ernährung, die in einen kontrollierten Umgang mit dem Essen mündet" (Setzwein 2004, 260).

Die geschlechtsspezifische Arbeitsteilung bei Haus- und Ernährungsarbeit ist ein zentraler Bereich des „doing gender". In vielen Gesellschaften sind Frauen für den größeren Teil an ernährungsbezogenen Tätigkeiten verantwortlich, dies hat sich auch in spätmodernen Gesellschaften wenig geändert (Murcott 1993). Kochen und andere Haus- und Ernährungsarbeiten werden in vielen Ländern (auch in Österreich) weitgehend von Frauen erledigt (Eberle et al. 2006; Mitterlehner 2002). Allerdings scheinen sich diese Verantwortlichkeiten etwas zu verändern, wenn Frauen berufstätig sind, dann übernehmen auch Männer mehr Tätigkeiten im Haushalt, wobei dies eher ein Mittelschichtphänomen zu sein scheint (Warde/Hetherington 1994) und von den jeweils praktizierten Ernährungs- und Haushaltsstilen abhängt. Bei partnerschaftlichen Zusammenlebensmodellen (in so genannten „egalitären Haushalten", die in Österreich 16 % der Bevölkerung ausmachen; Karmasin 1999; Karmasin/Karmasin 1997) übernehmen auch Männer Ernährungsarbeit und -verantwortung (Eberle et al. 2006). Elemente der partiellen Enthierarchisierung im Geschlechterverhältnis sind insbesondere bei jüngeren, gebildeten, städtischen Personen sichtbar. Von einer Erosion geschlechtsspezifischer Arbeitsteilung kann aber keineswegs gesprochen werden. Auch in individualisierten Milieus, wo das Ideal einer egalitären Partnerschaft den Anspruch einer Gleichverteilung der häuslichen Arbeit beinhaltet, erweist sich die Gleichheit oft als Illusion (Koppetsch/Burkart 1999). Eine Studie zu KäuferInnen von Bio-Lebensmitteln hat gezeigt, dass eine solche Form nachhaltiger Ernährung bei weiblicher Vollerwerbstätigkeit eher unter Bedingungen des Single-Status zu verwirklichen ist als in Paarbeziehungen (Birzle-Harder et al. 2003). Männer scheinen eher als „Bremser" zu wirken.

- **Ernährung und Alter**

Zwar ist der Faktor Alter (neben dem Geschlecht) eine Standardvariable in der quantitativ-deskriptiven Ernährungsforschung, aber selten wird das Lebensalter mit anderen, Differenz begründenden Faktoren in Beziehung gesetzt. Damit wird dann oft eine Homogenität des jeweiligen Abschnittes im Lebenszyklus konstruiert („der jugendliche Ernährungsstil"), die empirisch so nicht gegeben ist. Ernährungsmuster von Kindern und Jugendlichen sind sowohl vor dem Hintergrund der sozialen Herkunft als auch der Einbindung in die Gleichaltrigengruppe und dem Einfluss jugendlicher Moden zu interpretieren. In einer deutschen Studie zum Zusammenhang von sozialer Ungleichheit und dem Ernährungshandeln im Hinblick auf Gesundheit im Jugendalter wurden signifikante Einflüsse der sozialen Ungleichheitslage deutlich: „Kinder und Jugendliche aus den unteren sozialen Positionen zeigen in nahezu allen Ernährungsvariablen ein ungünstigeres Ernährungsverhalten" (Klocke 1995, 192).

Betrachtet man das Ernährungsverhalten soziallagenspezifisch entlang eines gesundheitlich negativen und eines positiven Pols, dann wird deutlich: „Je niedriger die Position in der Privilegienstruktur einer Gesellschaft ist, desto niedriger ist auch die Qualität der Ernährung. Je höher die Position in der Privilegienstruktur ist, desto höher ist auch die Qualität der Ernährung" (ebda., 195). Werden Geschlecht, Alter und Haushaltsformen als Faktoren miteinbezogen, sind zunächst geschlechts- und altersspezifische Differenzen sichtbar, denn Mädchen und Jüngere rangieren eher am positiven Pol. Mit steigendem Alter (und häufigerem Fernsehkonsum) wird aus einer ernährungswissenschaftlichen Perspektive auch das Ernährungshandeln negativer, da die Freizeitorientierung steigt und in der Freizeit „viele ernährungsphysiologisch unerwünschte (hyperkalorische) Lebensmittel wie Hamburger und Chips gegessen werden" (ebda., 196).

Hinsichtlich der Haushaltsformen zeigte sich, dass besonders von Armut Betroffene (Haushalte der untersten sozialen Schicht und solche von AusländerInnen) deutlich negativ vom Mittelwert abwichen. Je privilegierter die sozialen Positionen und je stärker das elterliche Unterstützungsverhalten, desto positiver scheint sich das Ernährungsverhalten zu entwickeln. In jugendlichen Lebensstilen lässt sich einerseits zwar die Herausbildung eines für diese Phase des Lebenslaufs typischen „jugendlichen Geschmacks" feststellen (Gerhards/Rössel 2002), andererseits wird diese Homogenität durch die Schicht- und Geschlechtszugehörigkeit gebrochen: Neben peer-group-spezifischen Einflüssen, die eine alimentäre Abgrenzung von der Herkunftsfamilie bewirken, zeigen Jugendliche deutlich von der Herkunftsfamilie geprägte Ernährungsmuster, d.h. soziale Ungleichheit wird teilweise auch im Ernährungshandeln reproduziert (Klocke 1995).

Im Unterschied zu jüngeren Menschen neigen ältere Menschen dazu, wesentlich strukturierter zu essen, d.h. zu festgelegten Essenszeiten, am Tisch und zumindest mit einem warmen Essen am Tag. „Snacking" findet bei dieser Gruppe seltener statt. Traditionelles Essen ist für viele ältere Menschen eine wichtige Kategorie. Im Unterschied zu Jüngeren inkorporieren Ältere wesentlich seltener neue Bestandteile in das Essen und stehen kulinarischen Innovationen eher ablehnend gegenüber (Caplan et al. 1998).

Trotz vieler Unterschiede sind teilweise aber auch Ähnlichkeiten zwischen den Ernährungspraktiken Jugendlicher und alter Menschen zu beobachten (Mennell et al. 1992). Ebenso wie die Jugendphase wird das Alter aus ernährungswissenschaftlicher Perspektive oft als eine Periode ernährungsbezogener Risiken gekennzeichnet (Bryant et al. 1985). Dies tritt verschärft dann auf, wenn alte Menschen in einem Einpersonenhaushalt leben und selbst für ihre Ernährung verantwortlich sind. Als besondere Risikogruppe erweisen sich alleinstehende, alte Männer, die häufig wenig variationsreiche Ernährungsmuster pflegen (Tansey/Worsley 1995). Ältere Menschen tendieren zu einem eher einseitigen Essstil, d.h. die Nahrungsauswahl findet aus einem relativ kleinen Spektrum an vertrauten und geschmacklich geschätzten Lebensmitteln statt (Köhler 1995).

Die Obsession der Ernährungsforschung für ernährungsphysiologische Risikogruppen darf allerdings nicht zu einer Einschränkung des Blicks führen: Heute wird das „vierte Lebensalter" nach Beendigung der Berufstätigkeit von vielen SeniorInnen als neuer Lebensabschnitt wahrgenommen, mit neuen Chancen und Handlungsmöglichkeiten, was oft auch zu einer Re-Strukturierung der Ernährungspraktiken führt, meist mit dem Fokus auf gesündere Ernährung (Brunner et al. 2006b). Über die Ernährungspraktiken der „aktiven SeniorInnen" (Empacher et al. 2000) ist bisher aber wenig bekannt. Zu vermuten ist, dass bei konsolidierten Ernährungsstilen (wie sie für das Alter eher typisch sind) in eingeschränktem Ausmaß Nachhaltigkeitspotenziale vorhanden sind, insbesondere wenn Fragen von Gesundheit und Krankheit angesprochen werden (Birzle-Harder et al. 2003; Brunner et al. 2006a; Sehrer 2004).

Soziale Schicht, Geschlecht oder Alter sind nur einige Differenzierungskriterien von Ernährungspraktiken. Die Haushaltszusammensetzung oder das Vorhandensein von Kindern sind andere (Fine et al. 1996). Die Relevanz dieser und anderer Differenzierungskriterien wird in den nachfolgenden Kapiteln zu den empirischen Ergebnissen genauer besprochen. Wir geben an dieser Stelle die isolierte Betrachtung einzelner Strukturierungsmerkmale auf und gehen im Folgenden auf das Zusammenspiel verschiedener Einflussfaktoren auf Ernährungshandeln eingehender ein. Dabei werden zuerst Ernährungsstile im Zentrum stehen, d.h. mehr oder weniger differenzierte Befunde zu grundlegenden Ernährungsorientierungen und -stilen und Charakteristika der diese jeweils praktizierenden Menschen. Dann werden aus einer holistischen Perspektive Lebensstil-Studien herangezogen, die Geschmack als sozial produziert sehen und Ernährung als einen kulturellen Performanzbereich eingebettet in den Gesamtzusammenhang eines Lebensstils konzipieren.

• Ernährungsstile und Lebensstile

In den letzten Jahrzehnten hat die Bedeutung soziodemographischer Variablen für die Strukturierung von sozialem Handeln aufgrund gesellschaftlicher Pluralisierungs- und Individualisierungsprozesse abgenommen. Obwohl solche Variablen im Ernährungsfeld immer noch hohe Bedeutung haben, müssen zusätzlich zu sozialen Lagemerkmalen auch die grundlegenden Orientierungen und Mentalitäten der Menschen in die Analyse einbezogen werden, da auch diesen Faktoren eine handlungsstrukturierende Rolle zukommt. Menschen mit gleichen Lagemerkmalen können durch unterschiedliche Orientierungen und Wertmuster gekennzeichnet sein, was wiederum andere kulturelle Praktiken zur Folge haben kann. Ernährungsstil- oder Ess-Typologien geben Hinweise auf Ausprägungen ernährungsbezogener Orientierungen und praktizierter Ernährungsstile. Solche Typologien werden meist mit statistischen Methoden ermittelt und heben bestimmte, „typische" Merkmale hervor, sind also nicht mit real existierenden Menschen gleichzusetzen. Aus diesen Arbeiten lassen sich Erkenntnisse über Differenzierungen im Ernährungsfeld gewinnen, die über einzelne Faktoren wie Alter oder Geschlecht hinausgehen und eine „integrierte" Sichtweise auf Ernährungspraktiken erlauben.

Als Beispiel für viele solcher Studien soll hier eine österreichische „Life-Style"-Untersuchung angeführt werden, in der vier Ernährungstypen identifiziert wurden, die bestimmte Charakteristika in ihrem Ernährungshandeln zeigen und sich auch signifikant in Einstellungen und Lebensgestaltung in anderen Bereichen unterscheiden (Plasser 1994). Diese vier Esstypen repräsentierten zum Zeitpunkt der Untersuchung jeweils ungefähr ein Viertel der österreichischen Bevölkerung: Der *„rationale Esser"* als erster Typus isst „pragmatisch", um satt zu werden, misst dem Essen geringe Bedeutung bei und verzehrt eher traditionelle Kost. Partiell für Gesundheits- und Ernährungsfragen aufgeschlossen, nimmt diese Gruppe auch manchmal „leichte" oder biologische Lebensmittel zu sich. Bei den „rationalen EsserInnen" sind ältere Personen überdurchschnittlich vertreten, vor allem Frauen über 60 Jahre. Mentalitätsbezogen stehen bei diesem Typus Traditionsbezogenheit, eine Sparsamkeits-, Disziplin- und Sicherheitsorientierung sowie traditionelle Geschlechtervorstellungen im Vordergrund. Dieser Typus ist vorwiegend haushaltsorientiert. Als zweiter Typus wurde der *„Gesundheitsapostel"* identifiziert, gekennzeichnet durch ausgeprägtes Gesundheits- und Ernährungsbewusstsein, hohe Akzeptanz von Leichtprodukten und biologischen Lebensmitteln. Mehr als die Hälfte dieser Gruppe kauft in Reformläden ein. Selektives Essen hat hohen Stellenwert: Zugunsten von Gesundheit und Schlankheit werden bestimmte Speisen gemieden, das eigene Kochen ist kreativ orientiert. In dieser Gruppe sind sowohl „Bio-Freaks" vertreten, als auch „moderne, bewusste" KonsumentInnen. Auch hier überwiegen Frauen, dieser Typus ist jedoch gleichmäßig über Altersklassen, Einkommensgruppen und soziale Schichten verteilt. Diese Gruppe zeigt politisch ein ausgeprägtes Demokratiebewusstsein, befürwortet Mitbestimmung und Gleichberechtigung und hat hohes Interesse an Natur und Umwelt. Der dritte Typus „*Feinschmecker*" erscheint als bewusster Genießer. Essen ist für sie/ihn Ausdruck des persönlichen Lebensstils und Teil ihrer/seiner Identität. Bevorzugt wird die feine, gehobene, kreative Küche, wobei der Genuss im Vordergrund steht. Verzicht ist bei dieser Gruppe sehr negativ konnotiert. Dieser Typus ist in jüngeren und mittleren Altersgruppen sowie bei höheren Berufsgruppen anzutreffen, umfasst gleich viel Männer wie Frauen. In dieser Gruppe sind vorwiegend extrovertierte Persönlichkeiten mit vielen sozialen Kontakten zu finden, Experimentier- und Lebensfreude herrschen vor. Als vierter Typus wurde *„der sorglose Esser"* identifiziert, der eine undifferenzierte Einstellung zum Essen an den Tag legt, prinzipiell traditionelle, gängige Kost isst (Hausmannskost, aber auch Fertigprodukte), die schmeckt und üblich ist, auch wenn sie weniger gesund ist. Zurückhaltung aus welchen Motiven auch immer ist dieser Gruppe fremd. Jugendliche sind hier überrepräsentiert, wobei vor allem der Anteil jüngerer Männer sehr hoch ist. Junge, ledige, berufstätige Menschen und Personen aus größeren Haushalten und dem Arbeitermilieu sind hier häufig vertreten. Dieser Typus ist eher extrovertiert, politische und soziale Interessen sind wenig ausgeprägt, ebenso das Umweltbewusstsein. Vergleichen wir diese vier Typen miteinander, so zeigen sich deutlich unterschiedliche Ernährungsorientierungen und -praktiken. Auch die hinter diesen Ernährungstypen stehenden Menschen differieren sowohl hinsichtlich soziodemographischer Aspekte als auch ernährungskultureller Vorstellungen.

In einer anderen, qualitativ angelegten Studie zum Thema Ernährung wurden „Ernährungsorientierungen" und „Ernährungsstile" unterschieden: Ernährungsorientierung meint „eine Art Vorstellung (...), nach der ein Konsument bewusst oder unbewusst seine Entscheidungen über sein Ernährungsverhalten ausrichtet. Das tatsächliche Verhalten gemäß dieser Orientierung, der Ernährungsstil, ist ein wichtiger Bestandteil des Lebensstils der Person" (Empacher/Götz 1999, 12). Es wurden sechs „Lebensstil-Schwerpunkte" unterschieden: „Gesund und natürlich", „gesund und fit", „schnell und bequem", „traditionell und gut", „exklusiv und genussvoll" sowie „schnell und billig". Im Unterschied zu Plasser (1994) werden hier zwei Gesundheitsorientierungen unterschieden, eine eher ganzheitliche und eine funktional bestimmte. Der „sorglose Esser" wurde in die Orientierungen „schnell und bequem" sowie „schnell und billig" ausdifferenziert. Diese Ernährungstypologie ist etwas differenzierter als jene von Plasser, soziodemographisch zeigen sich in beiden Studien relativ viele Ähnlichkeiten, vor allem was Geschlecht, Alter und Berufspositionen betrifft.

Holistischer, weil auf den ganzen Lebenszusammenhang von Menschen gerichtet, ist die soziologische Lebensstil-Forschung angelegt. In dieser allerdings nimmt das Essen als Lebensstilelement meist keine zentrale Rolle ein (Barlösius 1995). Eine Ausnahme und gleichzeitig Bahn brechend für die soziologische Analyse des Essens und Trinkens war die in Frankreich 1979 publizierte Arbeit „Die feinen Unterschiede" von Bourdieu (1982). Für ihn ist Geschmack ein „bevorzugtes Merkmal von Klasse" (Bourdieu 1982, 18). Geschmack ist demnach keine individuell bestimmte Präferenz, sondern entwickelt sich im Rahmen von klassenspezifischen Sozialisationsprozessen, die auch die alimentäre Sozialisation umfassen.

Bourdieu unterscheidet im Wesentlichen drei verschiedene Lebensstile und entsprechende Geschmacksausprägungen: Den Luxusgeschmack der Bourgeoisie und ihren „Sinn für Distinktion", den prätentiösen Geschmack des Kleinbürgertums und dessen „Bildungsbeflissenheit" sowie den praktisch-pragmatischen Geschmack der unteren Klassen und deren „Entscheidung für das Notwendige" (Müller 1992a). Bourdieu kritisiert essentialistische und anti-genetische Vorstellungen, die den Geschmack naturalisieren und von seinen ökonomischen und sozialen Ursachen abschneiden. Für ihn lässt sich beispielsweise der Geschmack der unteren Klassen für gleichermaßen nährende wie sparsame Nahrung „aus der *Notwendigkeit* zu weitestgehender kostensparender *Reproduktion der Arbeitskraft ableiten*" (Bourdieu 1982, 290; kursiv im Original). Bourdieu geht davon aus, dass die Ess- und Trinkkultur einer der wenigen Bereiche ist, wo die unteren Schichten in explizitem Gegensatz zur legitimen Lebensart stehen. Der neuen Verhaltensmaxime Mäßigung und Schlankheit setzt der Bauer und Arbeiter „die Moral des guten Lebens" entgegen: „Einer der gut zu leben vermag: das ist nicht nur, wer gut essen und trinken mag. Das ist der, dem es gegeben ist, in eine generöse und *familiäre*, will heißen in eine schlichte und freie Beziehung zu treten, die durch gemeinschaftliches Essen und Trinken begünstigt und zugleich symbolisiert wird, in der alle Zurückhaltung und alles Zögern, Aufweis der Distanz durch die Weigerung, sich zu beteiligen und gehen zu lassen, wie von selbst verschwindet" (Bourdieu 1982, 292f.; kursiv im Original). Der Bruch mit populären Ess- und Trinkgewohnheiten verläuft entlang der Grenze zwischen Arbeitern und Angestellten. Während die unteren Klassen zu spontanem Materialismus neigen, versuche der „bescheidene Geschmack" des Kleinbürgertums Verlangen und Lust des Augenblicks künftigen Wünschen und Befriedigungen unterzuordnen. Den unterschiedlichen Einstellungen gegenüber dem Essen liegt eine jeweils „andere Einstellung zur Zukunft" zugrunde, „welche wiederum selbst in einem zirkulären Kausalverhältnis zu einer jeweiligen objektiven Zukunft steht" (ebda., 296). Für diejenigen, die keine Zukunft haben, stellt Hedonismus allemal eine sinnvolle Philosophie dar.

Bourdieu hat die Geschmacksmuster in den frühen 1970er Jahre in Frankreich untersucht und dabei deutliche Unterschiede im Nahrungskonsum zwischen den sozialen Klassen aufgezeigt, die allerdings nicht nur als Funktion des Einkommens, sondern des gesamten seit frühester Kindheit ausgebildeten Habitus zu sehen sind. Der Nahrungskonsum ist eingebettet in den Gesamtzusammenhang des Lebensstils, Geschlechtskonzepte spielen dabei ebenso eine Rolle wie klassenspezifische Körperbilder. Der Geschmack für Gerichte steht über die Art der Zubereitung „mit einer globalen Auffassung von Hauswirtschaft und Arbeitsteilung zwischen den Geschlechtern im Zusammenhang" (Bourdieu 1982, 303f.). Kulinarische Vorlieben zeigen auch die klassenspezifische Verteilung der körperlichen Eigenschaften (z.B. ein instrumentelles Verhältnis zum eigenen Körper in der Arbeiterklasse). Bourdieus Untersuchung verdeutlicht, dass Ernährungspraktiken nicht isoliert gesehen werden dürfen, sondern eingebettet in soziale Klassen und Lebensstile und dass kulturelle Praktiken immer auch in Distanz zu anderen stehen, sozialen Distinktionszwecken dienen.

Bourdieus Analyse ist nicht ohne Kritik geblieben. So wurde ihm wegen der engen Koppelung von sozialen Positionen und kulturellen Praktiken Determinismus vorgeworfen (z.B. Barlösius 2006; Eder 1989) und eine Verkennung der Subjektivität gesellschaftlichen Seins (Flaig et al. 1997). Barlösius kritisiert Bourdieus Dualismus von Luxus- und Notwendigkeitsgeschmack und verweist auf ein drittes, relativ eigenständiges Geschmacksmuster, den „naturgemäßen Essstil", der in der Betonung von Mäßigung und Natürlichkeit gegen den Luxusgeschmack opponiert: „Der distinguierte Essstil wird als überfeinert und dekadent und damit als gesellschaftlich und politisch nicht zukunftsfähig kritisiert. Auf den Punkt gebracht: Die kulturelle Hegemonie des Luxusgeschmacks ist keineswegs so unumkämpft, wie Bourdieu den Eindruck vermittelt. Es gibt Gegenmodelle, wie die freiwillige Askese, die zeitweise außerordentlich machtvoll sind" (Barlösius 1999, 118). Gerade im 20. Jahrhundert sei es dem „naturgemäßen Lebensstil" gelungen, die zwei zentralen gesellschaftlichen Felder Gesundheit und Ökologie zu besetzen und sich als deren Umsetzung darzustellen. Wesentliche Elemente dieses Lebens- und Ernährungsstils wurden in Ernährungs-, Gesundheits- und Umweltpolitik integriert und so mit symbolischem Kapital ausgestattet.

Aus Perspektive der Individualisierungstheorie wird die Aufweichung dieser zwei (oder drei) abgegrenzten Stile in Richtung eines „menu pluralism" (Beardsworth/Keil 1997) konstatiert. Demnach habe sich die Hierarchisierung der Geschmacks- und Ernährungsstile im Sinne eines Nebeneinander von Stilen ohne ausgeprägt distinktive Qualitäten eingeebnet (Warde 1997). Die Alltäglichkeit des Essens und die oftmals privathaushaltliche Rahmung von Ernährungshandlungen würden bewirken, dass beim Essen Distinktionsaspekte und symbolischer Statuskonsum weniger ausgeprägt seien (Brand et al. 2003; Mintz 1993). Andere Lebensstilbereiche, „die expressive Zugehörigkeiten markieren und auf audio-visueller Ebene direkt darstellbar, wahrnehmbar und klassifizierbar sind" (Georg 1998, 195), wie etwa Kleidung oder Wohnen, würden sozial mehr differenzieren als Ernährung.

Zieht man andere Ernährung als Performanzmerkmal einbeziehende Lebensstilstudien heran, so zeigen sich in Grundzügen empirische Ähnlichkeiten mit Bourdieus Befunden (Blasius/Winkler 1989). Eine Anfang der 1990er Jahre in Österreich durchge-

führte Studie zu Ess- und Trinkkulturen hat z.B. bezogen auf Berufsgruppen auch die ge-
gensätzlichen Ernährungskonzepte von ArbeiterInnen und Angestellten deutlich gemacht:
„Der Bruch zwischen den *traditionalen*, von Erfahrungen des Mangels, körperlicher Arbeit und herkömmlichen Körpervorstellungen geprägten Ernährungsweisen und den ‚bürgerlichen‘ Umgangsweisen mit dem Essen, mit ihrem Hang zu Verfeinerung und Gesundheit vor allem in Form der Schlankheit, verläuft grob gesprochen zwischen Arbeitern und
Angestellten. Weitere Differenzen, die jenseits dieser groben Trennung jeder Gruppe ihre
spezifischen Charakteristika verleiht, sind dabei jedoch nicht zu übersehen" (Landstei-
ner/Mayer 1994, 88; kursiv im Original).

Nun hat sich durch den Wertewandel und gesellschaftliche Differenzierungs- und
Individualisierungsprozesse ohne Zweifel die Sozialstruktur verändert. Aber auch andere
Studien, die eine enge Koppelung von sozialen Positionen und kulturellen Praktiken infra-
ge stellen und dem Subjektiven mehr Raum geben, zeigen keineswegs gänzlich von sozialen Merkmalen entkoppelte Ernährungspraktiken. Eine auf dem sozialen Milieu-Modell
basierende Ernährungsmarktstudie präsentiert sechs Ernährungstypen in Deutschland: Die
„ökologische Avantgarde", die „Feinschmecker", die „Fit-Food-Gourmets", die „Fast-
Food-Fans", die „Traditionellen" und die „Gleichgültigen" (Sinus Sociovision 2002). Jeder dieser Typen orientiert sich in seinem Ernährungshandeln an einer oder mehreren der
folgenden acht Ernährungseinstellungen (gruppiert in vier Gegensatzpaare): „Traditional
Food" versus „Fast Food", „Gourmet-Genuss" versus „De-Ritualisierung",
„Fresh&Natural" versus „Technical Health" und „Öko-Moral" versus „Anti-Öko". So
werden von der „ökologischen Avantgarde" vor allem die Ernährungsorientierungen „Ö-
ko-Moral" und „Fresh&Natural" verfolgt, von den „Fit-Food-Gourmets" die Orientierungen „Fast Food", „Gourmet-Genuss", „Technical Health" und „Fresh&Natural". Betrachtet man die Verteilung der verschiedenen Orientierungen in der gesamten Gesellschaft,
dann zeigt sich ganz deutlich eine soziale Selektivität der Ernährungsorientierungen: Beispielsweise ist die Orientierung „Fresh&Natural" weitgehend auf soziale Milieus der O-
berschicht und der oberen Mittelschicht beschränkt, mit teilweise sehr unterschiedlichen
Wertorientierungen, die von konservativ-traditionell bis zu postmateriell reichen. Das Gegenteil gilt für die Orientierung „Anti-Öko": Diese ist vor allem in der Unterschicht und
der unteren Mittelschicht vertreten, ebenfalls bei divergierenden Wertorientierungen (von
traditionell bis konsummaterialistisch).

Betrachten wir die bisher präsentierten Studien vor dem Hintergrund anderer Untersuchungen zu Ernährungsstilen (Grunert et al. 2001; Hayn et al. 2006; ISOPUBLIC
2003; Stieß/Hayn 2005; Tappeser et al. 1999), dann zeigt sich durchgehend, dass es – je
nach Differenziertheit und Anlage der Studie – zwischen vier und acht weitgehend ähnlich
gelagerte Ernährungsstile gibt, die von ebenso vielen Ernährungsorientierungen bzw. der
Kombination einiger weniger angeleitet werden. Auch die Merkmale der diese Stile praktizierenden Menschen sind in vielen Fällen ähnlich.

Demgegenüber steht eine viel zitierte Untersuchung aus Mitte der 1980er Jahre
(mit Projektion auf das Jahr 2000), welche davon ausgeht, dass jeder Mensch an einem
Tag unterschiedliche Ernährungsstile praktiziert: „Morgens das Fitnessfrühstück, mittags
McDonalds und abends das beste Restaurant der Stadt" (Litzenroth/GfK 1995, 305). Nicht
unterschiedliche soziale Gruppen praktizieren verschiedene Ernährungsstile, sondern „alle
drei Ernährungs-Stile werden von ein und derselben Person wechselweise und nebeneinander praktiziert. Die Entscheidung, wann, was und wie, wird dabei gegenwartsorientiert,
im Augenblick und möglichst individuell getroffen. Die Menschen des Jahres 2000 lassen

sich also in ihrem Ernährungs-Verhalten nicht mehr schematisiert auseinanderdividieren" (Kutsch et al. 1990, 298f.). Hier wird eine Individualisierung im Ernährungshandeln konstatiert, die sozial höchst voraussetzungsvoll ist (insbesondere, was das diskriminierende Merkmal des besten Restaurants der Stadt betrifft), da die skizzierten Ernährungsorientierungen in dieser Kombination sehr unwahrscheinlich sind. Es ist auch nicht überraschend, dass eine soziologisch anspruchsvollere Ernährungsforschung ein solches „Patchwork-Essen" nur in wenigen sozialen Milieus und Ernährungsstilen findet (Eberle et al. 2004b). Umso erstaunlicher ist es, dass diese Studie eine sehr große Verbreitung in der Ernährungsliteratur findet, mit der die Figur des multioptionalen und/oder hybriden und/oder individualisierten „Patchwork-Charakters" verdeutlicht wird (Bayer et al. 1999; Hofer 1999; Rösch 2002), was dazu führt, dass soziale Differenzen und Ungleichheiten im Ernährungshandeln ausgeblendet werden. Zwar gibt es auch in der Lebensstil-Forschung unterschiedliche Auffassungen hinsichtlich der Wählbarkeit von Lebensstilen bzw. des Ausmaßes an sozialer „Determiniertheit" von Handlungen, eine derartige Beliebigkeit wird aber selten unterstellt.

Im vorliegenden Forschungszusammenhang wurden Lebensstile und soziale Milieus nicht explizit im Hinblick auf Ernährungsprozesse untersucht, sondern die Ergebnisse dieser Forschung als sensitivierende Hintergrundfolie für die Interviewtenauswahl und die Interpretation des Datenmaterials genutzt. Aus der lebensstilorientierten Ernährungsforschung besonders hervorzuheben ist der Befund eines hohen Maßes „an Kohärenz zwischen den Orientierungen und dem Ernährungsverhalten. Dies belegt eindrucksvoll die Auswirkungen der Orientierungen auf das Ernährungsverhalten im Alltag" (Stieß/Hayn 2005, 19), auch wenn das Ernährungshandeln nicht kontextlos als direkte Umsetzung von Orientierungen gedacht werden darf.

Die bisher skizzierten Befunde aus Ernährungssoziologie und Ernährungsforschung geben einen guten Einblick in Einflussmerkmale und Ausprägungen von Ernährungshandeln. Viele dieser Studien sind jedoch Momentaufnahmen und sagen nur wenig über Dynamik und Wandel von Ernährungspraktiken aus. Wir werden auf diese Frage etwas später noch eingehen. Zuvor soll ein weiterer Theoriebaustein eingeführt werden, nämlich die Eingebundenheit des Ernährungshandelns in die alltägliche Lebensführung.

1.3.3. Ernährungspraktiken als Teil alltäglicher Lebensführung

Viele Arbeiten in der Ernährungsforschung sind auf die quantitative Erhebung des Ernährungsverhaltens gerichtet und blenden oft methodologisch die Eingebundenheit des menschlichen Ernährungshandelns in soziale, ökonomische, politische und kulturelle Kontexte aus. Wie bereits im Abschnitt zur sozialwissenschaftlichen Umweltforschung ausgeführt, gehen wir davon aus, dass eine alltagsorientierte Ernährungsforschung sozial kontextualisiert werden sollte. Das Ernährungshandeln muss eingebunden in die Strukturen des Alltags konzipiert werden. Dazu sind die unterschiedlichen, teilweise divergierenden Anforderungen, die Menschen tagtäglich zu bewältigen haben, in die Analyse einzubeziehen, um den Stellenwert von Ernährung inmitten dieser Anforderungen und die jeweiligen Modi der Integration ernährungsbezogener Handlungen in den Alltag transparent zu machen. Der Theorieansatz „alltägliche Lebensführung" (Kudera/Voß 2000; Projektgruppe ‚Alltägliche Lebensführung' 1995; Voß/Weihrich 2001; Weihrich/Voß 2002) kann dabei als theoretische Grundlage hilfreich sein.

Die gesellschaftlichen Veränderungen der letzten Jahrzehnte (Modernisierung, Pluralisierung, Individualisierung) haben die Bewältigung des Alltags zu einer komplexen
Aufgabe gemacht. Die Pluralisierung der Arbeits- und Lebensbedingungen, die Ausdifferenzierung gesellschaftlicher Strukturen, die Erosion gesellschaftlicher Normalitäten
(Normalarbeitstag, Normalarbeitsverhältnis, Normalbiographie), veränderte Formen des
Zusammenlebens, gewandelte Werte und Einstellungen zu Partnerschaft und Geschlechts-
rollen haben auch die Anforderungen zur Organisation des Alltags verändert. Menschen
sind mit z.T. sich rasch ändernden Anforderungen konfrontiert und müssen eine Weise des
Umgangs damit finden. Im Vergleich zu früheren Jahrzehnten ist in der posttraditionalen
Gesellschaft „das gesellschaftliche Leben entscheidungsoffen geworden" (Giddens 1996,
144) und Menschen sind zunehmend vor die Aufgabe gestellt, eine lebbare Balance zwischen Möglichkeiten und Realisierungen zu finden. Die Gestaltung des Alltagslebens wird
dadurch mehr und mehr selbst zur Arbeit.

Gesteigerte Anforderungen können auf mehreren Ebenen konstatiert werden:

„(a) auf der Ebene der *zeitlichen Organisation des Alltags* erfordert die Lebensführung ein erhöhtes Maß an Synchronisations-, Koordinations-, und Planungsleistungen;

(b) auf der Ebene der *sachlich-arbeitsteiligen Organisation des Alltags* erfordert
die Lebensführung ein erhöhtes Maß an Abstimmungs- und Aushandlungsleistungen, was
sowohl die individuellen Optionen, als auch die Verteilung von Aufgaben und Ressourcen
betrifft;

(c) auf der Ebene der *sozialen Organisation des Alltags* erfordert die Lebensführung ein erhöhtes Maß an Aushandlungs- und Abstimmungsleistungen, um Beziehungen und soziale Kontakte zu regulieren" (Jurczyk/Rerrich 1993, 27; kursiv im Original).

Vor dem Hintergrund dieser Veränderungen überrascht es nicht, dass Menschen
auch in ihrem Ernährungsalltag das Bedürfnis nach Entlastung, den Wunsch nach Verein-
fachung und Komplexitätsreduktion verspüren (Eberle et al. 2006).

„Alltägliche Lebensführung" meint das alltägliche Tun (das Was und das Wie) in
den unterschiedlichen Lebensbereichen und wie Individuen versuchen, die verschiedenen
Tätigkeiten zu einem kohärenten und konsistenten Ganzen zusammenzufügen, die oft widersprüchlichen Anforderungen, Zeiten und Strukturen abzustimmen und zu integrieren
(Voß 1991, 2001; Voß/Weihrich 2001). Lebensführung als integratives Konzept schließt
das gesamte Tätigkeitsspektrum der Individuen in den verschiedenen für sie relevanten sozialen Lebensbereichen (Erwerbstätigkeit, Familie, Hausarbeit, Freizeit) ein und bezeichnet die Struktur, Form oder Gestalt des Zusammenhangs dieser Aktivitäten: „Die Lebensführung wird als der systematische Ort definiert, an dem Personen in ihrem praktischen
Alltagshandeln die unterschiedlichen gesellschaftlich ausdifferenzierten Arbeits- und Lebensbereiche, aber auch ihre sozialen Beziehungen gestalten und integrieren" (Jur-
czyk/Rerrich 1993, 33). Alltägliche Lebensführung hat Prozesscharakter, ist eine von der
Person aktiv herzustellende Konstruktion, die weder sozial vorgegeben, noch einfach passiv übernommen wird. Die Perspektive dieses Konzepts ist subjektorientiert, d.h. gesellschaftliche Strukturen werden durch Subjekte aktiv verarbeitet und dadurch reproduziert
und verändert. Alltägliche Lebensführung bildet aber eine strukturelle Eigenlogik heraus,
die nur bedingt der Person „gehört", d.h. bis zu einem gewissen Grad kann sie sich auch
gegenüber der Person verselbständigen (Voß 2001). Diese Eigenlogik zieht eine gewisse
Trägheit und Veränderungsresistenz des Alltags nach sich und entlastet damit die Person
von den alltäglichen Entscheidungen, wann, wo und wie sie tätig werden soll. Im Rahmen

der alltäglichen Lebensführung entwickelt die Person Routinen, Gewohnheiten, Praktiken und Rituale mit hoher Beharrungstendenz, die auf den strukturellen Konservativismus vieler Alltagshandlungen verweisen.

Nehmen wir als Beispiel den Strukturwandel der Arbeit (Brand et al. 2002; Voß 1993). In den letzten Jahrzehnten lässt sich eine zunehmende Erosion des Normalarbeitsverhältnisses feststellen mit der Folge, dass es immer weniger „normale" Beschäftigungsverhältnisse gibt, diskontinuierliche Lebensverläufe mit Brüchen und Einschnitten die Regel werden. Bei unregelmäßigeren und unverlässlicheren Arbeitsbedingungen wird auch die Organisation des Alltagslebens komplizierter. In diesem Zusammenhang ist die Erosion des Normalarbeitstags anzuführen, Arbeiten rund um die Uhr und die Ausdehnung von Arbeit in vormals arbeitsfreie Zeiten sind keine Seltenheit mehr. Daraus ergeben sich neue Anforderungen der Synchronisierung verschiedener Arbeits- und Lebenszeiten. Die meisten dieser Entwicklungen sind für den Alltag der Individuen ambivalent, dem Zugewinn an Freiräumen (z.B. mehr Zeitsouveränität) stehen neue Risiken (z.B. Stress, Verlust an sozialer Gemeinsamkeit) gegenüber (Voß 1993).

Was bedeutet dies für den Ernährungsalltag (vgl. Kapitel 4)? Bisher ist der Zusammenhang von Arbeit und Essen nur wenig untersucht worden. Eine österreichische Studie aus Anfang der 1990er Jahre hat die berufsbedingten, strukturellen Zwänge im Hinblick auf die zeitliche Gestaltung des Essens untersucht (IKUS 1994). Dabei wurde deutlich, dass ein regelmäßiger Arbeitsalltag mit fixen Essenszeiten einhergeht. Umgekehrt gilt: Je unregelmäßiger der Arbeitsalltag, desto eher werden Essenszeiten variabel gehalten und die Hauptmahlzeit auf den Abend gelegt. Nach Berufszugehörigkeit hatten Bauern und Bäuerinnen und im Haushalt Tätige den regelmäßigsten Arbeitsalltag und die regelmäßigsten Essenszeiten, etwas mehr Unregelmäßigkeit zeigten die FacharbeiterInnen, ArbeiterInnen und einfachen Angestellten. Am unregelmäßigsten arbeiteten und aßen leitende Angestellte, Selbstständige und Personen in Ausbildung. Menschen mit variablen Essenszeiten wiesen in fast allen Produktkategorien einen höheren Anteil an Fertig- und Halbfertigprodukten an ihrer Ernährung aus (IKUS 1994), was auf den erhöhten Stellenwert von Convenience unter solchen Bedingungen verweist. Aus Gender-Perspektive wurde deutlich, dass bei zunehmender Regelmäßigkeit eines durchschnittlichen Alltags bei Männern die Kochhäufigkeit sinkt, bei Frauen aber ansteigt. Eine Untersuchung zu vollzeitbeschäftigten Frauen hat ergeben (Lange 1996), dass das Essen an Werktagen stark von der Berufstätigkeit beeinflusst wurde. So wurde das Abendessen zur Hauptmahlzeit bzw. ein großer Teil der befragten Frauen kochte überhaupt nur am Wochenende. Das Wochenende fungierte als „Kompensationszeit" für wahrgenommene Ernährungsmängel während der Woche: Wochenende war gleichbedeutend für mehr Zeit für Kochen und Essen. Ein Drittel der befragten Frauen gab an, dass ihnen das Essen unwichtig wird, wenn wenig Zeit zur Verfügung steht. Bei nicht alleine lebenden Frauen gab es wenig Unterschiede zwischen Teilzeitarbeit und Vollzeitarbeit hinsichtlich der Verantwortungszuschreibung für Lebensmitteleinkauf und Essenszubereitung: In beiden Beschäftigungsformen wird der Frau der Großteil der Verantwortung zugeschrieben (vgl. Kapitel 5).

Generell kann gesagt werden, dass mit zunehmender Flexibilisierung der Erwerbsarbeit das Außer-Haus-Essen zunimmt und eine Modifikation der Alltagsarrangements erforderlich macht (Jürgens 2001). Bereits ein geringes Maß an beruflicher Eingebundenheit (z.B. in Teilzeitarbeit) verändert den Ernährungsalltag deutlich (Stieß/Hayn 2005). Flexibilisierung führt aber nicht notwendigerweise zu einer Belastung des Ernährungsalltags, sondern kann unter bestimmten Bedingungen auch neue Möglichkeiten eröffnen.

1.4.   Ernährungspraktiken und sozialer Wandel

Ernährungsprozesse sind aber nicht nur im Alltag der Menschen kontextualisiert, sondern auch in strukturelle, gesellschaftliche Entwicklungstrends (z.B. Globalisierung, Strukturwandel der Arbeit, Individualisierungsprozesse und Wertewandel, Wissensgesellschaft) und Konsumtrends (z.B. Gesundheit) eingebettet. Aus Nachhaltigkeitsperspektive ist die Beachtung dieser Trends wesentlich, da sie kaum revidierbar und von individuellen und kollektiven AkteurInnen nur bedingt steuerbar sind (Brand et al. 2002; Umweltbundesamt 2002a), in ihren Auswirkungen aber die Möglichkeiten für nachhaltigen Konsum erweitern oder beschränken. Diese strukturellen Entwicklungstrends auf der Makroebene wirken sich vermittelt über die Mesoebene sozialer Strukturen und Beziehungen (z.B. kulturelle Deutungsmuster, Lebens- und Ernährungsstile, Formen des Zusammenlebens) auf die Mikroebene sozialen Handelns (z.B. Ernährungshandeln) und alltäglicher Lebensführung (z.B. veränderte Anforderungen an die Integration unterschiedlicher Handlungsbereiche) aus. Dabei darf aber nicht von einer linearen Entwicklung ausgegangen werden, da jeder Mensch Erfahrungen individuell verarbeitet und in unterschiedlicher Weise damit umgeht. Im Folgenden wird der Zusammenhang von gesellschaftlichen Wandlungsprozessen und dem Wandel der Ernährungspraktiken diskutiert. Welchen Niederschlag diese Veränderungsprozesse in den individuellen, alimentären Biographien finden, wie Menschen in ihrer je subjektiven Ernährungsgeschichte mit den verschiedenen Einflussfaktoren umgehen, wird in Kapitel 7 genauer ausgeführt.

Veränderungsprozesse in Gesellschaft und Wirtschaft lassen auch Ernährungsmuster nicht unberührt. Die Identifikation von Anknüpfungspunkten und Hindernissen für Nachhaltigkeit im Ernährungshandeln und die Entwicklung von alltagsnahen, die KonsumentInnen nicht überfordernden Nachhaltigkeitsstrategien muss die Dialektik von Wandel und Stabilität in den Ernährungspraktiken berücksichtigen, um die Veränderbarkeit von Lebens- und Ernährungsstilen realistisch einschätzen zu können und um jene Konstellationen im Ernährungsalltag der Menschen zu identifizieren, die Nachhaltigkeitspotenziale in sich bergen.

Ernährungspraktiken haben sich unter dem Einfluss sozialen Wandels und gesellschaftlicher Modernisierungsprozesse in den letzten Jahrzehnten stark verändert. Gesellschaftliche Entwicklungen wie z.B. die Alterung der Bevölkerung, die steigende Erwerbstätigkeit der Frauen, die Pluralisierung der Haushalts- und Familienstrukturen, der Wandel zu einer multikulturellen Gesellschaft, die zunehmende Polarisierung von arm und reich oder der Wandel der Geschlechterverhältnisse und -beziehungen führen zu Veränderungen im Handlungsfeld Ernährung (Bayer et al. 1999), ebenso wie strukturelle Entwicklungen auf Produktions- und Marktseite (Marshall 2001) und Ernährungsdiskurse in Öffentlichkeit und Medien oder Lebensmittelskandale. Letztere können beispielsweise dazu führen, dass es zu einer partiellen Reflexivierung und Umstrukturierung der alltäglichen Ernährungsmuster kommt (Brunner 2006a). Öffentliche Kommunikation (z.B. über gesunde Ernährung) kann über längere Zeiträume durchaus weit reichende Veränderungen in den Ernährungsmustern bewirken, wenngleich nicht bei allen sozialen Gruppen in gleichem Ausmaß und zumeist in Allianz mit partiell fortwirkenden Traditionsbeständen und aufklärungsresistenten Teilbereichen (Hietala 1996). Strukturelle Trends werden vielfach gebrochen in den alltäglichen Ernährungsprozessen wirksam (unter anderem durch soziale Milieuzugehörigkeit, durch das Leben in der Stadt oder am Land oder durch sozialisatorisch erworbene Geschmackspräferenzen). Gesellschaftliche Entwicklungen dürfen nicht linear im Sinne einfacher Modernisierung interpretiert werden, sondern müssen in ihren Widersprüchlichkeiten, Ambivalenzen und Nebenfolgen betrachtet werden. Weder sind die häufig von der Markt- und Trendforschung konstatierten Entwicklungen per se eindeutig, noch werden diese Trends widerspruchsfrei im Alltag der KonsumentInnen wirksam (Brunner 2005). Evident ist, dass soziale Wandlungsprozesse auch in den traditionellsten Milieus nicht ohne Einfluss bleiben.

Es gibt jedoch noch wenig Wissen darüber, wie mit diesen zum Teil langfristigen Makrotrends im Ernährungsalltag umgegangen wird. So können die steigende Frauenerwerbstätigkeit und der daraus resultierende Zeitdruck dazu führen, dass der Kochaufwand durch die Integration von Tiefkühl- oder Fertigprodukten minimiert wird bzw. dass auch Männer manchmal Ernährungsverantwortung übernehmen. Dies ist aber milieu- und ernährungsstilspezifisch unterschiedlich und nicht die logische Folge von weiblicher Erwerbstätigkeit. Die mit dem Strukturwandel der Arbeit einhergehende Subjektivierung und Flexibilisierung verlangt den Beschäftigten neue Formen individuellen Zeitmanagements ab, indem sie persönliche Bedürfnisse und Belange der Beschäftigung in flexibler Form in Abstimmung bringen müssen. Ernährungsbezogene Folge davon kann sein, dass gemeinsame Mahlzeiten seltener werden, Essensformen flexibler werden. Ob unter diesen Bedingungen zwingend „Flex-WorkerInnen" entstehen, die „Multitasking" betreiben und zu „SimultanesserInnen" werden – wie es die Trendforschung annimmt (Rützler 2003) – ist nicht ausgemacht.

Trotz des raschen Wandels besitzen Ernährungspraktiken nämlich eine Eigenlogik, eine Beharrungskraft und Stabilität, die radikale Veränderungen unwahrscheinlich macht (Brunner 2001): „Der Fortbestand habitueller Verhaltensweisen, aber auch die Herausbildung neuer Traditionen inmitten des Nichttraditionalen ist aller Erfahrung nach höher zu veranschlagen, als es die abstrakten Formeln zu globalgesellschaftlichen Entwicklungen vermuten lassen. (...) Gerade das Thema ‚Essen' aber weckt gegenüber der Behauptung postmoderner Totaldisponibilität Skepsis, weil es selbst in den unkonventionellsten Milieus der Postmoderne eine Fülle von Verweisungen auf Nichtkontingentes auslöst: auf Traditionen, auf Herkünfte, auf ‚Identitäten'" (Zingerle 1997, 10). Die Herausbildung von Geschmäckern in der alimentären Sozialisation ist ein voraussetzungsvoller Prozess. Essen hat große Bedeutung für individuelle, kollektive und ethnische Identität (Fischler 1988), symbolisiert familiäre und kulturelle Zugehörigkeit (Dickinson/Leader 1998), ist Ausdruck sozialer Ordnung (Douglas 1998), weshalb einmal erworbene Präferenzen und Gewohnheiten nicht leicht und nicht in allen Bereichen zu ändern sind.

Auch regionale Küchenmuster bleiben trotz Globalisierungstendenzen erhalten bzw. werden neu erfunden (Spiekermann 2000). Ernährungspraktiken können sich über lange Zeiträume als relativ stabil erweisen, was auch für bestimmte kulturelle Codierungen von Lebensmitteln oder alltagsweltliche Vorstellungen einer „richtigen Mahlzeit" (Murcott 1995) gilt. Änderungen können für die Individuen mit großem Aufwand verbunden sein, da sich Ernährungsmuster nicht nur auf das (schmale) Spektrum konsumierter Lebensmittel, sondern auch auf die Häufigkeit von Mahlzeiten, auf bestimmte Zubereitungsarten und die jeweiligen Esskontexte beziehen. Zwar sind unter dem Einfluss von Individualisierungsprozessen und einer immensen Vielfalt an Produkten bei relativ niedrigen Preisen die Handlungsspielräume für Ernährungshandeln gestiegen (z.B. die Möglichkeit zum Ausprobieren von Produktinnovationen), Veränderungen von Ernährungsmustern und -stilen scheinen aber eher langsam vor sich zu gehen (Lentz 1999), radikale Veränderungen sind nur unter bestimmten Bedingungen wahrscheinlich (etwa durch Umbrüche und Krisen im Lebenslauf; vgl. Kapitel 7).

1.5. Zusammenfassung

In diesem Kapitel haben wir das Konzept „nachhaltige Entwicklung" in seinen verschiedenen Dimensionen eingeführt und auf das Ernährungssystem im Allgemeinen und auf ernährungsbezogene Konsumprozesse im Speziellen bezogen. In der Verknüpfung verschiedener Forschungsstränge wurde ein theoretisches Rahmenmodell für die Analyse von Ernährungspraktiken im Kontext der Nachhaltigkeitsdebatte entwickelt. Dabei wurde von einer sozialen Kontextualisierung des Ernährungshandelns ausgegangen und Ernährung als soziale Praxis gefasst. In der Abbildung auf Seite 37 sind wesentliche Dimensionen dieses Modells schematisch erfasst.

Ernährungspraktiken als je spezifische Kombinationen von bestimmten Ernährungsorientierungen und Ernährungshandlungen sind demnach sowohl bestimmt durch soziale Lagemerkmale wie Einkommen, Bildung oder Geschlecht, als auch durch milieuspezifische Wertorientierungen und Mentalitäten. Ernährungspraktiken und -stile sind eingebettet in Milieukontexte und die jeweiligen Lebensstile bestimmter sozialer Gruppen zu sehen, was sich z.B. in unterschiedlichen Vorstellungen über den Zusammenhang von Ernährung und Gesundheit äußern kann. Obwohl Ernährungspraktiken oftmals relativ stabil sein können, kann es im Laufe der alimentären Sozialisation auch vielfältige Veränderungen geben, was durch die biographische Dimension verdeutlicht wird.

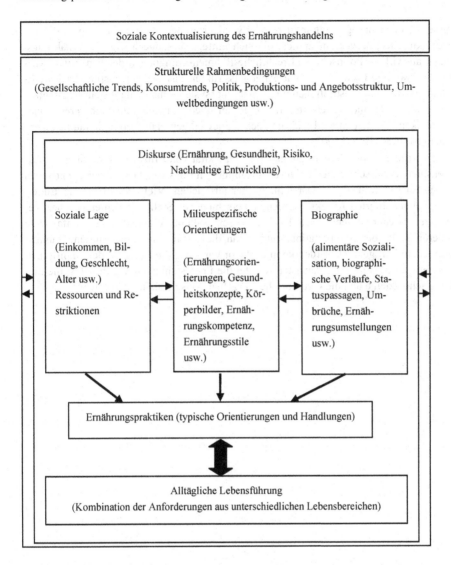

Abb. 1:   Soziale Kontextualisierung des Ernährungshandelns (Quelle: eigene Darstellung)

Ernährungspraktiken sind eingebettet in die alltägliche Lebensführung, Ernährungsimperative müssen mit Anforderungen aus anderen Lebensbereichen in Abstimmung gebracht werden, was zu Kompromissbildungen oder Abstrichen von leitenden Ernährungsansprüchen ebenso führen kann wie zu phasenspezifischen Bevorzugungen alimentärer Belange (z.B. bei gesundheitlichen Problemen). Ernährungspraktiken sind aber auch eingebettet in und beeinflusst von gesellschaftlichen Diskursen zu Ernährung, Gesundheit und Umwelt. Die mediale Berichterstattung und gesellschaftliche Diskussion zu Lebensmittelskandalen etwa kann mehr oder weniger weit reichende Auswirkungen auf Ernährungspraktiken haben (Brunner 2006a). Aber auch Ernährungsleitbilder werden auf dieser Ebene geprägt und diskursiv vermittelt (Hayn/Empacher 2004). Jedoch finden diese Diskurse sehr unterschiedliche Resonanz in den alltäglichen Ernährungspraktiken und beeinflussen den Ernährungsalltag in mehr oder weniger großem Ausmaß. Dies gilt auch für makrostrukturelle Entwicklungstrends, die sich mittel- bis längerfristig auf Ernährungspraktiken auswirken. Politische und rechtliche Rahmenbedingungen der Ernährungswirtschaft, die jeweilige Produktions- und Angebotsstruktur, das Zusammenspiel der jeweiligen AkteurInnen und Institutionen im Ernährungssystem, nationale Ernährungsregime (Warde et al. 2004) sind weitere strukturelle Rahmenbedingungen, innerhalb derer Ernährungspraktiken angesiedelt sind und die auch die jeweiligen Handlungsspielräume einengen oder erweitern (Brand 2007).

Es ist hier nicht möglich, die ganze Komplexität von Ernährungspraktiken im Zusammenspiel der verschiedenen Faktoren abzubilden, für das Verständnis der empirischen Teile des Buches sollte diese Darstellung aber ausreichen. Viele der in diesem Einleitungskapitel angeführten Aspekte werden an verschiedenen Stellen in den empiriebezogenen Kapiteln wieder aufgenommen. Der theoretische Rahmen diente dabei als umfassende Orientierungsfolie der Interpretation, auch wenn die empirische Arbeit diesem Rahmen nicht in jedem Fall gerecht werden konnte. Bevor wir auf die Ergebnisse der empirischen Analyse eingehen, werden im nächsten Kapitel die Fragestellungen des Projekts, die methodologische Anlage und die methodische Vorgehensweise genauer beschrieben.

Sonja Geyer

2. Methodologie und methodische Vorgehensweise

2.1. Methodologischer Rahmen

Zentrale Intention unseres Projekts war die Untersuchung der alltäglichen Ernährungspraktiken der Österreicherinnen und Österreicher. Folgende Leitfragen standen im Zentrum: Wie sind die Ernährungspraktiken strukturiert, aus welchen Gründen verändern sie sich, wie entwickeln sie sich in den Kontexten von Arbeit, Freizeit, Familie und öffentlichen Diskursen und welche Chancen und Restriktionen ergeben sich daraus in Bezug auf Nachhaltigkeit? Im Gegensatz zur bisherigen, weitgehend quantitativ-naturwissenschaftlich ausgerichteten Ernährungsforschung wurde ein qualitatives Forschungsdesign gewählt. Während quantitativ orientierte Forschungsmethoden vorrangig das Ziel verfolgen, bestehende Theorien bzw. Hypothesen mittels vorab konstruierter Erhebungsinstrumente (z.B. anhand eines Fragebogens) zu überprüfen, sollte mit dem qualitativen Vorgehen eine Zugangsweise ermöglicht werden, ernährungsspezifische Phänomene aus praxistheoretischer Perspektive in das Blickfeld zu nehmen, diese tiefer gehend zu analysieren, eigene Theorien über den Untersuchungsgegenstand zu entwickeln und in Folge zu verallgemeinernden Aussagen über alltägliche Ernährungsprozesse im Nachhaltigkeitskontext zu gelangen (Flick 1995; Heinze 1992; Lamnek 1993).

Als methodologischer Leitzugang wurde die von Glaser/Strauss (1967) entwickelte „Grounded Theory" gewählt. Bei diesem Ansatz stellt die Theoriebildung einen wesentlichen Teil des Forschungsprozesses dar. Die Forschung beginnt nicht mit theoretisch abgeleiteten Hypothesen, sondern gelangt über die beobachteten Phänomene zu einer gegenstandsverankerten Theorie (Kelle/Kluge 1999; Strauss 1991). Die relativ offene, sehr stark fallbezogene Orientierung der „Grounded Theory" basiert auf einem Wechsel zwischen induktivem und deduktivem Arbeiten. Dies bedeutet, dass keine strikte Trennung von Datenerhebung und -auswertung vorgesehen ist, sondern sich diese wechselseitig bedingen. Sobald Datenmaterial erhoben wird, kann mit der Auswertung begonnen werden. Einzelne Zwischenergebnisse bestimmen dann die weiteren Forschungshandlungen, z.B. die Auswahl zusätzlicher InterviewpartnerInnen. Im Verlauf des gesamten Forschungsprozesses wurde die Auswahl über die in die Untersuchung einfließenden Datenquellen im Hinblick auf deren theoretische Relevanz für den Untersuchungsgegenstand abgestimmt. Erfolgte zum Beispiel die Rekrutierung unserer InterviewpartnerInnen anfangs noch sehr offen nach Bereitschaft und Verfügbarkeit, so wurde nach und nach dazu übergegangen, systematisch nach Vergleichsgruppen zu suchen, um einzelne Fälle entweder hinsichtlich relevanter Unterschiede (Methode der Maximierung) oder hinsichtlich relevanter Ähnlichkeiten (Methode der Minimierung) miteinander vergleichen zu können. Dies geschah so lange, bis eine theoretische Sättigung des Datenmaterials eintrat, d.h. keine theoretisch relevanten Ähnlichkeiten bzw. Unterschiede beim Vergleich der Fälle mehr entdeckt wurden.

Die „Grounded Theory" war vor allem in Bezug auf die Vorgangsweise zur Theoriebildung und die Auswahl der InterviewpartnerInnen leitend, bei der Auswertung der Daten
spielte vor allem das „paradigmatische Modell" der „Grounded Theory" zeitweise eine
zentrale Rolle (vgl. 2.3.).

Charakteristisch für die „Grounded Theory" (wie für viele qualitative For-
schungsansätze) ist die Zirkularität des Forschungsvorgehens. Verglichen mit einem quantitativ ausgerichteten, „linearen" Modell des Forschungsprozesses, bei dem zu Beginn die
Theorie steht und das Ziel die Überprüfung der aus der Theorie hergeleiteten Hypothesen
ist, handelt es sich bei der qualitativen Vorgehensweise um ein „zirkuläres" Modell. Hierbei existiert im Vorfeld noch keine fertige Theorie, sondern lediglich theoretisch orientierte Vorannahmen, die mit dem Untersuchungsgegenstand in Verbindung stehen. Die Theorie wird erst im Verlauf des Forschungsprozesses generiert (Flick 1995). Unser Zugang
war daher anfangs sehr breit angelegt, um möglichst viele unterschiedliche Informationen
zu erhalten bzw. ein breites Spektrum an alltagsrelevanten Aspekten im Zusammenhang
mit Ernährung und Nachhaltigkeit zu sammeln. Aufgrund der ersten gewonnenen Erkenntnisse erfolgte die Auswahl und Interpretation weiterer Fälle, womit nach und nach
die einzelnen Ergebnisse miteinander verglichen werden konnten und es zu einer immer
stärkeren Verdichtung des Datenmaterials kam. Daraus ergaben sich nicht nur die empirischen Ergebnisse zu den einzelnen thematischen Feldern, sondern schrittweise auch die
theoretischen Zusammenhänge zu Genese, Ablauf und Folgen von Ernährungsprozessen.

2.2.   Die Datenerhebung

2.2.1.   Leitfadengestützte Tiefeninterviews

Als Methode der Datenerhebung wurde das leitfadengestützte Tiefeninterview gewählt.
Qualitative Interviews sind besonders geeignet, um im Sinne einer verstehenden Soziologie Situationsdeutungen oder Handlungsmotive in offener Form zu erfragen und auf diese
Weise Theorien über die Alltagsgestaltung und deren subjektive Interpretationen differenziert und offen zu erheben (Hopf 2000). Ein wesentlicher Vorteil dieser Methode liegt darin, dass so die Sichtweise des befragten Subjektes besser zur Geltung kommt als beispielsweise in standardisierten Interviews oder Fragebögen, wo eine stärkere Strukturierung der Interviewsituation und der Gesprächsinhalte stattfindet. Im qualitativen Interview
kommt dem handelnden Subjekt die tragende Rolle zu, es erhält den nötigen Raum, seine
subjektive Sichtweise zur Thematik in die Untersuchung einzubringen und über sein aktives und zumindest teilweise bewusstes Ernährungshandeln und alle damit verbundenen
Tätigkeiten (z.B. Einkaufen, Zubereitung, Essen) zu erzählen. Unsere Aufgabe bei der Befragung bestand primär darin, einen Kommunikationsprozess im Sinne des qualitativen
Paradigmas (Froschauer/Lueger 1992) in Gang zu setzen, indem wir den Interviewpersonen immer wieder Erzählanreize anhand des Leitfadens zu bestimmten Themenfeldern
(z.B. Kochen, Lebensmittelbeschaffung, alltägliches Essen, Ernährung im bisherigen Lebensverlauf) vorgaben, ohne dadurch jedoch die nachfolgenden Ausführungen in eine bestimmte Richtung zu lenken. Durch diese offene Annäherung an den Untersuchungsgegenstand konnten wir einen Verstehensprozess in Gang setzen, der Aufschluss darüber
gab, wie und warum die von uns Befragten ihre jeweilige Lebenswelt so und nicht anders
erlebten. Dadurch entstanden immer weitere neue Fragen und Perspektiven sowie neu zu

erschließende Themenbereiche, die es im Verlauf des Forschungsprozesses zu ergründen gab.

Zu Beginn des Projekts wurde ein *offener Interviewleitfaden* entwickelt, der aus Fragen und Erzählanreizen bestand und im wesentlichen die Hauptthemenbereiche alltägliches Essen, Lebensmittelbeschaffung und -zubereitung, Ernährungswissen, Ernährungssozialisation, Gesundheit und Körper, Lebensmittelskandale/Risiko/Sicherheit, Haushalts- und Lebensführung sowie Umwelt/Ökologie umfasste. Dieser Leitfaden wurde von jedem Teammitglied so adaptiert, dass die jeweilige Interviewsituation an den eigenen Stil der Interviewführung angepasst werden konnte. Er war nicht als starres Instrument gedacht, sondern diente vorrangig als Orientierungsrichtlinie während der Gesprächsführung. So konnte während des Interviews jeweils nach Gesprächsverlauf und den Ausführungen der InterviewpartnerInnen entschieden werden, wann und in welcher Reihenfolge zu welchen Themenbereichen Erzählanreize gesetzt wurden. Der Leitfaden wurde im Verlauf des Forschungsprozesses mehrere Male adaptiert. Somit konnten Erfahrungen aus den bisherigen Interviews für zukünftige Gespräche mitberücksichtigt und neue thematische Aspekte integriert werden.

Zur optimalen Vorbereitung auf die Interviewtätigkeit wurde vor der ersten Feldphase ein *teaminternes Interviewtraining* durchgeführt. In Form von Rollenspielen wurden verschiedene Gesprächsabläufe und mögliche Reaktionsweisen simuliert (z.B. Vorgehensweisen und Probleme bei der Einführung und dem Wechsel von Themen, nonverbales Verhalten im Interview) und damit die nötigen Voraussetzungen für den späteren Feldzugang gewonnen.

2.2.2. Die Datenerhebung im Detail

Vor der ersten Feldphase wurden innerhalb des Projektteams *Eigeninterviews* durchgeführt, bei denen sich jedes Teammitglied sowohl als interviewende als auch als befragte Person betätigte. Diese Vorgehensweise erfüllte gleichzeitig zwei Zwecke: Erstens konnten auf diese Weise die entwickelten Erhebungsinstrumente gleichsam in Form eines Pre-Tests auf ihre Brauchbarkeit hin geprüft werden. Und zweitens wurde durch die Auswertung dieser Interviews in selbstreflexiver Hinsicht der eigene Zugang zur Thematik deutlich sowie ein Feedback über die Gesprächsführung und das eigene Erleben der Interviewsituation möglich. Darüber hinaus erfüllten diese Eigeninterviews aus der Perspektive des Teambildungsprozesses auch die Funktion des besseren Kennenlernens der einzelnen Mitglieder des Forschungsteams.

Die Auswertung der Eigeninterviews diente auch dazu, erste Erfahrungen mit verschiedenen Auswertungsmethoden (z.B. Sequenzanalyse, Kodierung und Kategorisierung, sozialwissenschaftliche Paraphrasierung, Grobanalyse; vgl. Heinze/Klusemann 1980; Lueger 2000; Strauss 1991) zu sammeln und die Vor- und Nachteile der einzelnen Methoden ebenso wie verschiedener Interpretations-Konstellationen zu testen (z.B. gemeinsame Interpretationen in der Gruppe, Einzelinterpretationen mit anschließender Feedbackrunde im Team zur Vermeidung subjektiver Wahrnehmungsverzerrungen).

Nach der Durchführung und Interpretation der Eigeninterviews wurden erste Vorbereitungen in Hinblick auf *Interviewplanung und -rekrutierung* getroffen. Unsere Sampling-Methode beruhte auf einer Kombination von selektivem und „theoretischem Sampling" (Strauss 1991). Zum einen wurden bestimmte Kriterien für die Auswahl der Samplestruktur vorab festgelegt (z.B. soziodemographische Variablen wie Geschlecht, Alter, Bildung oder Haushaltsform), auch die ungefähre Samplegröße stand bereits im Vorfeld der Untersuchung fest. Andererseits wurden später auch jene Auswahlkriterien mitberücksichtigt, die im Hinblick auf eine gegenstandsverankerte Theorie von Relevanz waren (z.B. bestimmte Ernährungsstile wie Vegetarismus). Für die Auswahl der ersten InterviewpartnerInnen wurden selektiv einige Auswahlkriterien festgelegt und Zugangsmöglichkeiten zum Feld geprüft. Daraus wurden die ersten konkreten Fälle ausgewählt, wobei die Auswahlkriterien für weitere InterviewpartnerInnen im Laufe des Forschungsprozesses und bei fortschreitendem Erkenntnisgewinn sukzessive erweitert wurden.

Bei der Auswahl der Wohnorte entschieden wir uns einerseits für InterviewpartnerInnen aus dem städtischen Raum Wien plus Umland und andererseits für eine kleine Landgemeinde in einem österreichischen Bundesland als Kontrast zum urbanen Raum. Insgesamt wurden 60 Interviews mit KonsumentInnen aus dem städtischen Kontext durchgeführt, wobei ein soziodemographisch relativ ausgewogenes Sample erreicht wurde, allerdings mit einem leichten Bias in Richtung höhere Bildung. Zusätzlich wurden bei der Auswahl der InterviewpartnerInnen fallweise auch milieuspezifische Besonderheiten (wie Konsum- und Lifestylemerkmale) berücksichtigt. Dabei wurden die sozialen Milieus Österreichs zugrunde gelegt, wie sie vom SINUS-Institut herausgearbeitet werden.[5] Die gesamte Erhebung erstreckte sich über *drei Phasen von März 2004 bis Mai 2005*. Zwischen den einzelnen Phasen der Datenerhebung wurden die Interviews ausgewertet und weitere Schritte zur Interviewrekrutierung gesetzt.

Die Interviews wurden nach vorherigem Einverständnis der Befragten und nach Zusicherung von Anonymität auf Tonband aufgezeichnet und im Anschluss daran vollständig transkribiert. Der Großteil der Interviews fand entweder im direkten sozialen Umfeld der Befragten statt (z.B. Wohnung, Arbeitsstätte) oder an einem neutralen Ort wie einem Kaffeehaus. Einige Interviews wurden auch in den Räumlichkeiten des Forschungsteams durchgeführt. Die durchschnittliche Interviewdauer kann mit ca. einer Stunde festgemacht werden, manche Gespräche waren etwas kürzer, einige zum Teil erheblich länger.

Im Anschluss an das jeweilige Gespräch wurde von den Befragten ein *Zusatzinformationsblatt* ausgefüllt. Hier wurden die InterviewpartnerInnen um soziodemographische Angaben wie Alter, Höhe des Einkommens, Beruf, soziale Herkunft usw. sowie um Einschätzungen der eigenen Ernährungsorientierungen und die Konsumhäufigkeit bestimmter Lebensmittelgruppen (Fleisch, Tiefkühlprodukte, Gemüse, Süßigkeiten etc.) gebeten. Auch die Regelmäßigkeit des Außer-Haus-Konsums sowie der Verzehr von Bio-Lebensmitteln waren Aspekte, die mittels Zusatzblatt erhoben wurden. Dadurch wurde zu-

---

[5] Soziale Milieus sind Gruppierungen von Menschen mit ähnlicher Lebensauffassung und Lebensweise. Dabei werden soziale Lagemerkmale (wie z.B. Einkommen oder Bildungsgrad), Wertorientierungen (z.B. traditionelle oder postmaterielle Werthaltungen) und Alltagseinstellungen zu Politik, Konsum usw. verknüpft. Als Beispiel kann das soziale Milieu „Hedonisten" angeführt werden. Dieses ist 2006 mit 8 % in der österreichischen Bevölkerung vertreten, durch einen hohen Single- und Männeranteil und einen Altersschwerpunkt unter 40 gekennzeichnet. Einfache Angestellte und ArbeiterInnen sind überrepräsentiert, mittlere Bildungsniveaus dominieren. Grundlegende Werthaltungen sind Unterhaltung, Abwechslung und Action. Freiheit und Spontaneität werden von dieser Gruppe hoch bewertet, ebenso das Leben im Hier und Jetzt sowie eine Abgrenzung von der etablierten Gesellschaft. Ernährungsbezogen genießt in diesem Milieu Fast Food eine hohe Bedeutung, Preis und Quantität dominieren, der Außer-Haus-Konsum ist sehr ausgeprägt. Gekocht wird in diesem Milieu wenig, teilweise ist eine „Anti-Öko"Haltung vorhanden, auch Tradition und Gourmet-Genuss sind nicht hoch bewertet (Zu Details über die SINUS-Milieus in Österreich vgl. http://mediaresearch.orf.at).

sätzliches Datenmaterial generiert und es wurde gleichzeitig möglich, eventuell bei der späteren Auswertung auftretende Unklarheiten mit den Angaben auf dem Zusatzinformationsblatt zu vergleichen.

In einem *Zusatzprotokoll*, das jedes Teammitglied nach der Interviewführung ohne Anwesenheit der Interviewperson ausfüllte, wurden Beobachtungen und Auffälligkeiten während des Interviews festgehalten sowie das Zustandekommen, die Dauer, der Ort des Interviews und erste Hypothesen zum jeweiligen Fall dokumentiert. Relevante Informationen aus diesem Zusatzprotokoll flossen auch in die Interpretation der Fälle mit ein.

2.2.3. Die Datenerhebung in der Kleingemeinde und die ExpertInneninterviews

Im Anschluss an die Interviewtätigkeit im großstädtischen Raum erfolgte im *Sommer 2005* eine *Erhebung in einer ländlichen Gemeinde* in einem großen österreichischen Bundesland (vgl. Kapitel 8), um die bisherigen Erkenntnisse über Ernährungspraktiken im städtischen Kontext mit jenen aus dem ländlichen Raum zu kontrastieren. Nach einem orientierenden Erstbesuch in der Gemeinde zur Kontaktaufnahme und zur Sammlung erster Informationen zur Gemeindestruktur wurden in zwei Forschungsaufenthalten im Juli und August 2005 insgesamt 17 Interviews mit 20 Personen geführt, zwei Gespräche waren Gruppeninterviews. Um einen breiten Einblick in den Kontext der Gemeinde, die Situation des Ernährungssektors und die Ernährungspraktiken in der Gemeinde zu gewinnen, wurden zusätzlich zu Personen aus Privathaushalten auch VertreterInnen mehrerer politischer Parteien, in der Landwirtschaft Tätige (konventionelle und biologische Landwirtschaft), verschiedene Gewerbetreibende (z.B. Gastwirtschaft, Bäckerei, Lebensmitteleinzelhandel), Jugendliche und Angestellte des Gemeindekindergartens interviewt. Die Erhebungsmethoden setzten sich aus klassischen Einzelinterviews, Mehrpersoneninterviews (z.B. Gruppendiskussion mit 3 Jugendlichen), Informationsinterviews, teilnehmender Beobachtung und Dokumentensammlung (z.B. Gemeindebuch, Volkszählungsdaten) zusammen. Auch bei diesen Interviews diente der für den städtischen Kontext entwickelte Leitfaden als grobe Orientierungsrichtlinie. Dieser wurde aber je nach InterviewpartnerIn in adaptierter Form eingesetzt, um so mehr Augenmerk auf die konkreten Tätigkeiten innerhalb der Gemeinde sowie die Geschichte und Entwicklung der Gemeinde unter Ernährungsgesichtspunkten legen zu können.

Zusätzlich zu den Interviews in Stadt und Land wurden gegen Ende des Projekts auch einige *Interviews mit ExpertInnen* aus dem Ernährungssektor geführt. In diesen Interviews ging es um die gegenwärtige Ernährungslage in Österreich (Landwirtschaft, Handel, Konsum, Politik) und um zukünftige Entwicklungsmöglichkeiten und -trends. Dabei wurden auch die Chancen für Nachhaltigkeit im österreichischen Ernährungssystem thematisiert. Die Auswertung dieser Gespräche fließt in das Schlusskapitel dieses Buches ein (Kapitel 13).

Nennenswerte Schwierigkeiten bei der Rekrutierung und auch während der Interviewsituation selbst traten weder im städtischen noch im ländlichen Kontext auf. Die von uns kontaktierten Personen erwiesen sich durchgängig an der Thematik unseres Forschungsvorhabens interessiert und erklärten sich bis auf einige wenige Ausnahmen dazu bereit, die wissenschaftliche Forschung auf diesem Gebiet zu unterstützen. Als themenbezogene „Belohnung" für die Bereitschaft zum Interview wurde jeder Interviewperson nach dem Gespräch ein kleine handgeschöpfte Schokolade eines österreichischen Produzenten überreicht, was bei den Befragten durchwegs positive Resonanz hervorrief.

2.3.   Die qualitative Auswertung

Charakteristisch für das qualitative Vorgehen gemäß den Prinzipien der „Grounded Theory" ist, dass Datenerhebung und Datenauswertung nicht in linearer Abfolge stattfinden, sondern prozesshaft organisiert sind und es keine strikte Trennung zwischen Erhebung und Auswertung gibt. Die Interpretationen der Interviews wurden parallel zu den einzelnen Erhebungsphasen durchgeführt und auf ersten Analyseergebnissen baute die Auswahl der nächsten Fälle auf. Ausgehend von den Einzelergebnissen erfolgten nach Vorliegen von mehreren Fällen erste Abstraktionen und Vergleiche auf einer allgemeineren, theoretischeren Ebene. Auf diese Weise konnte eine schrittweise Zusammenführung des Datenmaterials vorgenommen werden.

Die Interpretation der ersten Interviews diente auch zur Prüfung unterschiedlicher Herangehensweisen und Methoden, um die Angemessenheit der einzelnen Methoden und eventuell auftretende Schwierigkeiten bei der Auswertung des Datenmaterials auszuloten. Ergebnis dieser Prüfung war die Entscheidung für ein *kombiniertes Vorgehen*, das sich aus Einzelfallinterpretationen in Form von *interpretativen Porträts* sowie aus der Bildung von *fallspezifischen Hypothesen*, die im Vergleich zu den Falldarstellungen einen stärkeren Abstraktionsgrad aufwiesen, zusammensetzte. In Form von interpretativen Beschreibungen zu den einzelnen Themenblöcken wie beispielsweise Alltagsgestaltung, berufliche Situation, Ernährungsorientierungen, biographische Besonderheiten, Zubereitung von Mahlzeiten wurden die zentralen Besonderheiten jedes Interviews herausgearbeitet und auf maximal 10 Seiten schriftlich ausformuliert. Auch die Hypothesen wurden themenspezifisch ausgearbeitet und zwar einerseits als ernährungsspezifische Aussagen in Bezug auf den Einzelfall und andererseits als Aussagen, die sich vom Einzelfall wegbewegten und allgemeinen Charakter besaßen. Das Ziel dieser Vorgehensweise lag darin, den zentralen Fragestellungen und Themenbereichen im Zusammenhang mit unserem Forschungsvorhaben zuerst auf fallspezifischer Ebene auf den Grund zu gehen, diese herauszuarbeiten, die *Logik des Einzelfalls* interpretativ abzubilden, mit anderen Fällen zu vergleichen und so später auf *eine allgemeine Ebene* vorzudringen.

Die methodische Vorgehensweise wurde in ihrer Grundstruktur während des gesamten Forschungsprozesses beibehalten, jedoch mehrmals adaptiert beziehungsweise optimiert. Während sich anfangs jedes Teammitglied individuell mit einem Interview auseinander setzte, ein Kurzporträt und Hypothesen zu diesem Fall verfasste und die anderen Teammitglieder sozusagen als Kontrollinstanz fungierten, wurden in späterer Folge die einzelnen Fälle in Zweierteams analysiert und schriftlich aufbereitet. Eine Person zeichnete für das Porträt verantwortlich, die andere für die Hypothesen. Die Teamzusammensetzung bei der Interpretation wurde alternierend verändert, um auf diese Weise unterschiedliche Stärken und Schwächen der einzelnen Teammitglieder aufeinander abzustimmen und gleichzeitig den Interpretationsprozess abwechslungsreich zu gestalten. Der Rest des Teams fungierte weiterhin als zusätzliche Kontrollinstanz, womit die Gefahr von Fehlinterpretationen ausgeschaltet werden sollte.

Zu Beginn diente das *paradigmatische Modell der „Grounded Theory"* bei den Interpretationen als wesentliche Hintergrundfolie. Nach diesem Modell beginnt die Interpretation bei einem bestimmten Phänomen und versucht ursächliche Bedingungen dieses

Phänomens, Konsequenzen und Folgen sowie damit verbundene Interaktionen und Handlungen herauszuarbeiten. Intervenierende Bedingungen des Phänomens wie z.B. strukturelle Gegebenheiten zu ergründen, ist eine weitere interpretative Anforderung. Mit diesem Modell ist es relativ schnell möglich, Kontextfaktoren und Zusammenhänge, in die ein Phänomen eingebettet ist, herauszuarbeiten und auch die Dynamik der Zusammenhänge des Phänomens „Ernährung" im Sinne von Ursachen und Wirkungen besser verstehen zu können. Damit war interpretatorisch auch ein adäquater Anschluss an die praxistheoretische Grundorientierung des Projekts und den Ansatz sozialer Kontextualisierung gegeben. Anhand des Datenmaterials stellte jedes Teammitglied erste Interpretationen an, die am Transkript festgehalten wurden. Diese Ergebnisse wurden anschließend während der gemeinsamen Interpretationsphase thematisiert und speziell bei divergierenden Sichtweisen ausführlich diskutiert und bei Bedarf nochmals am Material selbst überprüft. Damit konnte ein hoher Grad an intersubjektiver Übereinstimmung bei der Interpretation der Einzelfälle gewährleistet werden.

Das paradigmatische Modell der „Grounded Theory" wurde später von einem *selbst entwickelten Modell* abgelöst, das aus dem Interviewmaterial und bisherigen Erkenntnissen entwickelt wurde. Es bettete unsere ersten empirischen Ergebnisse in eine vorläufige, datenbasierte Theorie der Ernährung ein und diente von nun an als Orientierungsrahmen für die weiteren Interpretationen. Aufgrund der Themen der Interviews zeigten sich nämlich immer wiederkehrende konkrete Zusammenhänge, die wir dann in folgende relevante Kategorien zusammenfassten: Alltag, Biographie, Wissen und Kompetenzen, Ernährungsorientierungen und Ernährungspraktiken. Dazu konnten wir entsprechende Unterkategorien sowie im Verlauf der gesamten Forschung zahlreiche einzelne Ausprägungen innerhalb dieser herausarbeiten. Die Einzelfälle wurden nun anhand dieses Modells in einer noch stärker „vernetzten" Sichtweise interpretiert und die zentralen Erkenntnisse zuerst in handschriftlicher, graphischer Form aufbereitet. Im Anschluss daran wurden wiederum interpretative Kurzporträts und fallspezifische Hypothesen erstellt. Auf diese Weise konnten die Interviewfälle anhand der einzelnen Themenschwerpunkte relativ übersichtlich abgebildet und rasch miteinander verglichen werden. Die Porträts wurden nun vom Umfang her komprimierter gehalten, aber am Ende durch besondere Auffälligkeiten und jene treibenden Faktoren ergänzt, welche die typischen Aspekte des Einzelfalls hervorbrachten. Darauf aufbauend wurden zu jedem Fall *Anknüpfungspunkte* bzw. *hemmende Faktoren* im Hinblick auf nachhaltige Ernährung herausgearbeitet und die Interviews nach bestimmten Nachhaltigkeitsmerkmalen gruppiert. Auch bei den Hypothesen wurde der Blick nun stärker in Richtung Nachhaltigkeit gerichtet und versucht, diese vermehrt auf einige zentrale Kernaussagen zu reduzieren.

Während zu Beginn des Auswertungsprozesses sehr offen vorgegangen wurde, ausführliche Porträts verfasst und viele Hypothesen gesammelt wurden, konzentrierten wir uns nach und nach stärker auf bestimmte Themenbereiche und revidierten bzw. adaptierten bisherige Ergebnisse nach Erhalt neuer Daten. Als besonders hilfreich erwies sich dabei immer wieder die graphische Aufbereitung bestimmter Zusammenhänge, da auf diese Weise ein besserer Überblick über das bisherige Datenmaterial erlangt werden konnte.

Zusammenfassungen und Vergleiche nach bestimmten Stadien des Forschungsprozesses gehörten zum fixen Vorgehen innerhalb der Datenauswertung. Sobald die ersten Interpretationen fertig waren, wurden auch bereits erste Aussagen über Zusammenhänge und Auffälligkeiten formuliert. Nach der ersten Interviewphase etwa gab es den ersten größeren Versuch, unsere bisherigen Erkenntnisse auch im Hinblick auf Nachhaltigkeitsaspekte zu gruppieren. Zu diesem Zweck wurde eine computerunterstützte Tabelle entwickelt, in der alle relevanten Kategorien und Besonderheiten des Einzelfalls zusätzlich zu den interpretativen Porträts und Hypothesen schriftlich festgehalten wurden.

Nach der zweiten Interviewphase erfolgte eine längere Arbeitsphase, die sich inhaltlich auf die Ausformulierung der vorläufigen Ergebnisse konzentrierte. Im Speziellen wurden hierbei in einem ersten Schritt die bisherigen Hypothesen nach einzelnen Themenbereichen geordnet. Im Anschluss daran wurden die Zusammenhänge zentraler Hypothesen und möglicher Anknüpfungspunkte bzw. Hindernisse in Hinblick auf nachhaltige Ernährung narrativ beschrieben und für ausgewählte Themenbereiche (z.B. Alltagsgestaltung, Biographie, Gender, Gesundheit) ausgearbeitet.

Um unser empirisches Wissen aus den Hypothesentexten im Sinne des hermeneutischen Zirkels auch auf theoretischer Ebene weiter zu fundieren und zu verdichten, wurde vor der nächsten Erhebungs- bzw. Interpretationsphase eine intensive Lektürephase sowie eine Zwischenreflexionsphase in Hinblick auf das weitere Vorgehen im Forschungsprozess eingeschoben. Wir verschafften uns beispielsweise einen Überblick darüber, welche Themenbereiche bis jetzt von Relevanz waren, wozu es noch geringe Informationen gab, in welchen Bereichen thematische Überschneidungen auftraten. Darauf aufbauend erfolgten die beiden letzten Erhebungs- und Auswertungsphasen.

Ingesamt kann gesagt werden, dass sich der offene, prozesshafte Charakter des Forschungsdesigns und das ständige Hin- und Herpendeln zwischen Theorie und Empirie, zwischen Erhebung, Auswertung und Auswahl der nächsten Fälle, zwischen detaillierter Analyse des Einzelfalls und Abstraktion auf eine allgemeinere Ebene bewährt hat. Allerdings hat der Forschungsprozess aufgrund der für ein qualitatives Projekt relativ hohen Anzahl an Interviews und der Komplexität der Vorgehensweise enorme zeitliche Ressourcen beansprucht.

Marie Jelenko

3. Ernährungsorientierungen

3.1. Umwelthandeln und nachhaltige Ernährung

Einer der Ausgangspunkte unseres Projektes ist die Frage nach den Voraussetzungen von nachhaltigen Ernährungspraktiken im Alltag. Dies betrifft sowohl Orientierungen, die nachhaltige Ernährungspraktiken fördern bzw. hemmen als auch institutionelle und strukturelle Bedingungen, die die Umsetzung von Ernährungsorientierungen im Alltag beeinflussen. Das folgende Kapitel konzentriert sich auf Ernährungsorientierungen.

Bei der Suche nach Motiven, Mentalitäten oder Orientierungen, die nachhaltige Ernährungspraktiken fördern bzw. begrenzen, ist es hilfreich, Erkenntnisse aus der Umweltbewusstseinsforschung zu berücksichtigen. Wir haben bereits im Einleitungskapitel auf diese Forschung Bezug genommen und ausgewählte Erkenntnisse in kritischer Perspektive zur Entwicklung einer Theorie der Ernährungspraktiken herangezogen. Dabei zeigte sich, dass die Umweltbewusstseinsforschung sich vornehmlich auf Übersetzungsschwierigkeiten zwischen Umweltwissen, Umwelteinstellungen und Umweltverhalten, auf die so genannte Kluft, Lücke oder Diskrepanz zwischen Umweltbewusstsein[6] und Umweltverhalten bezieht. Dabei wird häufig eine direkte Verbindung zwischen Bewusstsein und Handeln angenommen und wird auf nur wenige Aspekte von umweltbezogenen Handlungen fokussiert. Die Kontextualisierung von Umwelthandeln im Rahmen von Lebensstilen ist dagegen breiter angelegt. Lebensstile als „gruppenspezifische Formen der alltäglichen Lebensführung, -deutung und -symbolisierung von Individuen im Rahmen ökonomischer, politischer und kultureller Kontexte" (Reusswig 1999, 53) sind als Rahmen auch für umweltbezogene Handlungen im Alltag anzusehen. Eine lebensstilbezogene Betrachtung von Umweltverhalten beinhaltet den Vorteil, die Verflechtung von Bewusstsein und Handeln berücksichtigen zu können und Umweltbewusstsein nicht als allgemeingültige Norm vorauszusetzen. Denn Umweltbewusstsein ist keine „rein ideelle, dem Alltag enthobene Anschauung oder Überzeugung, sondern ein durch und durch soziales und kulturelles, das heißt von symbolischen Ordnungen, Semantiken *und* alltagsweltlichen Praktiken durchtränktes Phänomen" und erfordert einen Blick auf den Prozess der Integration der Umweltproblematik in den Alltag (Poferl 2000, 47f.; kursiv im Original). Lebensstilanalytische Betrachtungen betonen – im Gegensatz zu dem in der Nachhaltigkeitsdiskussion oft vereinfachten Ausgangspunkt eines einheitlichen, westlichen Lebensstils – den Pluralismus von Lebensstilen in einer Gesellschaft. Sie wenden sich Differenzierungsmustern von

---

[6] Umweltbewusstsein wird in der Forschung häufig zusammengesetzt aus den Bestandteilen Umweltwissen (knowledge), Umwelteinstellungen (attitudes), Handlungsbereitschaften bzw. -absichten (verbal commitment) und Betroffenheit (affect) konzipiert und mit einem darauf begründeten Umweltverhalten (actual commitment) in Verbindung gebracht (Kuckartz 1998).

Gesellschaften zu, die mit Einbezug der kulturellen Dimension über ökonomische und schichtbezogene Indikatoren sozialer Ungleichheit hinausgehen und den Blick auf die Alltagspraktiken von Menschen und deren Stilisierungen und Distinktionen in gesellschaftlichen Milieus richten.[7] Hier liegen aber die Defizite von Lebensstilansätzen, da sie die „pragmatische Verfasstheit" von Alltagswissen und -handeln oft nicht berücksichtigen. Eingelebte Denk- und Handlungsmuster, die zwar durchaus symbolisch aufgeladen, aber Stilisierungen vorgelagert sind, haben jedoch bedeutenden Einfluss auf die Gestaltung des Alltags, da Menschen häufig dazu neigen, auch Neues in bewährte Praxismuster zu integrieren (Poferl 2004). Ähnlich argumentieren Shove und Warde (2002), wenn sie die routinisiert-pragmatischen, symbolisch neutralen, sozial determinierten, gemeinsam erfahrenen und nicht individualisierten Aspekte des Konsums in der Lebensstildiskussion vermissen: „Whichever, there is a profound disjuncture in our means of understanding, on the one hand, the escalating consumption of the glamorous items of an aestheticized consumer culture and, on the other, the inconspicuous mundane products associated with daily reproduction" (ebda., 249).

Neben dem Pragmatismus von Alltagshandlungen ist zu berücksichtigen, dass kaum von einheitlichen Denk- und Handlungsmustern und einem einheitlichen Umweltverhalten gesprochen werden kann, da umweltbezogene Handlungen meist sehr heterogen sind. In verschiedenen Handlungsfeldern fließen ökologische Aspekte in sehr unterschiedlichem Ausmaß in die Alltagspraktiken ein (Kuckartz 1998; Poferl 2004; Preisendörfer 1999). Diesem Umstand trägt Michailow (1994 zit. nach Poferl 2000, 39) Rechnung, indem er Lebensstile als „selektiv auf Themen und Kristallisationskerne" zugespitzt sieht und ihnen keine einheitlichen Organisations- und Begründungsmuster unterstellt. Solch ein Kristallisationskern kann Ökologie sein, der dabei aber immer mit anderen alltagsweltlichen Orientierungen verknüpft ist.

Während das Thema Umwelt im öffentlichen Diskurs breiten Raum einnimmt und ein möglicher Bezugspunkt oder „Kristallisationskern" von Lebensstilen und Lebensführung sein kann, ist dies für das Thema Nachhaltigkeit sehr viel unwahrscheinlicher. Das Bewusstsein von Nachhaltigkeit ist in den Köpfen der Bevölkerung nicht stark ausgeprägt, wenngleich der Begriff in der Rhetorik gesellschaftlicher Institutionen und offizieller Programme breite Verwendung erfährt. Dies liegt nicht zuletzt daran, dass auch auf wissenschaftlicher und politischer Ebene keine einheitliche Auffassung von nachhaltiger Entwicklung existiert. So kann – wie wir bereits im einleitenden Kapitel gesehen haben – deren konkrete Ausformulierung je nach Vorstellungen von Entwicklung, Gerechtigkeit und Natur sowie nach wissenschaftlichen Disziplinen sehr unterschiedlich ausfallen (Brand 1997). Lange (2005, 10) merkt an, dass Nachhaltigkeit aufgrund der „konstitutiven Unschärfe seiner Zieldimension (…) ein besonders diffuses und problematisches Ziel" bildet. Ohne ein Bewusstsein von „nachhaltiger Ernährung" ist es aber nicht zielführend nach Grundmotiven, fördernden und hemmenden Faktoren etc. von an „Nachhaltigkeit" orientierten KonsumentInnen zu suchen. Darüber hinaus verweist auch die Umweltbewusstseinsforschung auf die vielfältigen Motivlagen, die positiv auf die Umwelt wirken, aber keinen umweltbezogenen Ursprung haben, auf *„umweltgerechtes Verhalten auch ohne*

---

[7] Über den Grad der freien Wahlmöglichkeit oder sozialen Gebundenheit von Lebensstilen gibt es keine einheitliche Auffassung. Ansätze reichen von Lebensstilen als moderner Ausdruck von Klassenunterschieden (Bourdieu 1982) bis hin zu Lebensstilen als alltagsästhetische Vergemeinschaftungsformen (Schulze 1993) (vgl. Reusswig 1999).

Umweltbewusstsein" (Haan/Kuckartz 1998, 22; kursiv im Original). Für Littig (1995) stellt Umweltbewusstsein nur ein Motiv unter anderen für umweltrelevante Handlungen dar. Ähnlich wie Reusswig (1994) sieht sie eine enge Verkoppelung von Gesundheit und Umweltbewusstsein, die als „Motivallianz" den individuellen Nutzen von umweltgerechten Handlungen zu erhöhen vermag. Lebensstiluntersuchungen verweisen auf Zusammenhänge von Wertorientierungen und umweltbezogenen Handlungen, wobei einmal stärker die Potenziale der „Genuss-Erlebnis-Selbstverwirklichungsdimension" (Reusswig 1994, 88) sowie postmaterieller Haltungen betont werden, ein anderes Mal die enge Bindung an konservative Werte und Pflichterfüllung in den Vordergrund gestellt wird (Prose/Wortmann 1991; Richter 1990; vgl. Poferl 2004).

Um dem Umstand Rechnung zu tragen, dass Nachhaltigkeit nur in den seltensten Fällen eine Kategorie ist, an der Menschen ihr Alltagshandeln orientieren, dass ein bestimmtes Handeln – wie am Beispiel Umwelt gezeigt – auch ohne entsprechende Bewusstseinslagen möglich ist, dass Orientierungen je nach Handlungsfeld (z.B. Ernährung, Wohnen, Mobilität) in sehr unterschiedlichen Formen in die Alltagspraxis umgesetzt werden, ja noch vielmehr, dass Orientierungen in einem ständigen Austausch mit Alltagspraktiken stehen und in konkreten Lebenssituationen ausgebildet werden, ist die folgende Abhandlung zu Ernährungsorientierungen breit angelegt. Sie beschäftigt sich mit den vielfältigen Bezugssystemen[8], an denen Menschen ihr Ernährungshandeln ausrichten. Ernährungsorientierungen stehen in einem engen Verhältnis mit Wertorientierungen, alltäglicher Lebensführung und körperbezogenen Vorstellungen. Sie treten immer in einer Vielzahl auf, was bedeutet, dass sich Menschen im Ernährungsalltag an mehreren Bezugssystemen orientieren. Dabei können manche Orientierungen vordergründiger oder bewusster sein als andere, manche Orientierungen können in einem Spannungs- bzw. einem Naheverhältnis zueinander stehen.

Der Begriff Orientierung ist bewusst gewählt. Im Unterschied zu Motiv (von lateinisch movere: „bewegen, antreiben"), das den Beweggrund für ein bestimmtes Handeln betont, bezieht sich Orientierung (von lateinisch oriens: „aufgehend, sich nach dem Aufgang der Sonne, also nach Osten ausrichten") ursprünglich auf die räumliche Selbstwahrnehmung des Menschen in seiner Umgebung. Das Bewusstsein für die eigene Orientierung kann mehr oder weniger stark ausgeprägt sein. Sie wird oft als Selbstverständlichkeit erfahren, die erst dann ins Bewusstsein gelangt, nach dem man sich „verirrt" bzw. sich die Umgebung verändert hat. Es geht im Folgenden also weniger um die Frage, warum Menschen bewusst bestimmte Ernährungshandlungen setzen oder nicht setzen, sondern darum, wie sie sich im Alltag im Handlungsfeld Ernährung zurechtfinden, in welche Praktiken sie involviert sind. Ähnlich wie Flechsig (2000, 4), der die Vorstellung der Orientierung im dreidimensionalen Raum „auf die Position des Menschen im Hinblick auf kulturelle Bezugssysteme" überträgt, kann auch Ernährungsorientierung als Position des Menschen im Hinblick auf (kulturelle und alltagspraktische) Ernährungsbezugssysteme begriffen werden. Die Verwendung des Orientierungsbegriffs im Plural erscheint uns aber

---

[8] Darunter sind erstens kulturelle Bezugssysteme zu verstehen, also „abstrakte Bezugsgruppen mit denen Menschen sich identifizieren bzw. denen sie von anderen zugeordnet werden" (Flechsig 2000, 3). Die Identifikation bzw. Zuschreibung basiert auf einem geteilten bzw. zugeschriebenen Komplex von Wertvorstellungen, Verhaltensnormen und Deutungsmustern, die im Laufe der Sozialisation erlernt werden. Zweitens haben auch alltagspraktische Bezugssysteme (Familie, Beruf etc.) hohe Relevanz für die Organisation und Wahrnehmung von Ernährungsaufgaben im Alltag, was wir mit dem Ansatz sozialer Kontextualisierung zum Ausdruck bringen.

sinnvoller. Denn die Vorstellung von vielen Bezugssystemen, die sich schließlich in einem Punkt (nämlich der Ernährungsorientierung) treffen, welcher die Basis des Zurechtfindens von Menschen im komplexen Ernährungsbereich ist, impliziert, dass Ernährungsorientierung etwas Einheitliches, Stabiles ist. Dabei wird aber vergessen, dass Menschen ständig bewusst oder auch unbewusst Aushandlungen zwischen teils sich widersprechenden, teils ergänzenden Bezugssystemen leisten. Denn Bezugssysteme haben je nach konkreten Lebenssituationen, in denen sich ein Mensch bewegt, in unterschiedlichem Ausmaß Relevanz. Personen orientieren sich im Arbeitsalltag vielleicht vordergründig an Schnelligkeit und Bequemlichkeit, während am Wochenende das zeitaufwendige Zelebrieren von Essen und Kochen einen hohen Stellenwert haben kann. In diesem Sinne ist es angemessener, die Ausrichtungen an Bezugssystemen selbst als Orientierungen anzusehen und auch Spannungs- und Naheverhältnisse zwischen den Ernährungsorientierungen sowie Integrationsleistungen der AlltagsakteurInnen zu berücksichtigen.

In einer qualitativen Studie in Deutschland wurden Orientierungsdimensionen des Ernährungshandelns ermittelt und darauf aufbauend in einer repräsentativen Erhebung überprüft und zu Ernährungsstilen verdichtet (Hayn/Schultz 2004). Folgende sieben Ernährungsgrundorientierungen wurden identifiziert: Erstens die desinteressiert-beiläufige Orientierung, in der Lust, Geschmack, preisliche Aspekte und geringer Zeitaufwand im Vordergrund stehen; zweitens die funktional-körperbezogene Orientierung, in der Schönheit und Leistungsfähigkeit des Körpers einen zentralen Stellenwert haben und diszipliniertes Ernährungshandeln betont wird; drittens die Orientierung der Überforderten, die durch eine unterprivilegierte soziale Lage bestimmt ist und den Notwendigkeitsaspekt der Ernährung in den Vordergrund rückt; viertens die pragmatisch-vorsorgende Orientierung, die wenig Ansprüche an Ernährung stellt und eine unkomplizierte Handhabung sowie die Berücksichtigung der Bedürfnisse der Haushaltsmitglieder betont; fünftens die traditionell-eingebundene Orientierung, in der ein fester, traditioneller Essensrhythmus, Zeit und Ruhe beim Essen und der Qualitätsaspekt hohe Wertschätzung erfahren; sechstens die ganzheitlich-natürliche Orientierung, die auf einer ganzheitlichen Gesundheitsorientierung fußt, in der Ernährung einen sehr hohen Stellenwert hat und siebtens die Orientierung kultiviert-gepatchworked, die sich durch Exklusivität und gehobene Ansprüche an Ernährung auszeichnet, welche in ihrer praktischen Bedeutung aber je nach Lebenssituation (v.a. Arbeit/arbeitsfreie Zeit) variieren kann (Empacher/Hayn 2005). Diese Ernährungsorientierungen sind bereits das Ergebnis der Ausrichtungen an verschiedenen Bezugssystemen, die in ihrer Kombination betont und dann mit sozialer Lage und Lebensstilen verknüpft, nicht aber im Einzelnen analysiert werden. Wie sehr die Ernährungsorientierungen schon zu Stilen bzw. Typen verdichtet sind, zeigt sich am anschaulichsten an der Bezeichnung einer Ernährungsorientierung als „Überforderte", denn Überforderung kann an sich keine Orientierung sein, sondern bestenfalls Ergebnis der nicht geglückten Integration von Ernährungsgrundorientierung, sozialer Lage und Lebensstilorientierungen in den Alltag.

Wir gehen in unserer Abhandlung zu Ernährungsorientierungen einen Schritt zurück. Im Folgenden geht es darum, die verschiedenen Orientierungen zu identifizieren, an denen Menschen ihre Ernährung ausrichten und auch typische Kombinationen, Spannungs- und Naheverhältnisse zu betrachten, um die Ernährungspraktiken von Menschen in ihrer Komplexität und Widersprüchlichkeit zu verstehen. Dabei bezeichnen wir jene Ausrichtungen an Bezugssystemen als Ernährungsorientierungen, die als Basis dazu dienen, dass Menschen sich im Handlungsfeld Ernährung zurechtfinden, ganz gleich ob die Orientierungen stärker von allgemeinen Wertvorstellungen oder von praktischen Alltagssituationen geprägt sind. In einem zweiten Schritt wenden wir uns der Frage zu, welche Bedeutung diese Orientierungen für nachhaltige Ernährung haben und welche Chancen und Restriktionen daraus abgeleitet werden können.

3.2. Ernährungsorientierungen – Ergebnisse der empirischen Untersuchung

Im Zuge der interpretativen Analyse unseres Interviewmaterials konnten acht Ernährungsorientierungen identifiziert werden, wobei sich innerhalb der Kategorien weitere Ausdifferenzierungen ergeben haben. Grob sind folgende Ernährungsorientierungen zu unterscheiden:

- Altruismus und Familie
- Ressourcenorientierung und Effizienz
- Ökologie und Sozialkritik
- Tradition und Heimat
- Individualismus und Distinktion
- Lust und Emotion
- Körper und Krankheit
- Gesundheitsförderung und mentale Stärke.

Diese unterschiedlichen Orientierungen sind Teil der Ernährungspraktiken von Menschen, sie leiten diese in unterschiedlichem Ausmaß an bzw. rechtfertigen sie. Meist treten sie nicht im Singular auf, sondern werden von den AlltagsakteurInnen kombiniert. Dabei erweisen sich zumeist ein bis zwei, manchmal auch drei Orientierungen als dominant. Die Grenzen zwischen manchen Orientierungen verlaufen zum Teil fließend oder überlappen sich (z.B. traditionelle und altruistische Orientierungen). Andere Ernährungsorientierungen wiederum grenzen sich stark voneinander ab (z.B. körper- und krankheitsbezogene von lust- und emotionsbetonten Orientierungen) und verlangen von Menschen, die solche widersprüchlichen Ernährungsorientierungen leben, vermehrt Abstimmungs- und Integrationsleistungen.

3.2.1. Altruistische Ernährungsorientierungen

Hier sind die Ernährungspraktiken auf andere, zumeist im Haushalt lebende Personen zentriert. Oft ist damit ein Zurückstellen der eigenen Bedürfnisse verbunden, um die anderer Menschen zu erfüllen, was vor allem ein im weiblichen Lebenskontext anzutreffendes Phänomen ist. Die Orientierung an den Bedürfnissen anderer bezieht sich erstens auf die Wünsche der Haushaltsmitglieder (Zubereitung von Speisen, Esshäufigkeit, Kindergeschmack, Geschmack des Partners/der Partnerin) und zweitens auf ein (gesundheitlich) verantwortliches Ernährungshandeln in Bezug auf sie. Diese sich zum Teil widersprechenden Ansprüche zwischen Geschmack und Gesundheit versuchen Menschen mit einer altruistischen Ernährungsorientierung individuell auszutarieren. Die Palette an Möglichkeiten ist hier sehr breit und reicht von einer „missionarisch" verstandenen Gesundheitsverantwortung bis hin zum „liebenden" Wünsche-Erfüllen. Zumeist werden aber Mittelwege gesucht und dabei auch haushaltsexterne Lösungsvorschläge gerne aufgenommen. Gerade die Lebensmittelindustrie bietet solche vermeintlichen Lösungen an, indem beispielsweise süße Kinderprodukte als gesundheitsfördernd vermarktet werden.

Die Ausprägung der altruistischen Ernährungsorientierung ist sehr stark mit geschlechts- und generationsspezifischen Sozialisationserfahrungen und konkreten Lebenssituationen verknüpft und variiert nach dem Ausmaß der Identifikation mit der „traditionellen Hausfrauenrolle". In diesem Sinne können zwei Formen unterschieden werden: Die *familienbezogene, altruistische Ernährungsorientierung* ist oft bei Frauen in der Familienphase zu finden, Anforderungen des Kindergeschmacks und der Kindergesundheit, aber auch die Bedürfnisse des Partners stehen im Vordergrund. Familienorientierte Frauen fühlen sich für die Versorgung der Kinder verantwortlich und richten ihre Tagesstruktur an Ernährungsangelegenheiten (Essenszeiten, Außer-Haus-Essen etc.) sowie der Speiseauswahl in der Familie aus. Die Orientierung an den Bedürfnissen der anderen Haushaltsmitglieder wird nicht als besondere Leistung oder Freude, sondern als Selbstverständlichkeit, Notwendigkeit oder Pflicht verstanden. Obwohl eng an die Vorstellung der fürsorglichen Mutter geknüpft, beruht diese Orientierung nicht unbedingt auf der traditionellen Frauenrolle als einem Lebenskonzept. Sie ist zumeist auf Phasen im Lebenslauf beschränkt und steht in Konkurrenz zu anderen nichtfamiliären Identifikationsfeldern, wie z.B. dem Beruf. In egalitär angelegten Partnerschaften entwickeln Frauen (und Männer) mitunter kreative Strategien, um den eigenen Bedürfnissen wie jenen des Partners gerecht zu werden, wobei die Anpassung nach wie vor stärker in Richtung männlichem Geschmack erfolgt. Jüngere Menschen betonen die Notwendigkeit von geschmacklichen Gemeinsamkeiten sowie den Erhalt von Freiheitsräumen der Geschmäcker in Paarbeziehungen. Eine Schwangerschaft in der Beziehung kann bei Männern dazu führen, dass eigene Geschmacksvorlieben temporär zurückgestellt bzw. an die Bedürfnisse der schwangeren Partnerin angepasst werden (z.B. Verzicht auf Fleisch). Die zweite Ausprägung des Altruismus ist durch die *Orientierung an der traditionellen Frauenrolle* charakterisiert. Diese Orientierung weisen vor allem ältere Frauen auf, die bereits in der Kindheit im Elternhaus und zum Teil auch in der Schule aktiv zur fürsorglichen Hausfrau und Mutter erzogen wurden. Die altruistische Orientierung ist hier so tief verankert, dass sie als grundlegend für die eigene Identität gesehen wird und sinnstiftende Funktion besitzt. Bei eigener Berufstätigkeit wird von Frauen mit dieser Orientierung eher ein zum Teil sehr belastendes Alltagsmanagement in Kauf genommen, als die Pflichten der täglich kochenden Hausfrau und Mutter zu vernachlässigen. Und selbst nach Auszug der Kinder aus dem Elternhaus, nach Verwitwung oder Scheidung ist für (alleinlebende) Frauen nach der Familienphase der Sinn von Ernährungsarbeit stark mit dem „Tun für andere" (Besuch der Kinder, FreundInnen etc.) verbunden. Wenn diese Frauen alleine kochen und essen, soll es dagegen möglichst wenig Aufwand verursachen.

3.2.2. Ressourcenbezogene Ernährungsorientierungen

Der Mangel an bzw. die Berücksichtigung unterschiedlicher Ressourcen (Zeit, Geld, Wissen und Kompetenz) sind hier zentrale Bestandteile der Ernährungsausrichtung. Die Dimensionen „schnell und Zeit schonend", „bequem und unaufwendig" sowie „billig und preisgünstig" haben in den verschiedenen Ausformungen von ressourcenbezogenen Ernährungsorientierungen eine unterschiedliche Bedeutung. Dabei kann eine eher desinteressierte Haltung gegenüber Ernährungsfragen kombiniert mit geringer Kochkompetenz von einer auf möglichst effiziente Gestaltung ausgerichteten Ernährungspraxis unterschieden werden.

Ein *Desinteresse an Ernährungsfragen und fehlende Kochkompetenz* weisen vor allem Männer auf, die selbst kaum Ernährungsverantwortung übernehmen, geringe diesbezügliche Kompetenzen besitzen und ihre eigene Ernährungsweise wenig reflektieren. Diese Orientierung ist eher in weniger privilegierten sozialen Milieus zu finden, mitunter auch bei sehr jungen Erwachsenen. Bei den Anforderungen an Speisen stehen vor allem die Aspekte schnell, bequem, billig und reichhaltig im Vordergrund. Die *Effizienzorientierung* ist sowohl bei Menschen mit hoher beruflicher Auslastung bzw. Doppelbelastung zu finden, als auch bei solchen, die eine sparsame Grundhaltung zeigen. Bei ersteren stehen zeitlich-pragmatische Aspekte im Vordergrund. Ernährung soll möglichst unaufwendig sein und sich gut in den Alltag integrieren lassen. Berufstätige Mütter weisen oft eine Kombination von Familien- und Effizienzorientierung auf, da die Wahrnehmung (selbst bzw. fremd zugeschriebener) familiärer Aufgaben und beruflicher Verpflichtungen oft nur mit zeitsparender Organisation der Ernährungsarbeit bewältigt werden kann. Menschen mit sparsamer Grundhaltung beziehen dagegen ihren Effizienzgedanken eher aus Werthaltungen, die sich sowohl auf den sparsamen Umgang mit privaten als auch mit natürlichen Ressourcen (z.B. Verpackung, Wiederverwendung, kein Wegwerfen etc.) beziehen. Beiden Ausformungen ist gemein, dass sie mit Ressourcen möglichst effizient umgehen wollen, was sich aber bei den einen auf die persönlichen (knappen), vor allem zeitlichen Ressourcen bezieht, bei den anderen eher auf allgemeinen moralischen Werten des „nichts Verschwenden" beruht und oft in Kombination mit traditionellen, insbesondere religiös-spirituellen Ernährungsorientierungen auftritt.

Es gibt auch Kombinationen von geringem Interesse an der Gestaltung des Ernährungsalltags und der pragmatischen, unaufwendigen Umsetzung von Ernährungsaufgaben, die unter dem Aspekt „fehlender sozialer Anlass" zusammengefasst werden können. Hierunter fallen vor allem Alleinlebende, die zwar in sozialen Ess-Kontexten durchaus mehr zeitlichen und finanziellen Aufwand für ihre Ernährung betreiben, in ihrem Alltag aber pragmatisch (schnell, bequem und billig) orientiert sind. Eine eher bei Frauen anzutreffende Kombination ist jene von „fehlendem sozialen Anlass" und der Orientierung an Gesundheit bzw. einem schlanken Körper, da es ihnen ohne sozialen Druck leichter fällt, restriktive Ernährungsregeln zu beachten, welche Ressourcen schonend umgesetzt werden sollen.

3.2.3.   Ökologische und sozialkritische Ernährungsorientierungen

Menschen mit diesen Orientierungen nehmen eine bewusste, kritische und verantwortliche Haltung zu ökologischen, sozialen und gesundheitlichen Problemen ein und wollen sich in ihren Ernährungshandlungen vom „Mainstream" abgrenzen. Diese Orientierung findet sich vornehmlich bei Personen, die – wie Moisander (o.J., 7) es ausdrückt – sich selbst als „green consumers" verstehen und sich moralisch gegenüber ihrer ökologischen und sozialen Umwelt verpflichtet fühlen. Meist im mittleren bis höheren Bildungsbereich zu finden, sind ein differenziertes Wissen über ökologische und gesellschaftliche Problemlagen sowie darauf aufbauende Vorstellungen vom „richtigen", verantwortlichen Ernährungshandeln wesentliche Bezugspunkte dieser Ernährungsorientierungen. Eine große Nähe besteht zu gesundheitsfördernden und mental stärkenden Ernährungsorientierungen (siehe weiter unten), da auch diese auf „richtiges", bewusstes, verantwortliches, sich vom „Mainstream" abgrenzendes Ernährungshandeln gerichtet sind, aber nicht aus moralischer Verpflichtung, sondern wegen des individuellen körperlich-geistigen Wohlbefindens. Es zeigt sich ein deutlicher Geschlechterunterschied: Während bei Frauen oft eine ganzheitliche Gesundheitsorientierung und persönliche Abgrenzung von der „schnelllebigen Welt" im Vordergrund stehen, kritisieren Männer stärker ökologische, ökonomische und soziale Entwicklungen (z.B. moderne Lebensmittelproduktion, Tierhaltungsmethoden) und ziehen ihre Konsequenzen daraus (z.B. Vegetarismus, Bio-Konsum).

3.2.4. Traditionelle Ernährungsorientierungen

Menschen, die ihre Ernährung primär an traditionellen Werten ausrichten, sind besonders in der älteren Generation sowie im ländlichen Lebenskontext zu finden. Sie grenzen sich von der industriellen Produktionsweise (auch) im Lebensmittelbereich ab und bevorzugen regionale, zum Teil auch (teurere) „handwerklich" hergestellte Produkte, die als natürlicher und gleichzeitig qualitativ hochwertiger empfunden werden. Für die Ernährungsarbeit zuständig sind die (Haus-)Frauen. Sie sehen in der Verantwortung für Essen und Ernährung der Familie nicht nur eine Belastung, sondern oft auch eine Möglichkeit, gesellschaftlich wertvolle Arbeit zu leisten und in diesem Sinne über die privaten Räume hinaus zu wirken. Weitere handlungsleitende traditionelle Werte und Normen sind die Familie als Zentrum des Ernährungsgeschehens und die Verfolgung eines Drei-Mahlzeiten-Konzepts, wobei von diesen mindestens eine Mahlzeit warm sein muss. Die Kombinationen der möglichen Speisekomponenten sind bei dieser Ernährungsorientierung relativ normiert, ein starker Österreich-, Regional- und Saisonalbezug dominiert. Zeit und Ruhe beim Essen sind wichtig und die Zubereitung von Mahlzeiten soll im eigenen Haushalt erfolgen. Lebensmittel sollten möglichst nicht oder gering industriell verarbeitet sein, meist werden altbewährte Gerichte bevorzugt (v.a. mit Fleisch als Zentrum).

Zwei Formen traditioneller Ernährungsorientierungen können unterschieden werden, die sich im Wesentlichen in ihrem Naturbild voneinander unterscheiden. Der *robust-traditionellen Ernährungsorientierung* liegt ein eher „tolerantes bis robustes" Bild von Natur zu Grunde (Douglas 1972), welches die Möglichkeit ökologischer Selbstregulation betont und sich von Lebensmittelskandalen und Genmanipulation nicht beunruhigen lässt. Verbunden mit traditionellen Wertorientierungen stehen in der Auseinandersetzung mit Umwelt nicht ökologische Gefährdungen, sondern die Bedrohung alter Gesellschaftsordnungen im Vordergrund. Heimat- und Bauernverbundenheit sind Ausdruck dieser traditionsbewussten Bindung und werden gleichsam als Ausdruck von Natürlichkeit und Qualität nicht weiter hinterfragt. Dagegen empfinden Personen mit einer primär *religiös-spirituellen Ernährungsorientierung* die Natur als etwas Heiliges, Fragiles und stehen menschlichen Eingriffen in die Natur prinzipiell skeptisch gegenüber. Eine auf einem christlichen Weltbild basierende moralische Verantwortung gegenüber der ökologischen und sozialen Umwelt ist hier grundlegend für einen behutsamen Umgang mit Natur. Bei dieser Orientierung lässt sich ein Naheverhältnis zu gesundheitsfördernden und mental stärkenden Ernährungsorientierungen feststellen, da der moralische Anspruch eines harmonischen Zusammenwirkens von Mensch und Umwelt auch auf die individuelle Ebene übertragen wird. Spirituelle, ganzheitliche Vorstellungen des Einklangs von Körper und Geist sind prägend für die Konstruktion von persönlichem Wohlbefinden. Dabei wird gerne auf christliche Ernährungsvorbilder bzw. -lehren, wie z.B. Hildegard von Bingen, den Kräuterpfarrer Weidinger oder die Anthroposophie zurückgegriffen.

3.2.5.   Individualistisch-distinktive Ernährungsorientierungen

Diese Ernährungsorientierungen sind eher in jüngeren bis mittleren Altersgruppen zu fin-den, die finanziell gut abgesichert sind und bevorzugt im städtischen Bereich leben. Ge-meinsame Basis dieser oft sehr unterschiedlichen Orientierungen ist, dass die Ernährungs-praktiken als Ausleben der eigenen Individualität gesehen werden und zwar entweder durch das Nutzen diverser Wahlmöglichkeiten oder durch die distinktive Abgrenzung von anderen. Wichtig ist weiters, dass Essen Erlebnischarakter haben soll. Die Suche nach Be-sonderem, nach Abwechslung und die Ablehnung von Mittelmäßigkeit und Langeweile beim Essen sind dafür kennzeichnend und können im Extremfall sogar als Anspruch auf einen Adrenalinstoss durch Essen gedeutet werden, wie es ein Interviewpartner ausge-drückt hat. Solche Erlebnisaspekte der Ernährung werden dabei stärker in außeralltägli-chen Situationen (z.B. Essengehen am Wochenende, Ausflüge in die Natur, Einkaufen und Essen auf Märkten) gelebt, da sie im beruflichen und familiären Ernährungsalltag aus zeit-lichen und z.T. auch aus finanziellen Gründen weniger leicht integriert werden können.

Auch bei dieser Orientierung lassen sich zwei unterschiedliche Ausprägungen fest-stellen. Zum einen kann ein *„Ernährungsstil durch Wählen"* festgestellt werden, bei dem das bewusste Auswählen aus verschiedenen Ernährungs- und Gesundheitskonzepten, Kü-chen, Einkaufsorten etc. im Vordergrund steht. Hier kommt am stärksten der so genannte Patchwork-Charakter der Ernährung zum Tragen. Es existiert kein durchgängiges Ernäh-rungskonzept als Hauptausrichtung, sondern unterschiedliche, zum Teil auch gegensätzli-che Konzepte werden als Orientierungsrahmen akzeptiert, starre, einschränkende Vorga-ben jedoch abgelehnt. Zentral für diese Orientierung ist die Entwicklung eines persönli-chen Stils durch bewusstes Auswählen und Ausfüllen von Freiräumen. Die zweite Ausprä-gung kann als *„Ernährungsstil durch Selbstschaffen"* bezeichnet werden, wobei hier ein starkes Element der Distinktion vorhanden ist. Eine auf Distinktion ausgerichtete Ernäh-rungsweise bezieht sich in ihrer gängigen sprachlichen Kodierung auf eine milieuspezifi-sche Stilisierung von Ernährungspraktiken, welche die eigene Identität stärkt und von Menschen aus anderen sozialen Milieus abgrenzt. Dabei wird Distinktion oft hierarchisch gedacht, im Sinne der Abgrenzung von höher bewerteten gegenüber niedriger bewerteten sozialen Milieus (Bourdieu 1982). Solche milieuspezifischen Formen der Distinktion sind impliziter Bestandteil von kulturellen Ernährungsorientierungen und werden besonders of-fen in bürgerlichen Milieus gelebt. In Verbindung mit Individualität ist Distinktion aber anders besetzt. Denn Distinktion ist insofern auch eine eigene, milieuunabhängige Katego-rie, als sie zum individuellen Selbstzweck werden kann, der auf eine Abgrenzung von al-len anderen Menschen (auch aus demselben Milieu) abzielt. Die Perfektionierung der mi-lieuspezifischen Ernährungsorientierungen kann dabei Distinktionsstrategie sein. Solche individuell-distinguiert orientierten Menschen sehen und zelebrieren die eigene Ernäh-rungs-, Koch- und Geschmackskompetenz als außergewöhnliche Gabe, die von anderen abhebt. Der Ernährungsstil wird als kreative Eigenkomposition gesehen.

3.2.6.   Lust- und emotionsbetonte Ernährungsorientierungen

Lust- und emotionsbetonte Orientierungen wie jene an Lust und Laune, Genuss oder Gus-to sind Teil jeder Ernährungspraxis, werden aber in unterschiedlichem Ausmaß gelebt und sind stark mit anderen Ernährungsorientierungen abgestimmt. Dabei sind normativ schwä-cher ausgerichtete Ernährungsorientierungen sehr offen für die Integration solcher emotionaler Zugänge zum Thema Essen. So beziehen sich Menschen mit wenig Interesse und Kompetenz in Ernährungsfragen weitgehend unreflektiert auf ihren momentanen Gusto, kombiniert mit zeit- und geldbezogenen Ausrichtungen (v.a. Preis und Bequemlichkeit). Gesundheitsfördernde und mental stärkende Ernährungsorientierungen streben eine bewusste Integration von lust- und genussvollen Aspekten der Ernährung an, da das Herstellen von individuellem Wohlbefinden hier untrennbar mit der Befriedigung emotionaler Bedürfnisse verbunden ist. Bei individualistischen und distinktiven Ernährungsorientierungen spielen Lust, Gusto und Genuss ebenfalls eine große Rolle, wobei distinktiv ausgerichtete Menschen den individuellen Genuss zu einem höheren Gut stilisieren. IndividualistInnen betonen dagegen stärker spontane lust- und genussorientierte Entscheidungen beim Essen, die als persönliche Freiheit erlebt werden. Eine starke Spannung existiert zwischen lust- und emotionsbetonten und körper- und beschwerdebezogenen Ernährungsorientierungen. Letztere sind durch einen restriktiven Zugang zu Ernährung und ständige Selbstbeobachtung geprägt. Emotionale Aspekte des Essens erscheinen hier als störend für die Aufrechterhaltung des geregelten Ernährungsstils und werden weitgehend unterdrückt. Zumeist existieren bewusste oder unbewusste Vorstellungen, in welchen Situationen lust- und emotionsbetonten Orientierungen nachgegeben werden darf. Dabei fällt es oft leichter allein und im Berufsalltag einen kontrollierten Ernährungsstil umzusetzen, während in sozialen und/oder außeralltäglichen Kontexten vermehrt emotionale Aspekte des Essens zum Zug kommen. Bei Menschen, die selbst wenig Verantwortung für ihre Ernährung übernehmen, kann das aber durchaus umgekehrt sein: Allein und im Berufsalltag wird nach Lust und Laune gegessen, während am Wochenende gesunde Ernährung durch andere Haushaltsmitglieder gefördert wird.

3.2.7. Körper- und krankheitsbezogene Ernährungsorientierungen[9]

Gesundheit, Schlankheit und Fitness nach allgemeinen, im öffentlichen Diskurs vermittelten und teilweise medizinisch geprägten Richtlinien sind grundlegend für diese Orientierungen. Diese sind zumeist bei Frauen zu finden, die entweder sehr viel Wert auf ein *schlankes und/oder sportliches äußeres Erscheinungsbild* legen oder bei solchen, die – oft in Folge einer Krankheit bzw. chronischer Krankheiten – der *Aufrechterhaltung ihrer Gesundheit und Vermeidung von Krankheit* hohe Priorität beimessen. Grundlegende Ernährungsregeln sind die Vermeidung bzw. Reduktion von (tierischem) Fett und Zucker sowie regelmäßige sportliche Betätigung. Eine gesunde, fleisch- und zuckerreduzierte Ernährung mit hohem Obst- und Gemüseanteil wird angestrebt, wobei auch Offenheit gegenüber „Functional Food" und diesbezüglichen Werbestrategien besteht.

Oft befinden sich ältere, robust-traditionell orientierte Menschen nach einer schweren Erkrankung im Überschneidungsbereich von traditionellen und körper- und krankheitsbezogenen Ernährungsorientierungen. Der gewohnte Ernährungsstil wird nach medizinischen Ernährungsrichtlinien abgewandelt, ohne ihn dabei völlig aufzugeben. Der Übergang zwischen diesen beiden Ernährungsorientierungen ist deshalb nahe liegend, weil beide stark normativ ausgerichtet sind und das Abwandeln einer Ernährungsnorm (z.B. österreichisches Gemüse statt österreichisches Fleisch) leichter fallen dürfte, als das Zurechtfinden in einem weniger normierten Raum. Wie bereits unter 3.2.3. erwähnt, sind ressourcenbezogene Ernährungsorientierungen bei „fehlendem sozialen Anlass" oft mit körper-

---

[9] Der Themenkomplex Gesundheit wird in Kapitel 6 genauer ausgeführt.

und krankheitsbezogenen Ausrichtungen kombiniert, da es allein und im Berufsalltag leichter fällt, bestimmte Essensgelüste zu unterdrücken und der Verzehr von beispielsweise einem Stück Obst oder einem „leichten" Joghurt sowohl unter Convenience-Überlegungen als auch unter dem Gesundheits- bzw. Schlankheitsaspekt als vorteilhaft gedeutet wird.

3.2.8. Gesundheitsfördernde und mental stärkende Ernährungsorientierungen

Diese Orientierungen finden sich bevorzugt bei Frauen mit höherem Bildungsniveau, die sich intensiv mit alternativen Ernährungsformen auseinandersetzen und diesbezüglich ein hohes Wissen haben. Asiatische Ernährungskonzepte wie Kinesiologie oder Makrobiotik prägen beispielsweise diese Ernährungsvorstellungen. Insgesamt bildet Ernährung hier ein Zentrum des privaten Lebens, ist Grundlage für das geistige und körperliche Wohlbefinden und besitzt oft ganzheitlichen Charakter. Das aktive Herstellen von persönlichem Wohlbefinden steht im Vordergrund und nicht die Abwehr von Krankheit. Als Kontrast zum (stressigen) Berufsleben und/oder als familiärer Ruhepol sind Zeit, Ruhe und Genuss beim Essen/Kochen sowie eine möglichst „naturbelassene" Qualität von Lebensmitteln sehr hoch besetzt. Dies zeigt sich an der Beachtung des (industriellen) Verarbeitungsgrades von Produkten, von Region und Saison und z.T. auch von Bioqualität sowie kleinerer vertrauter Distributionsformen.

Gesundheitsfördernde und mental stärkende Ernährungsorientierungen sind häufig mit lust- und emotionsbetonten Ausrichtungen verbunden. Sie sind vor allem bei Frauen auch oft mit ökologischen und sozialkritischen aber auch mit religiös-spirituellen Ernährungsorientierungen kombiniert. Die Umsetzung dieser Ernährungsorientierung fällt in der arbeitsfreien Zeit leichter als in Zeiten beruflicher und familiärer (nicht alimentärer) Verpflichtungen. Dennoch versuchen Menschen mit betonter Ausrichtung auf gesundheitsfördernde und mental stärkende Ernährung auch unter „stressigen" Bedingungen, sich Zeit und Ruhe für Kochen und Essen zu nehmen. Um die Arbeit dennoch zu erleichtern, wählen sie Strategien, die sich gut mit ihrer Ernährungsausrichtung vereinbaren lassen wie die Zubereitung qualitativ hochwertiger, möglichst „naturbelassener" und gleichzeitig wenig aufwendiger Speisen oder den Einkauf über einen Biokistenzustelldienst.

3.3. Ernährungsorientierungen und nachhaltige Ernährung

Hinsichtlich der Anschlussfähigkeit der beschriebenen Ernährungsorientierungen für nachhaltige Ernährung zeigt sich, dass vor allem jene Ausrichtungen, die sich mangels Ernährungskompetenz und -interesse an ressourcenbezogenen (Zeit und Geld) sowie lust- und emotionsbetonten Aspekten orientieren, wenig Anknüpfungspunkte für nachhaltige Ernährung aufweisen. Ein breit gefasster Ressourcenmangel, der nicht unbedingt finanzieller Art sein muss, aber hinsichtlich Zeit, Bildung, Ernährungswissen und -kompetenz relativ hoch ausfällt, stellt eine relativ große Barriere dar.

Ressourcenbezogene Orientierungen besitzen aber durchaus auch Potenziale, insbesondere effizienzorientierte Ansätze, die „Verschwendung" im Sinne eines unachtsamen Umgangs mit Ressourcen vermeiden wollen. Sind Zeit und Geld knapp, müssen AkteurInnen sich oft zwangsläufig Strategien überlegen, wie sie ihren Ernährungsalltag effizienter

handhaben können. Je nachdem, welche anderen Ernährungsorientierungen damit verknüpft sind, bedeuten die Strategien Unterschiedliches hinsichtlich Chancen und Restriktionen für nachhaltige Ernährung. So können etwa ein hoher Routinegrad der Ernährungsarbeit sowie das Kochen einfacher, wenig aufwendiger Speisen mit regionalen Produkten
aus biologischem Anbau im Sinne der Zeitersparnis ebenso praktiziert werden, wie die
häufige Verwendung von hoch verarbeiteten Fertiggerichten. In der Realität existieren
zumeist Mischformen dieser Extremvarianten (vgl. Kapitel 4). Fest steht, dass Zeit und
Geld schonende Ernährungsausrichtungen unter sozialer und ökonomischer Perspektive
für die KonsumentInnen oft eine Notwendigkeit darstellen, um den Alltag zu bewältigen.

Die Anknüpfungspunkte der altruistischen Ernährungsorientierung für nachhaltige
Ernährung verlaufen sehr stark entlang Verantwortungsübernahme für und Identifikation
mit Ernährungsarbeit, wobei letztere besonders stark auf Frauen mit einem traditionellen,
weiblichen Rollenbild zutrifft. Die Identifikation mit Ernährungsarbeit ist eine wichtige
Voraussetzung für eine zeitintensivere Auseinandersetzung mit Ernährung (sowohl praktisch als auch kognitiv). Dies wirkt sich tendenziell positiv auf nachhaltige Ernährungspraktiken aus, da zusätzliche Aspekte als Schnelligkeit, Bequemlichkeit und Preis Berücksichtigung finden. Die Verantwortungsübernahme für andere Haushaltsmitglieder (v.a.
Kinder) ist mit einer höheren Offenheit für Gesundheitsaspekte verbunden, fördert das Bewusstsein für und einen reflektierten Umgang mit Ernährung und beinhaltet ein breites Interesse an Ernährungsinformationen und -kommunikation. Insbesondere bei Männern kann
die alimentäre Verantwortungsübernahme für ein Kind dazu führen, einen einseitig
fleischzentrierten Ernährungsstil zu reflektieren und mehr oder weniger stark abzuwan-
deln. Gleichzeitig ist eine stark ausgeprägte altruistische Orientierung von Frauen unter
sozialen und ökonomischen (Überbelastung, berufliche Chancen, Eigenständigkeit), aber
auch unter ökologischen sowie gesundheitlichen (Berücksichtigung der männlichen
Fleischlust und/oder des kindlichen süßen Geschmacks) Gesichtspunkten problematisch.
Hier müssten die berufliche Eigenständigkeit von Frauen sowie die alimentäre Eigen- und
Fremdverantwortung von Männern gefördert werden und der Lebensmittelindustrie in
Hinblick auf Kindergesundheit ein verantwortlicheres Handeln abverlangt werden.

Bei religiös-spirituellen sowie ökologischen und sozialkritischen Ernährungsorientierungen sind die Chancen für nachhaltige Entwicklung sehr stark mit moralischer
Überzeugung und dem eigenen Selbstverständnis als sozial und ökologisch verantwortli-
cher Mensch verbunden. Menschen mit diesen Orientierungen fühlen sich den Werten
nachhaltiger Entwicklung verpflichtet und besitzen auch ein vergleichsweise differenziertes Wissen zu dieser Thematik. Beachtung von regionaler Herkunft, ökologischer und sozial gerechter Produktionsweise, geringer Verarbeitung sowie unterschiedlicher alternativer bzw. spiritueller Ernährungslehren sind Grundbausteine des Ernährungshandelns.
Während die Motivlage bei traditionell-religiös orientierten Menschen aber eher auf einem
Leben im Einklang mit Gott beruht, sehen sich die ökologischen, sozialkritischen Menschen als VerfechterInnen eines alternativen Gesellschaftsbildes, das sie als PionierInnen
vorzuleben versuchen.

Bei robust-traditionellen Ernährungsorientierungen liegen die Potenziale in Hinblick auf nachhaltige Ernährung vor allem in einem ausgeprägten Qualitätsbewusstsein,
einer regionalen bzw. saisonalen Orientierung und der Präferenz für kleine übersichtliche
Strukturen. Die hier auftretende Verbundenheit mit dem Bauernstand kann sich aber
hemmend auf den Kauf von Bioprodukten auswirken und die starke Ausrichtung auf österreichische Gerichte ist oft mit hohem Fleischkonsum verbunden. Die Praxis des täglichen

(aufwendigen) Selbstkochens ist unter sozialer und Gender-Perspektive problematisch, da die normierten Vorstellungen über die Aufgaben und Pflichten der Frau mit weiblicher Berufstätigkeit (und damit Eigenständigkeit) weitgehend unvereinbar sind. Während über religiös-spirituelle Naturbezüge Anschlussfähigkeit zu sozialen und ökologischen Themen besteht, ist für traditionelle Menschen mit „robustem" Naturbild Umweltschutz zumeist kein Thema, das sich als Anknüpfungspunkt für nachhaltige Ernährung nutzen ließe.

Die Möglichkeiten von gesundheitsfördernden und mental stärkenden Ernährungsorientierungen liegen in der vorrangigen Bedeutung von Ernährung im Lebenskontext. Da „richtige" Ernährung als wesentliche Basis des individuellen Wohlbefindens gesehen wird, sind Menschen mit dieser Orientierung durchaus bereit, einen höheren zeitlichen und finanziellen Aufwand für Essen zu betreiben. In Abhängigkeit von den spezifischen Ernährungslehren, auf die die Vorstellung des individuellen Wohlbefindens abgestimmt ist, werden Aspekte von Produktqualität, aber auch von Prozessqualität beachtet. Region und Saison, frische und möglichst naturbelassene (z.T. auch ökologische) Lebensmittel sowie die Eigenzubereitung von Speisen (z.T. nach bestimmten Richtlinien) sind grundlegend für die Ernährungspraktiken. Im Hinblick auf Gesundheit und soziale Nachhaltigkeit bietet die Integration von lust- und emotionsbetonten Orientierungen durchaus Potenziale, da sich die Ausrichtung auf individuelles Wohlbefinden von stark restriktiven Praktiken und ihren problematischen Begleiterscheinungen (z.B. Essstörungen, Vermeidung sozialer Esssituationen) abgrenzt. Dabei werden lust- und genussvolle Aspekte des Essens reflektiert und möglichst harmonisch mit anderen Ernährungsorientierungen abgestimmt.

Dagegen sind körper- und krankheitsbezogene Orientierungen sehr eng mit restriktiven Ernährungspraktiken verknüpft. Ihre Potenziale liegen in der Verwendung bestimmter Produkte: Viel Vollkorn- und Milchprodukte sowie Gemüse und Obst, wenig Fleisch, Fett und Zucker, so die groben Richtlinien der Ernährungswissenschaften für ein gesundes Leben. Sowohl körperbezogene, an Fitness und/oder Schlankheit orientierte Menschen als auch von Krankheit betroffene Personen orientieren sich häufig an diesen Vorgaben. Unter Schlankheitsperspektive stehen allerdings zum Teil andere Diätkonzepte im Vordergrund, wie die „low carb"-Diäten, die einen niedrigen Kohlehydrat- und hohen Fleisch- und Gemüseanteil in der Ernährung betonen. Ein möglichst attraktives Äußeres bzw. das Verhindern oder Eindämmen von Krankheit sind grundlegende Motive dieser Ernährungsorientierungen. Obwohl hinsichtlich des niedrigen Fleischkonsums und der Orientierung an frischer, vitaminreicher Qualität von Nahrungsmitteln ökologisch und gesundheitlich durchaus anschlussfähig für nachhaltige Ernährung, zeigen sich bei Beachtung der Offenheit für „Functional Food" und für Diätpräparate auch hier Grenzen. Unter Einbezug der sozialen Dimension kommen noch andere Aspekte zum Tragen, insbesondere wenn soziale Esssituationen gemieden werden, da es allein leichter fällt, die restriktive Ernährungsweise aufrecht zu erhalten. Geht der restriktive Umgang mit Ernährung so weit, dass Essen insgesamt weitgehend verweigert wird bzw. Verstöße (mit Erbrechen) „bestraft" werden, treten neben sozialen auch gesundheitliche Probleme zu Tage. Für regelgeleitete (ältere) Menschen haben die Gesundheitsrichtlinien jedoch (insbesondere nach einer schweren Erkrankung) eine wichtige Funktion, um sich im Ernährungsalltag unter geänderten Rahmenbedingungen zurechtzufinden. Vor allem ältere, traditionell eingestellte Menschen sind für einen partiellen Ersatz von Fett, Fleisch und Zucker durch Gemüse und Obst sehr offen.

Individualistische und distinktive Ernährungsorientierungen sind in Hinblick auf Chancen und Restriktionen für Nachhaltigkeit ambivalent zu beurteilen. Menschen mit dieser Orientierung wollen mit einer moralischen „Ökoideologie" nichts zu tun haben und betonen ihren persönlichen Ernährungsstil. Dieser baut auf freie Wahlmöglichkeiten in einer „bunten" Erlebniskultur (z.B. Fast-Food-Restaurant, Gourmetküche, Einkaufen am Markt oder im Discounter) bzw. auf die eigene Überlegenheit und lehnt dabei jegliche Form der Fremdbestimmung ab. Die Suche nach Spaß und Erlebnis (mit den Maximen „neu und schnell") steht reflektierten Ernährungspraktiken oft entgegen. Eventuell könnten über eine nicht moralisierende Nachhaltigkeitskommunikation und Angebote an nachhaltigen Lebensmitteln, die auch Spontaneität und Lebensfreude vermitteln, Anknüpfungspunkte geschaffen werden. Die Orientierung an hoher Produktqualität und gehobener Küche ist für individualistisch und distinktiv ausgerichtete Menschen ein wesentlicher Zugang zu nachhaltiger Ernährung, wird aber in erster Linie im außeralltäglichen Kontext umgesetzt und ist bewusst nur ein Teil des Ernährungshandelns.

Sonja Geyer

4. Essen und Kochen im Alltag

Was ist eine Mahlzeit? Wie und was wird gekocht? Wo und wann werden Speisen konsumiert? Wie gestaltet sich Ernährung im Berufsalltag und in der arbeitsfreien Zeit? Wie essen beispielsweise Alleinlebende, Familien mit Kindern oder ältere Personen? Welche Organisationsleistungen kommen im alltäglichen Umgang mit Ernährung zum Tragen? – Diese Leitfragen haben in Bezug auf Essen und Kochen unser Forschungsinteresse geleitet und sollen in diesem Abschnitt einer intensiveren Betrachtung unterzogen werden. Im Anschluss daran werden anhand des Faktors „Zeit" als maßgeblicher, struktureller Determinante Anknüpfungspunkte und Hindernisse für nachhaltige Entwicklung diskutiert.

4.1. Alltägliche Lebensführung im Handlungsfeld Ernährung

In unserem Modell des Ernährungshandelns wurde bereits die Bedeutung der sozialen Kontextualisierung deutlich gemacht und die alltägliche Lebensführung als strukturierender Faktor von Ernährungspraktiken hervorgehoben (vgl. Kapitel 1). Das Ernährungshandeln jedes/jeder Einzelnen findet nicht losgelöst von sozialen, ökonomischen, politischen und kulturellen Kontexten statt, sondern ist in die Strukturen des Alltags eingebunden. Für Voß/Weihrich (2001, 10) besteht die alltägliche Lebensführung aus dem Zusammenspiel „aller Tätigkeiten einer Person in den verschiedenen für sie jeweils relevanten sozialen Lebensbereichen". Das Individuum verteilt demnach seine täglichen Handlungen auf verschiedene soziale Bezugsbereiche bzw. hat sich an diesen zu orientieren. Es ist die praktische Umsetzung, der Zusammenhang von immer wiederkehrenden Tätigkeiten, die alltägliche Lebensführung ausmachen. Zu den sozialen Bezugsbereichen zählen beispielsweise Bereiche wie Beruf, Familie, Freizeit oder auch verschiedene institutionelle Einrichtungen. Auch soziodemographische Parameter wie Alter, Geschlecht, Bildung, Einkommen oder Milieuzugehörigkeit kommen bei der Alltagsgestaltung des/der Einzelnen zum Tragen. Unterschiedliche Ressourcen, die dem Individuum zur Verfügung stehen, bilden die dritte wesentliche „Säule" jener strukturellen Rahmenbedingungen, welche die alltägliche Lebensführung mitbestimmen. Aus dem wechselseitigen Zusammenwirken all dieser Parameter entsteht eine gewisse Grundstruktur von unterschiedlichen Tätigkeiten im Alltag, die einer funktionalen und strukturellen Eigenlogik folgt (Kudera 2000). Diese Grundstruktur ist auch für die Gestaltung von Ernährungsaufgaben in der alltäglichen Lebensführung von Bedeutung.

Die Aufgabe des Individuums besteht nun konkret darin, mittels aktiver Konstruktions-, Koordinations- und Organisationsleistungen eine gewisse Ordnung in diesem komplexen System herzustellen. Damit soll eine Regelmäßigkeit und Stabilität in die vielfältigen, zum Teil widersprüchlichen und manches Mal auch konfliktträchtigen Anforderungen des Alltagslebens gebracht werden.[10] Um den Alltag so problemlos und wenig be-

---

[10] Als Beispiel sei hier nur an die Doppel- und Mehrfachbelastung von vielen Frauen und Müttern in Bezug auf Familie und Berufsleben erinnert.

lastend wie möglich zu gestalten, gegebene Ressourcen optimal zu nutzen und soziale Anforderungen oder Zwänge möglichst gut auszugleichen, setzt das Individuum daher je nach Lebenslage und Lebensform unterschiedliche Arrangements bzw. Strategien ein. Diese Ordnungsprinzipien sind an all jene Bedingungen und Personen gekoppelt, die im jeweiligen Alltag Relevanz besitzen. Einige bedeutsame Ordnungsprinzipien, die im Speziellen auch für das Handlungsfeld „Ernährung" eine wichtige Rolle spielen und die in der Analyse unseres Datenmaterials immer wieder zum Vorschein kamen, sind beispielsweise bestimmte Kooperationsleistungen im Sinne von familialer Arbeitsteilung (z.B. Verteilung von Zuständigkeiten bei der Organisation des häuslichen Lebens; vgl. Kapitel 5), die Orientierung an bestimmten zeitlichen Grundrhythmen (z.B. Arbeitstag versus Zeit nach der Arbeit, Arbeitswoche versus arbeitsfreies Wochenende) sowie die Orientierung an bestimmten Ernährungskonzepten mit jeweils unterschiedlichen Ausgestaltungsformen (vgl. Kapitel 3).

Im Umgang mit Ernährung existiert somit innerhalb einer Gesellschaft ein komplexes System an Einflussfaktoren, dessen Rahmenbedingungen auf individueller Ebene sowie auch situationsspezifisch variieren können. In den nun folgenden Abschnitten werden nur einige ausgewählte, praktische Strategien und mitbestimmende strukturelle Rahmenbedingungen im Zusammenhang mit Essen und Kochen im Alltag vorgestellt. Wichtig ist, dass der Leser/die Leserin stets mit bedenkt, dass ein bestimmtes Ernährungsverhalten immer in den Alltag der Akteure und Akteurinnen eingebettet ist und nicht losgelöst von diesem interpretiert werden kann.

4.2.   Mahlzeiten und Speisen

Tägliche Mahlzeiten dienen nicht nur der Nahrungsaufnahme. Eine Mahlzeit verlangt nach Speisen, die oft den gesellschaftlichen Vorstellungen eines „proper meal" („richtiges Essen"; Douglas 1972; Murcott 1992) genügen müssen. Neben einer Speise ist auch eine soziale Situation erforderlich. Letztere legt fest, wann und wo die Speise verzehrt wird. Eine Mahlzeit regelt somit, was, wie, wann und wo gegessen wird (Tolksdorf 1975). Eine Mahlzeit ist auch als eine soziale Institution zu verstehen, die nach bestimmten Mechanismen der Habitualisierung und Standardisierung von Handlungen funktioniert. Bestimmte Handlungen verfestigen sich im Verlauf des Lebens zu einem Modell und werden so zur Gewohnheit. Indem sich bestimmte Verhaltens- und Handlungsweisen durch Gewöhnung aneinander angleichen und im Sozialisationsprozess weitergegeben werden, wird eine gesellschaftliche Normierung bzw. Standardisierung erreicht, die dem/der Einzelnen als wichtiges Orientierungsmerkmal im Ernährungsalltag dient und das gesellschaftliche Zusammenleben charakterisiert (Barlösius 1999; Barlösius/Braun 2000).

Wie viele Mahlzeiten im Tagesverlauf verzehrt werden, welche Bedeutung den einzelnen Mahlzeiten zukommt, wann und in welchen Situationen sie gegessen werden, welche persönlichen Vorstellungen über eine „richtige" Mahlzeit existieren und welche Ansprüche an das Essen gestellt werden, soll nachfolgend näher ausgeführt werden.

4.2.1.   Mahlzeitenstrukturierung

Die Struktur des Alltags als eine sich täglich wiederholende Abfolge ermöglicht auch eine Rhythmisierung und Synchronisierung der Ernährungsvorgänge. Tradierte, eingespielte und in der Praxis bewährte Essensrhythmen werden beibehalten und erleichtern so dem

Individuum die täglichen Koordinations- und Organisationsleistungen in Ernährungsfragen. Das Standardmodell des Drei-Mahlzeiten-Rhythmus (Früh-Mittag-Abend) existiert in mitteleuropäischen Ländern seit dem 19. Jahrhundert und seine allgemeine Struktur findet sich in allen Klassen, Schichten und verschiedenen sozialen Gruppen wieder (Barlösius 1999). Eine Orientierung an diesem Modell steht auch im Essverhalten unserer Befragten im Vordergrund. Speziell in traditionell-bürgerlich ausgerichteten Haushalten und bei Älteren gehören drei Mahlzeiten am Tag zum Standard. Etwas anders gestaltet sich die tägliche Nahrungsaufnahme bei jüngeren, vorrangig kinderlosen Berufstätigen sowie besonders gesundheits- und körperorientierten Personen und jenen, die beispielsweise an einer chronischen Erkrankung (z.B. Diabetes I) leiden. Hier gibt es die Tendenz, generell nur mehr zwei Mahlzeiten zu sich zu nehmen oder die Häufigkeit des Essens auf mehrere kleine Mahlzeiten pro Tag auszuweiten. Die Kombination von hohem beruflichem Engagement, geringer Kochkompetenz sowie fehlender Ressourcen auf sozialer Ebene (z.B. Partnerschaft, Familie) kann speziell bei Männern auch zu nur einer fixen Mahlzeit pro Tag (meist am Abend) führen.

Das Frühstück ist jene Mahlzeit, die im Ernährungsalltag unserer Interviewpersonen am stärksten nach einem routinierten Handlungsmuster abläuft. Als erste Mahlzeit des Tages hat es für sie die Funktion, möglichst in Ruhe und entspannt zu essen und zu trinken und dadurch Kraft für den Tag zu tanken. In Mehrpersonen-Haushalten sowie für Menschen, die ihren Ernährungsalltag sehr variabel gestalten, stellt das Frühstück einen Fixpunkt in Bezug auf Essenszeiten dar. Was die Auswahl an Lebensmitteln betrifft, so ist das Konzept „süßes Frühstück" weit verbreitet. Dabei wird ein warmes Getränk (z.B. Kaffee, Tee) mit einer süßen Komponente (Mehlspeise, Brot oder Gebäck mit Marmelade usw.) ergänzt. Für Personen, die am Morgen noch nichts essen können, besteht das Frühstück zumindest aus Kaffee (oder einem anderen Getränk). Speziell jene Befragten, die unter der Woche wenig Zeit für das Frühstück aufwenden, es gänzlich entfallen lassen, die auf dem Weg zur Arbeit oder direkt am Arbeitsplatz frühstücken, schreiben der ersten Mahlzeit des Tages am Wochenende einen besonders wichtigen Stellenwert zu. Das Frühstück findet in der arbeitsfreien Zeit tageszeitlich später statt und wird ausgiebiger gestaltet. Es besteht zum Teil aus anderen Komponenten (z.B. Wurstwaren, Käse, Eier) und kann in Form eines „Brunches" das Mittagessen ersetzen.

Das Mittag- und Abendessen wird zeitlich variabler gehandhabt und an die jeweiligen Tagesanforderungen angepasst. Bei Müttern mit kleineren Kindern, bei Älteren und traditionell ausgerichteten Haushalten bleibt das warme Mittagessen im Tagesverlauf die wichtigste Mahlzeit und wird meist auch zu einer fix vorgegebenen Uhrzeit eingenommen. Speziell bei Berufstätigen wird hingegen das Abendessen unter der Woche immer mehr zur Hauptmahlzeit. Diese Zuschreibung kann am Wochenende wieder anders aussehen. Dabei ist es für die Befragten nicht zwingend, eine warme Speise zu sich zu nehmen. Wichtiger ist, dass in Ruhe und in gemütlicher, entspannter Atmosphäre (z.B. im Partnerschafts- oder Familienkontext) gegessen wird.

Andere Formen der Essenseinnahme wie z.B. das Zwischendurch-Essen von Kleinigkeiten, Kaffeejausen, Knabbern und Snacken werden von den Interviewten selbst nur in seltenen Fällen als Mahlzeit bezeichnet bzw. als solche wahrgenommen. Speziell bei Personen mit einer höheren Gesundheitsorientierung lässt sich aber die Tendenz erkennen, jene Zwischenmahlzeiten, die als ungesund gelten (z.B. Knabbereien, Süßigkeiten), durch „gesundes" Snacken (Obststücke, rohes Gemüse o.ä.) zu ersetzen.

4.2.2. Persönliche Ansprüche an eine Mahlzeit

Die Auswahl und Zusammensetzung von Speisen sowie die „richtige" Speisenabfolge werden neben sozialisationsbedingten Erfahrungen und kulturellen Vorstellungen darüber, was generell als essbar und genießbar gilt und was nicht, unter anderem auch stark von persönlichen Vorlieben und Aversionen gegenüber bestimmten Lebensmitteln und Ge- richten geleitet. Zusätzlich spielen beispielsweise auch die soziale Herkunft, die aktuelle Lebensphase, Ressourcen wie Zeitverfügbarkeit oder finanzielle Lage sowie physiologi- sche Gegebenheiten (z.B. Gesundheitszustand, körperliche Verfassung) eine Rolle, wenn es darum geht, die persönlichen Ansprüche an eine Mahlzeit zu beschreiben. Welche Le- bensmittel bei einem Gericht im Zentrum stehen (sollen), welche Komponenten die Peri- pherie bilden (sollen) und welche persönlichen Wertigkeiten darüber hinaus noch an eine Mahlzeit gestellt werden, sind demnach lebensphasenspezifisch und sozial differenziert unterschiedlich gewichtet.

Bei der Frage nach einer „richtigen" Mahlzeit ergibt sich bei den Interviewper- sonen ein heterogenes Bild. Generell wird damit das Gegenteil von kalten Snacks, nämlich eine gekochte, warme Speise verbunden, die aus einem Zentrum (muss nicht unbedingt Fleisch sein) und mehreren Peripherien (Beilagen) besteht. Für gesundheitsorientierte Menschen zeichnet sich eine richtige Mahlzeit in erster Linie durch eine ausgewogene Nährstoffzufuhr aus, worunter je nach zugrunde liegendem Gesundheitsleitbild etwas an- deres verstanden wird. Bei alleine lebenden Männern mit einer starken Convenience- Orientierung können auch die jeweiligen Vorräte im Haushalt dafür ausschlaggebend sein, was als richtige Mahlzeit interpretiert wird.

Die Normvorstellung von drei oder mehreren Gängen mit einer (fleischlichen) Hauptkomponente und Beilagen bei der Hauptspeise existiert zwar nach wie vor in den Köpfen vieler unserer Befragten. Sie wird im Alltag aufgrund zeitökonomischer und/oder gesundheitlicher Vorstellungen aber nur bei bestimmten Personengruppen umgesetzt, bei- spielsweise bei Personen, die gerne in großen Mengen essen oder in sehr traditionell aus- gerichteten Haushalten leben. Andere Gruppen realisieren dieses „Drei-Gänge-Modell" primär zu bestimmten Anlässen, wie Fest- und Feiertagen oder bei Einladungen.

Der Anspruch, zumindest einmal am Tag etwas Warmes zu essen, wird bei unseren Befragten zwar nicht immer umgesetzt, ist aber als Norm präsent. Wurde zum Beispiel be- reits in der Herkunftsfamilie auf zumindest eine warme Mahlzeit pro Tag Wert gelegt, kann das für den weiteren Lebensverlauf zu einer prägenden Richtlinie werden, die spe- ziell bei Älteren sehr ausgeprägt ist und unhinterfragt weitergeführt wird.

Wenn es um die Wahl der optimalen Mahlzeit bzw. Esssituation geht, kommen auch noch folgende Aspekte zum Tragen: Wichtiger als die Speise an sich und deren Zu- bereitungsform sind vielen Befragten beispielsweise die geschmackliche Qualität eines Gerichtes sowie die Befriedigung des momentanen Gustos. Auch Speisen, die schon lange nicht mehr gegessen wurden und somit einen Seltenheitswert aufweisen, können für ge- nussorientierte Personen zu so genannten Lieblingsgerichten werden. Quantitative Aspekte wie die Größe der Portionen oder deren Sättigungswert stehen speziell bei ernährungsspe- zifisch eher Desinteressierten bei der Speisenwahl stark im Vordergrund. Vegetarische Gerichte werden von Älteren zwar nicht völlig abgelehnt, sind aber in vielen Fällen mit einem gewissen Unbehagen besetzt und werden eher nur in vertrauter Atmosphäre (z.B. innerhalb der eigenen Familie, im Freundeskreis) konsumiert.

Soziale Aspekte und Wertigkeiten, wie „Ruhe beim Essen", „sich viel Zeit nehmen beim Essen", „eine gemütliche Atmosphäre beim Essen" und „gemeinsam mit Anderen essen" gelten bei unseren Interviewten generell als besonders wichtig und erstrebenswert. Gelebt werden sie allerdings verstärkt in außeralltäglichen bzw. arbeitsfreien Situationen, da hier der Faktor „Zeitverfügbarkeit" in der Tagesgestaltung eine andere Gewichtung erfährt.

4.3.   Zubereitung und Kochen

Veränderte Lebens- und Arbeitsbedingungen auf der einen Seite (z.B. steigende Berufstätigkeit von Frauen, erhöhte Mobilität und Flexibilität, Individualisierung und Pluralisierung von Lebensformen, steigende Zahl der Einpersonen-Haushalte, Veränderungen des Einkommens) sowie andererseits Veränderungen auf dem Lebensmittelsektor (z.B. Produktinnovationen, vielfältige Angebote an Halbfertig-, Fertig- und Tiefkühlprodukten, steigende Zahl an Gastronomiebetrieben und außerhäuslichen Dienstleistungen) hinterlassen ihre Spuren auch in der Küche. Mit dem Wunsch, Haushalt, Familie, Beruf und Freizeit optimal zu vereinen, gewinnen beispielsweise zeitsparende Maßnahmen und Dienstleistungen, welche die Haus- und Kocharbeit erleichtern und den KonsumentInnen gleichzeitig einen Mehrfachnutzen bieten, zunehmend an Bedeutung.

Dies bedeutet aber nicht, dass das Selbstzubereiten von Speisen in den alltäglichen Ernährungspraktiken keine Wichtigkeit mehr besitzt. Trotz oben genannter Veränderungsprozesse ist das Zubereiten und Kochen von Mahlzeiten bei unseren Befragten nach wie vor weit verbreitet. Was, wann, wie und warum gekocht wird, ist im Alltag lebenslagen- und lebensstilbezogen unterschiedlich ausgeprägt. Mütter mit (kleinen) Kindern sind beispielsweise darum bemüht, täglich eine warme, kindergerechte (Mittags-)Mahlzeit zuzubereiten. Personen mit geringer bzw. fehlender Kochkompetenz wiederum kochen bevorzugt unkomplizierte Speisen mit einfacher Rezeptur. Alleinlebende betreiben meist einen höheren Aufwand in der Küche und bewerten das Essen höher, wenn sie nicht ausschließlich für sich kochen (müssen), sondern anderen (z.B. Freundeskreis, Familienmitgliedern, Bekannten aus der Nachbarschaft) mit selbst zubereiteten Gerichten eine Freude bereiten können. Und in ländlichen, traditionell orientierten Haushalten stellt eine täglich selbst zubereitete Mahlzeit oft eine unhinterfragte Selbstverständlichkeit dar, um nur einige Beispiele zu nennen.

Anhand von zwei zentralen Aspekten, die in unseren Analysen zum Vorschein kamen, soll die Thematik der Lebensmittelzubereitung nun etwas ausführlicher dargestellt werden.

4.3.1.   Zeitlich-organisatorische Aspekte des Kochens

Generell kann gesagt werden, dass der Aufwand für das Kochen im Wochenverlauf unterschiedlich gehandhabt wird. Wochentags bzw. im Berufsalltag werden meist andere Gerichte zubereitet und verzehrt als am Wochenende bzw. in arbeitsfreien Zeiten. Während man in arbeitsfreien Zeiten durchaus bereit ist, einen höheren zeitlichen und organisatorischen Aufwand für das Zubereiten von Mahlzeiten zu betreiben, soll das Kochen während der Woche möglichst rasch, einfach und bequem umsetzbar sowie optimal mit anderen, alltäglich anfallenden Aufgabenstellungen kombinierbar sein. Kochen wird nicht zwingend täglich praktiziert. Je nach Lebenslage und Lebensphase existieren Unterschiede in den einzelnen Gruppen. Bei Älteren, traditionell orientierten Haushalten und Personen mit hoher Zeitverfügbarkeit gilt Kochen als eine wertvolle Tätigkeit mit sinnstiftendem Charakter im Alltag. Andererseits ziehen es berufstätige Singles oder kinderlose Paare vor, sich regelmäßig mit Mahlzeiten zu versorgen, die nicht in der eigenen Küche zubereitet werden (z.B. Außer-Haus-Konsum, Inanspruchnahme von Hauszustellung). Sie tun dies speziell dann, wenn die Lust zum Kochen fehlt oder das vorhandene Zeitbudget gering ist. Diese Einstellung findet sich unabhängig von der vorhandenen Kochkompetenz bei unseren Interviews wieder.

Eine beliebte Strategie, um den individuellen Bedürfnissen in der Praxis gerecht zu werden, ist speziell bei Berufstätigen, alleine Lebenden und Familien mit Kindern das Zubereiten geschmacklich vertrauter und bevorzugter und mit geringem Kochaufwand verbundener Speisen wie Nudel- oder Reis-Gerichte, Salate, Suppen, Eintöpfe. Persönliche Ernährungsrichtlinien und geschmackliche Vorlieben treten dabei häufig zugunsten zeitökonomischer Überlegungen in den Hintergrund oder werden nur bis zu jenem Grad integriert, der keinen zusätzlichen Mehraufwand bedeutet. Fleischgerichte, neue „Speisekreationen" und zum Teil auch vegetarische Speisen gelten als aufwendiger in der Zubereitung und werden daher bevorzugt in außeralltäglichen Situationen (z.B. Wochenende, Einladungen, Feiertage) gekocht.

Eine weitere Strategie, die sich vor allem bei kochkompetenten Personen und jenen, die industriell gefertigte Convenience-Produkte ablehnen, wieder findet, ist das Vorkochen von größeren Mengen und/oder aufwendigen Gerichten. Diese werden dann portioniert tief gefroren und können bei Bedarf zum raschen Verzehr einer Mahlzeit herangezogen werden.

Die Verwendung von industriell erzeugten Tiefkühl- und Fertigprodukten (Convenience-Produkten) in der Küche wird in erster Linie mit zeitökonomischen Vorteilen in Verbindung gebracht und weniger mit geschmacklichen, gesundheitlichen oder ökologischen. Der Einsatz von Tiefkühlobst oder -gemüse, Tiefkühlkräutern, Saucen, Backrohrgerichten oder portionierten, küchenfertigen Fleisch- oder Fischteilen etc. kann die Komposition eines „richtigen" Essens erleichtern. Damit die genussvolle Komponente beim Essen jedoch nicht zu kurz kommt, werden Convenience-Produkte gerne durch eigene (frische) Zutaten verfeinert. Die Verwendung von Tiefkühl-Gemüse schwankt saisonal und erfährt im Winter aufgrund fehlender frischer Produkte eine Aufwertung. Besonders gesundheitsbewusste Personen, Personen aus traditionellen Milieus und Personen mit hoher Zeitverfügbarkeit setzen industriell produzierte Tiefkühl- und Fertigprodukte eher sparsam im Alltag ein. Für Berufstätige (v.a. Frauen bzw. Mütter), alleine Lebende, kochtechnisch weniger Versierte und ernährungsspezifisch eher Desinteressierte sind sie hingegen eine hilfreiche und willkommene Unterstützung, um den Zeitaufwand in der Küche möglichst gering zu halten.

4.3.2.   Kochkompetenz

Im Zusammenhang mit Kochen und Lebensmittelauswahl spielt neben zeitlich-organisatorischen Rahmenbedingungen vor allem der Grad der Kochkompetenz eine entscheidende Rolle. Das theoretische Wissen um die Zubereitung von Lebensmitteln und die praktische Fähigkeit, aus einzelnen Komponenten genießbare Speisen zuzubereiten, die nicht nur schmecken, sondern auch für das Auge Wohlgefallen bieten, sind allerdings bei den Interviewten unterschiedlich stark ausgeprägt und beruhen auf ebenso unterschiedlichen Quellen. Viele der Befragten (vor allem Frauen) bekamen ihre Kochkenntnisse im Verlauf der Sozialisation von der Mutter, Schwiegermutter, anderen Personen aus dem Familien- und Freundeskreis oder in schulischen Einrichtungen vermittelt. Andere bevorzugen es wiederum, beim Zubereiten von Speisen Kochbücher und/oder diverse Rezeptvorschläge aus Zeitschriften, Kochsendungen, auf Verpackungen von Lebensmitteln oder aus dem Bekanntenkreis zu Hilfe zu nehmen. Eine weitere Form, sich die nötige Kochkunst anzueignen, ist das so genannte „learning by doing", bei dem in der Küche mit Zutaten und Zubereitungstechniken auf spielerische Weise entweder gezwungenermaßen (z.B. aufgrund plötzlich veränderter Lebensverhältnisse durch Trennung, Tod des Partners oder der Partnerin, Auszug aus dem Elternhaus) oder auch aus aufkommendem Interesse am Kochen experimentiert wird. Fehlen allerdings die grundlegenden Voraussetzungen für Fähigkeiten und Fertigkeiten in der Haushaltsführung bzw. sind diese nur spärlich vorhanden und besteht auch generell wenig Interesse an ernährungsspezifischen Aufgabenstellungen, dann fallen die alltäglichen Kochleistungen eher gering aus. Welche individuellen Arrangements werden von unseren InterviewpartnerInnen getroffen, um sich dennoch täglich mit Nahrung zu versorgen?

Unsere Interviews haben gezeigt, dass kochtechnisch kaum versierte Personen (hier handelt es sich primär um Männer) über ein eher geringes tägliches Speisenrepertoire verfügen, sofern sie sich selbst Gerichte zubereiten. Unkomplizierte Speisen mit einfacher Rezeptur werden bevorzugt gekocht. Bestimmte Lebensmittel, die eine aufwendigere Zubereitungstechnik erfordern, finden bei dieser Gruppe weniger Anklang und fehlen meist auf dem Speiseplan. Geschmacklich bevorzugte Lebensmittel bzw. Speisen, mit deren Zubereitung man nicht vertraut ist oder die als zu aufwendig empfunden werden, werden oft (halb-)fertig zubereitet erworben. Auf diese Weise können sie ohne großen Kochaufwand konsumiert werden. Auch Tiefkühl- und Fertigprodukte, Konserven etc. werden von Personen mit geringer oder fehlender Kochkompetenz regelmäßiger in die Küche integriert, ebenso wie eher „ungesunde" Lebensmittel (z.B. Grillsachen, diverse Würste, Snacks), da sie mittels rascher und bequemer Zubereitungsmöglichkeit eine Arbeitserleichterung beim Kochen bieten oder nicht mehr gekocht werden müssen. Weiters werden Zulieferdienste, Take-Away-Angebote und andere außerhäusliche Dienstleistungsangebote häufiger in Anspruch genommen und spielen eine wichtige Rolle im täglichen Ernährungshandeln.

Bei Personen mit höherer Kochkompetenz entscheiden primär die aktuelle Lebensphase (z.B. Single oder in einer Partnerschaft lebend, mit oder ohne Kinder im gemeinsamen Haushalt), der zur Verfügung stehende zeitlich-organisatorische Spielraum aufgrund von äußeren Lebensumständen (z.B. Vereinbarkeit von Beruf und Haushalt bzw. Familie) sowie lust- und emotionsbetonte Momente (z.B. Gusto und Laune, aktuelle Befindlichkeit) über das tägliche Ausmaß an Kochleistungen und -aktivitäten, wie im nächsten Abschnitt detaillierter ausgeführt wird.

4.4.   Der Faktor „Zeit" als maßgebliche strukturelle Determinante

Gesamtgesellschaftliche Wandlungstendenzen (z.B. Individualisierung) sowie das immer stärkere Verschwimmen der Grenzen zwischen Berufsalltag und arbeitsfreier Zeit hinterlassen ihre Spuren auch im Ernährungsalltag. Frühere, strenger normierte soziale, zeitliche und örtliche Festlegungen in Bezug auf das Essen lösen sich zunehmend auf. Prahl/Setzwein (1999, 11) sprechen in diesem Zusammenhang von einer „Entzeitlichung" des Essens. Das klassische Drei-Mahlzeiten-System mit Frühstück, Mittag- und Abendessen erodiert vor allem bei der jüngeren Generation, auch wenn dies in Österreich noch nicht in dem Ausmaß der Fall ist wie in anderen Ländern (BMLFUW 2003). Essenszeiten werden heute nicht mehr strikt eingehalten, sondern sind an Abläufe des Arbeits-, Familien- und Freizeitalltages angepasst. Aufgrund der unterschiedlichen Tagesstrukturierung einzelner Haushaltsmitglieder werden tägliche Tischgemeinschaften vermehrt reduziert bzw. am ehesten noch am Abend, am Wochenende oder zu diversen Anlässen wie Familienfesten und Feiertagen gelebt. Eine größere Toleranzbereitschaft in Bezug auf Essenszeiten, Benehmen bei Tisch und individueller Speisevorlieben ist erkennbar. Essen ist heute auch nicht mehr an bestimmte Orte oder Plätze gebunden. Wer beispielsweise unterwegs ist, kann sich jederzeit und allerorts mit Nahrung versorgen (Kutsch 1996; Prahl/Setzwein 1999).

Die Verfügbarkeit an Zeit – dies zeigen unsere Interviewanalysen deutlich – ist im Alltag der Individuen zu einer maßgeblichen Determinante in Ernährungsangelegenheiten geworden. Das Essen wird immer mehr den zeitlichen Ressourcen untergeordnet beziehungsweise an zeitliche Strukturen angepasst. Die vielfältigen Angebote an Halbfertig-, Fertig- und Tiefkühlprodukten, die Vielzahl an Gastronomiebetrieben und außerhäuslichen Dienstleistungen in Form von Take-Away-Services oder Hauszuliefer-Diensten unterstützen diesen Trend. Doch auch wenn es heute dem Individuum um vieles einfacher gemacht wird, die Essenszeiten und -orte sowie Verzehrssituationen zu flexibilisieren, so sind die KonsumentInnen umso mehr selbst gefordert, Essen, Kochen und Lebensmittelbeschaffung so gut wie möglich in ihre alltägliche Lebensführung zu integrieren.

Welche Koordinations- und Organisationsleistungen der/die Einzelne diesbezüglich im Alltag an den Tag legt und wie sich diese auf Verzehrsituationen und Orte des Essens im Detail niederschlagen, wird im Folgenden anhand von Ernährungspraktiken im Arbeitsalltag sowie für ausgewählte Lebensformen und Haushaltstypen näher erörtert. Zuvor jedoch noch ein zentrales Ergebnis vorweg. Es bezieht sich auf die soziale Situation von Ernährung und kommt unabhängig von der jeweiligen Lebensform und diverser soziodemographischer Einflussfaktoren im gesamten Interviewmaterial immer wieder zum Vorschein: Kochen und Essen und damit im Zusammenhang stehende Aufgaben und Funktionen der Alltagsgestaltung werden gänzlich anders bewertet und gestaltet, je nachdem, ob man sich bei der Nahrungsaufnahme „in Gesellschaft" oder alleine befindet. In Gesellschaft gewinnen soziale (z.B. Kommunikation, Identitätsstiftung, Geselligkeit) und psychische (z.B. Genuss, emotionale Bindung) Aspekte einen weitaus höheren Bedeutungswert, während im Alleinsein eher die physiologische Versorgung mit Nahrung im Vordergrund steht und Kochen bzw. Essen einen stark funktionalen Charakter aufweisen.

4.4.1.   Ernährung im beruflichen Kontext und Arbeitsalltag

Für Berufstätige gibt es vielfältige Möglichkeiten, sich im Verlauf eines Arbeitstages mit Nahrung zu versorgen. Generell kann jedoch gesagt werden, dass ernährungsspezifische Aufgaben eindeutig den beruflichen Anforderungen untergeordnet werden. Im Arbeitsalltag herrscht im Haushalt ein straffer organisiertes Vorgehen in Bezug auf Lebensmittelbeschaffung, Kochen und Essen vor. Der Aufwand für die tägliche Nahrungsaufnahme soll möglichst gering sein und wird zum Beispiel durch die Integration von Tiefkühl- oder Fertigprodukten, die Zubereitung von schnellen und einfachen Gerichten oder die Inanspruchnahme von außerhäuslichen Dienstleistungsangeboten minimiert. Unregelmäßige sowie vertraglich festgelegte Arbeitszeiten und Pausenregelungen, spezifische körperliche und mentale Beanspruchungen, komplexe Koordinationsleistungen durch Doppel- und Mehrfachbelastungen (z.b. in Familien) und hohe Mobilität sind einige jener Aspekte, die bei Erwerbstätigen zu unregelmäßigen, situativ unterschiedlichen und in weiterer Folge oft weniger nachhaltigen Ernährungsweisen führen können. Essenseinnahmen sind während eines Arbeitstages von stärkeren Reglementierungen begleitet als in arbeitsfreien Zeiten.

Manche Berufstätige in spezifischen Berufssparten (z.B. Werbe- und Medienbranche) verzichten auf üppige Mahlzeiten im Tagesverlauf, um die physiologische und mentale Leistungsfähigkeit während des Arbeitsprozesses nicht zu beeinträchtigen. Die Befragten essen tagsüber bewusst lieber (kalte) Kleinigkeiten, die sie entweder selbst mitbringen oder auf dem Weg zur Arbeit sowie in der Pause kaufen. Die Hauptmahlzeit nehmen sie nach der Arbeit (z.B. im Familienkreis, im Freundeskreis, alleine) zu sich. Bei Selbstständigen und freiberuflich Tätigen sind die Grenzen zwischen Essen im beruflichen und privaten Alltag fließender als bei Personen mit festen Beschäftigungsformen. Strukturelle Zwänge ergeben sich bei ihnen in erster Linie aufgrund der aktuellen beruflichen Verpflichtungen und betreffen primär die zeitliche Gestaltung des Essens. Personen, die im Dienstleistungssektor tätig sind (z.B. Besitzerin eines Frisörladens, Uhrmacher mit eigenem Geschäft, Personen mit Consulting-Tätigkeiten im IT-Bereich) müssen sich beispielsweise an den Geschäftsöffnungszeiten oder den Kundenanforderungen orientieren. Eigene Bedürfnisse treten in den Hintergrund. In arbeitsintensiven Phasen kann daher sowohl der Zeitpunkt der Essenseinnahme, die Anzahl der Mahlzeiten im Tagesverlauf sowie die Wahl der Speisen sehr variabel gehandhabt werden. Andererseits zeigte sich auch, dass wechselnde und flexiblere Arbeitszeiten zu einer stärkeren Auflösung von ernährungsbezogenen Wochentag-Wochenende-Unterschieden führen und es zu mehr Kontinuität im Ernährungshandeln kommen kann.

Personen mit geringerem persönlichen Gestaltungsraum in Bezug auf ihre Arbeitstätigkeit (z.B. Angestellte, Fabriksarbeiterinnen), müssen beim Essen im Berufsalltag oftmals Kompromisse eingehen und ihre persönlichen Ernährungsvorstellungen an institutionell vorgegebene Rahmenbedingungen (z.B. betriebliche Pausenregelungen) und arbeitsspezifische Anforderungen anpassen. Ist etwa hohe Mobilität und Flexibilität gefordert, die Mittagspause zeitlich eng begrenzt oder fehlt es an entsprechenden infrastrukturellen Angeboten im Arbeitsumfeld (z.B. Betriebskantine, Gasthäuser, Küche oder Kochgelegenheit), stehen variable Ernährungsformen im Vordergrund. Der Griff zu Fast Food, kalten Speisen und Snacks ist dann wahrscheinlicher. Auch die zunehmende Gleichzeitigkeit von Essen und Arbeiten (Nebenher-Essen vor dem PC) oder der gänzliche Verzicht auf Nahrung sind Phänomene, die bei unseren Befragten zum Vorschein kamen, wenn der Arbeitsalltag stark außengeleitet abläuft.

Ob man sich bei der Nahrungsaufnahme im Berufsalltag mittags vom Betrieb bzw. Arbeitsplatz entfernt, hängt auch davon ab, wie gut die Arbeitsstätte bzw. das nähere Arbeitsumfeld mit Versorgungsmöglichkeiten ausgestattet ist. Unsere Analysen haben gezeigt, dass beim Vorhandensein einer Betriebsküche die Wahrscheinlichkeit einer regelmäßigen Frequentierung steigt, sofern ein entsprechend attraktives Angebot an Speisen dargeboten wird und den individuellen geschmacklichen Vorstellungen unserer Befragten entgegenkommt. Nahe gelegene Gasthäuser und Restaurants werden vor allem von männlichen Arbeitnehmern – und hierbei verstärkt von männlichen Singles – für den Verzehr einer Mahlzeit genutzt. Mittagsmenüs sind eine beliebte Variante der Speisenwahl, denn sie bieten vor allem in Hinblick auf die eher zeitlich begrenzten Ressourcen eine effiziente Form der Nahrungsversorgung während des Arbeitstages.

Berufstätige Frauen essen während des Arbeitstages seltener außerhalb des Betriebs. Sie bevorzugen es eher, sich mit selbst mitgebrachten Speisen zu versorgen. Gibt es am Arbeitsplatz zum Beispiel eine Kochgelegenheit, dann nutzen vor allem ernährungs- und gesundheitsbewusste Frauen diese auch gerne, um sich mitgebrachte oder zuhause gekochte Speisen aufzuwärmen. Gelegentlich bereiten sie sich auch kleine, zeitlich unaufwendige Gerichte frisch zu.

Die Möglichkeit zur flexiblen Gestaltung von Arbeitszeit und Arbeitsort scheint auch den Spielraum im Umgang mit Ernährung im Berufsalltag zu erhöhen. Es gibt Hinweise, dass sich diese Veränderungen in Bezug auf das Arbeitsleben positiv auf das Ernährungsverhalten der Befragten auswirken. Bei Personen, die ihrer Berufstätigkeit von zuhause aus nachgehen können, ist beispielsweise die Wahrscheinlichkeit des Selbstkochens größer. Dies führt zu regelmäßigeren Mahlzeiten, zu einer geregelteren Tagesstrukturierung und erleichtert in vielen Fällen das tägliche Management von Beruf und Haushalt.

4.4.2.   Ernährung und ausgewählte Lebensformen/Haushaltstypen

Der Trend zur Pluralisierung der Zusammenlebensformen wie z.B. Alleinlebende, Einelternfamilien, Familien mit Kindern, Paare ohne Kinder, getrennt lebende Paare („living apart together") oder Wohngemeinschaften findet auch in veränderten Ernährungspraktiken einen Niederschlag. Die tägliche Gestaltung im Umgang mit Ernährung hängt stark mit der jeweiligen Lebensform zusammen.

- ### Singles bzw. Einpersonen-Haushalte

2001 gab es in Österreich rund 3,34 Millionen Haushalte. Die Zahl der Privathaushalte ist in den letzten 40 Jahren gestiegen, die durchschnittliche Haushaltsgröße sinkt jedoch. Der Trend geht hin zu immer kleineren Haushaltsformen. Einpersonen-Haushalte sind überwiegend ein städtisches Phänomen. Hierbei sind es in erster Linie ältere Menschen (vorwiegend ältere Frauen) und erst in zweiter Linie junge Erwachsene, die alleine leben. Singlesein bei jüngeren Menschen ist zwar eine häufigere, aber meist nur vorübergehende Lebensform (BMUJF 1999; Statistik Austria 2004).

Unsere Ergebnisse zeigen, dass Singles ihren Ernährungsalltag sehr variabel gestalten. Sie verfügen über einen größeren Spielraum betreffend Essenszeiten, Essensorten und Speisenwahl als beispielsweise Paare oder Familien. Individuelle Vorlieben können leichter umgesetzt werden, da sie in erster Linie an Tages- und Zeitstrukturen angepasst werden, die mit Ausnahme der Berücksichtigung beruflicher Gegebenheiten (z.B. Arbeitsorte, Arbeitszeitgestaltung, berufliche Tätigkeit) weniger an anderen orientiert sind. Die Versorgungspflicht für andere und damit die Anpassung an deren Alltagsgestaltung entfällt.

Singles verfolgen in ihrem täglichen Ernährungshandeln je nach gegebener sozialer Verzehrssituation zwei unterschiedliche Konzepte[11]: In Phasen ohne Einbindung in ein so-

---

[11] Diese beiden Konzepte kamen auch bei anderen Lebensformen immer wieder zum Vorschein, traten aber speziell bei Singles besonders häufig auf.

ziales Netzwerk besitzt die Nahrungsaufnahme für viele primär einen funktionalen Charakter im Sinne von Sättigung und Befriedigung physiologischer Bedürfnisse. Bei der Umsetzung von Ernährungsaufgaben herrscht in diesem Fall eine eher zeitlich-pragmatische Einstellung (z.B. unaufwendig, schnell, geringeres Speisenrepertoire, Einsatz von Convenience-Produkten) sowie eine Orientierung an lust- und emotionsbetonten Aspekten (z.b. momentane Laune, Spontaneität, Gusto) vor. Für alleine lebende, berufstätige Arbeiterinnen mit stark reglementierten Arbeitsstrukturen, ältere Alleinstehende mit traditionellen Ernährungspraktiken sowie zum Teil auch jüngere Singles ohne hohe berufliche Verpflichtungen ist der zeitliche Organisationsaufwand im Zusammenhang mit Ernährung meist nebensächlich. Für Erstgenannte stellen Kochen und alleine Essen beispielsweise eine klare Zäsur zum streng geregelten Arbeitsalltag dar. Die beiden anderen Gruppen schaffen sich mittels Essen, Kochen und Einkaufen mitunter eine sinnvolle Tagesstrukturierung. Indem sie ihren Tagesablauf rund um tradierte Wertvorstellungen von Ernährung ausrichten, kann der Aspekt der sozialen Vereinsamung (Alleine essen als Symbol für Einsamkeit) zwar nicht gänzlich aufgehoben, aber dennoch reduziert werden.

Befinden sich Singles jedoch in Gesellschaft (z.B. im Freundes- und Familienkreis, mit dem/der PartnerIn, mit ArbeitskollegInnen, bei Essenseinladungen oder Familienfesten), dann besitzen soziale und kommunikative Aspekte des Essens wie gemütliches Beisammensein, ein stimmiges Ambiente, die Orientierung an den Anderen bei der Speisenauswahl oder der Wunsch, sich selbst und nahe stehenden Personen mit eigens zubereiteten Speisen eine Freude zu bereiten, einen besonders hohen Stellenwert. Sie betreiben in diesen Situationen auch einen höheren zeitlichen und organisatorischen Aufwand, was die Auswahl von Lebensmitteln und Speisen, den erforderlichen Kochaufwand und die Wahl der Einkaufsstätten anbelangt. Der Genussfaktor beim Essen erfährt eine wesentliche Aufwertung. Um möglichst oft in Gesellschaft essen zu können, werden von den Befragten beispielsweise für diesen Zweck auch soziale Netzwerke geschaffen bzw. ausgebaut (z.B. Einladung von Personen aus dem Freundeskreis oder aus der Nachbarschaft) und mitunter auch frühere Bindungen aus dem Netzwerk „Familie" wieder aufgenommen (z.B. regelmäßiges Essen mit oder bei Familienmitgliedern).

Weiters hat sich gezeigt, dass Singles – unabhängig vom Alter – ihre Ernährungsverantwortung gerne an äußerhäusliche Instanzen abgeben. Die Palette reicht hierbei von häufigem Außer-Haus-Essen in Restaurants, Gasthäusern, Kantinen, Fast-Food-Stätten und Kaffeehäusern über die regelmäßige Inanspruchnahme von Take-Away-Services und Hauszustellungs-Diensten bis hin zu wiederkehrenden Essens-Besuchen bei der Herkunftsfamilie. Letzteres gilt eher für jüngere Singles. Diese Gruppe scheint auch häufig in ihrer alimentären Alltagsgestaltung überfordert, insbesondere dann, wenn eigenverantwortliches Ernährungshandeln im bisherigen Lebensverlauf noch kein Thema war.

Ob Alleinlebende ihre Mahlzeiten zuhause oder außer Haus zu sich nehmen, hängt von verschiedenen strukturellen Rahmenbedingungen ab, mit denen Einzelne in der täglichen Alltagsgestaltung konfrontiert werden. Berufliche Anforderungen, die vorhandene Kochkompetenz und das eigene Interesse an Ernährung, sozialisations- und lebenslaufbedingte Erfahrungen im Umgang mit verschiedenen Essensorten, Verzehrsituationen und Speisen, vorhandene finanzielle Ressourcen sowie das jeweilige Geschlecht sind einige mitbestimmende Faktoren im täglichen Umgang mit Ernährungsaufgaben. Männliche Singles essen beispielsweise häufiger außer Haus als weibliche. Während Frauen bei vorhandener Kochkompetenz eher bereit sind, auch für sich alleine zu kochen oder nahe stehenden Personen aus dem Freundes- und Familienkreis zum Essen einzuladen, bevorzugen allein lebende Männer eher eine Außer-Haus-Verpflegung – speziell dann, wenn sie über geringes Interesse an Ernährung, geringe Kochkompetenz und ausreichende finanzielle Mittel verfügen.

- **Familien mit Kindern**

Verglichen mit der Alltagsgestaltung von Singles ist bei Familien mit Kindern der Tages- und Mahlzeitenrhythmus einer stärkeren Regelmäßigkeit und Routine unterworfen. Zusätzlich treten kindspezifische Ernährungsnormen stärker an den Tag, womit auch die Gesundheitsfrage im Zusammenhang mit Ernährung wichtiger werden kann. Aus der Orientierung an kindspezifischen Bedürfnissen resultieren eher fixere Essenszeiten, wobei das Frühstück und das warme Mittagessen als besonders wichtig eingestuft werden. Um Beruf und Familie möglichst gut unter einen Hut zu bekommen und ein für sie selbst stimmiges Maß an „Work-Life-Balance" zu erlangen, delegieren weibliche Berufstätige und AlleinerzieherInnen speziell wochentags Ernährungsaufgaben nach Möglichkeit an Dritte. Die Mithilfe von Großeltern bei der Haushaltsführung und Kinderbetreuung sowie die Inanspruchnahme von Essensversorgung über institutionelle Einrichtungen wie Kindergärten und Schulen unterstützen Frauen und Männer beim täglichen Management von Beruf und Familie. Die Anstellung einer eigenen Bedienerin oder Köchin stellt eher die Ausnahme dar und findet nur bei ausreichend vorhandenen finanziellen Mitteln Anwendung. Bei berufstätigen Eltern, die ein eher partnerschaftlich-egalitär ausgerichtetes Beziehungsmodell bevorzugen, sind die Chancen auf eine gemeinschaftliche Haushaltsarbeit wahrscheinlicher als in traditionell orientierten Partnerschaften. Soll den individuellen Ernährungswünschen aller im gemeinsamen Haushalt lebenden Personen entsprochen werden, dann bedarf dies speziell in Familien mit mehreren Kindern aufgrund der hohen Personenanzahl und der unterschiedlichen Tagesabläufe der einzelnen Familienmitglieder (z.B. Schule, Kindergarten, Arbeitszeiten) besonderer alltäglicher Koordinations- und Umsetzungsleistungen. Finden Frauen jedoch wenig Unterstützung bei der Hausarbeit, dann sind auch bei ihnen primär zeitlich-pragmatische Kriterien ausschlaggebend, um die Doppelbelastung von Familie und Beruf möglichst gering zu halten. Erleichternde Strategien, die von unseren weiblichen Befragten angewendet werden, sind beispielsweise die Vorgabe fixer Essenzeiten oder das Kochen einfacher und zeitlich unaufwendiger Gerichte. Die Abwandlung von Basisgerichten durch andere Speisekomponenten (z.B. Nudeln mit verschiedenen Soßen), der regelmäßige Einsatz von Tiefkühl-Produkten sowie die Inanspruchnahme von Hauszustellungs-Dienstleistungen erweisen sich ebenfalls als hilfreich.

In Haushalten mit kleineren Kindern besitzt das Außer-Haus-Essen im Alltag einen geringeren Stellenwert und findet weniger häufig statt. Bevorzugt werden spezielle „Familienrestaurants" (z.B. McDonalds, Wienerwald) aufgesucht, die einerseits eine kindgerechte Ausstattung wie Kindersitze, Spielecke, spezielle Kinderspeisen etc. bieten und andererseits die Regeln betreffend angemessener Tischsitten nicht so hoch bewerten. Als Alternative werden auch Essensbesuche im familiären Kontext (z.B. bei Eltern, Schwiegereltern, Verwandten) gewählt, wenn nicht im eigenen Haushalt gegessen wird. Vor allem Müttern mangelt es beim Außer-Haus-Konsum mit ihren kleinen Kindern allerdings am entsprechenden Genussfaktor. Sie schildern derartige Essensituationen als stressige, anstrengende Angelegenheit, die meist schnell abgewickelt wird und wenig Ruhe beim Essen bietet.

• Paare ohne Kinder

Partnerschaften erfordern ähnlich wie Familien mit Kindern eine andere Form der zwischenmenschlichen Kooperation als dies bei Alleinlebenden der Fall ist. Bei Paaren ohne Kinder fällt auf, dass es gerade zu Beginn einer Partnerschaft einer hohen Koordination bedarf, um unterschiedliche Ernährungsgewohnheiten aufeinander abzustimmen. Neue Ernährungsstile, die den Bedürfnissen beider Beteiligten gerecht werden sollen, müssen meistens erst miteinander ausgehandelt werden (Bove et al. 2003).

Frauen wird innerhalb einer Partnerschaft mehrheitlich die Hauptverantwortung für Ernährungs- und Gesundheitsfragen zugeschrieben. Sie machen stärkere Abstriche in der Ernährung zugunsten ihres Partners und nehmen dafür auch oftmals einen organisatorischen Mehraufwand in der Alltagsgestaltung in Kauf, während Männer mit dem Eingehen einer Beziehung meist eine qualitative Aufwertung in ihrem Speiseplan erfahren. Als beliebte Strategie, um einen Konsens in der Küche und am Teller zu schaffen, erwies sich in den Interviews beispielsweise das Zubereiten von so genannten „Kompromissgerichten". Dabei wird versucht, einzelne und geschmacklich bevorzugte Speisekomponenten innerhalb eines gekochten Gerichtes miteinander zu kombinieren (z.B. Beilagen wie Reis oder Nudeln und Gemüse, fleischlose Eintöpfe – meist für die Frau, zusätzlich eine fleischhaltige Komponente – meist für den Mann). Essen Paare gemeinsam außer Haus, reduziert sich der Kooperations- und Koordinationsaufwand. Bietet das ausgewählte Lokal eine breite Palette an Speisen, dann können die Betroffenen ihren persönlichen Speisewünschen zeitlich unaufwendig und konfliktfrei nachgehen.

Sind beide Partner berufstätig, findet tagsüber meist eine eigenverantwortliche und individuelle Versorgung mit Nahrung statt. Die Hauptmahlzeit wird in Paarbeziehungen eher gemeinsam am Abend konsumiert, sofern es die beruflichen Anforderungen sowie die aktuelle Lebenssituation zulassen. Bei Paaren mit unterschiedlichen Arbeitsrhythmen und auch bei getrennt lebenden Paaren („living apart together") kommt es nämlich häufig vor, dass wochentags kaum gemeinsame Mahlzeiten praktiziert werden und diese auf arbeitsfreie Zeiten (z.B. auf das Wochenende) beschränkt sind. Dann erfährt gemeinsames Einkaufen, Kochen und Essen jedoch eine besondere Aufwertung – und dies sowohl in qualitativer (z.B. Auswahl der Gerichte, Lebensmittel und Essenslokale) und quantitativer (z.B. Menge der zubereiteten Speisen, mehrere Gänge) als auch in zeitlich-organisatorischer (z.B. höherer zeitlicher Aufwand für Lebensmittelbeschaffung und Kochen, ausgedehnte Essenszeiten) Hinsicht.

• Ältere Personen und PensionistInnen

Europa – und damit auch Österreich – wandelt sich von einer Gesellschaft mit Geburtenüberschüssen und junger Bevölkerung zu einer Gesellschaft mit hoher Lebenserwartung, einer alternden Bevölkerung und tendenziell mehr Sterbefällen als Geburten. Aufgrund besserer Lebensverhältnisse steigt die allgemeine Lebenserwartung weiterhin an.[12] Schätzungen zufolge wird demnach im Jahr 2030 bereits mehr als ein Drittel der Bevölkerung älter als 60 Jahre sein (BMUJF 1999; Prahl/Setzwein 1999). Dieser Altersgruppe kommt

---

[12] Zu bedenken ist allerdings, dass die Mortalität sozial unterschiedlich verteilt ist. Die Lebenserwartung ist beispielsweise bei bevorzugter sozialer Lage bzw. einer gehobenen Schichtzugehörigkeit höher. Armut ist ein zentraler Faktor, wenn es um die Bestimmung von Ursachen für Nahrungsunsicherheit und einseitige Ernährung geht.

in entwickelten Industriestaaten in den nächsten Jahren daher ein zentraler Stellenwert zu. Wie aus zahlreichen empirischen Untersuchungen bekannt ist, übt auch das Lebensalter einen Einfluss auf das Ernährungsverhalten aus (vgl. Kapitel 1). Ernährungspraktiken unterscheiden sich demnach hinsichtlich des Alters beziehungsweise der jeweiligen Phase im Lebenszyklus (Bayer et al. 1999; Brannen 1996; Coveney 1999; McIntosh/Kubena 1999). Das Alter gilt – neben der Jugendphase – als eine Periode im Lebensverlauf, die mit besonderen Risiken in der Ernährung verbunden ist (z.B. eine einseitige Ernährung). Mit dem Alter werden beispielsweise auch die bequeme Erreichbarkeit von Einkaufsstätten und die Möglichkeit zu Kommunikation und Beratung wichtiger.

In unserem Interviewmaterial zeigte sich, dass mit dem Wechsel vom Berufsleben in die Pension bei vielen Befragten vor allem der Faktor „Zeitverfügbarkeit" als hemmende Barriere für die Gestaltung ihrer Ernährung wegfällt. Dennoch orientieren sich viele der Befragten beim Essen weiterhin an gewohnten Zeitstrukturen und schaffen sich somit eine sinnvolle Strukturierung im Alltag. Speziell für allein lebende PensionistInnen bilden soziale Netzwerke einen wesentlichen Bezugspunkt im Zusammenhang mit Ernährung und Alltagsgestaltung. Sie bekochen etwa erwachsene Kinder, Verwandte und den Freundeskreis oder treffen sich mit diesen außerhalb der eigenen Wohnstätte zum Essen. Dadurch leisten Ältere einen aktiven Beitrag, um das Phänomen der sozialen Isolation im fortgeschrittenen Lebensalter zumindest beim Essen zu reduzieren. Erwähnenswert ist weiter, dass es in der Nacherwerbsphase zu einer bewussteren Auseinandersetzung mit unterschiedlichen Aspekten der Ernährung kommen kann. Besonders der Bereich „Gesundheit" gewinnt stärker an Bedeutung. Aber auch Aspekten wie der Qualität von diversen Lebensmitteln und dem täglichen Zeitaufwand für die Lebensmittelbeschaffung und die Zubereitung von Speisen wird in dieser Lebensphase mehr Aufmerksamkeit geschenkt. Unsere älteren Befragten konsumieren bevorzugt jene Lebensmittel, die ihnen vertraut sind. Sie sind weniger offen für die Aufnahme „neuer" Zutaten in ihren Ernährungsplan. Ältere Personen halten stärker an tradierten Routinen in Bezug auf Ernährung fest. Modifikationen beim täglichen Essen werden meist nur dann vorgenommen, wenn dafür keine größeren Verhaltensänderungen erforderlich sind. Krankheitsbedingte Erfahrungen und mögliche gesundheitliche Konsequenzen im Alter sind die am häufigsten erwähnten „Impulsgeber", die noch am ehesten zu Modifikationen in Richtung nachhaltiger Ernährung beitragen.

Was das Außer-Haus-Essen von Älteren betrifft, so scheint hier neben der spezifischen Lebenssituation (z.B. Single, Witwe/Witwer, Alleinerzieher) primär die soziale Milieuzugehörigkeit bzw. der Lebensstil einen Einfluss darauf auszuüben, ob und in welchem Ausmaß außerhalb des Haushalts Speisen konsumiert werden. Bei älteren Personen aus ländlich-traditionellen, konservativen und bürgerlichen Milieus besitzt regelmäßiges Außer-Haus-Essen einen eher geringen Stellenwert im alltäglichen Handeln. Es findet meist nur zu bestimmten Anlässen oder Feierlichkeiten statt oder wird gelegentlich am Wochenende in Anspruch genommen. Dabei werden altbewährte, vertraute Lokale und „normale" Gaststätten mit österreichischer, gutbürgerlicher und Wiener Küche anderen Länderküchen und Essensorten vorgezogen. Alleinlebenden älteren Personen, die über kein großes soziales Netzwerk verfügen, bereitet der Außer-Haus-Konsum wenig Freude. Zum Teil werden von den Befragten finanzielle Aspekte als hemmender Faktor genannt. Außer-Haus-Essen wird im Vergleich zu selbst zubereiteten Speisen als teurer empfunden und findet daher selten statt. Eine Ausnahme bilden zwei allein lebende ältere Herren, für die der Außer-Haus-Konsum ein fixer Bestandteil im Alltag ist. Während bei einem Befragten primär die äußeren Lebensumstände (Witwer mit fehlender Kochkompetenz) zu einem vermehrten und regelmäßigen Außer-Haus-Konsum beitragen, ist es im folgenden Fall eher ein Ausdruck des Lebensstils. Ein selbstständiger Unternehmer und Single organisiert seinen Alltag dahingehend, täglich mindestens eine Mahlzeit (meist abends) im Freundeskreis zu konsumieren. Dabei stehen kommunikative und gesellige Aspekte im Vordergrund.

- Jugendliche[13]

Ähnlich wie das Alter gilt auch die Jugendphase als schwierige Periode in Hinblick auf Nahrungsqualität und gesunde Ernährung. Kinder und Jugendliche neigen dazu, formelle Mahlzeiten im Familienkreis zu meiden und „individualisierte" Ernährungspraktiken zu pflegen (z.B. Snacks, informelle Mahlzeiten) (Brannen et al. 1994). Bei Jugendlichen üben beispielsweise die Zugehörigkeit zur Gleichaltrigengruppe und das Freizeitverhalten eigenständige Effekte auf die Ernährungsweise aus. Der Konsum von Fast-Food-Produkten, Snacks, Convenience-Food und Take-Away-Food gilt als Bestandteil jugendlicher Lebensformen und besitzt in bestimmten Abschnitten des Lebenszyklus eine wichtige Bedeutung zur Identitätsbildung und Herausbildung eines eigenen Ernährungsstils. Das Freizeitverhalten von Jugendlichen prägt ihre Ernährungspraktiken deutlich mit. Die von Jugendlichen praktizierten Ernährungsstile sind jedoch nur begrenzt frei wählbar, sondern werden sehr stark von Sozialisationsinstanzen wie Elternhaus und Schule beeinflusst (Caplan et al. 1998; Gerhards/Rössel 2002; Prahl/Setzwein 1999).

Für die von uns befragten Jugendlichen hat sich gezeigt, dass bewusstes Ernährungshandeln (noch) keinen zentralen Stellenwert im Alltag besitzt. Auch Themenbereiche wie Gesundheit oder Umwelt werden kaum reflektiert. Da Nahrung für Jugendliche auch eine zentrale Rolle bei der Wahrnehmung ihrer körperlichen Veränderungen und ihrer diesbezüglichen Selbsteinschätzung spielt, finden speziell in der Pubertät oft verschiedene „Experimente" (z.B. Schlankheitsdiäten, Vegetarismus) im Zusammenhang mit Ernährung und Körperlichkeit statt, die durchaus auch positive Veränderungen in Richtung nachhaltiger Ernährung bewirken können (z.B. Reduktion von Fleisch, Fett und Zucker sowie Konzentration auf „leichte" Kost, vornehmlich Gemüse). Indem Jugendliche im elterlichen Haushalt beispielsweise ihre persönlichen Ernährungsvorstellungen und Speisevorlieben kundtun bzw. selbst in die Tat umsetzen, können sie im Idealfall auf diese Weise sogar Veränderungen in der Ernährungsweise der gesamten Familie initiieren. Allerdings ist die Eigenverantwortung in Ernährungs- und Haushaltsfragen eher gering, wenn Jugendliche noch im elterlichen Haushalt leben. Wird eine entsprechende Arbeitsteilung innerhalb der Familie nicht zwingend eingefordert und/oder orientiert sich der gemeinsame Haushalt nicht vorrangig an einem partnerschaftlich-egalitären Familienkonzept, übernehmen Jugendliche nur gelegentlich (z.B. am Wochenende sowie in schul- bzw. arbeitsfreien Zeiten) kleinere Aufgaben im Haushalt, wie beispielsweise den Einkauf.

Der Außer-Haus-Konsum von Jugendlichen spielt sich vorrangig in jenen Einrichtungen ab, in denen sich ihre persönlichen Vorstellungen von Freiheit und Unabhängigkeit fernab vom Elternhaus am besten umsetzen lassen. Klassische Restaurant- und Gaststättenbesuche gemeinsam mit der Peer-Group werden von den jüngeren Befragten kaum er-

---

[13] In unserem Sample finden sich nur einige wenige Jugendliche. Da es an entsprechenden Vergleichswerten mit weiteren Fällen fehlt, besitzen die nachfolgenden empirischen Ergebnisse eher Einzelfallcharakter und können nicht generalisiert werden.

wähnt. Wenn ohne Familie außer Haus gegessen wird, dann bedienen sich Jugendliche häufig an Snacks, Fast Food oder Take-Away-Speisen.

4.5.   Soziale und kulturelle Dimensionen der Ernährung

Die alimentäre Sozialisation beginnt für das Individuum bereits ab der ersten Mahlzeit. Es lernt, dass bestimmte Nahrungsmittel mit unterschiedlichen Bedeutungen (z.B. genießbar oder ungenießbar) und einzelne Mahlzeiten während des Tagesverlaufs und je nach Situation mit unterschiedlichen Funktionen besetzt sind (z.B. zeitlicher Ablauf von Frühstück-Mittagessen-Abendessen, Alltagsmahl versus Festmahl) sowie dass bei Tisch spezifische Regeln und Normen für Erwachsene und Kinder gelten (z.B. Sitzordnung und Tischsitten bei den Mahlzeiten, Alkohol als Getränk der Erwachsenen). Basale soziale und kulturelle Strukturen des Wie, Was, Wann, Wo etc. der Ernährung werden vom Individuum nach und nach verinnerlicht und fortwährend reproduziert. Diese Strukturen sind jedoch nichts Statisches, sondern verändern sich. Durch gesellschaftliche Veränderungstendenzen wie Individualisierung, Entstandardisierung von Lebensläufen und Pluralisierung von Lebensformen werden die mit der Nahrungsaufnahme verbundenen Regeln und Verhaltensanforderungen einem Wandel unterzogen. Sie lockern sich auf, was sich etwa in einer vermehrten Reduktion häuslicher Tischgemeinschaften sowie einer größeren Toleranzbereitschaft bezüglich Esssitten und Verzehrsituationen (z.B. pünktliche Essenszeiten, Nebenher-Essen, Snacken, Fast Food) widerspiegelt. An der Art, wie das Nahrungsbedürfnis befriedigt wird, lassen sich demnach grundlegende gesellschaftliche Strukturen ablesen (Barlösius 1999; Kutsch 1996; Prahl/Setzwein 1999).

Essen ist neben den Funktionen, sich mit Nahrung zu versorgen und über Sozialisation in ernährungsspezifischer Hinsicht zu einem handlungsfähigen Gesellschaftsmitglied zu werden, auch noch mit zahlreichen anderen Bedeutungen und Funktionen verbunden (vgl. Kapitel 1). Auf einige markante soziale und kulturelle Dimensionen im täglichen Umgang mit Ernährung, die in unserem Interviewmaterial zum Vorschein kamen, soll nun etwas näher eingegangen werden.

Auch wenn es heute eines höheren Koordinations- und Organisationsaufwandes bedarf (z.B. durch veränderte berufliche Anforderungen, vielfältige Formen des Zusammenlebens, allgemeine soziodemographische Veränderungen), inner- bzw. außerhäusliche Tischgemeinschaften regelmäßig zu leben, so wird die *gemeinschaftsstiftende Kraft einer Mahlzeit* von unseren InterviewpartnerInnen nach wie vor besonders betont und ebenso geschätzt. Gemeinsam zu essen gilt als kommunikativer und geselliger Akt, der eine große Bindungsfunktion und einen identitätsstiftenden Charakter besitzt. Regelmäßig mit anderen (z.B. PartnerIn, Freundeskreis, Familienmitgliedern, ArbeitskollegInnen, KundInnen) zu essen, Essenseinladungen bei sich zuhause auszusprechen sowie mit den Familienmitgliedern zumindest an einem bestimmten Tag in der Woche gemeinsam eine Mahlzeit zu verzehren sind Phänomene, die bei unseren Analysen immer wieder zum Vorschein kamen und bei den Befragten eine sehr hohe Bedeutung besitzen.

Wie bereits erwähnt, kann (tägliches) Kochen speziell bei Älteren, traditionell orientierten Haushalten, Alleinlebenden und Personen mit hoher Zeitverfügbarkeit (z.B. PensionistInnen, StudentInnen) zu einer wertvollen Tätigkeit werden, die der frei verfügbaren Zeit eine sinnvolle Strukturierung verleiht und gleichzeitig eine persönliche Befriedigung in den alltäglichen Ernährungspraktiken schafft. Indem sie beispielsweise an tradierten Essensrhythmen festhalten bzw. sich an diesen orientieren und Speisen selbst zubereiten, füllen sie ihren Alltag mit *Sinn* aus und schützen sich vor Langeweile, Einsamkeit und Untätigkeit.

Jemand anderen mit Nahrung zu versorgen, wird speziell von altruistischen und familienorientierten Frauen als Teil ihrer Aufgaben gesehen und stellt gleichzeitig auch eine Art „Liebesbeweis" für nahe stehende Personen dar. Aber auch (frisch verliebte) Männer, die ihre Partnerin oder eine besonders geschätzte weibliche Person bekochen bzw. zum Essen einladen und dadurch verwöhnen, drücken auf diese Weise ihre besondere *Zuneigung* aus.

Essen und Kochen übernehmen auch die Funktion eines Mittels zur *Kompensation* und bieten somit die Möglichkeit, mit spezifischen Anforderungen im Alltag leichter zurechtzukommen. Eine selbst gekochte Mahlzeit kann zum Beispiel eine bewusste Zäsur zum routinierten und geregelten Arbeitsalltag darstellen, mit der man sich nach getätigter Arbeit selbst etwas Gutes tut und auf diese Weise der eigenen Individualität in einem eher außengeleiteten Alltag Ausdruck verleiht. Alleinlebende spenden sich gerne Trost mit Süßigkeiten, Mehlspeisen oder Knabbereien und „versüßen" sich damit vorübergehend ihr Leben in Einsamkeit.

Selbstkochen ist speziell in ländlich-traditionellen und bürgerlich-konservativen Milieus nach wie vor weit verbreitet und besitzt einen hohen Stellenwert, gehört zur *Tradition*. „Moderne" Herstellungs- und Zubereitungsmethoden werden in diesen Milieus oft als künstlich empfunden und abgelehnt. Sie entsprechen nicht dem tradierten, vertrauten Bild einer „natürlichen" Ernährung und ebenso wenig dem klassischen Rollenbild der guten, fürsorglichen Hausfrau und Mutter. Eine traditionelle Lebenseinstellung spiegelt sich auch in der Küche und der Auswahl ihrer Speisen wider. In diesen Haushalten finden traditionelle Hausmannskost, vertraute Produkte, sättigende Speisen sowie möglichst naturbelassene, saisonale/regionale Produkte vom Land (z.B. Ab-Hof-Verkauf, Bauern- und Wochenmärkte) mehr Anklang als hoch verarbeitete, industriell produzierte Lebensmittel, moderne Länderküchen oder fremde, exotische Produkte und Gerichte, mit deren Zubereitungstechnik man oft nicht vertraut ist. Auch die Grenzen zwischen „Alltags-Küche" und „Wochenend-Küche" werden stärker beibehalten als dies in „moderneren" Milieus (z.B. Postmaterielle, HedonistInnen oder ExperimentalistInnen) der Fall ist. Während in vielen Gruppen beispielsweise am Wochenende zwar meist aufwendiger gekocht wird und auch der Fleischkonsum an diesen Tagen höher sein kann, aber durchaus auch fleischlose Gerichte konsumiert werden, gilt der Sonntag in traditionell orientierten Haushalten immer noch als „typischer" Fleischtag mit speziellen Gerichten wie Braten, Schnitzel etc.

Die Zubereitung und der Verzehr von „landestypischen" Speisen gelten einerseits als Ausdruck einer speziellen *kulturellen Zugehörigkeit und Identität*, und können andererseits auch die soziale Wertschätzung gegenüber anderen Kulturen symbolisieren. Um den persönlichen Erfahrungshorizont in kulinarischer Hinsicht zu erweitern, ist meist eine intensivere Auseinandersetzung mit spezifischen Ernährungsgewohnheiten anderer Kulturen erforderlich. Personen mit einer gewissen Offenheit gegenüber anderen Kulturen erweitern ihren täglichen Speiseplan auf unterschiedliche Art und Weise. So werden fremdländische Speisen beispielsweise auf Urlaubsreisen ausprobiert und bei Wohlgefallen spezielle Produkte, Kochrezepte und landestypische Kochbücher erworben, um sich auch zuhause weiterhin mit diesen kulinarischen Besonderheiten auseinandersetzen zu können. Eine andere Form ist das regelmäßige Aufsuchen von bestimmten, geschmacklich bevorzugten ethnischen Lokalen im eigenen Land. Auch Essenseinladungen werden gerne rund um ein spezielles Thema gestaltet und fungieren so gleichzeitig als Reise in eine andere Kultur (z.B.

indischer Abend). Bi-nationale Partnerschaften können im täglichen Umgang mit Ernährung vor verschiedene Probleme gestellt werden. So erfordern beispielsweise bestimmte Religionen (z.B. Islam) das Einhalten spezieller Speisevorschriften. Bereits die Lebensmittelbeschaffung bedarf in diesem Fall eines höheren Organisationsaufwandes (z.B. genaues Lesen der Inhaltsstoffe bei industriell verarbeiteten Produkten, Aufsuchen spezieller Fachgeschäfte oder Wochenmärkte). Personen, die sich aus verschiedenen Gründen für längere Zeit im Ausland aufhalten (z.B. berufliche Verpflichtungen, Auslandsstudium, Migration) schaffen sich in der Fremde ein Gefühl von „Heimat", indem sie beispielsweise weiterhin vertraute und geschmacklich geschätzte Gerichte aus dem Herkunftsland essen oder auch Komponenten beider Länder (Herkunftsland und neue Heimat) in einer Speise miteinander zu kombinieren versuchen.

Dass Kochen keine alltägliche Pflicht ist, sondern mehr eine *Freizeitbetätigung*, zeigt sich speziell dann, wenn sich Männer in der Küche betätigen. Männer mit Kochkompetenz sehen im Kochen primär einen geplanten Akt, der eher einem kreativen Hobby gleichgesetzt werden kann. Sie kochen meist nur zu bestimmten Anlässen (z.B. bei Einladungen, bei Abwesenheit der Partnerin) oder wenn abseits des Berufsalltages genügend Zeit für häusliche Tätigkeiten zur Verfügung steht (z.B. in arbeitsfreien Zeiten am Wochenende). Für Personen mit einer ganzheitlich-„alternativen" Ernährungspraxis (mit Orientierungen an fernöstlichen Ernährungspraktiken wie Traditionelle Chinesische Medizin usw.) gilt Kochen auch als eine Form der Meditation.

Während Ernährung und damit im Zusammenhang stehende Handlungen einerseits als Symbol für Gemeinschaft, Identität, Kommunikation und Geselligkeit fungieren, gelten sie gleichzeitig auch als Ausdruck sozialer Ungleichheit und Exklusion. Ernährungshandlungen können Menschen voneinander trennen und als *Distinktionsmittel* eingesetzt werden. Steht beim Kochen zum Beispiel die Selbstdarstellung im Vordergrund, so wird ausschließlich für andere und nicht für sich alleine gekocht. Die Repräsentation der eigenen Kochkünste wird so zum speziellen Ausdruck der persönlichen Individualität und besonderer Fähigkeiten. Dieses Phänomen findet sich in unserem Interviewmaterial vorrangig bei männlichen Befragten mit höherem Bildungsniveau und einer individualistisch-distinktiven Ernährungsorientierung. Auch die Auswahl bestimmter Lokale im Außer-Haus-Sektor, die Wahl bestimmter Lebensmittel und Gerichte, die persönliche Wertigkeit in Bezug auf das Ambiente (z.B. Tischdekoration, Einrichtung eines Lokales, Geruch, Sauberkeit) während eines Essvorganges sind Ausdruck eines bestimmten Lebens- und Ernährungsstils und von den aktuellen Lebensumständen geprägt. Teurere und exklusivere Lokale werden in weniger privilegierten Milieus, wenn überhaupt, dann nur zu besonderen Anlässen aufgesucht. Ein Champagner-Brunch in einem Luxushotel wird dann zu einem Esserlebnis mit Event-Charakter, bei dem man sich zumindest einmal im Jahr etwas Besonderes und Luxuriöses gönnt. Andererseits gilt ein Pastagericht mit frischen Muscheln von einem besonderen Markt, das man sich zuhause selbst zubereitet, für an Distinktion orientierte Feinschmecker durchaus als schnelles Alltags-Gericht. Während für ernährungsspezifisch eher Desinteressierte vorrangig die Größe und/oder der Preis einer Portion beim Essen ausschlaggebend ist, zählen für qualitätsbewusste KonsumentInnen primär Geschmack, Qualität und Ambiente. Im Extremfall kann die tägliche Auseinandersetzung mit Nahrung auch zu einer Art Überlebenskampf werden, wie beispielsweise ein Interview mit einem Notstandshilfebezieher mit extremem Alkoholproblem gezeigt hat. Für ihn ist tägliches Essen keine Selbstverständlichkeit. Wichtig ist in erster Linie, an billige, kohlehydratreiche Lebensmitteln und Aktionswaren heranzukommen und wenn es die Situation nicht anders erlaubt, sogar „Mundraub" (z.B. Diebstahl von Lebensmitteln im Supermarkt) zu betreiben.

4.6. Essen und Kochen unter Nachhaltigkeitsperspektive

Nachhaltigkeitsstrategien dürfen die Eingebundenheit des Ernährungshandelns in die Strukturen des Alltags keinesfalls außer Acht lassen. Blendet man die alltägliche Lebenswelt der Individuen und deren mitbestimmende strukturelle Rahmenbedingungen aus, wird es wohl auch in Zukunft schwierig sein, mehr Nachhaltigkeit auf die Teller der KonsumentInnen zu bringen. Die unterschiedlichen und zum Teil divergierenden Anforderungen, die Menschen Tag für Tag zu bewältigen haben, spiegeln sich auch in deren Umgang mit ernährungsbezogenen Handlungen wider. KonsumentInnen tragen Mitverantwortung und besitzen innerhalb der gesamten Lebensmittelkette eine keinesfalls zu unterschätzende Einflussmacht (z.B. Nachfrageverhalten nach bestimmten Lebensmitteln). Sie müssen jedoch heute ein höheres Maß an Organisations- und Koordinationsleistungen erbringen, da gesellschaftliche Veränderungen in den letzten Jahrzehnten (Pluralisierung der Arbeits- und Lebensbedingungen, Ausdifferenzierung gesellschaftlicher Strukturen usw.) die Alltagsbewältigung zu einer komplexen Aufgabe gemacht haben.

Anhand des Faktors „Zeit" sollen nun exemplarisch einige Anknüpfungspunkte und Barrieren für nachhaltige Ernährung aufgezeigt werden. Unsere Interviews haben nämlich gezeigt, dass speziell Zeitverfügbarkeit und Zeitstress einen wesentlichen Einfluss auf die Nachhaltigkeit der Ernährungspraktiken haben und in diesem Bereich zahlreiche Hemmnisse angesiedelt sind, die es dem Individuum in der alltäglichen Lebensführung erschweren, sich nachhaltiger zu ernähren.

Zeit ist im Alltag der KonsumentInnen zu einer maßgeblichen Determinante geworden, wenn es darum geht, sich täglich mit Nahrung zu versorgen. Obwohl die Zeit in großen Teilen sozial vorstrukturiert ist (z.B. gesetzliche Regelungen von Arbeitszeiten, Öffnungszeiten von Einkaufsstätten oder Restaurants, kulturelle und zeitliche Festlegung von Mahlzeitenrhythmen), kann und muss das Individuum bei der Ausgestaltung der alltäglichen Lebensführung über sie mitbestimmen. Die einzelnen Akteure und Akteurinnen tun dies auch bis zu jenem Grad, der ihnen ein im pragmatischen Sinne „gutes" Leben ermöglicht. Damit die Lebensführung im Alltag problemlos und wenig belastend ablaufen kann, gegebene Ressourcen optimal genutzt oder auch soziale Zwänge und Anforderungen möglichst gut ausgeglichen werden können, wird versucht, die Organisation des Alltags nach zweckrationalen Methoden auszurichten. Und dazu zählt eben auch ein effizientes Zeitmanagement. Zeitsparende Strategien rund um Essen und Kochen, wie beispielsweise das Zubereiten von einfachen, unaufwendigen Gerichten, das Vorkochen von aufwendigen Speisen, die portioniert tief gefroren werden und bei Bedarf rasch zur Nahrungsversorgung herangezogen werden können, der Einsatz von Tiefkühl- und Convenience-Produkten, die Inanspruchnahme von Hauszulieferdiensten, die Verpflegung außer Haus, der Konsum von Snacks, Fast Food und Take-Away-Speisen etc., sind in der alltagspraktischen Umsetzung von Ernährungsaufgaben weit verbreitet. Auf diese Weise versuchen die KonsumentInnen den täglichen Aufwand für Ernährung zu verringern und sich mehr Freiraum für andere Lebensbereiche zu verschaffen. Dass diese Strategien aus Nachhaltigkeitsperspektive als wenig förderlich gelten, ist die Kehrseite der Medaille. So weisen beispielsweise die Erzeugung und Verwendung von industriell hoch verarbeiteten Produkten und der Einsatz von Tiefkühl-Produkten zahlreiche negative Auswirkungen auf die Umwelt auf (Energieverbrauch, Abfall etc.). Die Konzentration auf einfache und unaufwendige Gerichte reduziert mitunter das tägliche Speisenrepertoire und kann zu einseitiger Ernährung führen. Auch häufiges Snacken und der übermäßige Konsum von Fast-Food-Produkten gelten aus einer gesundheitlichen Perspektive betrachtet nicht gerade als „die" optimale Ernährungsform. Hier könnte die Ausweitung des Produktsortiments im Bereich „Bio-Convenience" sowie eine stärkere marketingstrategische Auseinandersetzung mit dieser Thematik sicherlich eine sinnvolle Nachhaltigkeitsstrategie sein.

Eine vorrangig zeitlich-pragmatische Grundorientierung beim Kochen und Essen ist auch aus diversen anderen Gründen als eher hinderlich im Sinne von Nachhaltigkeit einzustufen. Eine strikte Unterordnung von eigenen Bedürfnissen und Ernährungsvorlieben an äußere Rahmenbedingungen (z.B. berufliche Anforderungen wie Arbeitszeiten, Orientierung an Tagesstrukturen und/oder Bedürfnissen anderer Haushaltmitglieder, fehlende Infrastruktur im Wohn- und Arbeitsumfeld) reduziert beispielsweise den Grad der Selbstbestimmung des Individuums in der alltäglichen Lebensführung. Hier könnte vor allem die Erweiterung des Angebots nachhaltiger Lebensmittel im Wohn- und Arbeitsumfeld (z.B. Betriebsküchen, Kantinen, Gaststätten, Supermärkte) hilfreich für mehr Nachhaltigkeit sein, was vor allem beruflich weniger flexiblen (z.B. „klassische" Angestellte oder ArbeiterInnen) sowie weniger mobilen Personen (z.B. Ältere und Gebrechliche, Personen aus entlegenen Wohngebieten) die alimentäre Alltagsführung erleichtern würde.

Auch der von Prahl/Setzwein (1999, 11) konstatierte Trend zur „Entzeitlichung" des Essens, der sich beispielsweise durch schnelles und bequemes Kochen und Essen, unregelmäßiges Essen und Snacken, Auflösung von Tischgemeinschaften, Essensorten und -zeiten manifestiert, kann aus Nachhaltigkeitsperspektive problematisch sein. Essen und damit im Zusammenhang stehende weitere soziale und kulturelle Funktionen (z.B. Kommunikation bei Tisch, Ambiente bei Tisch, identitätsstiftender Charakter von Mahlzeiten) könnten sukzessive verloren gehen, speziell dann, wenn Essen und Kochen im Alltag immer mehr den Charakter der bloßen Nahrungsaufnahme erhält. Welche Maßnahmen hier unterstützend eingesetzt werden könnten, ist eine Frage, die sich nicht so einfach beantworten lässt, da dieser Trend mit globalen gesellschaftlichen Wandlungstendenzen zusammenhängt.[14]

Dass Doppel- und Mehrfachbelastung und damit zusammenhängende zeitliche Restriktionen in der alltäglichen Lebensführung jedoch nicht immer Gründe sein müssen, sich weniger nachhaltig zu ernähren, zeigen Ergebnisse aus Konsumstil-Studien. So zählen speziell Familien mit Kindern unter 6 Jahren zu jener Gruppe, die besonderen Wert auf bewusste Ernährung legt und damit einhergehend auch sehr anschlussfähig für nachhaltige Ernährungspraktiken ist. Die „Durchorganisierte Öko-Familie" (Empacher et al. 2002), in der beide Elternteile berufstätig sind und in der eine auf Gleichberechtigung basierende Familien- und Berufsorientierung gelebt wird, ist ein gutes Beispiel dafür, dass Zeitnot zwar eines höheren Grades an Abstimmung der Familienabläufe bedarf, nachhaltige Ernährungspraktiken deshalb aber nicht auszuschließen sind. Auch die Tatsache, dass ernährungsinteressierte KonsumentInnen in arbeitsfreien Zeiten (z.B. am Wochenende) dem Essen und allen damit in Verbindung stehenden Aufgaben mehr Zeit und einen viel höheren

---

[14] Einen Gegentrend zur „Schnelllebigkeit" in westlichen Gesellschaften setzt beispielsweise die „Slow-Food-Bewegung". Slow Food ist eine internationale Bewegung von und für Menschen, die das Geruhsame, Sinnliche und Bodenständige bewahren will und dem Genussfaktor beim Essen eine starke Bedeutung zuschreibt (Näheres unter www.slowfoodaustria.at, 28.02.2007).

Grad an Bewusstsein, Aufmerksamkeit und Wertschätzung schenken, erlaubt aus unserer Sicht einen durchaus zuversichtlichen Blick in Richtung nachhaltige Zukunft.

Marie Jelenko

5. Geschlechtsspezifische Ernährungspraktiken

5.1. Einleitung

Nahrungsmittel und Speisen können als geschlechtsspezifisch codierte Zeichen gesehen werden, über die Bedeutungen kommuniziert werden. Sie dienen der symbolischen Positionierung als Mann bzw. Frau. Bei der sozialen Konstruktion von Geschlecht (Gender) spielen „alimentäre Praktiken" eine bedeutende Rolle, denn Ernährungshandeln hat einen direkten Körperbezug und kann deshalb gut dazu instrumentalisiert werden, unter Rückgriff auf die „natürliche" Qualität von Ernährung den Konstruktionscharakter von Geschlecht zu verschleiern (Setzwein 2004). Nach Geschlecht differenzierende Ernährungsstudien weisen auf starke Unterschiede der Ernährungsgewohnheiten von Frauen und Männern hin. Typisch weibliche Vorlieben sind demnach frisches Obst und Gemüse sowie Vollkorn- und Milchprodukte. Männer bevorzugen demgegenüber rotes Fleisch und Alkohol sowie deftige, stark gewürzte Speisen (Prahl/Setzwein 1999). Männliche Orientierungspunkte beim Essen sind Sättigung und Genuss, weibliche dagegen Schlankheit und Gesundheit (Setzwein 2004). Hier wird ein Bild von kräftigen, aktiv-männlichen und zurückhaltenden, passiv-weiblichen Essenden vermittelt, das sich jedoch sehr schnell ändert, wenn Ernährungsverantwortlichkeiten ins Blickfeld geraten. Denn Ernährung ist einer jener Bereiche im Haushalt, der weitgehend unangetastet in weiblicher Hand liegt, und das trotz rapide gestiegener weiblicher Erwerbsbeteiligung. Während sich Frauen aktiv um das kulinarische und gesundheitliche Wohlergehen der Haushaltsmitglieder kümmern (müssen), treten Männer in erster Linie als „Verzehrer" in Erscheinung. Die Rolle des Mannes in diesem Zusammenhang als rein passiv zu bezeichnen, würde aber seiner realen Gestaltungsmacht beim Essen nicht gerecht werden. Der männliche Geschmack besitzt erheblichen Einfluss auf die Auswahl von Lebensmitteln und die Zubereitung von Speisen (Charles/Kerr 1988; Murcott 1993). Dabei offenbart „sich die Familienmahlzeit in verschiedener Hinsicht als Ausdruck patriarchaler Verhältnisse und als Ort, an dem sich diese innerhalb der Familie stets aufs Neue reproduzieren" (Setzwein 2004, 213).

Eingebettet in die Diskussion von Nachhaltigkeit und Gender ergibt sich im Handlungsfeld Ernährung eine ähnliche Problematik wie in anderen konsumbezogenen Nachhaltigkeitsbereichen. Zwar attestieren Ergebnisse der Umweltbewusstseinsforschung Frauen ein höheres Umweltbewusstsein (Ausnahme: Technikwissen) und auch ein stärker ausgeprägtes Umwelthandeln (Franz-Balsen 2002), die Unterschiede sind aber letztendlich gering und diesbezügliche Studien nicht eindeutig (Littig 2001). Ungeachtet dessen wird Frauen eine verantwortungs- und umweltbewusstere Einstellung und Handlungsweise zugeschrieben und sie werden häufig als alleinige oder hauptsächliche Adressatinnen der Umweltkommunikation betrachtet (Schultz 2001). Auf Ernährung trifft dies besonders zu: Sie ist jenes haushaltsnahe Handlungsfeld, in dem die Differenzen zwischen Männern und Frauen im Umwelthandeln am stärksten ausgeprägt sind und gleichzeitig ist Ernährungsarbeit weitgehend Frauenarbeit (Weller et al. 2002; Weller 2004). Die Beschäftigung mit geschlechtsspezifischen Unterschieden in den Ernährungspraktiken darf aber nicht darüber hinwegtäuschen, dass es auch wesentliche Unterschiede innerhalb weiblicher bzw. männlicher Handlungen im Ernährungsbereich gibt. Eine deutsche Studie untersucht geschlechtsspezifische Differenzen der Ernährungspraktiken von Menschen mit ähnlichen Konsummustern, d.h. von bestimmten Typen von KonsumentInnen. Sie kommt zu dem Ergebnis, dass sich Frauen auch innerhalb dieser Konsumtypen nachhaltiger ernähren als Männer in den entsprechenden Konsumtypen: Sie essen weniger Fleisch, mehr Obst und Gemüse sowie Bioprodukte und weisen eine stärkere saisonale Orientierung auf (Empacher et al. 2002b).

Mit zunehmender Berufstätigkeit von Frauen, ihrer weithin unangefochtenen Hauptverantwortung für Haushalt und Kinder und dem Auseinanderdriften von ökonomischen, beschleunigten Zeiten und sozialen Zeiten der Reproduktion (Vinz 2005) entsteht ein Rationalisierungsdruck, der auch im Feld Ernährung seine Spuren hinterlässt und zur Auslagerung von Ernährungsarbeit führt (z.B. Verwendung von Convenience-Produkten, Außer-Haus-Konsum). An Frauen adressierte Nachhaltigkeitsstrategien, die auf eine „Verhäuslichung" von Ernährungsarbeit abzielen, sind nicht nur unter der Perspektive von Geschlechtergerechtigkeit bedenklich, sondern real nur für wenige Frauen eine Option und damit nicht zielführend. Wollen Strategien nicht nur Nachhaltigkeit versprechen, sondern auch nachhaltig wirken, so müssen sie an gegebenen Lebenssituationen, Werten und Orientierungen von Frauen und Männern anknüpfen und im Sinne der Geschlechtergerechtigkeit sowie der Entlastung von Frauen auch Männer stärker mit einbeziehen. Dabei darf nicht vergessen werden, dass Geschlecht im Sinne des „doing gender" (West/Zimmerman 1987) ein laufender Konstruktionsprozess ist und sich die Frage stellt, „wie Menschen in einer geschlechtercodierten Welt ,Frauen' und ,Männer' werden und ihrerseits zur Reproduktion und Veränderung des Geschlechtersystems beitragen" (Dausien 1999, 237). Um eine Essentialisierung und damit Festschreibung von Geschlechterunterschieden im Bereich Ernährung zu vermeiden, ist es daher nicht ausreichend zentrale Punkte zu identifizieren, in denen sich geschlechtsspezifische Unterschiede manifestieren. Es muss immer auch danach gefragt werden, wie geschlechtsspezifische Ernährungspraktiken zu Stande kommen, aufrechterhalten werden und sich verändern (können).

5.2.   Geschlechtsspezifische Zugänge zu nachhaltiger Ernährung

Ähnlich anderen Studien (Elmadfa et al. 2003; Prahl/Setzwein 1999; Setzwein 2004) zeigen auch die Befragten unserer Untersuchung deutliche geschlechtsspezifische Unterschiede in ihren Ernährungspraktiken. Unter Berücksichtigung von Bildungsgrad, Alter und Lebenssituation werden aber auch Unterschiede innerhalb der Gruppe von Frauen bzw. der Gruppe von Männern deutlich. Herausragende Bedeutung für die Konstruktion und Reproduktion geschlechtsspezifischer Ernährungspraktiken haben insbesondere Gesundheits- und Schlankheitsvorstellungen als Teil der Ernährungsorientierungen und die Verantwortungsübernahme in Ernährungsbelangen, die an eine biographische Konstruktion von Geschlecht im Sinne der Zuschreibung und Übernahme von Verantwortlichkeiten anknüpft. Zum besseren Verständnis der Diskussion um das weibliche Schlankheitsideal wird im Folgenden die historische Entwicklung kurz dargestellt.

5.2.1. Exkurs: Das weibliche Schlankheitsideal

Geschlechtsspezifische Orientierungen beim Essen gibt es nicht erst seit dem Durchbruch des weiblichen Schlankheitsideals in den 1960er Jahren, sie sind vielmehr historisch gewachsen und in tradierter Form in die jeweiligen gesellschaftlichen Rahmenbedingungen eingepasst, reproduziert und stets aufs Neue konstruiert worden. Zwei historische Entwicklungen stehen in enger Verbindung mit der Herausbildung von zurückhaltenden, restriktiven Ernährungsstilen von Frauen: Erstens die hierarchische Berücksichtigung von Bedürfnissen in Haushalten, die als Ausdruck männlicher Macht zu deuten ist und zweitens die Konstruktion eines im historischen Prozess variierenden weiblichen Schönheitsideals als Ausdruck der sozialen Kontrolle über den weiblichen Körper.

Der Vorrang männlicher Bedürfnisse beim Essen und die damit verbundene Zurückhaltung und restriktive Ernährungsweise von Frauen zeigt sich schon in traditionellen Gesellschaften und betrifft in erster Linie Bevölkerungsschichten, die mit sehr wenig auskommen mussten. So kommt die Studie über traditionelle Bauernfamilien von Delphy (1995) zu dem Ergebnis, dass in Zeiten von Nahrungsmittelknappheit das Nahrhafte dem Mann vorbehalten bleibt. Auch in bäuerlichen Haushalten und Arbeiterfamilien aß der Mann vor allem in Zeiten der Knappheit mehr und besser als Frau und Kinder (Haupt 1997). Frauen lernten bereits im Sozialisationsprozess den Konsum von dürftigeren Portionen zu akzeptieren und ihre eigenen Bedürfnisse hinter die anderer Familienmitglieder zurückzustellen. Mit der zunehmenden Orientierung am bürgerlichen Ideal der Kleinfamilie wurde die Zurückstellung der eigenen Bedürfnisse für breite Bevölkerungsschichten zum Selbstverständnis einer „guten" Ehefrau und Mutter (Dörr 1996). In der wirtschaftlich knappen Zeit nach dem Zweiten Weltkrieg gehörte Zurückhaltung beim Essen zu Gunsten des Mannes und der Kinder zum alltäglichen Leben einer Vielzahl von Frauen.

Der weibliche restriktivere Umgang mit Essen ist auch in den heutigen Wohlstandsgesellschaften noch präsent. Hier ist er aber in erster Linie mit Gesundheitsbewusstsein und idealisierten Körpervorstellungen verknüpft. Dabei spielt das Schlankheitsideal und nicht die Gesundheit in den meisten Fällen die zentrale Rolle für das „Maßhalten" beim Essen (Sobal 1999). Ganz allgemein ist der Gegensatz zwischen Essen im Überfluss verbunden mit einer entsprechenden Nahrungsmittelproduktion und -werbung sowie zunehmender Fettleibigkeit einerseits und wachsender Betonung von Körper und Gesundheit verbunden mit entsprechenden Ess- und Gesundheitsdiskursen, unterschiedlichsten Diäten sowie „Fettphobien" auf der anderen Seite in entwickelten Gesellschaften allgegenwärtig. Die Stigmatisierung von Fettleibigkeit und die Propagierung des Schlankheitsideals ist dabei historisch ein relativ neues Phänomen und mit dem Wohlfahrtsstandard der westlichen Gesellschaften verbunden.

Noch lange bevor sich Schlankheit als weibliches Körperideal durchsetzte, wurden weibliche Schönheitsideale zur Ausübung sozialer Kontrolle über den weiblichen Körper instrumentalisiert. Im 19. Jahrhundert wurden Schönheitsnormen, wie das Tragen von Miederwaren oder die Verhüllung des weiblichen Körpers vom Schlüsselbein abwärts, betont und funktionalisiert, um Frauen in ihrer Mobilität und Körperlichkeit einzuschränken und aus dem öffentlichen Leben auszuschließen (Williams/Germov 1999). Es herrschte ein relativ homogenes weibliches Körperideal vor, dass sich durch „breite Hüften, volle Brüste und weiches, ausladendes Fleisch" auszeichnete (Penz 2001, 36). In traditionellen Kulturen wird auch heute noch die Dickleibigkeit insbesondere von Frauen als Zeichen von Gesundheit, Reichtum und damit als begehrenswert angesehen. „The harsher survival conditions of traditional societies involve food supplies that may be uncertain; concen-trated fat sources are less available in usual foods, and everyday life involves considerable energy expenditure. Consequently, people who can attain at least a moderate degree of fatness are viewed as attractive; they are clearly not afflicted by wasting disease or intesti-nal parasites, and appear to have access to the social resources necessary to obtain food" (Sobal 1999, 189).

Zwei Brüche mit dem Ideal der weiblichen Üppigkeit sind in der ersten Hälfte des 20. Jahrhunderts zu beobachten: Erstens die Frauenbewegung in Großbritannien und den USA in den 1920er Jahren, die sich an androgynen Schönheitsidealen orientierte und zweitens die Verbindung von Gesundheit und Nahrung und das damit verbundene Auf-kommen des Kalorienzählens nach der großen Depression 1929 und dem folgenden Zwei-ten Weltkrieg. Der endgültige Durchbruch des weiblichen Schlankheitsideals fand in den 1960er Jahren statt, also in einer Zeit des zunehmenden sozialen Wohlstands. Die Verbin-dung der Art des weiblichen Schönheitsideals und der Armut bzw. dem Reichtum einer Gesellschaft wurde von verschiedensten Autoren betont: „When food is scarce, cultural ideals favour a large body, whose ‚abundance' symbolises wealth and status. Conversely, in times of plenty, social mores shift towards disciplining food intake, and the thin body becomes the ideal" (Williams/Germov 1999, 210).

Die Erfolgsgeschichte des Schlankheitsideals ist im Kontext von strukturellen Fak-toren und alltäglichen Praktiken zu sehen. Mit zunehmender Problematisierung von Fett-leibigkeit in den westlichen Wohlstandsgesellschaften und wachsendem Fokus auf den Körper wurde ein Gesundheitsbild geschaffen, das die mächtige Kombination von Ge-sundheitsvorstellungen und Schönheitsideal erlaubte. Das Interesse an niedrigen staatli-chen Gesundheitskosten ist eng mit einem an Schlankheit orientierten politischen Gesund-heitsdiskurs verknüpft.[15] So bezeichnet Spiekermann (2002b, 60) die breite „Durchsetzung des medizinischen Normmodells vom normalgewichtigen, vom leistungsfähigen, vom ra-tional zu pflegenden Körper" als entscheidende Bedingung bei der gesellschaftlichen Ori-entierung hin zum dynamischen, jugendlichen und schlanken Körper. Auch auf dem freien Markt ist das ökonomische Interesse am weiblichen Schlankheitsbild unübersehbar. Die Mode-, Kosmetik-, Nahrungsmittel-, Fitness- und Pharmaindustrie erkannte schnell, dass mit einem Ideal, das für den Großteil der Frauen unerreichbar bleibt, ein scheinbar unend-lich großer Markt geschaffen ist.[16] Medien und Werbung tun ein weiteres zur Durchset-zung und Aufrechterhaltung des Schlankheitsideals (Williams/Germov 1999).

Es wäre aber verkürzt, den menschlichen und hier insbesondere den weiblichen Subjekten jegliche Gestaltungsmacht abzusprechen und sie zu Objekten gesellschaftlicher Einflüsse zu machen. Frauen haben die Gleichsetzung von Schlankheit und Weiblichkeit und die damit verbundene soziale Kontrolle ihrer Körper internalisiert und tragen in ihren Handlungen selbst zur Reproduktion des Schlankheitsideals bei. Schon im Sozialisations-

---

[15] Im September 2003 führte beispielsweise das österreichische Gesundheitsministerium die „iSch (innerer Schweinehund) Gesundheitsbewegung" mit dem Ziel einer gesunden, fitten und schlanken Bevöl-kerung ein. Für den Ernährungsbereich wird gefordert: „Vermeiden Sie Übergewicht, indem Sie fettreiche Lebensmittel meiden" (Genauere Informationen unter www.isch.at, 14.01.04).

[16] Wie unrealistisch es ist, dem weiblichen Schönheitsideal zu entsprechen, zeigt eine Studie, wel-che die Übereinstimmung der Anatomie von Frauen mit den Körpermaßen der „Barbie-Puppe" untersucht und zu dem Ergebnis kommt, dass weniger als eine Frau von 100.000 über die „perfekten" Maße verfügt (Norton et al. 1996). Auch Männer werden unter dem Stichwort „Metrosexualität" zunehmend als Konsu-menten für den Schönheitsmarkt interessant.

prozess lernen sie, dass ihr äußeres Erscheinungsbild ihre gesellschaftliche Akzeptanz bestimmt, während Männer ihren sozialen Wert über Erfolg und Leistung internalisieren (Hesse-Biber 1991). Penz (2001) beschreibt seit Mitte des 20. Jahrhunderts einen Veränderungsprozess in Richtung steigender Bedeutung von männlicher Schönheit, die er auf eine Entwertung herkömmlicher Elemente männlicher Anziehungskraft und auf den Erfolg der Emanzipationsbewegung zurückführt. Nicht zuletzt hinsichtlich der Ernährungshandlungen sind die Schönheitsideale von Männern und Frauen aber sehr verschieden: Ein schlankes, jugendliches und athletisch straffes Äußeres ist eng mit restriktiven Ernährungspraktiken verbunden, während die Betonung eines „herkulischen", stark muskulösen, aber auch eines „apollinischen", sportlich-schlanken Körpers sehr viel mehr sportliche Betätigung gegenüber restriktiven Ernährungsweisen betont. Ende des 20. Jahrhunderts kommt ein neues, weniger sportliches, androgynes männliches Körperideal hinzu, das dem weiblich-schlanken Schönheitsideal nahe kommt.

Die unterschiedliche Bedeutung von Schlankheit für Männer und Frauen zeigt sich auch an deren Umgang mit Körpermaßen, Körperzufriedenheit und Diäthalten in den Industrieländern (Williams/Germov 1999). Daten für Österreich von 2003 zeigen, dass zwar ein gravierend größerer Anteil an Männern gegenüber Frauen als übergewichtig einzustufen ist und trotzdem nur 38 % der Frauen und immerhin 43 % der Männer mit ihrem derzeitigen Gewicht zufrieden sind (Elmadfa et al. 2003). Eine Wiener Untersuchung über Ernährung und Körperbewusstsein aus dem Jahr 1999 kommt zu dem Ergebnis, dass Wiener Frauen im Gegensatz zu Wiener Männern häufiger unzufrieden mit ihrem eigenen Körper sind (17 % versus 8 %), seltener Übergewicht (22 % versus 27 %) und häufiger Untergewicht haben (24 % versus 6 %) und trotzdem häufiger Diäten machen (50 % versus 26 %). Die bedenkliche Entwicklung der Schlankheitsorientierung ist daran ablesbar, dass fast ein Viertel der untersuchten Frauen bereits untergewichtig ist und mehr als ein Viertel der Frauen sich ein im Verhältnis zu ihrer Körpergröße deutliches Untergewicht wünscht (28 % der Frauen versus 4 % der Männer) (Weiss 1999).[17] Williams und Germov (1999) beschreiben die ständige Selbst- und Fremdbeobachtung und Selbst- und Fremdbewertung weiblicher Körper, die zur Aufrechterhaltung des Schlankheitsideals beitragen, als „body panopticon" Effekt: „The pressure to conform to the thin ideal not only stems from the structural factors and material interests, but also from women acting as ,body police' for themselves and other women" (ebda., 218). Die AutorInnen sehen in der Bewegung zur Akzeptanz unterschiedlicher Körpermaße („size-acceptance movement") die Chance, die soziale Kontrolle des weiblichen Körpers und seine Reduktion auf Schönheit und Schlankheit aufzulösen, also eine „Befreiung" des weiblichen Körpers aus dem „Schlankheitskorsett" zu erreichen.

---

[17] Essstörungen lassen sich aber nicht allein auf das Schlankheitsideal zurückführen. Es handelt sich dabei vielmehr um ein komplexes Phänomen, welches auf vielfältige Weise mit dem Schlankheitsideal und der Kontrolle über den weiblichen Körper verwoben ist. So sieht Spiekermann (2002b) nicht das Schlankheitsideal, sondern die strukturelle Lebenssituation als verantwortlich für Essschwierigkeiten. Nach Counihan (1999) können Essstörungen im wesentlichen mit vier Gründen erklärt werden: „Confusion over sexual identity; struggle with issues of power, control, and release; solitude and deceit; and family strife" (ebda., 79). Sie betont dabei die Verknüpfung von Macht und dem jugendlichen Schlankheitsideal, welches dann am stärksten forciert wird, wenn Frauenrechte besonders vehement eingefordert werden.

5.2.2.   Gesundheits- und Schlankheitsvorstellungen

In unseren Interviews sind wesentliche Unterschiede in den Ernährungspraktiken zwischen Männern und Frauen im Hinblick auf die Bedeutung von Gesundheit und Schlankheit, den Sättigungswert von Speisen und nicht unabhängig davon in der Vorliebe für bestimmte Lebensmittel („leichtes" Obst und Gemüse versus „deftige" Fleischspeisen) zu finden. Grundlegend dafür ist nicht nur die Idealisierung eines weiblichen schlanken Körpers und der Versuch der Frauen, diesem Ideal zu entsprechen, sondern teilweise auch die nach wie vor bei der großen Mehrheit unserer Befragten praktizierte geschlechtsspezifische Arbeitsteilung bei der Ernährung. Hier treten Männer in erster Linie als „Konsumenten" von bereits zubereitetem Essen in Erscheinung und konzentrieren sich auf die genießerische oder lustvolle Komponente des Essens. Frauen setzen sich dagegen als Einkäuferinnen und Zubereitende der Mahlzeiten stärker mit den Inhalten bzw. Zutaten des Essens auseinander (vgl. 5.2.3.).

Die befragten Frauen weisen quer durch alle sozialen Milieus eine unterschiedlich ausgeprägte Gesundheitsorientierung auf, die vielfach in Kombination mit einer Orientierung an dem weiblichen „schlanken" Schönheitsideal auftritt und zum Teil auch von ihr dominiert wird. Ist letzteres der Fall, sind die Ernährungspraktiken von restriktivem, kontrolliertem Handeln geprägt. Kalorienzählen, Reduktion von Fleisch, Fett und Zucker sowie Konzentration auf „leichte", vornehmlich vegetarische Kost haben einen großen Stellenwert. Dabei wollen ältere Frauen mit einem schlanken Äußeren stärker ihre Selbstkontrolle zur Schau stellen (in Abgrenzung zum „Sich-Gehen-Lassen" fettleibiger Frauen), während es jüngeren vor allem um ihre Attraktivität geht. Insgesamt überwiegt bei sehr jungen Frauen meist die Orientierung an Schlankheit. Mit zunehmendem Alter werden die Vorstellungen eines schlanken Äußeren in umfassendere Ernährungsorientierungen (z.B. Wohlbefinden, Gesundheit, Verantwortung für andere) eingebettet und haben dort einen mehr oder weniger großen Stellenwert. Auch bei einigen Männern ist die kombinierte Orientierung von Gesundheit und Schlankheit zu beobachten. Sie ist aber sehr stark an die Erfahrung von Übergewicht und/oder Krankheit geknüpft und eng mit einer Sport- und Fitnessorientierung verbunden, was auf ein anders gelagertes männliches Schönheitsideal („durchtrainiert") hindeutet. Ganz allgemein neigen Männer dazu, ungesunde Ernährungspraktiken eher durch Sport als durch „richtige" Ernährung auszugleichen.

Steht die Gesundheitsorientierung von Frauen im Vordergrund, so können eine eher krankheitsbezogene Ernährungspraxis und eine ganzheitlich-„alternative", oft ernährungsphilosophisch geprägte unterschieden werden (vgl. Kapitel 6). Insbesondere ältere Befragte mit Krankheitserfahrung, aber auch jene deren Partner bzw. Ehemann erkrankt ist, sind geneigt, Ernährungsrichtlinien vertrauenswürdiger Quellen[18] umzusetzen, um das längerfristige „Funktionieren" des Körpers sicher zu stellen. In der Konsequenz sind die Praktiken ähnlich jener, auf restriktive Körpernormen ausgerichteter Frauen: Reduktion von Fleisch, Fett und Zucker sowie Konzentration auf „leichte", vegetarische Kost. Darüber hinaus ist die Naturbelassenheit von Lebensmitteln ein wichtiger Orientierungspunkt, der aber in sehr unterschiedlicher Weise interpretiert wird (Bioprodukte oder Produkte di-

---

[18] Vertrauenswürdige Quellen können je nach persönlicher Ausrichtung soziale Netzwerke (z.B. Familie oder Freundeskreis) bis hin zu wissenschaftlichen oder medizinischen Institutionen, Medien und Werbung sein.

rekt vom Bauernhof bzw. aus dem Fachgeschäft oder möglichst gering industriell verarbeitete Produkte). Zum Teil besteht aber auch Offenheit gegenüber „Functional Food", das einen direkten und unmittelbaren Gesundheitswert verspricht.

Die Orientierung an bestimmten Ernährungsphilosophien ist eher bei Frauen mit höherem Bildungsniveau zu finden. Sie betten ihre Vorstellung einer gesunden Ernährung in einen weitläufigen Wertekomplex ein, der sehr viele Aspekte von Ernährung berücksichtigt (Essenszeiten, -orte und -situationen, Speisenwahl), bei dem Essen einen hohen Stellenwert genießt und das allgemeine Wohlbefinden steigern soll. Gerade Frauen, die beruflich und privat sehr stark ausgelastet sind (z.B. Alleinerzieherinnen), verbinden mit einer alltäglichen bewussten Ernährung die Möglichkeit, ihre persönliche Leistungsfähigkeit zu erhöhen. Bei jüngeren Frauen liegen asiatische Ernährungsphilosophien wie Makrobiotik, Traditionelle Chinesische Medizin oder Kinesiologie im Trend. Bewusstes Essen in Ruhe, die Verwendung nicht bzw. möglichst wenig industriell verarbeiteter Lebensmittel, das Beachten natürlicher Kreisläufe (Saison), die Bevorzugung warmen Essens und zum Teil die Präferenz für Produkte aus ökologischer Landwirtschaft sind einige Ankerpunkte ihrer Wertigkeiten. Die Orientierung an der fernöstlichen Kultur beinhaltet aber auch den Kauf exotischer Speisen und Lebensmittel.

Gesundheitsorientierungen sind mit anderen Anforderungen kontextuell kompatibel zu machen. Besonders soziale Esssituationen im Familien- und Freundeskreis sowie vor allem bei jüngeren Frauen eine Spaß- und Erlebnisorientierung führen zu gesundheitlichen „Auszeiten", in denen lust- und genussvolles Essen im Vordergrund steht. Im alltäglichen Leben sind Frauen vor dem Hintergrund struktureller Faktoren (Zeit, Essensangebot am Arbeitsplatz, Wünsche der Familienmitglieder etc.) bemüht, sich nach ihren jeweiligen Gesundheitsvorstellungen zu ernähren. Sehr schlankheitsorientierte Frauen empfinden dabei eine starke berufliche Auslastung als unterstützend für die Umsetzung ihrer restriktiven Ernährungsweise, weil nur wenig Zeit zum Essen bleibt und sie sich kaum mit der Unterdrückung von „Essensgelüsten" beschäftigen müssen. Frauen, denen bewusstes Essen wichtig ist, sehen Zeitmangel und ein unattraktives Essensangebot am Arbeitsort dagegen als problematisch für ihre Ernährung und ihr Wohlbefinden.

Für Männer hat die Orientierung an Gesundheit in der Ernährung zumeist keine vordergründige Bedeutung, am ehesten ist sie noch in der Kombination mit Fitness und/oder in Folge von Krankheit zentral und mit dem Bemühen verbunden, die Gesundheitsorientierung in der alltäglichen Ernährung umzusetzen (d.h. wenig Fleisch, Fett, Zucker und mehr Gemüse und Obst). Bei einer Reihe von Männern, die einen nachhaltigeren Ernährungsstil pflegen, spielen gesundheitsfördernde Ernährungsorientierungen zwar eine gewisse Rolle, sind aber nur selten dominant und werden in der Praxis eher durch weibliche Haushaltsmitglieder als durch die Befragten selbst umgesetzt.

Für einen Teil der männlichen Befragten sind Sättigung und persönliche Geschmacksvorstellungen die zentralen Orientierungspunkte beim alltäglichen Essen. Dies trifft, wie im nächsten Abschnitt genauer ausgeführt wird, besonders für Männer zu, die in der Herkunftsfamilie eine geschlechtsspezifische Rollenverteilung im Haushalt erlebten, diese weiter leben und keine Verantwortung im Ernährungsbereich übernehmen. Diese Männer ernähren sich, wenn sie über keine weiteren Zugänge zum Thema Ernährung (z.B. Qualitätsbewusstsein oder Ökologie) verfügen, vorwiegend nicht nachhaltig: Sie pflegen einen sehr „deftigen", fleischlastigen Essstil und Sättigung, geschmackliche sowie preisliche Überlegungen überdecken alle weiteren möglichen Gedanken zum Thema Essen. Hier zeigt sich eine wesentliche Differenz zwischen weiblichen und männlichen Ernährungspraktiken, da Frauen ihre Ernährung reflektierter gestalten und Aspekte wie Schlankheit, Gesundheit und Bedürfnisse anderer mitdenken. Es handelt sich hier aber nicht um „naturgegebene" Unterschiede zwischen Männern und Frauen, sondern diese hängen, abgesehen von der sozialen Kontrolle des weiblichen Körpers (vgl. 3.2.1.), ganz wesentlich mit der biographischen Konstruktion von Ernährungsverantwortlichkeiten zusammen.

5.2.3.   Verantwortungsübernahme beim Essen

Das Aufkommen der modernen bürgerlichen Kleinfamilie im ausgehenden 18. Jahrhundert und deren Durchsetzung in breiten Bevölkerungsschichten in den 1950er Jahren ist mit einer Polarisierung der Aufgaben und Tätigkeiten von Frauen und Männern verbunden.[19] Im so genannten (männlichen) Ernährermodell trägt der Mann die Verantwortung für die finanzielle Absicherung der Familie durch zumeist außerhäusliche Erwerbstätigkeit, die Frau ist verantwortlich für Haushaltsführung und das leibliche Wohlergehen der Familienmitglieder. An der weiblichen Zuständigkeit für Haushaltsproduktion[20] und Beziehungsarbeit hat sich trotz seither stark gestiegener weiblicher Erwerbsbeteiligung nichts Grundlegendes geändert (Peuckert 1999). Mit höherer Qualifikation und dem „Dazuverdienen" von Frauen hat das Ernährermodell zwar sein Aussehen verändert, aber nicht seine Gültigkeit verloren und gehört nach wie vor zu den Grundprinzipien der österreichischen Sozialpolitik (Kreimer 2000). Doppel- und Dreifachbelastungen von Frauen sind Ausdruck der Kombination von Berufstätigkeit mit weitgehend alleiniger Verantwortung für Haushalts- und Familientätigkeiten. Ernährungsarbeit ist Teil der Produktion und Beziehungsarbeit in einem Haushalt und wird im Alltag nach wie vor beinahe ausschließlich von weiblichen Haushaltsmitgliedern geplant und durchgeführt.

Auch unsere Untersuchung zeigt, dass sich die befragten Frauen gegenüber den Männern in einem sehr viel stärkeren Ausmaß für Ernährung verantwortlich fühlen und alltägliche Ernährungsarbeit leisten. Bereits in der Herkunftsfamilie werden geschlechtsspezifische Kompetenzen und Zuständigkeiten vermittelt, die im weiteren Lebensverlauf vielfache Verstärkungen erfahren. Die Entwicklungen sind aber keinesfalls festgeschrieben und es gibt durchaus Potenziale zur Durchbrechung der bekannten Rollenmuster.

Die Analyse der Interviews zeigt einen engen Zusammenhang von Wissens- und Kompetenzvermittlung und Verantwortungsübernahme im Handlungsfeld Ernährung. Die Weitergabe des Wissens über Lebensmittel und die Zubereitung von Speisen erfolgt in erster Linie entlang weiblicher Familienlinien. Dabei ist die praktische (und zum Teil frühzeitig erzwungene) Einbindung in die familiale Ernährungsarbeit insbesondere für Frauen der älteren Generation wesentliche Quelle ihrer Kompetenz in Ernährungsfragen. Während ältere Frauen stärker eine aktiv geförderte „Ausbildung" zu fürsorglich kochenden Hausfrauen erlebten, wurden jüngere Frauen in der Kindheit weniger zu Ernährungs-

---

[19] Schon gegen Ende des 19. Jahrhunderts lässt sich eine zunehmend alle Schichten umfassende Orientierung am bürgerlichen Familienleitbild feststellen. Aufgrund der deutlichen Verbesserung der Lebensverhältnisse aller EinkommensbezieherInnen und damit der Möglichkeit des Verzichts auf das Einkommen von Frauen im Haushalt erlebt sie schließlich in den späten 50er und frühen 60er Jahren des 20. Jahrhunderts ihren Höhepunkt (Sellner 2003).

[20] Das Konzept der Haushaltsproduktion ist Teil des umfassenderen Konzepts der Wohlfahrtsproduktion. Danach produzieren Haushalte für ihre Mitglieder „personenbezogene" Güter und sind dabei eng an marktliche und staatliche Leistungen gebunden (z.B. käuflich erwerbbare Lebensmittel und technische Geräte, staatlich organisierte Müllentsorgung) (Dörr 1996).

handlungen gedrängt. Ist Ernährungsarbeit positiv besetzt, so beschreiben diese jüngeren Frauen die Küche vielmehr als einen Ort des Wohlfühlens, wo sie sich einiges von ihren Müttern oder Großmüttern abschauen konnten. Die befragten Männer hatten dagegen nur selten männliche Identifikationsfiguren in der Küche und wenn, dann in erster Linie als „Hobbyköche" am Wochenende. Insbesondere Männer aus Herkunftsfamilien mit sehr stark am Ideal der bürgerlichen Kleinfamilie orientierten Rollenmustern erlebten die Küche als ausschließlich weiblichen Ort. Sie beschränken in der Folge ihr Interesse am Essen vorwiegend auf das Einnehmen von Speisen, auf Quantität und Geschmack und weniger auf Zubereitungsweisen, Lebensmittelauswahl und -kombination.

Die Abwälzung von Ernährungsverantwortung scheint eine (unhinterfragte) Strategie dieser Männer zu sein, die nur durch starke biographische Einschnitte (z.B. Auszug aus dem Elternhaus, Trennung) zum Problem wird (vgl. Kapitel 7). Nach kurzfristiger Orientierungslosigkeit werden aber zumeist neue Möglichkeiten gefunden, die eigene Ernährungsarbeit möglichst gering zu halten (z.B. Steigerung des Außer-Haus-Konsums, Kauf von Convenience-Produkten). Müssen Männer aus Milieus mit ausgeprägter geschlechtsspezifischer Arbeitsteilung aber plötzlich Verantwortung für eigene Kinder übernehmen (z.B. durch Alleinerzieherstatus), sind sie offen für die Veränderung bisheriger Ernährungsgewohnheiten. Sie setzen sich mit dem Thema Ernährung bewusster auseinander und erlangen neue Kompetenzen, wie das Wissen und die Umsetzung einer ausgewogeneren Ernährung.

Aber auch Männer können kochen. Wenn sie als Kinder berufstätiger Eltern schon frühzeitig zur Verantwortungsübernahme in Ernährungsangelegenheiten gezwungen waren, dann können sie im weiteren Lebensverlauf auf eine, im Vergleich mit anderen Männern, hohe Kochkompetenz zurückgreifen. Insgesamt bedarf die weitere Beschäftigung mit Ernährung aber eines stärkeren Anstoßes von außen, beispielsweise von der Partnerin oder dem Freundeskreis. Spielte in der Herkunftsfamilie oder im Freundeskreis der Gourmetcharakter von Essen eine wichtige Rolle und genoss hohe Kochkompetenz besonderes Prestige, so haben die männlichen Befragten ein hohes Wissen über die Qualität von Lebensmitteln und die Zubereitung von Speisen, setzen dieses Wissen aber meist nur zu bestimmten Anlässen in die Praxis um. Sie treten vornehmlich als Hobbyköche in Erscheinung und nur unter bestimmten Bedingungen als alltägliche Gestalter der Ernährung im Haushalt. Verbunden mit den geschlechtsspezifischen Zugängen zum Thema Ernährung (alltägliche Verantwortung versus Freizeitbeschäftigung) ist auch ein anders gelagertes Wissen von Frauen und Männern: Männliches Wissen über Lebensmittel bezieht sich oft auf theoretisch erworbenes Wissen (z.B. Produktionsbedingungen und umweltpolitisches Wissen, aber auch Wissen über „gute" Geschäfte, Marken), während weibliches Wissen viel stärker auf praktischen Eindrücken und Erfahrungen (Optik, Geschmack, Geruch) basiert.

Wie bereits angedeutet, werden in der Kindheit aber nicht nur Wissen und Kompetenzen vermittelt, sondern auch geschlechtsspezifische Zuständigkeiten. Dabei gibt es markante Unterschiede zwischen älteren und jüngeren Frauen. Insbesondere ältere Frauen nach der Familienphase verbinden mit dem altruistischen „Tun für andere" oft einen wichtigen Sinn des Ernährungshandelns. Wenn sie alleine essen, soll es vor allem schnell und unkompliziert sein und Ansprüchen an Gesundheit und Schlankheit genügen. „Gesundes Snacken" dürfte in dieser Hinsicht gerade für allein lebende Frauen eine ausbaufähige Ernährungsweise sein. Auf der anderen Seite setzt eine fehlende Verantwortungsübernahme von Männern kombiniert mit einer altruistischen Einstellung von Frauen, vor allem berufstätige Mütter oft massiv unter Druck. Mit der Vereinbarkeit von Haushalt/Familie und Beruf weitgehend allein gelassen, versuchen sie das Kochen möglichst unaufwendig zu gestalten. Diesbezügliche Strategien reichen von einem stark routinisierten Kochstil mit möglichst gering verarbeiteten Lebensmitteln über die Haltbarmachung selbst gekochter Speisen (etwa durch Einfrieren) bis hin zur Integration unterschiedlichster Convenience-Produkte in den Kochalltag (z.B. Tiefkühlprodukte oder Fertiggerichte).

Altruismus im Ernährungsbereich betrifft aber nicht nur die Planung und Ausführung von Tätigkeiten wie Einkaufen, Kochen etc., sondern auch die Berücksichtigung der Geschmäcker im Haushalt. Dabei steht der Geschmack des Mannes zum Teil kombiniert mit Gesundheitsvorstellungen im Vordergrund: Durch das Kochen „seiner" fleischorientierten Kost, kann „er" wenigstens dazu bewogen werden, kein ungesundes „Junk Food" zu essen. Die weiblichen Ernährungspraktiken sind dadurch häufig zweigeteilt: Essen Frauen für sich, steht meist fleischlose, fettarme und „gesunde" bzw. „schlanke" Kost im Vordergrund, während im Familien- und Partnerschaftskontext hauptsächlich Fleischgerichte gegessen werden. Dies hängt aber nicht ausschließlich mit der Berücksichtigung des männlichen Geschmacks zusammen, denn viele Frauen empfinden es als besonderen Genuss, manchmal ihrer durchdachten und restriktiven Ernährungsweise zu entfliehen. In der jüngeren Generation bemühen sich Frauen und in egalitär geführten Partnerschaften auch Männer oft um Gerichte, die beider Vorlieben kombinieren. Es kann aber in familiären Kontexten der Kindergeschmack den Männergeschmack dominieren, was in kindzentrierten Familien zwar mit väterlichem Verständnis verbunden ist. Trotzdem empfinden es die Männer als ein „gewisses" Opfer, das sie leisten müssen.

5.2.4. Wandlungstendenzen der geschlechtsspezifischen Arbeitsteilung?

Eine ausschließlich weibliche Verantwortung für die Ernährung im Haushalt ist vor allem in der älteren Generation stark ausgeprägt. Bei jüngeren Menschen sind gewisse Wandlungstendenzen bemerkbar: Frauen möchten neben partnerschaftlichen und familiären zunehmend auch berufliche Lebensziele verwirklichen und Männer können nicht mehr mit der gleichen Selbstverständlichkeit den Großteil der Ernährungsarbeit auf ihre Partnerinnen abwälzen. Aber auch junge Männer zeigen nur dann ein stärkeres praktisches und alltägliches Engagement im Ernährungsbereich, wenn sie über diesbezügliche Kompetenzen verfügen und ein gewisser Druck auf ihnen lastet. Ein solcher Druck kann durch eine „neue" Beziehung entstehen, in der Essen einen hohen emotionalen Stellenwert besitzt oder auch durch berufliche Verpflichtungen der Partnerin, die den (beruflich flexiblen) Mann zu verantwortungsvollem, täglichen Ernährungshandeln für das gemeinsame Kind anhalten. Wenn Männer alltägliche Ernährungsverantwortung übernehmen, dann setzen sie sich auch bewusster mit dem Thema Ernährung auseinander. Der Gesundheitswert von Speisen gewinnt an Bedeutung und es entsteht eine größere Offenheit gegenüber anderen Ernährungsthemen wie beispielsweise Herkunft, Produktionsbedingungen und Qualität von Lebensmitteln.

Mit der „Feminisierung der Berufswelt" und der Verbreitung von Single-Lebensformen werden zunehmend institutionelle Versorgungsmöglichkeiten in Anspruch genommen (z.B. Kindergarten, Schule, Betriebsküchen) und der Außer-Haus-Konsum steigt (vgl. Kapitel 4). Hier sind es wiederum vornehmlich Single-Männer, die mittags im berufsnahen Umfeld eine Speise zu sich nehmen, während sich Frauen während der Arbeit eher von „gesunden Snacks" (z.B. Obst oder Käsevollkorngebäck) ernähren und abends zu Hause eine Mahlzeit zubereiten. Berufstätige Frauen im Familien- bzw. Partnerschaftskontext, welche die Hauptverantwortung für die Ernährung der Haushaltsmitglieder tragen, streben oft eine Rationalisierung der Ernährungsarbeit an, die mit einer Auslagerung von Ernährungsarbeit verbunden sein kann.

In Abbildung 2 werden die Konstruktion und Reproduktion geschlechtspezifischer Verantwortlichkeiten im Haushalt an Hand des Idealtypus der bürgerlichen Kleinfamilie dargestellt und dabei auch Einschnitte in diesem Modell markiert. Ausgangspunkt ist das „Gender-Rollenmuster" im Zentrum, das eine am Ideal der bürgerlichen Kleinfamilie orientierte geschlechtspezifische Rollenverteilung in der Herkunftsfamilie markiert. Darauf aufbauend sind biographisch bedeutsame Verstärkungsfaktoren der geschlechtspezifischen Zuständigkeiten abgebildet. Die Modellhaftigkeit der Abbildung wird an der reinen Zweiteilung von männlicher und weiblicher Biographie deutlich, die zwar in der Realität nicht in diesem Extrem auftritt (z.B. identifizieren sich Frauen auch mit Vätern und Söhne auch mit Müttern), aber in der stark geschlechtspezifisch strukturierten Welt der bürgerlichen Kleinfamilie doch sehr große Bedeutung hat. Die Abbildung zeigt, dass auf der Seite des Mannes eine männliche Identifikationsfigur in der Küche fehlt, was weiters mit einem fehlenden Interesse an Ernährungsarbeit verbunden ist und die Ausbildung von Ernährungskompetenzen stark beschränkt. Dagegen haben Frauen aus „bürgerlichen Kleinfamilien" weibliche Identifikationsfiguren in der Küche, entwickeln ein gewisses Interesse an Ernährungsangelegenheiten und bilden Kompetenzen aus. Gehen Frauen und Männer dieses Modells miteinander Beziehungen ein, so steht der Fortführung der geschlechtspezifischen Verantwortlichkeiten kaum etwas im Wege.

Heute gibt es aber viele mögliche Einschnitte in dieses Modell der geschlechtsspezifischen Arbeitsteilung (als ↯ gekennzeichnet). Die zunehmende Berufstätigkeit der Mütter ist mit einer Rationalisierung von Ernährungsarbeit im Haushalt bzw. mit ihrer teilweisen Auslagerung verbunden. Da sich die unter Druck stehenden Mütter selbst oft kaum mehr mit der alltäglichen Ernährungsarbeit identifizieren, sondern sie eher als Pflicht erledigen, nimmt auch bei den Töchtern die diesbezügliche Identifikation ab. Im Extremfall wird über die Zuständigkeit für die Alltagsküche kein positiver Wert von Wohlbefinden und emotionaler Bindung mehr vermittelt, sondern sie wird in erster Linie als belastend erlebt. Die Belastung versuchen die erwachsenen Töchter dann in ihrem eigenen Partnerschafts- bzw. Familienleben zu minimieren, womit eine weitere Auslagerung von Ernährungsarbeit verknüpft ist. Dies ist aber nur ein mögliches Szenario. Ein anderes wäre, dass verbunden mit der Berufstätigkeit von Frauen sich auch Männer stärker an der Ernährungsarbeit im Haushalt beteiligen und Ernährungsverantwortung eine gemeinsame Verantwortung von Frauen und Männern, Müttern und Vätern wird. Diese Entwicklung ist aber derzeit eher eine Ausnahmeerscheinung und sehr voraussetzungsvoll: Sie wird am ehesten in jüngeren, gebildeten und finanziell abgesicherten Milieus gelebt, wenn ein hoher Anspruch an eine egalitäre Partnerschaft besteht, Männer eine gewisse praktische Ernährungskompetenz besitzen und für Frauen die Berufstätigkeit einen wichtigen Stellenwert hat. Wesentlich ist auch, dass beide Beziehungspartner die gemeinsame/geteilte Alltagsgestaltung in Partnerschaft oder Familie als bereichernden Teil ihres Lebens und als Ausgleich zur stressigen Berufstätigkeit sehen.

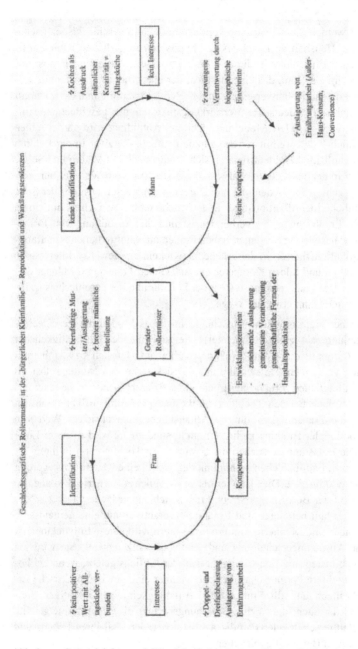

Abb. 2:   Reproduktion und Wandel geschlechtsspezifischer Rollenmuster (Quelle: eigene Darstellung)

In der Realität beteiligen sich Männer aus gehobeneren Milieus aber in erster Linie als Hobbyköche, d.h. sie kochen am Wochenende und/oder für spezielle Anlässe, oft nicht nur für Haushaltmitglieder und legen dabei auf ihr ausgefeiltes Können besonderen Wert (Frerichs/Steinrücke 1997). Sie besitzen zwar eine hohe Ernährungskompetenz (v.a. Zubereitung, Qualitätsbeurteilung), die aber in der Regel nicht alltagsrelevant ist. Nichts desto trotz können sie im Falle von biographischen Einschnitten, die eine Verantwortungsübernahme in Ernährungsfragen erzwingen (z.B. Trennung, Alleinerzieherstatus, aber auch starkes berufliches Engagement der Partnerin) auf eine hohe Kompetenz zurückgreifen und Ernährungsarbeit auch als gestalterische Aufgabe begreifen. Im Gegensatz dazu fühlen sich nicht „kochversierte" Männer durch Ernährungsverantwortung überlastet, neigen sehr stark zur weiteren Auslagerung von Ernährungsarbeit und dies oft unter dem Vorzeichen von persönlichem Geschmack, Quantität und Preis.

5.3. Gender und nachhaltige Ernährungspraktiken

Der Gender-Blick auf nachhaltige Ernährung ist in zweifacher Hinsicht von Bedeutung. Erstens zeigt sich, dass Frauen in Bezug auf die Verwendung von frischen, saisonalen, vornehmlich vegetarischen Lebensmitteln sowie hinsichtlich ihres bewussteren Umgangs mit Essen einen nachhaltigeren Ernährungsstil praktizieren als Männer. Hier muss aber relativierend angemerkt werden, dass gerade der höhere Zeitaufwand einer unter diesen Vorzeichen nachhaltigen Gestaltung von Ernährung oft einen großen Stressfaktor für Frauen in Partnerschafts- und Familienkonstellationen darstellt. Darüber hinaus ist die Konzentration auf leichte, vegetarische Kost in vielfältiger Hinsicht an das weibliche Schlankheitsideal geknüpft, welches aus sozialer und gesundheitlicher Nachhaltigkeitsperspektive problematisch ist. Denn die Fokussierung auf Schlankheit ist Ausdruck der sozialen Kontrolle über den weiblichen Körper und steht in enger Verbindung zu stark restriktiven Ernährungshandlungen und Essstörungen.

Ein Blick auf geschlechtsspezifische Ernährungspraktiken zeigt zweitens unterschiedliche Zugänge von Männern und Frauen zu nachhaltigen Ernährungspraktiken, die wiederum eng an die biographische Konstruktion von Geschlecht geknüpft sind. Gesundheit und/oder Schlankheit, alltägliche Ernährungskompetenz und -verantwortung für sich und andere Menschen sind Zugänge von Frauen zu Ernährung und in der Ernährungspraxis an andere milieubedingte und alltagsbezogene Orientierungen (z.B. zeitlicher Aufwand, Preis, Qualität, Genuss) geknüpft. Sie spiegeln sich häufig in reflektierteren Ernährungspraktiken und der Verwendung von frischen, saisonalen, vornehmlich vegetarischen Lebensmitteln wider und grenzen sich von einem sehr spontanen, lustbezogenen und betont unaufwendigen Essstil ab, der im Alltag eher von Männern mit geringem Ernährungsinteresse praktiziert wird. Die Anknüpfungspunkte von Männern zu nachhaltiger Ernährung sind zumeist andere: In bürgerlichen Milieus sind sie mit Distinktion und hohem Qualitätsbewusstsein verbunden, in traditionellen Lebenszusammenhängen steht oft die Ablehnung der modernen landwirtschaftlichen Massenproduktion im Vordergrund und in postmateriellen wird Nachhaltigkeit eher über einen sozialkritischen und ökologischen Blick auf das Ernährungssystem vermittelt. Aus diesen milieuspezifischen Motivationen (also Distinktion, Tradition oder Ethik) heraus werden eher kleine, handwerkliche Produktions- und Distributionsformen im Ernährungssystem befürwortet und es besteht zum Teil hohe Offenheit gegenüber Produkten aus ökologischer Landwirtschaft. Der Zugang zu nachhaltiger Ernährung und die Bewusstseinbildung in Ernährungsfragen verlaufen in männlichen Lebenszusammenhängen also sehr stark über Ernährungsdiskurse und sind viel weniger praktisch (also über alltägliche Ernährungsverantwortung und -arbeit) vermittelt. Denn für die praktische tagtägliche Umsetzung der Ernährungsorientierungen sind in der Regel auch in diesen Milieus die weiblichen Haushaltsmitglieder zuständig bzw. wird sie ausgelagert. Es darf hier aber nicht der Eindruck erweckt werden, dass Frauen und Männer von Grund auf völlig unterschiedliche Zugänge zu Ernährung hätten, es scheint vielmehr so, als ob „das Sein das Bewusstsein" bestimmen würde. Denn auch Frauen sind in ihren Ernährungspraktiken von – milieuspezifisch unterschiedlich dekodierten – Ernährungsdiskursen beeinflusst und auch für Männer spielen gesundheitliche und emotionale Aspekte eine Rolle in der Ernährung. Aber jene, die alltägliche Ernährungsarbeit für sich und andere in breitem Umfang leisten, haben andere Prioritäten beim Essen als jene, die diese Arbeit nicht oder nur sehr reduziert leisten.

In diesem Sinne ist ein Wandel der am bürgerlichen Familienideal orientierten geschlechtsspezifischen Arbeitsteilung mit Veränderungen der Ernährungspraktiken verbunden, die durchaus Potenziale beinhalten. Eine breitere Beteiligung von Männern an Ernährungsarbeit könnte ihr Bewusstsein für das, was sie essen, schärfen und den Weg zu einer reflektierten Ernährungspraxis ebnen. Eine solche Entwicklung hätte auch Einfluss auf die Ernährung im Haushalt, die nach wie vor oft am männlichen Geschmack orientiert ist, wenngleich der Kindergeschmack zunehmend an Bedeutung gewinnt.[21] Derzeit sieht es aber so aus, dass Frauen zwar die geschlechtsspezifische Arbeitsteilung insofern durchbrechen, als sie berufstätig sind, der Haushaltspart aber weiterhin ihnen überlassen bleibt. Vor diesem Hintergrund empfinden Frauen alltägliche Ernährungsarbeit zunehmend als Belastung, während sich Männer weiterhin mit Ernährungsarbeit kaum identifizieren und oft überfordert fühlen. Die zunehmende (auch gedankliche) Auslagerung einer Tätigkeit, die kein Wohlbefinden vermittelt, sondern in erster Linie Stress bedeutet, ist die Konsequenz. Hier müssten sowohl (v.a. männliche) Ernährungskompetenzen gefördert, als auch Voraussetzungen dafür geschaffen werden, dass Ernährung als Teil der Alltagsgestaltung lebbar ist und nicht nur als Belastung empfunden wird. Gemeint ist damit ein Netz aus vielfältigen Möglichkeiten für nachhaltige Ernährung zu schaffen. Ein breiteres nachhaltiges Essensangebot am Arbeitsplatz oder in öffentlichen Institutionen sowie an leicht zubereitbaren Speisen, der Ausbau nachhaltiger und an unterschiedliche Haushaltsformen angepasster Essenszulieferdienste und die Förderung gemeinschaftlicher Formen der Haushaltsproduktion[22] könnten solche Unterstützungsfaktoren für Männer und Frauen sein, die aufwendigere Ernährungspraktiken ergänzen, aber nicht ersetzen sollen. Denn die praktische Beschäftigung mit Ernährung, verbunden mit der Übernahme von Ernährungsverantwortung und der Ausbildung von Ernährungskompetenz, ist eine wesentliche Voraussetzung für einen bewussten und nachhaltigen Umgang mit Essen.

---

[21] Die Problematik dieser Entwicklung wird an der auf Kinder ausgerichteten Lebensmittelwerbung deutlich, die sich auf süße und fette Produkte konzentriert.

[22] Damit sind die Herauslösung von Ernährungsarbeit aus dem Status einer unsichtbaren, individualisierten Arbeit und ihre Einbettung in größere gemeinschaftliche Zusammenhänge gemeint. Durch Architektur und Organisation wird in so genannten CoHousing-Projekten in Skandinavien und den USA schon seit mehr als 20 Jahren versucht, aktive Nachbarschaft zu fördern und gleichzeitig den BewohnerInnen genügend Freiraum zu bieten. Hohe Lebensqualität, kleiner ökologischer Fußabdruck und niedrige Kosten sind angestrebte Vorteile dieser Wohnform. Derzeit befindet sich das erste österreichische CoHousing-Wohnprojekt im Bau (Näheres siehe unter www.derlebensraum.com, 20.09.05).

Walpurga Weiss

6. Gesundheit

In diesem Kapitel geht es um die Zusammenhänge von Gesundheit, Ernährung und Nachhaltigkeit. Was Gesundheit mit Nachhaltigkeit zu tun hat, verdeutlicht folgendes Zitat: „Der Zusammenhang von Nachhaltigkeit und Gesundheit liegt auf der Hand: Gesundheit ist auf eine nachhaltige Entwicklung, die ökologisch, ökonomisch und sozial verträgliche Lebensbedingungen und den Respekt von kulturellen Charakteren anstrebt, angewiesen. Umgekehrt kann das gesellschaftliche Ziel der Nachhaltigkeit nicht ohne die Erfahrung individuellen Wohlbefindens und die Erkenntnis von Zusammenhängen zwischen diesem und ökologischen, ökonomischen, sozialen und kulturellen Fragen dauerhaft erreicht werden" (Paulus/Stoltenberg 2002, 8).

6.1. Gesundheit und Nachhaltigkeit als politisches Thema

Der Zusammenhang von Gesundheit und Nachhaltigkeit spielt im Ernährungsdiskurs und in den Zielsetzungen der Weltgesundheitsorganisation (WHO), der Europäischen Union (EU) und zunehmend in nationalen Politiken eine immer wichtigere Rolle. Dem liegt die Erkenntnis zugrunde, dass Belastungen des Ernährungssystems mit gesundheitlichen, ökologischen und sozialen Risiken in Verbindung stehen, was eine sowohl politisch als auch wissenschaftlich integrative Perspektive nahe legt. Nach Lang (2005) mangelt es aber in vielen Ländern Europas nach wie vor an einer solchen. Auch in Österreich sind bis heute Teilbereiche der Ernährung unterschiedlichen politischen Kompetenzen (z.B. Landwirtschaft, Gesundheit, Umwelt) und wissenschaftlichen Disziplinen (z.B. Agrar-, Wirtschafts- und Ernährungswissenschaften, Medizin, Soziologie) zugeordnet (vgl. Kapitel 13).

Der Forderung nach einer integrativen Perspektive wird aber heute in der Gesundheitspolitik auf nationaler und internationaler Ebene vermehrt Rechnung getragen, indem mehrdimensional ausgerichtete Problemlösungen angestrebt werden, deren Augenmerk unter anderem auf verschiedenen Wechselwirkungen zwischen Gesundheit, Ernährung und Umwelt liegt. Eine entsprechende Neuorientierung der Gesundheitssysteme wird von der WHO seit Mitte der 1980er Jahre mit Zustimmung ihrer Mitgliedsländer propagiert. Nachhaltige Gesundheit soll mit Strategien erreicht werden, die auf die Beeinflussung biologischer, umweltbezogener und sozioökonomischer Determinanten von Gesundheit, auf gesunde sowie gesundheitsschädigende Lebensweisen und auf Settings[23] zur Förderung von Gesundheit gerichtet sind. Dieser neue multisektorale Ansatz verbindet bisher praktizierte personenorientierte und reduktionistische Vorgehensweisen mit neuen, bislang weitgehend ausgeblendeten sozialen und ökologischen Strategien. Das verlangt eine Ein-

---

[23] Einer Definition der WHO (1998) zufolge wird unter Setting ein Ort oder sozialer Kontext verstanden, in dem Menschen ihren Alltagsaktivitäten nachgehen, in deren Verlauf umweltbezogene, organisatorische und persönliche Faktoren zusammenwirken und Gesundheit und Wohlbefinden beeinflussen. Diese Auffassung kommt unserem Ansatz sozialer Kontextualisierung nahe.

beziehung von Verantwortlichen unterschiedlicher Sektoren (Rásky/Noack 2002). Diesen neuen Ansatz öffentlicher, bevölkerungsorientierter bzw. kollektiver Gesundheitsstrategien nennt die Gesundheitswissenschaft „New (Ecological) Public Health"[24], die sich auf Erkenntnisse und Methoden multi- und interdisziplinärer Zugänge stützt (Eberle et al. 2005; Lang et al. 2001; Rásky/Noack 2002). Diese Ausrichtung von Public Health distanziert sich folglich von einer traditionellen Epidemiologie der Risikoverhaltensweisen mit ihrer ausschließlich physiologisch-medizinischen Orientierung und zeichnet sich durch eine umfassende Erklärung des Zusammenhangs von Lebensstilen, Lebensbedingungen und Gesundheitsstatus sowie einer stärkeren Zuwendung zu ökologischen und sozialen Ansätzen aus. Es handelt sich also nicht um eine Gesundheitspolitik für „Risikogruppen", sondern um eine Strukturpolitik für alle Menschen und ihre Umwelt (Eberle et al. 2005; Flick 2002; Kickbusch 1999; Lang et al. 2001).

Obwohl nachhaltige Entwicklung und Gesundheitsförderung nicht als zwei grundlegend aufeinander bezogene Konzepte thematisiert werden, zeigt ein systematischer Vergleich ihrer etwa zeitgleich veröffentlichten Gründungsdokumente, dass ihre Prinzipien und Planungsprozesse erhebliche Gemeinsamkeiten aufweisen, vor allem auf der Ebene der Werte und Grundsätze. Die Ottawa Charta der Gesundheitsförderung (WHO 1989) spricht sich – angelehnt an die WHO-Definition – für eine ganzheitliche und positive Betrachtungsweise von Gesundheit aus und bezieht sich damit auf die ökonomischen, ökologischen und sozialen Dimensionen einer nachhaltigen Entwicklung. Die Empfehlungen der 2. Internationalen Konferenz zur Gesundheitsförderung in Adelaide (WHO 1988) befürworten nachdrücklich die Verknüpfung von New Public Health mit ökologischen Ansätzen. Auch im Brundtland-Bericht von 1987 wurde der Kategorie Gesundheit eine besondere Priorität zugesprochen (Paulus/Stoltenberg 2002), seit dem World Summit on Sustainable Development in Johannesburg im Jahr 2002 wird sie als eigene Dimension von Nachhaltigkeit diskutiert (vgl. Kapitel 1).

Zahlreiche Konzepte und Strategien sind in den letzten Jahren von der WHO und den Vereinten Nationen zu Nachhaltigkeit und Gesundheit entwickelt worden. Darauf aufbauend hat die WHO (2001) für die Jahre 2000 bis 2005 einen „Ersten Aktionsplan für eine Lebensmittel- und Ernährungspolitik" aufgelegt, der die politischen EntscheidungsträgerInnen auffordert, Ernährungsstrategien zu entwickeln, welche die Gesundheit fördern, ernährungsmitbedingte Krankheiten reduzieren und zu einer positiven ökologischen und sozioökonomischen Entwicklung beitragen. Im Jahr 2004 wurde von allen Mitgliedsstaaten erstmals eine globale Strategie für Ernährung und Bewegung verabschiedet, auch landwirtschaftliche Produktionsbedingungen und VerbraucherInnenschutz werden schrittweise in die Aktionsprogramme integriert. Inkludiert sind spezifische gesundheitspolitische Empfehlungen an nationale Regierungen, an die Lebensmittelindustrie und an nicht staatliche Organisationen (Eberle et al. 2005; Robertson et al. 2004). Auch die Europäische Union (EU) hat die Verbindung von Gesundheit und nachhaltiger Entwicklung auf

---

[24] Das traditionelle Verständnis von „Public Health" orientiert sich am Krankheitsverständnis der Medizin und Sozialmedizin und stützt sich zur Beschreibung von Krankheiten und zur Entwicklung von präventiven Interventionen hauptsächlich auf epidemiologische Methoden. „New Public Health" steht für ein umfassenderes, interdisziplinär und intersektoral ausgerichtetes Gesundheitssystem, mit dem alle Bevölkerungsgruppen angesprochen werden sollen und deren Grundlage die positiv ausgerichtete Gesundheitsdefinition der WHO bildet (Flick 2002). „New Ecological Public Health" erweitert diese vordergründig auf die menschliche Gesundheit bezogene Perspektive zusätzlich um jene gesellschaftlicher Naturbeziehungen (Caraher/Coveney 2004; Lang et al. 2001).

die Tagesordnung gesetzt, das Thema Gesundheit ist ein bedeutender Punkt in der EU-Strategie für nachhaltige Entwicklung.

Auf nationaler Ebene hat sich beispielsweise das Aktionsprogramm „Nachhaltigkeit und Ernährung" im Rahmen der „Österreichischen Strategie zur nachhaltigen Entwicklung" zum Ziel gesetzt, ein neues Lebensmittelmodell für eine ökologisch und sozial verträgliche, regional verankerte Lebensmittelproduktion umzusetzen und durch ein effizientes Kontrollsystem „vom Stall bis zum Tisch" sicherzustellen. Auch in gesundheitspolitischer Dimension ist nachhaltige Entwicklung ein wichtiges Thema, so werden etwa die sozialen und gesundheitlichen Auswirkungen durch die Zunahme von ernährungsmitbedingten, chronischen Erkrankungen besonders hervorgehoben (BMLFUW 2002).

6.2. Ernährungsmitbedingte Krankheiten als Nachhaltigkeitsproblem

Im Laufe des 20. Jahrhunderts hat sich in industrialisierten Ländern das Spektrum von Krankheiten wesentlich verschoben. Waren es früher hauptsächlich Infektionskrankheiten (bei denen allerdings zum Teil wieder eine Zunahme zu beobachten ist), dominieren gegenwärtig chronisch-degenerativ verlaufende Erkrankungen das Krankheitsgeschehen, deren Auswirkungen das Gesundheitssystem stark belasten (Faltermaier 1994; Hurrelmann 2000). Die Zunahme ernährungsmitbedingter Krankheiten und deren Folgekosten stellt ein wachsendes gesellschaftliches Problem dar und ist nachhaltigkeitspolitisch hoch relevant. Heute geht es nicht mehr um die Grundsicherung der Nahrung, sondern um die Befriedigung von Ernährungsbedürfnissen unterschiedlicher Bevölkerungsgruppen, um Lebensmittelsicherheit und um den Ausgleich von „Fehlernährung" (Eberle et al. 2005). Auch in Österreich sind die negativen Folgen des Nahrungswohlstandes zentral. Eine unausgewogene und energiereiche Ernährungsweise kombiniert mit Bewegungsmangel wird heute für das hohe Auftreten von Krebs, Herz-Kreislauferkrankungen, Diabetes Typ 2 und Übergewicht mit verantwortlich gemacht (Elmadfa/Weichselbaum 2005; Freidl et al. 2003). Kardiovaskuläre Erkrankungen sind nach epidemiologischen Untersuchungen der letzten Jahrzehnte die häufigste Todesursache in europäischen Industrienationen. Vier Millionen EuropäerInnen sterben pro Jahr an ihren Folgen, ein Drittel der Todesfälle wird auf eine ungesunde Ernährungsweise zurückgeführt, ebenso wie rund 40 % aller Krebserkrankungen. Weiter warnt die WHO (2002) vor einem epidemischen Anstieg von Übergewicht in Europa. Etwa ein Viertel aller Erwachsenen wird als übergewichtig eingeschätzt, zunehmend sind auch Kinder und Jugendliche betroffen. Gesellschaftlich ist diese Tendenz zum Übergewicht vor allem in weniger privilegierten Milieus zu beobachten (Elmadfa/Weichselbaum 2005; Freidl et al. 2003; Robertson et al. 2004; WHO 2002).

Gesundheitliche Probleme werden auch auf Umweltverschmutzungen und belastete Lebensmittel zurückgeführt, ihre komplexen Zusammenhänge sind Thema des umfassenden EU-Aktionsplans „Umwelt und Gesundheit 2004-2010" (Europäische Kommission 2004; McMichael 2005). Lebensmittelallergien, die vor allem in Zusammenhang mit der zunehmenden Umweltbelastung diskutiert werden, sind ebenso im Steigen, wie Gesundheitsrisiken durch Lebensmittelskandale und industrielle Produktionspraktiken (z.B. Nitrofen) (Eberle et al. 2005; Lang et al. 2001; Robertson et al. 2004). Weiters sind in der Nahrungskette neue Gefahren aufgetreten, etwa der Vogelgrippe-Virus H5N1 oder die Bovine Spongiforme Enzephalopathie (BSE). Die Varianten der Creutzfeld-Jakob-

Krankheit mit nachgewiesenen Sterbefällen in Europa stehen beispielsweise in engem Zusammenhang mit einer BSE-Exposition. Chemische Substanzen sind weitere Quellen von Lebensmittelverunreinigungen. Dazu zählen unter anderem auch natürliche Toxine wie Mykotoxine und Umweltschadstoffe wie Dioxin, Quecksilber, Blei und Radionuklide. Im Interesse der Lebensmittelsicherheit werden daher von der WHO (2002) straffere Maßnahmen gefordert, um die weitere Verbreitung von Lebensmittelzusätzen, Pestiziden und tiermedizinischen Arzneimitteln einzudämmen.

6.3.   Ein erweiterter Gesundheitsbegriff

Nachhaltigkeit braucht eine integrierte, mehrdimensionale Sichtweise auf Probleme, was aus Gesundheitsperspektive einen erweiterten Begriff von Gesundheit erfordert. Gesundheit wie auch Krankheit sind keine einheitlich definierten Begriffe, sondern stellen immer bestimmte subjektive und soziale Konstruktionen der Wirklichkeit dar (Faltermaier 1994; Ziegelmann 2002). Es gibt eine Vielzahl von Gesundheitsbegriffen, die von den Wertvorstellungen einer Gesellschaft, zugrunde liegenden Menschenbildern und paradigmatischen Grundannahmen verschiedener Wissenschaftraditionen abhängig sind (Schipperges 1991; Strittmatter 1995). Diese unterschiedlichen Perspektiven haben richtungsweisenden Einfluss auf das Gesundheitshandeln und darauf, welche Maßnahmen und Verhaltensweisen als gesundheitsförderlich erachtet werden. Sie beeinflussen damit die Gesundheitsversorgung, Prävention und Gesundheitsförderung (Belz-Merk 1995; Faltermaier et al. 1998).

Seit der Entstehung unseres Gesundheitssystems im 19. Jahrhundert ist es kurativ und medizinisch-naturwissenschaftlich ausgerichtet. Das biomedizinische Modell, welches bis heute in der Humanmedizin vorherrschend ist, ist ein auf den Menschen bezogenes Erklärungsmodell von Krankheit, in dem der Körper in einer stark partialisierten Sichtweise in den Mittelpunkt der Betrachtung rückt, bei der weder die soziale, noch die ökologische Umwelt mit einbezogen werden (Benshausen 2002; Kolb 2001). Es ist ein pathogenetisches Modell zur Erklärung der Ätiologie von Krankheiten. Darauf zurückgeführt hat jede Gesundheitsbeeinträchtigung eine spezifische körperliche Ursache, die sich mit naturwissenschaftlichen Analysemethoden bis in den Mikrobereich (Organe, Zelle, Gene) untersuchen und in ihren kausalen Zusammenhängen beschreiben lässt. Anhand bestimmter Risikofaktoren wird das Auftreten typischer Symptome und Krankheiten prognostiziert, präventivmedizinische Maßnahmen konzentrieren sich daher vornehmlich auf eine Abschwächung und Verhinderung dieser (Faltermaier 1994; Kolb 2001; Strittmatter 1995). Diese Erklärungsweise folgt dem Prinzip des Reduktionismus[25] und der „mechanistischen Verknüpfung"[26], die heute mit der modernen Biologie und Genetik ihre Fortsetzung finden (Benshausen 2002; Hurrelmann 2000; Siegrist 2002). In diesem Interpretationszusammenhang wird Gesundheit primär über das Fehlen von Krankheit und ihren Risikofaktoren und somit negativ definiert. Damit wird eine Dichotomie konstruiert, die nur die beiden alternativen Kategorien „Gesundheit" und „Krankheit" kennt (Belz-Merk 1995; Faltermaier et al. 1998; Kolb 2001).

---

[25] Der Reduktionismus geht davon aus, dass die „Wahrheit" entdeckt wird, indem komplexe Systeme auf ihre zugrunde liegenden Komponenten reduziert werden.

[26] Mit „mechanistischer Verknüpfung" ist die Übertragung der Gesetze der klassischen Physik auf die Analyse lebender Organismen gemeint.

Die Dominanz des biomedizinischen Krankheitsmodells wurde durch vielfältige Kritik an schulmedizinischen Handlungsweisen gebrochen (Strittmatter 1995). So wurde mit dem „biopsychosozialen Modell" eine Erweiterung des Gesundheitsbegriffs vorge-schlagen. Zentral ist hier die Vorstellung der multiplen Verursachung, wonach nicht spe-zifische Pathogene bestimmte Krankheiten verursachen, sondern eine Vielzahl krank-machender Einflüsse, einschließlich psychosozialer Faktoren wie Stressoren oder Lebens-weisen gemeinsam daran beteiligt sind (Antonovsky 1993). Oft orientiert sich diese Er-weiterung aber ebenfalls an einem Defizitmodell des Menschen, das Risiken und Fehl-verhalten weiterhin als individuelle, sozial isolierte Phänomene betrachtet und subjektive Eigendefinitionen von Gesundheit zuwenig berücksichtigt (Antonovsky 1993; Strittmatter 1995).

Deshalb gehen weiterführende Ansätze davon aus, weniger in die Bekämpfung von Krankheiten zu investieren, sondern vermehrt die Gesundheitspotenziale der Bevölkerung zu stärken (Hurrelmann 2000). Die Erweiterung des Gesundheitsverständnisses ist auch eine Folge des zunehmenden Wissens um die soziale Ungleichverteilung von Gesund-heitschancen und Krankheitsrisiken (Murcott 2002). Neuere Erkenntnisse der So-zialepidemiologie, Psychologie, Soziologie und Gesundheitswissenschaft belegen, dass Austauschprozesse zwischen Individuen und ihrer sozialen Umwelt, aber auch die natür-liche Umwelt selbst für die Gesundheit von größter Bedeutung sind (Freidl 2003) und da-her die Vorstellung eines linear-kausalen Ursache-Wirkungsgefüges durch ein zirkuläres Modell ergänzt werden sollte (Benshausen 2002). Eine Orientierung weg von Krankheit bzw. Krankheitsvermeidung hin zur Erforschung von Gesundheit ergänzt die naturwissen-schaftliche Ausrichtung der Medizin um eine salutogenetische[27], gesundheitsförderliche Sichtweise hin zu einem „bio-öko-psycho-sozialen Modell" (Faltermeier 1994; Freidl 2003; Kolb 2001). Die von der WHO vorgeschlagene Positivformulierung von Gesundheit setzte einen bedeutsamen Impuls in diese Richtung und nimmt in diesem Zusammenhang damit eine wichtige Stellung ein (Vogt 1998 zit. nach Kolb 2001). Die WHO spricht be-reits seit 1948 von mehreren Dimensionen von Gesundheit und Wohlbefinden und defi-niert Gesundheit als „Zustand eines vollkommenen körperlichen, seelischen und sozialen Wohlbefindens und nicht nur die Abwesenheit von Krankheit und Gebrechlichkeiten". Später wurde die Definition um ökologische und spirituelle – verstanden als Lebenssinn – Dimensionen erweitert. Hervorzuheben ist die Absicht, Gesundheit aus den engen Bezü-gen des medizinischen Versorgungssystems zu lösen (Hurrelmann 2000) und sie als eigen-ständigen, positiven Zustand darzustellen, der sich auf den ganzen Menschen in seinen körperlichen, geistig-seelischen und sozialen Aspekten bezieht. Weiters wurde aufgezeigt, dass Gesundheit stark vom subjektiven Empfinden und von der subjektiven Wahrnehmung abhängt (Trojan/Legewie 2001).

Gesundheitsförderung konzentriert sich auf eine Veränderung der Lebensverhält-nisse und Lebensweisen sowie auf eine aktive Beteiligung der Bevölkerung. Sie ist ein Ansatz, der Gesundheit als wesentlichen Bestandteil des alltäglichen Lebens betrachtet. In der Ottawa Charta (WHO 1989) zur Gesundheitsförderung wird dies wie folgt ausge-drückt: „Gesundheit wird im alltäglichen Leben hergestellt, dort wo Menschen leben, ar-

---

[27] Mit dem Ansatz der Salutogenese des Medizin- und Gesundheitssoziologen Antonovsky vollzog sich ein Perspektivenwechsel hinsichtlich der Konzeptualisierung von Gesundheit. Er löste sich von dem in der Medizin verwendeten pathogenetischen Ansatz und stellte diesem die Salutogenese gegenüber. Sie be-schäftigt sich mit einem multidimensionalen Gesundheitskontinuum und nicht mit den Ursachen von Krankheit (Antonovsky 1979 zit. nach Faltermaier et al. 1998).

beiten, lieben, spielen". Mit diesem Zugang gelangen nicht nur Risikogruppen, sondern potenziell alle Menschen und ihre Lebensstile in den Blickpunkt. Dabei werden Gesundheit und Krankheit nicht als alternative Zustände gesehen, sondern angelehnt an Antonovskys Modell der Salutogenese als zwei Eckpunkte eines gemeinsamen Kontinuums (Faltermaier et al. 1998; Flick 1991, 2002). Weiters bezieht sich diese Betrachtungsweise nicht ausschließlich auf Handlungen, die darauf abzielen, die Fähigkeiten und Kompetenzen von Menschen zu stärken, sondern auch auf soziale, ökonomische und ökologische Umweltbedingungen, um deren negative Auswirkungen auf die Gesundheit zu mildern, weshalb das Programm der Gesundheitsförderung auch für eine nachhaltige Entwicklung zentral ist.

6.4.   Gesundheit und sozialer Wandel

Veränderte Gesundheitsauffassungen sind auch Ausdruck einer veränderten gesellschaftlichen Sicht auf Gesundheit. Viele Befragungen zeigen, dass Gesundheit in der Wertschätzung der Bevölkerung an prominenter Stelle rangiert. Gesundheit gewinnt als gesellschaftlicher und subjektiver Wert zunehmend an Bedeutung. Kickbusch (2003) spricht in diesem Zusammenhang von einer Entwicklung zur Gesundheitsgesellschaft.[28] Dieser liegen gesellschaftliche Strukturveränderungen wie zum Beispiel die Differenzierung und Pluralisierung von Lebensweisen und Lebensstilen sowie Formen steigender Selbstverantwortung zugrunde (Hayn/Empacher 2004). Mit dem sozialen Wandel gehen aber auch Veränderungen der sozialen Konstruktion von gesunden und krankmachenden Verhaltensweisen (Schipperges 2003) und von Körperbildern (Douglas 1981) einher. Während früher stärker religiöse Vorstellungen im Vordergrund standen, wird heute dem funktionierenden und ästhetischen Körper eine zentrale Bedeutung zugewiesen (Schipperges 2003).

Auch die Themenschwerpunkte in und der Umgang mit der Gesundheitsdiskussion haben sich gewandelt. In Abgrenzung zur Medikalisierung[29] unserer Lebensweise richten heute immer mehr Menschen ihren Blick darauf, wie sie ein gesundes Leben führen und ihren schlanken und ästhetischen Körper erhalten können. Zugleich überlagern sich die Diskurse sehr unterschiedlicher Gesundheitsbereiche. Von der Gesundheitsförderung, über Prävention und Verhaltensmodifikation, hin zu Wellness und Komplementärmedizin, Biotechnologie und Genetik ist allen gemein, dass Gesundheit immer weniger als Schicksal, sondern als „machbar" aufgefasst wird (Kickbusch 2003). Die Aufwertung und verstärkte Nachfrage nach Gesundheit entspricht auch ihrer öffentlichen Vermarktung, was sich an der starken Expansion von Informationen, Produkten und Dienstleistungen zeigt. Ebenso dringen ganzheitlich-komplementäre und oftmals nicht-westliche Medizin- und Gesund-

---

[28] Die Entwicklung zur Gesundheitsgesellschaft sieht Kickbusch als Teil einer generellen sozialen Entwicklung, die meist als Modernisierung und Wertewandel umschrieben wird, die sich aus ihrer Sicht mit den Bestimmungspunkten Individualisierung, Differenzierung, Wertschätzung von Autonomie und Eigenverantwortung, subjektives Wohlbefinden, hoher Erwartungshorizont, Lebensqualität und Sinnstiftung umschreiben lässt. Diese Entwicklung zeichnet sich heute vor allem in den USA deutlich ab, auch in Europa ist dieses Phänomen zunehmend zu beobachten (Kickbusch 2003).

[29] Der Begriff „Medikalisierung" bezieht sich nicht nur auf die Verschreibung von Medikamenten, sondern im weiteren Sinn auch auf andere Lebensbereiche (z.B. Sexualität, menschliche Beziehungen, Sport, Geburt) und Prozesse (z.B. Wechseljahre), in denen sich die Medizin für die Begleitung in (körperlichen) Umbruchsphasen zuständig erklärt.

heitskonzepte verstärkt in das Alltagswissen ein. Alternative Ernährungsformen wie zum Beispiel verschiedene vegetarische Ernährungsweisen oder makrobiotische Ansätze liegen seit Jahren zunehmend im Trend und gewinnen vor allem bei Menschen mittleren Alters, die über ein gehobenes Einkommens- und Bildungsniveau verfügen und in der Mehrzahl Frauen sind, an Akzeptanz (Frank/Stollberg 2004; Meier-Ploeger 2000; Murdoch/Miele 2004; Stollberg 2002). In ausuferndem Maß füllen verschiedenste Ratgeberbücher über gesunde Lebens- und Ernährungsweisen und eine Vielzahl funktioneller und neuartiger Lebensmittel die Regale. Die Abgrenzung zwischen gesund und krank, aber auch zwischen Nahrungsmittel, Nahrungsergänzungsmittel und Medikamenten wird immer schwieriger zu ziehen. Ein neuer Begriff in den USA („cosmetic psychopharmacology") umschreibt zum Beispiel die zunehmende gesellschaftliche Akzeptanz, persönliches Wohlbefinden im Alltag über Heilmittel herzustellen. Neuerdings lässt sich das Recht auf Schutz der individuellen Gesundheit sogar als eine Art „Ware" einklagen, wie verschiedene Prozesse gegen die Tabakindustrie oder Fast-Food-Ketten in den USA zeigen (Kickbusch 2003).

Ganz allgemein kann man von einem zunehmenden Gesundheitsbewusstsein und Wissen über Risikofaktoren sprechen, obwohl dieses Phänomen nicht in allen sozialen Schichten und Milieus gleich verbreitet und ausgeprägt ist (Faltermaier 1994). Dieses zunehmende Gesundheitsverständnis sensibilisiert Menschen zwar beispielsweise für gesunde Ernährungsweisen, für Sport und Bewegung und für Einflüsse der Umwelt auf ihre Gesundheit, zu einem aktiven Gesundheitshandeln und einer Umsetzung im Alltag kommt es aber oft nicht oder nur rudimentär.

Mit diesen Entwicklungen geht die Gefahr einer zu starken Individualisierung der Gesundheitsverantwortung einher. Sich um die eigene Gesundheit zu bemühen ist zunehmend ein Anspruch, der in unterschiedlichen Bereichen des Alltags als gesellschaftliche Selbstverständlichkeit und Norm existiert. Dabei wird die jeweilige Rolle der Menschen immer bedeutsamer: Als Individuen, die sich um ihre Gesundheit kümmern, als KonsumentInnen am Gesundheitsmarkt und als verantwortungsvolle PatientInnen (Faltermaier 1998). Gegenwärtig ist eine zunehmende Moralisierung von Gesundheitsfragen mit entsprechendem sozialem Druck wahrnehmbar. Sich um die eigene Gesundheit und zunehmend um Schlankheit zu kümmern, gilt inzwischen als gesellschaftlicher Imperativ (Lupton 1995, 1996). Im Umgang mit Gesundheit werden soziale Aburteilungen vorgenommen, vom richtigen oder falschen gesundheitsbezogenen Handeln ist es für viele Menschen oft nur mehr ein kleiner Schritt für eine Zuschreibung zum „guten" oder „schlechten" Menschen. Es wird suggeriert, dass es ein eindeutig richtiges und falsches Handeln gäbe. Die Tendenz zu einer Stigmatisierung von vermeintlich mangelnder Disziplin und Kontrolle („blaming the victim") ruft zunehmend Ängste hervor und stellt die Konsequenz einer zu starken Ideologisierung von Gesundheit dar (Faltermaier et al. 1998; Sehrer 2004).

So individuell und persönlich der Umgang mit Gesundheit und Krankheit auch scheint, sie müssen immer in einem soziokulturellen Zusammenhang gesehen werden, was auch in der Gesundheitsdefinition der WHO zum Ausdruck kommt. Hurrelmann beschreibt Gesundheit als Verhältnis zur Gesellschaft, das sich zwar individuell äußert, aber in hohem Maße sozial geregelt und gesellschaftlich institutionalisiert ist. „Gesundheit ist eng mit individuellen und kollektiven Wertvorstellungen verbunden, die sich in der persönlichen Lebensführung niederschlagen" (Hurrelmann 1988 zit. nach Kolb 2001). Gesundheit darf aber nicht als statischer Zustand betrachtet werden, sondern ist in permanenter Veränderung. Jeder Mensch stellt seine Gesundheit immer wieder aktiv her, weil er/sie sich in der Auseinandersetzung mit seiner/ihrer sozialen, kulturellen und natürlichen Umwelt ständig verändert und auf ihre Anforderungen reagiert (Freidl 2003). Der Wandel kollektiver und subjektiver Vorstellungen von Gesundheit ist den Veränderungen gesellschaftlicher Wertsetzungen unterworfen. In den Gesundheitskonzeptionen und -haltungen spiegeln sich diese Wertsetzungen wider und finden ihren Ausdruck im Gesundheitshandeln und im Reden über Gesundheit (Kolb 2001).

6.5.   Gesundheit im Ernährungsalltag von KonsumentInnen

Bei Entscheidungen über das Essen schwingen oft Gesundheitsüberlegungen mit. In gesellschaftlichen und individuellen Gesundheitsleitbildern wird Ernährung als bedeutsamer Aspekt von Gesundheit wahrgenommen, was sich in einem allgemein gestiegenen Ernährungsbewusstsein ausdrückt (Meyer-Abich 2005; Winter et al. 2001). Im Alltagsverständnis der KonsumentInnen scheint der Zusammenhang von Gesundheit und Ernährung weitaus stärker miteinander verknüpft zu sein als beispielsweise Umweltaspekte und Ernährung (Hayn/Empacher 2004). Eine Studie in Wien zeigte, dass für 56 % der befragten Frauen und Männer eine gesunde und ausgewogene Ernährung persönlich wichtig ist und weitere 41 % schätzen sie persönlich als eher wichtig ein (BMGF 2004; Weiss 1999). Auch beim Konsum von Bio-Lebensmitteln stehen gesundheitliche Motive an erster Stelle. Bio-Produkte gelten als stärker naturbelassen und deshalb als gesünder (Bruhn 2001), während Umweltschutzgründe nur bei einem Teil der Bio-KonsumentInnen eine Rolle spielen (Birzle-Harder et al. 2003) (vgl. Kapitel 10).

Eine Tendenz in Richtung steigendes Ernährungsbewusstsein von KonsumentInnen zeigt sich auch in der stärkeren Nachfrage nach als gesund apostrophierten Lebensmitteln (Österberg 2001). Laut Österreichischem Ernährungsbericht 2003 und dem 2. Lebensmittelbericht Österreich ist in den letzten Jahren ein steigender Verbrauch von Obst und Gemüse, von pflanzlichen Ölen und Fisch sowie ein rückläufiger Trend bei Eiern und Butter zu beobachten. Insgesamt ernähre sich die österreichische Bevölkerung jedoch noch zu fett und sehr traditionsbewusst. Fleisch- und Fleischprodukte haben im Essensalltag der Menschen nach wie vor eine hohe Bedeutung, für einen Großteil der Bevölkerung gilt Fleisch als Kraftquelle und als wichtiger Bestandteil einer gesunden Ernährungsweise (BMLFUW 2003; Brug/van Assema 2001; Elmadfa et al. 2003; vgl. Kapitel 9). Auch der Europäische Ernährungsbericht 2004 berichtet von wünschenswerten Trends im Obst- und Gemüseverbrauch sowie von einem steigenden Konsum von Fisch. Als negative Entwicklung wird der generelle Anstieg im Konsum von Zucker und tierischen Lebensmitteln sowie von rotem Fleisch und Geflügel beurteilt (Elmadfa/Weichselbaum 2005).

Ernährungsempfehlungen von ExpertInnen (DGE et al. 2000) sind großteils in das Alltagswissen eingedrungen (Faltermaier et al. 1998). Fett beispielsweise zählt für viele Menschen inzwischen zum erklärten Feindbild (Askegaard et al. 1999; Brug/van Assema 2001). Wie Umfragen zeigen, zählen zu den Alltagsvorstellungen von Gesundheit Prämissen wie „täglich Obst und Gemüse", „mindestens einmal am Tag ein warmes Essen", „frisch zubereitete Speisen", „abwechslungsreich essen", „viel Wasser trinken" und „den Konsum von Fleisch, Fett und Süßigkeiten reduzieren" (BMLFUW 2003; Weiss 1999). Bei manchen KonsumentInnen liegen auch Produktgruppen im Trend, denen gesundheitsfördernde Wirkungen zugesprochen werden (Eberle et al. 2004a). Zwar gibt es unterschiedliche Ansichten bei den KonsumentInnen, was als gesundes Essen zu gelten hat, gemeinsam scheint aber die Vorstellung zu sein, dass gesunde Speisen häufiger zu essen wären und als ungesund eingeschätzte vermieden werden sollten (Österberg 2001).

ExpertInnenwissen ist für die Allgemeinheit leichter zugänglich geworden, dies gilt sowohl für Fachinformationen, als auch für unterschiedliche medizinische Ansätze und Behandlungsmöglichkeiten (Frank/Stollberg 2004; Hughner et al. 2004; Paquette 2005). Dazu hat die Ernährungsaufklärung in den letzten Jahrzehnten aktiv beigetragen. Sie hat das Wissen über Ernährung in der Bevölkerung eindrucksvoll erweitert, damit aber kaum auf das alltägliche Ernährungshandeln der Menschen eingewirkt (Eberle et al. 2005; Hayn/Empacher 2004; Österberg 2001; Winter et al. 2001). Umfragen zeigen, dass bei der Umsetzung von ExpertInnenempfehlungen schnell Abstriche gemacht werden. Im Gegensatz zu ihrer Einstellung geben nur mehr rund 37 % der befragten ÖsterreicherInnen an, sich im Alltag auch gesundheitsbewusst zu ernähren, wobei Frauen in allen untersuchten Altersklassen größeren Wert auf eine gesundheitsbewusste Ernährungsweise legen als Männer (BMGF 2004). Laut 2. Lebensmittelbericht Österreich ist für die ÖsterreicherInnen am ehesten noch ein warmes Essen am Tag realisierbar, bereits das tägliche Obst- und Gemüseessen halten nur mehr weniger als die Hälfte der Befragten für einlösbar und nur mehr ein Drittel schafft die Realisierbarkeit frisch zubereiteter Speisen (BMLFUW 2003). Auch Studien in Holland und England legen dar, dass weniger als 1 % der Bevölkerung die wissenschaftlichen Empfehlungen in ihren Alltag integrieren (Kearney/McElhone 1999).

Mit öffentlichen Gesundheitskampagnen und Präventivmaßnahmen[30] wird weiterhin versucht, das Bewusstsein der Bevölkerung für Gesundheitsprobleme zu schärfen, jedoch funktionieren kognitiv-pädagogische Bemühungen nur begrenzt (Freidl 2003; Hayn 2005; Kearney/McElhone 1999). Ein Hauptproblem von präventiven Interventionen liegt darin, dass gefordert wird, medizinisches, epidemiologisches Wissen relativ mechanistisch in den Alltag zu übertragen. Dabei wird von in gesundheitlichen Belangen relativ unwissenden Menschen ausgegangen, die nach entsprechender fachlicher Aufklärung das neue Wissen rational in alltägliches Handeln übersetzen sollen. Wir haben bereits in Kapitel 1 darauf verwiesen, dass dieses entkontextualisierte, bewusstseinsgeleitete Bild menschlichen Handelns problematisch ist, da es die sozialen und kulturellen Kontexte des Handelns, die Lebensstile und Lebensumstände sowie die Systeme alltäglicher Lebensführung der Betroffenen nicht berücksichtigt. Es wird kaum bedacht, dass hinter vielen empirisch entdeckten Risikofaktoren (z.B. Alkoholkonsum) subjektive Verhaltensweisen stehen, die psychisch und sozial motiviert aufrechterhalten werden, in die Überzeugungen und Lebensstile von Menschen, sozialen Gruppen und Kulturen eingebunden sind und manchmal auch besondere Funktionen zur Stressbewältigung haben (Faltermaier 1994; Faltermaier et al. 1998). Auch bei ausgeprägtem gesundheitlichen Wissen und ökonomisch günstigen Verhältnissen sind Entscheidungen für gesundheitliche Aktivitäten von sozialen Normen, Werten und moralischen Einschätzungen beeinflusst. Ob ein bestimmtes Gesundheitshandeln in den Alltag integriert wird, hängt davon ab, ob es innerhalb eines sozialen Kontextes und im Vergleich mit anderen Personen als angemessenes Verhalten interpretiert wird,

---

[30] Wie bereits angeführt, geschah die Rückbesinnung auf Prävention vor dem Hintergrund der Veränderung der Krankheitsvorkommen. Nicht mehr die klassischen Krankheiten der Armut wie Mangelernährung und hygienebedingte Erkrankungen stehen im Vordergrund, sondern so genannte lebensstilabhängige, chronische Krankheiten, die nicht mehr unmittelbar mit materieller Armut verbunden sind (Eberle et al. 2004a).

ob es Priorität im Verhältnis zu anderen Anforderungen (z.B. Beruf, Kinder) erhält und ob es sich gegenüber anderen Familienmitgliedern legitimieren lässt (Backett 1992).

Gesundheitsbezogene Ernährungskampagnen adressieren jedoch fast ausschließlich die materiell-funktionale Dimension von Ernährung, die aus einer naturwissenschaftlichen Perspektive formuliert wird. Soziokulturelle Dimensionen von Ernährung und das konkrete Ernährungshandeln in unterschiedlichen Alltagsarrangements werden nur sehr bedingt aufgenommen, ebenso richten sich die Informationen an die Allgemeinheit und nicht an spezifische Zielgruppen (Lettke et al. 1999). Im Vordergrund stehen physiologische Ziele und die Vermittlung von ExpertInnenwissen, denen eine idealtypische Normierung von richtiger, gesunder und falscher, ungesunder Ernährung bis hin zum richtigen Lebensstil zugrunde liegt. Wohlgemeinte Ernährungsempfehlungen, die sich vornehmlich an der Prävention von Krankheiten orientieren, greifen daher wahrscheinlich eher im Krankheitsfall (Spiekermann 2004; Winter et al. 2001).

Ebenso wird selten bedacht, dass gesundes Ernährungshandeln immer in Konkurrenz zu einer Reihe anderer, alltäglicher Handlungsanforderungen steht (Eberle et al. 2005; Spiekermann 2004). Um gesundheitsbezogenes Ernährungswissen an spezifische Alltagsbedingungen und Lebenssituationen anschlussfähig zu machen, wird es von Menschen kontextspezifisch adaptiert und mit individuellen Vorstellungen, Orientierungen und Werten sowie Erfahrungswissen abgestimmt. Fälschlicherweise wird diese Anpassung oft als mangelnde Aufklärung oder mitunter als Unwille interpretiert. Aufgrund der unterschiedlichen Erzeugungs- und Anwendungsbedingungen ist eine unveränderte Übernahme von wissenschaftlichen Erkenntnissen in den Alltag aber gar nicht denkbar, sondern die kontextspezifische Adaptation stellt ein zentrales Merkmal jeder Wissensanwendung im Alltag dar (Faltermaier 1994; Faltermaier et al. 1998; Winter et al. 2001).

Diesen Überlegungen entsprechen auch Ansätze zur Gesundheitsförderung, die die Eigenverantwortung des Individuums seiner Gesundheit gegenüber betonen und den Alltag der Menschen stärker in den Mittelpunkt der Betrachtung rücken (Grossmann/Scala 2001). Auf Ernährungspraktiken bezogen bedeutet dies, die alltäglichen Kontexte und die Alltagsrationalitäten von KonsumentInnen zu betrachten und die unterschiedlichen Dimensionen von Essen stärker mit einzubeziehen. Subjektive Vorstellungen von Gesundheit wirken sich auf das Ernährungshandeln aus, weshalb auch individuelle Gesundheitsbilder stärkere Beachtung finden müssen (Faltermaier et al. 1998). Die Bandbreite, was subjektiv unter Gesundheit und Ernährung verstanden wird, kann groß sein (Lang 2005). Die Vorstellungen und Inhalte stehen meist in Relation zu Begriffen wie beispielsweise „Schlankheit", „Krankheit", „Wohlbefinden", „Balance", „Fitness" und „Natürlichkeit". Hayn und Empacher (2004) haben in einer qualitativen Untersuchung unterschiedliche Gesundheitsorientierungen identifiziert, die oftmals mit entsprechenden Körperbildern verknüpft sind und die Ernährungspraktiken deutlich beeinflussen. Sie unterscheiden zwischen einer ganzheitlichen, einer funktional-leistungsbezogenen, einer krankheitsbedingten und einer gewichtsbezogenen Gesundheitsorientierung sowie einer an Gesundheit desinteressierten Orientierung. Personen mit einer Wellness-Orientierung beispielsweise werden zwischen einer ganzheitlichen und funktional-leistungsbezogenen Gesundheitsorientierung eingestuft. Es sind also der Ernährungsalltag von Menschen und ihre subjektiven Vorstellungen von gesunden Ernährungsweisen, von denen aus der Blick auf Gesundheit erfolgen sollte (Eberle et al. 2005; Faltermaier et al. 1998; Hayn/Empacher 2004; Spiekermann 2004; Winter et al. 2001).

6.6.　　Ernährung und Gesundheit: Empirische Ergebnisse

In unseren Interviews haben wir sieben verschiedene gesundheitsbezogene Ernährungspraktiken identifiziert. Sie zeigen das Spektrum an Möglichkeiten auf, wie subjektive Gesundheitsvorstellungen die alltäglichen Ernährungspraktiken prägen. Da Gesundheitsaspekte in vielen Ernährungspraktiken eine Rolle spielen, ist es nicht überraschend, dass
teilweise große Ähnlichkeiten mit den Ernährungsorientierungen insgesamt zutage treten
(vgl. Kapitel 3). Die Analyse der Interviews zeigt ein variationsreiches Bild vom „gesunden Ernährungshandeln". Die Anknüpfungspunkte und Barrieren für eine nachhaltige Gestaltung von Ernährung können dabei je nach Gesundheitsorientierung sehr unterschiedlich
sein. Da sich einzelne gesundheitsbezogene Ernährungsorientierungen teilweise überschneiden, ist im Folgenden von idealtypischen Beschreibungen auszugehen. Grob unterscheiden wir folgende Typen von gesundheitsbezogenen Ernährungspraktiken, wobei die
ersten beiden fast kein pro-aktives Gesundheitshandeln an den Tag legen, die anderen fünf
durch mehr oder weniger ausgeprägtes aktiv-präventives Gesundheitshandeln gekennzeichnet sind:

- Krankheitsbezogene Ernährungspraxis;
- Ernährungspraxis ohne Gesundheitshandeln;
- Ganzheitlich-„alternative" Ernährungspraxis;
- Ökologisch-sozialkritische Ernährungspraxis;
- Körperbezogene Ernährungspraxis;
- Altruistisch-balanceorientierte Ernährungspraxis;
- Gesundheitsdominierte Ernährungspraxis.

6.6.1.　　Krankheitsbezogene Ernährungspraxis

Es sind meist ältere Personen und teilweise auch jüngere Menschen mit starkem Übergewicht und anderen „Zivilisationskrankheiten", bei denen eine krankheitsbezogene Ernährungspraxis allmählich an Stellenwert gewinnt. Zunehmende eigene gesundheitliche
Beschwerden und Krankheiten, aber auch Krankheitsfälle innerhalb der Familie oder bei
nahe stehenden Personen sind in dieser Gruppe Auslöser oder Ursache für Ernährungsumstellungen. Gesundheit wird hier hauptsächlich über ihr Fehlen wahrgenommen, was
über somatische Anzeichen und chronische Beeinträchtigungen (z.B. Diabetes Mellitus,
Übergewicht, Bluthochdruck) ausgelöst wird. Das geht oft Hand in Hand mit alters-
bedingten körperlichen Beschwerden (z.B. Wechselbeschwerden, Schwindel) und der Erfahrung eines funktionsbeeinträchtigten Körpers. Erst dann wird spezielles Ernährungs-
und Gesundheitswissen erworben und vertieft.

Für krankheits- und übergewichtsbedingte Ernährungsumstellungen spielen ExpertInnen (z.B. ÄrztInnen, DiätassistenInnen, Weight Watchers) eine wesentliche Rolle.
Die unmittelbaren Beschwerden führen zu einer größeren Offenheit gegenüber präventiven Empfehlungen, welche die Entschlossenheit bestärken, bereits routinierte Ernährungspraktiken im Rahmen dieser normativen Vorgaben zu verändern und zu kontrollieren. Mit der Vermeidung spezifischer Risikofaktoren und Veränderungen der Ernährungsweise soll zumindest das Fortschreiten der Beschwerden verlangsamt werden. Daher
versteht dieser Typus normative Ernährungsempfehlungen grundsätzlich als Handlungsaufforderung und integriert medizinische Diätvorschläge in das Alltagswissen. Je
nach aktuellem Leidensdruck und vorhandener Ernährungs- bzw. Kochkompetenz werden

die Regeln mehr oder weniger streng und auf Grundlage eigener (geschmacklicher) Erfahrungen und Alltagsanforderungen (z.B. Lebens- und Arbeitsbedingungen, Zeitverfügbarkeit) modifiziert und umgesetzt. Gläubige Menschen sehen Krankheit mitunter als Strafe und finden in religiösen Prämissen Halt (z.B. „Genuss ist Sucht, die nicht unbestraft bleibt" oder „Genuss ist alles, was Gott verboten hat"), um genussvolle Aspekte des Essens zugunsten präventiver Maßnahmen zu unterdrücken.

Menschen mit einer krankheitsbezogenen Ernährungspraxis sind sich des Zusammenhangs von Gesundheit und Ernährung bewusst. Lebensmittel und Speisen werden anhand körperbezogener und funktioneller Kriterien bewertet. Das allgemeine Wissen über die Schädlichkeit bestimmter Risikoverhaltensweisen (wie z.B. Alkohol, fettreiche Nahrung, hoher Fleischkonsum, Süßigkeiten) und die präventive Wirkung gewisser Lebensmittel (Obst und Gemüse, Vollkornprodukte etc.) sowie regelmäßige Bewegung ist vorhanden. Ebenso gewinnen Produktangaben und die Deklaration von Lebensmittelinhaltsstoffen an Wichtigkeit. Lebensmittel oder Inhaltsstoffe, die auf den Körper belastend (z.B. gesättigte Fettsäure und Cholesterin) oder schützend (Vitamine, Mineralstoffe, ungesättigte Fettsäuren usw.) wirken, werden im Ernährungsalltag entweder vermieden, eingeschränkt (z.B. zu fettes Essen, roher Speck), ausgetauscht (etwa Olivenöl anstatt Butter oder Schmalz) oder aktiv aufgenommen, wie z.B. frisches Obst und Gemüse oder Kräuter. Gegenüber Vitaminsupplementen, medizinischen Tees und funktionalen sowie angereicherten Lebensmitteln herrscht Offenheit. Menschen mit dieser Ernährungspraxis passen ihre Küche in Richtung leichtere und bekömmlichere Kost an (z.B. helles Fleisch, kleinere Portionen, frisches Obst und Gemüse). Dabei kommt es selten zu einer gänzlichen Umstellung des bisherigen, gewohnten Speiseplans, sondern es werden unterschiedliche Strategien entwickelt, Diätempfehlungen in die gewohnte Küche zu integrieren (z.B. Apfelstrudel mit Süßstoff, Olivenöl statt Schmalz, kleinere Fleischportionen und mehr Gemüse). Menschen aus dieser Gruppe halten sich an fixe und regelmäßige Mahlzeitenstrukturen und essen selten zwischendurch, wobei „ungesundes" Naschen (z.B. Knabbereien, Süßigkeiten, Kuchen) häufiger durch „gesunde" Snacks (etwa Obst) ersetzt wird.

Die Bewältigung der vorhandenen Gesundheits- und Gewichtsprobleme gerät aber immer wieder in Konflikt mit dem Wunsch nach genussvollem Essen. Strenge Reglementierungen, „vernünftige" Entscheidungen und ständige Selbstbeobachtung empfindet dieser Typus als Einschränkung der Lebensqualität. Beklagt werden vor allem alltagsferne Empfehlungen, mühsame Berechnungen und das Abwiegen von Lebensmitteln sowie starre Muster bei Ernährungsprogrammen. Dies alles dämpft die Freude am Essen und lässt sich großteils nur unter Verzicht verwirklichen. Positiv und unterstützend werden ausgewogene und flexible Ernährungsprogramme (z.B. Weight Watchers) mit frei wählbaren Möglichkeiten aus dem kulturell „üblichen" Lebensmittelangebot beschrieben. Letzteres erleichtert vor allem älteren Personen mit einer traditionellen Orientierung und einer Vorliebe für bodenständige Küche eine längerfristige Umstellung in Richtung gesündere Ernährungsweise. Da auf nichts grundsätzlich verzichtet werden muss, können die einzelnen Vorgaben individuell dem eigenen Lebensstil, Geschmack und Gusto angepasst werden.

An Tradition orientierte Personen, die ihre Krankheit zusätzlich auf Umwelteinflüsse (z.B. Neurodermitis) zurückführen oder in ihrem Beruf starken chemischen Belastungen ausgesetzt sind wie etwa Friseurinnen, konzentrieren sich stärker auf „äußere" Risiken der natürlichen Umwelt. Aus ihrer Sicht sind es vor allem negative Einflüsse von Schad- und Inhaltsstoffen z.B. in der Nahrungskette und in industriell hergestellten Lebensmitteln sowie die Verwendung von chemischen Produkten im Berufsalltag, welche ihre Gesundheit belasten. Besonders Menschen mit traditionellen, religiös-spirituellen Ernährungsorientierungen bilden vielfach ein Naheverhältnis zu Gesundheitsüberlegungen aus, krankheitsbezogene Merkmale werden dann mit naturorientierten Vorstellungen eines harmonischen Zusammenspiels von Mensch und Umwelt kombiniert. Teilweise greifen sie – ähnlich wie Menschen mit einer ganzheitlichen Gesundheitsorientierung – auf alternative Ansätze christlicher Ernährungsvorbilder und -lehren wie z.B. den Kräuterpfarrer Weidinger zurück und kombinieren sie mit normativen Vorgaben. Sie verwenden vorwiegend „natürliche oder naturnahe", wenig verarbeitete und frische Lebensmittel aus der Region, hochwertige pflanzliche Öle und meiden industrielle Basis- und Fertigprodukte. Darin sehen sie eine Möglichkeit, ihre Krankheit bzw. Anfälligkeit im Griff zu halten und sich persönlich zu schützen. Als positiver Einfluss wird auch das Leben in und mit der Natur gesehen.

6.6.2. Ernährungspraxis ohne Gesundheitshandeln

Bestimmendes Merkmal dieser Ernährungspraxis ist, dass das Essen kaum mit Gesundheit bzw. ihrer Erhaltung in Verbindung gesetzt wird. Gesundheit wird mit der Deutungsfolie „Krankheit" kontrastiert: Solange keine körperlichen Beeinträchtigungen auftreten, wird sie nicht wahrgenommen. Dies trifft vor allem auf jüngere Personen in der „vorfamiliären Phase" zu, wo gesundheitliche Probleme und Versorgungspflichten noch kaum auftreten. Ältere, an Gesundheitsfragen desinteressierte Menschen sehen den Verlust von Gesundheit großteils als (natürliche) Folge unkontrollierbarer Einwirkungsprozesse wie Schicksal („der Lauf der Dinge"), Vererbung oder biologischer Alterungsprozesse. Sie widersprechen zwar nicht grundsätzlich präventiven Ansätzen, doch schwerwiegende Erkrankungen (z.B. Erbkrankheiten) können ihrem Empfinden nach selbst nicht beeinflusst, sondern höchstens ertragen oder medikamentös behandelt werden. Trotz eines teilweise vorherrschenden Problembewusstseins werden Gesundheitsfragen aktiv verdrängt oder die Beschäftigung damit wird überhaupt als „ungesund" eingeschätzt. Mit zunehmendem Alter wird es aber immer schwieriger, diesen Verdrängungsmechanismus aufrecht zu erhalten. Fortgeschrittenes Lebensalter, biographische Umbruchsphasen (z.B. neue Partnerschaft) oder Druck seitens des sozialen Umfelds (z.B. Familie und Geschwister, FreundInnen, Sportverein) können Impulse in Richtung eines stärker reflektierten Umgangs mit dem eigenen Körper setzen und ansatz- und phasenweise zu präventivem Ernährungshandeln und partiellen Verhaltensänderungen (warmes Essen statt kalten Snacks, sportliche Betätigung usw.) motivieren. Der Übergang zu einer krankheitsbezogenen Ernährungspraxis ist dann fließend.

In dieser Gruppe bilden Männer die Mehrheit, auffallend sind zwei sehr unterschiedliche tonangebende Ernährungsorientierungen: Zum einen sind hier männliche Singles, die sich bereits im Berufsleben etabliert haben und mitunter sehr junge Erwachsene zu finden, für die beim Essen die Aspekte *schnell, bequem und teilweise preiswert* im Vordergrund stehen. Vor allem Jüngere in Lehrausbildung wollen ihr verfügbares Geld lieber in andere „Güter" wie zum Beispiel Freizeitaktivitäten oder Konsumartikel investieren. Im Allgemeinen reflektieren Menschen dieses Typus ihre Ernährungsweise kaum und wollen auch keine Ernährungsverantwortung übernehmen, zudem fehlt es häufig an Kochkompetenz. Wenn Mahlzeiten selbst zubereitet werden, muss es vor allem schnell gehen und der Aufwand gering sein. Wichtigstes Auswahlkriterium beim Essen sind große Portionen und

Sattwerden, das Speisenrepertoire ist wenig abwechslungsreich und eingeschränkt. Gegessen wird unregelmäßig, worauf gerade Lust besteht, großteils eine an Fleisch orientierte traditionelle Küche, die vor allem schmecken soll. In Phasen von „schlechtem" Gewissen werden kurzfristig mehr Obst, Gemüse und Salat als Komplemente oder Vitamin- und Mineralstoffpräparate als Supplemente in den Ernährungsalltag integriert, jedoch keine längerfristigen Veränderungen der Ernährungsweise vorgenommen. Vor allem in der Adoleszenz zählt ein exzessiver Gebrauch von Alkohol und Zigaretten zur männlichen Lebensart, juvenile Ernährungspraktiken (z.B. der Besuch von McDonalds oder Schnitzelhaus) fungieren als Abgrenzungsversuche zu elterlichen Autoritäten. Zum anderen finden sich in dieser Gruppe Männer mit einer *individualistisch-distinktiven Ernährungsorientierung*, die finanziell gut abgesichert sind und meist in der Stadt leben. Mit ihrem Freiheitsgestus im Umgang mit Essen versuchen sie sich von gesellschaftlichen Konventionen abzugrenzen, unter anderem auch in Bezug auf Gesundheit („Alles, was der Arzt und Gott verbietet"). Der Speiseplan muss Abwechslung bringen, kennzeichnend ist auch die Ablehnung von Mittelmäßigkeit und Langeweile beim Essen. Für sie soll Essen Erlebnischarakter haben, wobei dieser stärker in außeralltäglichen Situationen gelebt wird. Während wochentags das Essen oft funktionellen Charakter hat und vor allem die Arbeitsleistung nicht beeinträchtigen soll, gibt es am Wochenende genügend Zeit, um sich den Bauch richtig voll zu schlagen („Fressen"), sich danach „pappsatt" auszuruhen und das „anständige" Essen zu verdauen. Auf körperliche Reaktionen wird dann keine Rücksicht genommen, Genuss und Freude stehen im Vordergrund.

6.6.3. Ganzheitlich-„alternative" Ernährungspraxis

Grundlegend ist hier eine große Sensibilität für die ganzheitliche Bedeutung von Ernährung im Zusammenhang mit Gesundheit. Komplementäre, oftmals nicht-westliche Gesundheits- und Ernährungskonzepte dominieren das Gesundheits- und Ernährungshandeln. Das aktive Herstellen von Gesundheit und Wohlbefinden steht im Vordergrund, nicht die Abwehr von Krankheit oder Übergewicht. Mehrfach dringt eine ausgeprägte Kritik an der kurativen Schulmedizin, an reduktionistischen Gesundheitskonzepten und funktionalen Ernährungsempfehlungen durch. Heilmittel der „sanften Medizin" und ganzheitliche Ansätze werden hingegen begrüßt. Gesundheit und Wohlbefinden werden als Einheit von Körper, Geist und Natur wahrgenommen, die miteinander im Einklang sein sollen. Es wird angenommen, dass es für jeden Menschen einen optimalen Gleichgewichtszustand gibt, bei dem er/sie sich in Harmonie befindet.

Bei dieser Gruppe dominieren asiatische Ernährungslehren (z.B. Makrobiotik, Traditionelle Chinesische Ernährungslehre, Ayurveda), „alternative" Diäten (Trennkost, Montignac-Diät usw.), aber auch verschiedene christlich-philosophische Ansätze wie etwa Hildegard von Bingen oder die Anthroposophie, welche gelegentlich auch mit ökologischen Motiven verbunden werden (z.B. Vermeidung von Schadstoffen in der Natur, Yin-Yang-Einklang, Hemisphären-Ansatz). Die Überzeugung ist leitend, dass sich gesundheitliches Wohlbefinden immer wieder neu herstellen lässt, indem beispielsweise Belastungen und Schwächen mit einer naturnahen Ernährung oder einer ausgewählten Kombination von Lebensmitteln reguliert und ausgeglichen werden. Die Verwendung (Pflanzenmilch, Soja, Wasser mit Steinen, Algen usw.) oder die Vermeidung bestimmter Lebensmittel (z.B. Kuhmilch, Hefe, weißer Zucker) setzt dieser Typus aktiv bei körperlichen Schwächen ein. Besondere Wirksamkeit versprechen sie sich bei Erkrankungen, die auf psychische (z.B. Burn-Out, Blähungen, Migräne, Allergien) und umweltbezogene (z.B. Hauter-krankungen, Lebensmittel- und Milchunverträglichkeiten) Belastungen zurückgeführt werden, aber auch bei Unzufriedenheiten mit dem Körpergewicht. Die Diagnose basiert entweder auf Selbstbeobachtung oder auf alternativ-medizinischen Anamnesen, wie z.B. Bioresonanz oder Homöopathie. Aber auch ohne körperliche Beeinträchtigungen liegt eine tiefe Überzeugung von der Wirkkraft ihres gesunden Ernährungshandelns vor, das auch in einem breiten Hintergrundwissen verankert ist. Es zeigen sich vereinzelt Tendenzen, dass alternativmedizinisches Wissen entweder stark vereinfacht oder partiell an individuelle Alltagssituationen angepasst wird oder unterschiedliche Lehren miteinander kombiniert werden.

Vorstellungen von gesunder Ernährung beziehen sich hier im Allgemeinen auf möglichst unveränderte und frische Lebensmittel mit einem geringen Verarbeitungsgrad, selbst gekochte Speisen sowie auf verschiedene natürliche Wirkstoffe von „naturreinen" Lebensmitteln, Kräutern und Gewürzen. Vegetarische Gerichte mit Gemüse, Obst, Salat, Getreide und Pasta bilden die Basis in ihrem täglichen Ernährungshandeln, Fleisch spielt eine weitaus geringere Rolle. Trotzdem finden sich in diesem Typus keine streng vegetari-schen Ernährungsformen, vor allem in der Kinderernährung wird (Bio-)Fleisch in modera-ten Mengen als gesundheitsförderlich angesehen. Naturbelassenheit ist ein weiteres Krite-rium, dem große Aufmerksamkeit entgegengebracht wird. Aus diesem Grund finden Bio-Lebensmittel hier großen Zuspruch, synthetische Zusatzstoffe werden strikt abgelehnt. Fertig- und Tiefkühlprodukte sowie in der Mikrowelle zubereitete Speisen gelten großteils als „energetisch" wertlos und werden daher nur in Ausnahmefällen gegessen. Menschen mit dieser Ernährungspraxis sind generell durch die Bereitschaft gekennzeichnet, für hochwertige Lebensmittel einen höheren Preis zu bezahlen.

Bei diesem Typus überwiegen gut ausgebildete Frauen und Mütter mit kleinen Kindern mit einer gesundheitsfördernden, mental stärkenden Ernährungsorientierung oft kombiniert mit ökologisch-sozialkritischen oder religiös-spirituellen Motiven. Sie bilden eine Zielgruppe, die großen Wert auf Geschmack und Genuss legt. Mit ihrer hohen Wert-schätzung von gutem Essen und dem Selbstkochen wollen sie alle Sinne ansprechen. Als Kontrast zum (stressigen) Berufsleben und/oder als familiärer Ruhepol sind Zeit und Ruhe beim Essen und Kochen sehr hoch besetzt. Die Umsetzung fällt in arbeitsfreien Zeiten leichter als in Zeiten beruflicher und/oder familiärer Verpflichtungen. Der Altersschwer-punkt liegt bei Mitte 20 bis Mitte 40.

6.6.4. Ökologisch-sozialkritische Ernährungspraxis

Personen mit solchen Orientierungen weisen in ihrem alltäglichen Ernährungshandeln oft eine besondere Nähe zu ganzheitlich-„alternativen" Ernährungspraktiken auf. Allerdings zeigen sich ein deutlicher Geschlechterunterschied und unterschiedliche Grundmotive: Hier sind es vorwiegend jüngere Männer zwischen 20 und 40 Jahren, die Kritik an ver-schiedenen gesellschaftlichen Problemen wie Umweltzerstörung oder nicht artgerechter Tierhaltung üben und daraus ihre Konsequenzen ziehen (z.B. konsequenter Vegetarismus, Konsum von Bio-Lebensmitteln oder Fair-Trade-Produkten). Richtungsweisend können dabei Umbruchsituationen im Leben sein, die mit einer stärkeren Selbstreflexion und dem Wunsch nach persönlicher Selbstverwirklichung und -findung einhergehen, aber auch Vorbilder aus der Öffentlichkeit oder dem näheren sozialen Umfeld. Entsprechend ihrer ökologisch-sozialkritischen Orientierung nehmen sie eine bewusste, kritische und verant-

wortliche Grundhaltung ein. Umwelt und Ernährung sind dabei zentrale Punkte der Sinnstiftung, oftmals streben sie nach einem Leben im Einklang mit der Natur und fühlen sich
gegenüber ihrer Umwelt als „opinion-leader" moralisch verpflichtet. Verschiedene Tierschutzaspekte sowie eine Boykott-Haltung gegenüber der konventionellen Tierhaltung
sind vor allem für Männer Gründe, sich für eine vegetarische Lebensweise zu entscheiden.
Eine strikte Umsetzung (z.B. Veganismus) ist insbesondere in der Jugendphase wahrscheinlich, mit fortgeschrittenem Lebensalter erfolgt durch vielfältige Rücksichtnahmen
(z.B. Partnerbeziehung, Kinder) und begrenzte Kapazitäten (z.B. Zeitmangel, berufliche
Verpflichtungen) eine Moderierung. Generell ist Gesundheit hier zweitrangig, sie wird jedoch als positiver Nebeneffekt wahrgenommen.

6.6.5. Körperbezogene Ernährungspraxis

In dieser Gruppe finden sich sowohl Männer wie Frauen, alle Altersgruppen und Bildungsniveaus. Körperbezogene Ernährungspraktiken sind eng gekoppelt an ästhetische I-
dealvorstellungen, wobei sich diese unterscheiden können. Stark am Körper orientierte
Menschen versuchen mit einer mehr oder weniger disziplinierten Ernährungsweise, ihre
körperliche Leistungsfähigkeit und Stärke zu erhalten und/oder eine tadellose und schlanke Figur zu erreichen. Vorherrschend sind ein funktionales Gesundheitsverständnis sowie
ein kontrolliertes Essen. Unzufriedenheiten mit der eigenen Figur und altersbedingte ästhetische Veränderungen des Körpers geben häufig Anstoß für eine zusätzliche Fitnessorientierung, die mit dem Hinweis auf eine gesündere Lebensweise argumentiert wird. Auffallend ist, dass Männer in dieser Gruppe ihre Gesundheit wesentlich stärker über sportliche Leistungsfähigkeit wahrnehmen, während Frauen ihr Gesundheitshandeln enger an
gesellschaftlich geprägte Schlankheitsideale koppeln (vgl. Kapitel 5). Diese Frauen äußern
auch häufiger die Wahrnehmung, dass sie im Unterschied zu Männern schneller zunehmen
und deshalb „anfälliger" für Diäten seien. Ihre asketische Schlankheitsorientierung richtet
sich dennoch nicht ausschließlich nach gesellschaftlichen Normen eines schlanken Körpers. Oftmals dient eine strenge Kontrolle des Essens auch als Abgrenzungsversuch, beispielsweise von körperlicher und räumlicher Einverleibung durch nahe Familienmitglieder
sowie als Ausdruck weiblicher (Ohn-) Macht gegenüber dem traditionellen weiblichen
Rollenverständnis, was in der stärksten Ausprägung vor allem in der Pubertät in ernsthafte
Essstörungen wie Magersucht oder Bulimie münden kann.

Der Ehrgeiz zur Körperkontrolle ist im Alltag dieser Menschen vielfach Gegenstand der Unterhaltung. Für schlankheitsorientierte Frauen sind Körperlichkeit und Aussehen Kommunikationsthemen in Frauenrunden sowie mit Arbeitskolleginnen, wobei die im
öffentlichen Diskurs und in verschiedenen leicht zugänglichen Massenmedien (z.B. Sport-
zeitschriften, Frauenmagazine, TV) vermittelten Ideale Orientierungspunkte sind. Aber
auch körperbezogene Männer orientieren sich an solchen Idealen. Der starke alimentäre
Kontrollwunsch ist häufig mit schlechtem Gewissen gepaart, sich beim Essen „gehen zu
lassen". Diese stark disziplinierte, rigide Ernährungsweise ist mit Verzicht auf zahlreiche
Speisen und Lebensmittel und teilweise dem Kalorienzählen verbunden, Lust und Gusto
werden im Alltag vielfach unterdrückt. Die körperbezogene Ernährungspraxis ist durch die
Bevorzugung leichter Speisen und Suppen, vitaminreichem Obst, Gemüse und Salate gekennzeichnet sowie durch die Vermeidung von „ungesunden" Lebensmitteln wie Kuchen
und süßen Naschereien. Fettreduzierte Lebensmittel werden bevorzugt und bei Fleisch und
Wurst helle und fettarme Sorten gewählt. Zudem besteht nicht der Anspruch jeden Tag zu

kochen oder eine warme Mahlzeit zu essen. Mit Nachdruck erwähnt diese Gruppe häufig den Aspekt des körperlichen Wohlfühlens durch Essen, oftmals stehen aber restriktive Ernährungsregeln dahinter.

Die körperbezogene Ernährungspraxis ist oft mit einer ressourcenbezogenen Ernährungsorientierung kombiniert, besonders Zeitaspekte spielen eine Rolle. Menschen mit Figurproblemen versuchen durch Tagesplanung Vorkehrungen zu treffen, um ihre Mahlzeiten zu kontrollieren und „Hungerattacken" zu verhindern. Der Verzehr von beispielsweise Obst oder einem fettreduzierten Joghurt wird sowohl unter Convenience-Überlegungen als auch unter dem Schlankheitsaspekt als gesund und vorteilhaft gedeutet. Generell fällt es dieser Gruppe alleine oder im Berufsalltag leichter, bestimmte Essensgelüste zu unterdrücken, während in sozialen und/oder außeralltäglichen Kontexten vermehrt lustbetont-emotionale Aspekte des Essens zum Zug kommen. Ein eingeschränktes Zeitbudget oder fehlende Pausenregelungen im Arbeitskontext werden besonders von schlankheitsbezogenen, jungen Frauen als positiv und unterstützend beschrieben. Um die Figur auch nach mengenmäßigen „Ausrutschern" beim Essen und „Ernährungssünden" in Form zu halten, gleichen körperbezogene Menschen diese häufig mit verschiedenen Ausdauersportarten wie zum Beispiel Joggen, Marathonlaufen oder Mountainbiken aus.

6.6.6. Altruistisch-balanceorientierte Ernährungspraxis

Bei diesem Typus wird das gesunde Ernährungshandeln durch Altruismus und Balanceorientierung geleitet. Frauen sind bei diesem Typus häufiger zu finden, was auf eine enge Verbindung mit der traditionellen Frauenrolle oder eine zeitlich beschränkte Familien- oder Kinderphase zurückzuführen ist. Kennzeichnend für Frauen dieses Typus ist die Neigung, die alleinige Gesundheitsverantwortung für den Partner oder die ganze Familie zu übernehmen. Dominierend ist eine altruistische Ernährungsorientierung, das Handeln wird nach den Wünschen der Haushaltsmitglieder ausgerichtet (z.B. Art der Speisen, Mahlzeitenhäufigkeit, Geschmack der Kinder und des Partners) und mit den eigenen gesundheitlichen Vorstellungen abgestimmt. Die eigenen Bedürfnisse und Geschmacksvorstellungen werden zugunsten der Anderen zurückgestellt. Eine mangelnde Unterstützung durch andere Haushaltsmitglieder trotz oftmaliger Doppelbelastung durch Familie und Beruf erschwert allerdings die Umsetzung des Gesundheitsanspruchs. Deshalb wird bei Geburt von Kindern häufig vorübergehend oder manchmal auch gänzlich auf die weitere Ausübung des Berufs verzichtet. Obwohl die Versorgung der Familie einen großen Teil der Kräfte beansprucht, verleihen Rücksichtnahme und uneigennütziges Tun für andere auch subjektiv Sinn. Doch selbst wenn es keine Freude macht, sehen es vor allem Frauen mit einer traditionellen Orientierung häufig als ihre Pflicht, für die Familie und ihren Partner regelmäßig und gesundheitsverträglich zu kochen, da dies dem althergebrachten Frauenbild der versorgenden Ehefrau und Mutter entspricht. Das verantwortliche Handeln kann aber zum Teil negative Auswirkungen auf die eigene Gesundheit dieser Frauen haben (z.B. Übergewicht, Magenprobleme), vor allem wenn sie zu stark auf die Wünsche der Männer (z.B. zweimal am Tag eine warme Mahlzeit, viel Fleisch) Rücksicht nehmen.

Menschen mit einer altruistisch-balanceorientierten Ernährungspraxis haben ein ausgeprägtes Interesse an Ernährungsfragen. Die altruistische Orientierung geht bei manchen Frauen mit traditionellem Rollenverständnis so weit, dass sie selbst bei chronischen Krankheiten ihres Partners sich für die Informationsbeschaffung und -verarbeitung (z.B. Sammeln von Informationsmaterial oder Mengenberechnungen mit Broteinheiten und

Abwägen) verantwortlich fühlen und die speziellen diätetischen Empfehlungen kreativ an die Familienküche anpassen.

Grundsätzlich geht es Menschen dieses Typus von Ernährungspraxis aber nicht um die maximale Durchsetzung ihrer Gesundheitsvorstellungen. Typischerweise handeln sie nach ihrem Gefühl, suchen nach einem Mittelweg und entwickeln verschiedene Strategien, um „ihre" Gesundheitsvorstellungen mit den individuellen Geschmacksvorlieben der Familienmitglieder und ihrer Zeitverfügbarkeit in Balance zu halten. Je nach subjektivem Gesundheitskonzept sind die Auffassungen von einer balancebezogenen Ernährungspraxis sehr unterschiedlich, die größten Übereinstimmungen sind bei verschiedenen Normvorstellungen einer kindgerechten Ernährungsweise (z.B. regelmäßige Mahlzeiten, warmes Mittagessen, ausreichende Vitamin- und Nährstoffzufuhr, schadstoffärmere Bio-Lebensmittel vor allem für Kleinkinder) und bei diätetischen Empfehlungen für chronische Erkrankungen erkennbar. Mögliche familiäre Umsetzungsstrategien sind beispielsweise die als problematisch angesehenen Lebensmittel (z.B. Süßspeisen, dunkles Fleisch, Wurst) zu reduzieren, aber nicht gänzlich vom Speiseplan zu streichen, ungesunde „Ausrutscher" wie zum Beispiel Fast-Food-Essen oder zuviel Alkohol (des Partners) mit als gesünder eingestuften Lebensmitteln (z.B. frisches Obst und Gemüse, Säfte) wieder auszugleichen, kalte Speisen mit warmen Getränken positiv zu ergänzen oder kalte Snacks durch warmes Junk Food zu ersetzen.

Altruistisch-balanceorientierte Menschen richten ihr Ernährungshandeln an der Tagesstruktur des Partners und anderer Familienmitglieder aus. Es sind vor allem Kleinkinder, die einen starken Einfluss auf eine regelmäßige Tages- und Mahlzeitengestaltung ausüben. Um der Familie eine optimale Ernährung bieten zu können, wird regelmäßig, abwechslungsreich und mit frischen Zutaten gekocht, teilweise bieten Convenience-Produkte eine gewisse Entlastung. Aber auch das Zubereiten mehrerer Gerichte pro Tag zur Berücksichtigung unterschiedlicher Geschmäcker ist keine Seltenheit. Bevorzugt werden im Alltag Speisen, die schnell und ohne großen Aufwand zubereitet werden können. Obst und Gemüse wird von Familien mit Kindern häufig gegessen, aber auch Fleisch ist selbstverständlicher Bestandteil des Speiseplans. Bestimmte Kinderlebensmittel (z.B. Milchschnitte, Kinderjoghurts) stellen für „überforderte" Mütter eine Entlastung bei Zwischenmahlzeiten dar. Sie sind einfach zu handhaben, gelten als „vermeintlich" gesund, schmecken den Kindern und werden ihnen deshalb auch gegeben.

6.6.7.   Gesundheitsdominierte Ernährungspraxis

Bei diesem Typus wird die gesamte Lebens- und Ernährungsweise unter das Primat von Gesundheit gestellt, die manchmal in ein ideologisches Überzeugungssystem (z.B. Traditionelle Chinesische Medizin, Leistungssport oder religiös-asketische Ansätze) eingebunden sein kann. Gesundheit ist zu einer Art Lebensziel geworden und alle Lebensvollzüge werden im Hinblick auf Gesundheitsförderung ausgerichtet. Dies erfordert eine starke kognitive Steuerung und Kontrolle. Bei diesem Typus herrscht eine Fixierung auf gesundes Essen bzw. vermeintlich gesunde Lebensmittel vor, wobei ganz unterschiedliche Ernährungs- und Gesundheitslehren zum Tragen kommen. Gemeinsam ist ihnen, dass sie dem gesunden Ernährungshandeln einen (sehr) großen Platz im Leben einräumen und neben der Quantität beim Essen einen besonderen Wert auf die (Bio-)Qualität von Nahrungsmitteln legen. Lebensmittel und Speisen werden häufig in „gut" und „schlecht", „gesund" und „ungesund" eingeteilt. Diese Einteilung hat nicht nur Auswirkungen auf ihre

Lebensmittelauswahl, sondern auch auf den Essens- und Mahlzeitenrhythmus und die Zubereitungsart der Speisen. Der gesundheitliche Wert des Essens hat absolute Priorität, in gesellschaftlichen, außeralltäglichen Situationen können aber auch Momente des Essvergnügens und Genießens einfließen und die starke Kontrollmotivation auflockern. Im Berufsalltag steht die Dominanz von Gesundheit häufig in Diskrepanz mit der verfügbaren Zeit und Energie. Sofern am Arbeitsplatz eine Kochmöglichkeit vorhanden ist, bereitet diese Gruppe dort ein warmes und gesundes Mittagessen selbst zu. Im Allgemeinen verbringen diese Menschen viel Zeit damit zu, über gesundes Essen nachzudenken und für die nächsten Tage entsprechende Speisepläne zu gestalten. Manchmal erscheint die Beschäftigung mit Ernährung fast zwanghaft, teilweise wird auch versucht, mit dogmatischem Eifer das nähere soziale Umfeld zu missionieren.

Der Typus gesundheitsdominierte Ernährungspraxis vereint Männer wie Frauen, Personen jüngeren bis mittleren Alters, höhere Bildungsschichten und Menschen mit teilweise höherem Einkommen. Auslöser ist oft der Wunsch nach einem verbesserten Gesundheitszustand oder auch die Bekämpfung einer chronischen Erkrankung (z.B. Müdigkeit, Übergewicht). Die Umsetzung kann von einer anfänglich eher moderaten Einbindung in die gewohnten Ernährungspraktiken bis hin zu sehr strikter Umsetzung von Richtlinien und einer ständigen Erweiterung von Ernährungs- und Gesundheitswissen reichen. Menschen dieses Typs suchen aktiv nach Informationen und Informationsaustausch. Geeignet erscheinen ExpertInnenratschläge, Mitgliedschaften in speziellen Ernährungs-, Gesundheits- und Sportverbänden, Fachliteratur und insbesondere bei höher gebildeten Menschen das Internet.

6.7.   Anknüpfungspunkte und Barrieren für nachhaltige Ernährung

In vielen alltäglichen Ernährungspraktiken spielt Gesundheit eine mehr oder weniger große Rolle. Doch die Vielgestaltigkeit der Gesundheitsvorstellungen und der damit verbundenen Ernährungspraktiken stellt oft ein Problem für gesundheitsförderliche und nachhaltigkeitsorientierte Maßnahmen dar, die sehr allgemein angelegt sind und für unterschiedliche Gruppierungen gelten sollen (Lettke et al. 1999). Bisher haben die jeweils eigenen Vorstellungen von KonsumentInnen vom „richtigen, gesunden" Essen wenig Berücksichtigung gefunden. Umsetzungsstrategien in Richtung gesundheitsförderlicher und nachhaltiger Ernährungspraktiken müssten diese Zusammenhänge stärker berücksichtigen sowie die fördernden und hemmenden Bedingungen bei der alltäglichen Realisierung subjektiver Ernährungsziele untersuchen (Hayn/Empacher 2004; Spiekermann 2004). Die vorgestellte Typologie gesundheitsbezogener Ernährungspraktiken zeigt, dass verschiedene Gesundheitsorientierungen im Hinblick auf Gesundheitsförderung und Nachhaltigkeit genutzt werden können.

Die gesundheitsbezogenen Ernährungspraktiken lassen sich mit Blick auf das Interesse an Gesundheit und Ernährung unterteilen: Der Mangel an einer ausgeprägt aktiven Gesundheitsvorsorge ist bei den Typen der krankheitsbezogenen Ernährungspraxis und der Ernährungspraxis ohne Gesundheitshandeln offensichtlich. Beide Typen orientieren sich an einem funktionalen Gesundheitsbild, das Gesundheit erst über ihre Abwesenheit wahrnimmt. Ältere Menschen mit einer *krankheitsbezogenen Ernährungspraxis* zeigen sich nach einer Erkrankung oder körperlichen Beeinträchtigung offen für Veränderungen. Aufgrund ihrer Krankheitserfahrungen suchen sie nach gesünderen Alternativen, die sie auch nach einer fachlichen Beratung konsequent umsetzen, was zu dauerhaften Ernährungsumstellungen führen kann. Die häufig von ExpertInnen ausgesprochenen, an Prävention orientierten Ernährungsempfehlungen (z.B. mehr Obst und Gemüse, mehr pflanzliche Lebensmittel, Vollkornprodukte, weniger Fleisch und tierisches Fett, Reduktion der Kalorien) verstehen sie als Handlungsaufforderung, die sie – so gut es geht und ihre Kompetenzen es erlauben – in ihren Ernährungsalltag integrieren. Besonders unterstützend wirken sich ausgewogene und flexible Ernährungsprogramme aus, die eine Integration von individuellen Speisevorlieben aus dem „kulturell üblichen" Lebensmittelangebot ermöglichen. Auch wenn Gesundheit erst über ihr Fehlen wahrgenommen wird, zeigt dieser Typus Anknüpfungspunkte im Hinblick auf gesundheitszuträgliche und nachhaltige Ernährungspraktiken. Durch die starke Bedeutung von ExpertInnen für diesen Typus liegt es nahe, Nachhaltigkeitskoalitionen mit diesen Berufsgruppen zu etablieren.

Als große Barriere erweisen sich allerdings gänzlich fehlende Gesundheitsorientierungen. In der Gruppe der *Ernährungspraxis ohne Gesundheitshandeln* finden sich vorwiegend Männer, oftmals alleine lebend oder sehr junge Erwachsene mit einer stark an Fleisch orientierten Ernährungsweise, die ihre Essensgelüste spontan und möglichst preiswert befriedigen wollen. „Motivallianzen" im Zusammenhang mit Gesundheit sind bei diesem Typus nicht vorweg gegeben, sondern müssten erst über andere Bezüge hergestellt werden. Mit entsprechenden Angeboten könnten existierende Barrieren und Hemmnisse abgebaut oder entschärft werden (Hayn 2005). Wenn für Essen kaum Zeit aufgewendet wird und wenig Ernährungskompetenz vorhanden ist, könnte gesünderes Fast Food mit entsprechenden zielgruppenorientierten Marketingstrategien als Angebot attraktiv gemacht werden. Für Menschen mit einer *individualistischen Ernährungsorientierung* sind Motivallianzen über ihre Wertschätzung von abwechslungsreichem Essen und Qualität gegeben. Nachhaltigkeitsstrategien sollten allerdings nicht mit gesundheitsbezogener Moralisierung verbunden sein, da diese Gruppe Verzicht und Moderation ablehnt. Gesundheit müsste hier über Genuss, Individualität und Vielfalt beim Essen kommuniziert werden. Positive Tendenzen in Richtung Nachhaltigkeit und Gesundheit zeigen diese Männer, wenn sie mit ihrer Partnerin einen Haushalt oder eine Familie gründen, aber auch wenn sie Ernährungsverantwortung für Kinder übernehmen müssen. Auch in diesem Zusammenhang sind Anknüpfungspunkte gegeben.

Bei den anderen fünf gesundheitsbezogenen Ernährungspraktiken kann trotz unterschiedlicher Gesundheitsvorstellungen an vorhandenes Ernährungsinteresse angeknüpft werden. Zentral ist, dass Gesundheit positiv über das eigene Empfinden und als handlungsbezogene Angelegenheit wahrgenommen wird, wobei dies auf körperlicher und/oder geistiger Ebene gemeint sein kann. Dem Körper wird ein individuell beeinflussbares, regeneratives Potenzial zugeschrieben, das Ernährungshandeln bezieht sich auf Aktivitäten, die allgemein als gesundheitsförderlich gelten. Dabei steht Gesundheit nicht immer an erster Stelle, oft sind andere Motive zentral (z.B. Schlankheit oder Fitness), die über Gesundheit kommuniziert werden.

Bei der *ganzheitlich-„alternativen"* und *ökologisch-sozialkritischen Ernährungspraxis* hat Essen einen zentralen Stellenwert im Leben. Beide Typen sind über ihre Vorstellungen von und der gelebten Praxis einer natürlichen Ernährung mit viel Obst und Gemüse, wenig Fleisch und möglichst naturbelassenen, frischen Lebensmitteln sowie ihrer kritischen Haltung gegenüber Fertig- und Tiefkühlprodukten und in der Mikrowelle zubereiteten Speisen am besten Weg zu gesundheitsförderlichen und nachhaltigen Ernährungsstrategien. Naturbelassenheit meint nicht oder wenig verarbeitete Produkte, die möglichst unbehandelt sind, direkt von den ErzeugerInnen kommen oder deren Herkunft bzw. Produktionskette nachvollziehbar ist. Die Unterscheidung zwischen Produkten aus kontrolliert biologischem Anbau und solchen aus konventioneller Landwirtschaft wird von KonsumentInnen hier nicht immer klar gezogen (Hayn/Empacher 2004; vgl. Kapitel 10). Personen mit einer ökologisch-sozialkritischen Orientierung (vor allem Männer) beziehen Gesundheit auch auf Bereiche wie z.B. Tierschutz und Umwelt und zeigen hier zusätzliche Anknüpfungspunkte.

Ambivalent im Hinblick auf Nachhaltigkeit zeigen sich Menschen mit einer *körperbezogenen Ernährungspraxis* und jene mit *gesundheitsdominierter Ernährungspraxis*. Unsere Ergebnisse zeigen, dass bei einer starken Körper- und Fitnessorientierung weniger gesundheitliche Motive, sondern häufiger das gesellschaftliche Schlankheitsideal handlungsleitend ist. Hinter der zwar prinzipiell wünschenswerten Reduktion von Fleisch, Fett und Süßem verbergen sich oftmals rigide Körperkontrollen und restriktive Ernährungsregeln, die aus sozialer Perspektive problematisch erscheinen. Aber auch Ernährungspraktiken mit Gesundheitsdominanz sind stark kontrollgeleitet. Diese Form des gesunden Ernährungshandelns ist dadurch gekennzeichnet, dass es breit und auf mehreren Dimensionen (körperlich, sozial, psychisch) und in mehreren Bereichen (Familie, Beruf, Freizeit) in die Lebensführung einer Person integriert ist. Auch wenn die unterschiedlichen Ernährungs- und Gesundheitsansätze dieser Gruppe positive Anknüpfungspunkte zeigen und auf (Bio-) Qualität beim Essen Wert gelegt wird, ist ihr Ernährungshandeln durch einen starken Dualismus von „richtig" und „falsch" geprägt. Aus Sicht der Nachhaltigkeit wären diese beiden Ernährungspraktiken im Ergebnis durchaus begrüßenswert, die Wege zur Nachhaltigkeit erscheinen allerdings sozial problematisch. Im Einzelfall kann sich hinter einer starken Fixierung auf eine schlankheitsorientierte und/oder gesunde Ernährungsweise die Bekämpfung einer chronischen Essstörung verbergen.

Beim altruistisch-balanceorientierten gesunden Ernährungshandeln setzt die Erhaltung und Förderung von Gesundheit ebenfalls an mehreren Dimensionen und Handlungsfeldern an. Hier wird das gesunde Ernährungshandeln mit den Wünschen der Haushaltsmitglieder abgestimmt. Wie bereits in Kapitel 3 dargestellt, verläuft eine altruistische Ernährungsorientierung stark entlang einer Verantwortungsübernahme für Ernährungsarbeit. Die damit verbundene zeitintensivere Auseinandersetzung mit Ernährung wirkt sich tendenziell positiv auf nachhaltige Ernährungspraktiken aus. Allerdings ist eine stark ausgeprägte altruistische Orientierung von Frauen vor allem unter sozialen Gesichtspunkten problematisch. Aber auch die Balanceorientierung ist kritisch zu hinterfragen, da auffällig ist, dass die Werbung sowie verschiedene gesundheitsbezogene Aussagen auf Produkten (z.B. Kinderlebensmittel) einen stark prägenden Einfluss auf die subjektiven Gesundheitsvorstellungen ausüben und in Entscheidungssituationen handlungsleitend sind. Hier müsste die Lebensmittelindustrie, vor allem im Hinblick auf die Kindergesundheit, als Partnerin für Nachhaltigkeit gewonnen werden und ein verantwortlicheres Handeln Platz greifen.

Karl-Michael Brunner

7. Alimentäre Biographien – Kontinuitäten, Umbrüche, Veränderungen

7.1. Ernährungsbiographien im Individualisierungsprozess

Wir haben im Einleitungskapitel im Zuge der Entwicklung unseres Kontextualisierungsmodells auch auf gesellschaftliche Makrotrends in ihren Auswirkungen auf Ernährungspraktiken verwiesen. Der gesellschaftliche Wandel wirkt sich auf Ernährungsprozesse aus, wenn auch meist nicht in linearer Weise, sondern vielfältig gebrochen. Auch alimentäre Sozialisationsprozesse und Biographien spielen sich innerhalb der von Entwicklungstrends eröffneten Handlungsspielräume ab. Gleichzeitig haben Biographien aber immer auch etwas unreduzierbar Individuelles, da sie mit subjektiven Erfahrungs- und Verarbeitungsprozessen zu tun haben. Geschmack ist zwar sozial geformt, aber immer auch eine Form des leiblichen Befindens, eine komplexe Sinneswahrnehmung, die individuelle Züge trägt (Setzwein 2004).

Ein zentraler Entwicklungstrend westlicher Gesellschaften in den letzten Jahrzehnten ist die zunehmende Individualisierung. Die Individualisierungsthese bringt zum Ausdruck, dass Individuen aus sozialen Klassenlagen, traditionellen Familienformen und Geschlechtslagen freigesetzt werden. Individualisierung meint aber weder Atomisierung, noch Emanzipation: „„Individualisierung' meint erstens die Auflösung und zweitens die Ablösung industriegesellschaftlicher Lebensformen durch andere, in denen die einzelnen ihre Biographie selbst herstellen, inszenieren, zusammenflickschustern müssen" (Beck 1993, 150; kursiv im Original). Die Konsequenz ist, dass das Individuum zum Akteur seiner marktvermittelten Existenz und darauf bezogener Biographieplanung wird: „Der oder die einzelne selbst wird zur lebensweltlichen Reproduktionseinheit des Sozialen" (Beck 1986, 119). Die Freisetzung aus traditionalen Lebenszusammenhängen bringt für die Einzelnen mehr Handlungsoptionen, gleichzeitig aber auch einen Verlust an Sicherheit und Stabilität des Lebens. Das Individuum muss sein Leben gleichsam in viel höherem Ausmaß als früher in die eigene Hand nehmen. Mit der Individualisierung von Lebenslagen und -verläufen verändern sich auch die Biographiemuster der Menschen. Normalbiographien werden seltener, diskontinuierliche und brüchige Biographien nehmen zu. Eine De-Institutionalisierung des Lebenslaufs ist festzustellen, Umbruchsituationen im Lebenslauf werden häufiger. Heutzutage sind Lebensverläufe durch ein höheres Maß an Flexibilität – gewählt oder erzwungen – und Diskontinuität gekennzeichnet als noch vor 30 Jahren. Beispielsweise gehen Menschen in ihrem Leben wesentlich mehr Beziehungen ein als in früheren Zeiten (durchschnittlich 6,5 Beziehungen im Leben; Horx 2002), es werden also häufiger Beziehungen neu geformt und gelöst. Auch Arbeitsformen werden flexibler und veränderlicher. Insgesamt werden Umbrüche in den Lebensläufen häufiger und damit einher gehend sind Menschen auch öfter vor die Aufgabe gestellt, bisherige Ernährungsroutinen in Frage zu stellen, Ernährungsmuster und -stile neu auszuhandeln. Die lange vertretene Ansicht, dass Ernährungsmuster in der Kindheit geprägt und ein Leben lang prakti-

ziert werden, kann vor dem Hintergrund der skizzierten Veränderungen so nicht mehr aufrechterhalten werden.

Der Trend zur De-Institutionalisierung des Lebenslaufs hat sich allerdings noch
nicht bis zur Ernährungsforschung durchgesprochen. Diese hat bisher ein weitgehend un-
historisches und statisches Bild des Ernährungshandelns gezeichnet, Veränderungen im
Lebenslauf kaum berücksichtigt (Bell/Valentine 1997). Damit wird ignoriert, wie Haushaltsführung und Ernährungspraktiken im Laufe der unterschiedlichen Lebensphasen
mehrmals neu ausgehandelt werden (Kemmer et al. 1998), „processes which take place as
people leave the original family home for the first time, establish and terminate relations-
hips with others, or are widowed, divorced and so on" (Valentine 1999, 494). Statusverän-
derungen und Umbrüche im Lebenslauf wie beispielsweise das Eingehen einer Partnerschaft, eine Heirat, Trennungen (in Österreich werden fast die Hälfte aller Ehen wieder ge-
schieden; Mitterlehner 2002), die Geburt von Kindern, Arbeitslosigkeit usw. können zu
einer Reflexivierung bisheriger Routinen führen und mehr oder weniger deutliche Um-
strukturierungen von Ernährungspraktiken zur Folge haben (Eberle et al. 2006).

Es ist deshalb sinnvoll, diese „Transitionsphasen" und lebensgeschichtlichen Kri-
senerfahrungen im Hinblick auf Ernährungsumstellungen gründlicher zu untersuchen. Die
Untersuchung von „Konsumbiographien" (Brunner 2006b) bzw. „Ernährungskarrieren"
(Crouch/O'Neill 2000) ist bisher allerdings nur wenig elaboriert. Auf welche (nachhaltig-
keitsunspezifischen) Erkenntnisse kann eine ernährungsbiographische Perspektive zurückgreifen? Die Bedeutung einer lebensgeschichtlichen „Transitionsphase" zeigen beispielsweise Kemmer et al. (1998) am Beispiel von „Marriage Menus". Dabei wurden 22 schotti-
sche Paare im Alter zwischen 19 und 33 Jahre drei Monate vor und drei Monate nach der
Heirat bezüglich ihrer Ernährungspraktiken untersucht. Annahme war, dass Änderungen in
der Lebensphase alltägliche, normalerweise unreflektierte Praktiken stärker zu Bewußtsein
bringen und dass „sharing food and eating together remains one of the central themes of
living in partnership" (Kemmer et al. 1998, 200). Eine Heirat kann als Phase des Sozialisa-
tionsprozesses verstanden werden, in der zwei Individuen auf Basis ihrer jeweiligen vor-
herigen Erfahrungen und Gewohnheiten neue Normen und Verantwortlichkeiten aushandeln, z.B. was den Lebensmitteleinkauf oder die Essenszubereitung betrifft. Die „frisch
Verheirateten" konstatierten eine Veränderung ihrer Ernährungspraktiken durch einen
Wechsel zu fast täglichen „richtigen Mahlzeiten", die vor allem Auswirkungen auf die
Frauen hatten, da diese vor der Heirat allein eher „Snacks" zu sich nahmen bzw. nun die
Verantwortung für die Zubereitung einer solchen Mahlzeit übernahmen. Die Männer stellten bei sich eine Veränderung in Richtung gesünderes Essen fest, vor allem durch die Zunahme des Gemüsekonsums. Die Veränderungen in der frühen Phase der Ehe werden seitens der Männer auf folgende Faktoren zurückgeführt: „That the event itself (eating together) deserved a ‚proper meal', that women were more likely to prepare the evening
meal, and that women were more likely to include fresh vegetables in the evening meal,
encouraging men to do the same when they prepared it" (Kemmer et al. 1998, 206). Als
generelle Veränderung in der Transitionsphase vom Single-Status zum Ehe-Status wird
eine stärkere Strukturierung und Planung von Einkaufen, Kochen und Essen festgestellt,
während diese Handlungen in der Single-Phase eher in einer Ad-Hoc-Weise ausgeführt
wurden. Der Eintritt in eine Ehe bewirkt eine signifikante Transformation des gemeinsamen Essens, Muster, Erwartungen und Interpretationen gemeinsamer Ess-Praktiken ändern sich. Mahlzeiten konstruieren Gemeinsamkeit: Die Norm gemeinsamen Essens wird
stärker, je gefestigter die Beziehung wird und es entwickeln sich vielfältige Strategien,

trotz konkurrierender Ansprüche und Verpflichtungen dieser Norm zu entsprechen (Sobal et al. 2002).

Der oft sehr kurze Untersuchungszeitraum dieser Studien lässt aber keine Schlüsse darüber zu, in welche Richtung sich die Ernährungspraktiken solcher Paare längerfristig entwickeln. Eine australische Untersuchung hat gezeigt, dass Männer zwar bei Beginn einer Partnerschaft bzw. bei Heirat die Konsumpraktiken der Frauen zu übernehmen versuchen, aber in einer späteren Phase der Ehe Männer und Frauen sich eher in Richtung von Ernährungsmustern bewegen, die Männer in ihrer Single-Zeit praktizierten, das heißt sich männliche (potenziell ungesündere) Präferenzen „in the long run" durchsetzten (Worsley 1988). Generell dürfte gelten: „Getting married or moving in with a partner, and particularly aquiring responsibility for the health and welfare of children, often meant a change in dietary habits and the resumption of more structured meals" (Caplan et al. 1998, 176).

7.2. Geschmacksbildung im Sozialisationsprozess

Im Folgenden werden ernährungsbiographische Dimensionen in den Interviews unter der generellen Analyseperspektive des Zusammenhangs von Wandel und Stabilität von Ernährungspraktiken untersucht (vgl. Kapitel 1). Wie entwickeln sich im Laufe der alimentären Sozialisation Geschmäcker, wie und warum verändert sich Ernährungshandeln im Laufe eines Lebens und aus welchen Gründen werden sozialisatorisch erworbene Ernährungsmuster beibehalten? In den Interviews wurden die Befragten gebeten, ihre Ernährungsbiographie zu erzählen und Veränderungen bzw. Stabilitäten in ihrem Ernährungshandeln zu beschreiben. Die Interviewanalyse zeigt zum einen, dass einmal erworbene Muster unter bestimmten Bedingungen oft über längere Zeiträume beibehalten werden, es zum anderen aber auch zu mehrmaligen, z.T. gravierenden Veränderungen im Laufe einer Ernährungsbiographie kommen kann und sich aus beiden Entwicklungen Potenziale für nachhaltige Ernährung ergeben können. Dies soll nun im Detail dargestellt werden.

7.2.1. Das Herkunftsfamilie und grundlegende Ernährungserfahrungen

Die biographische Analyseperspektive macht deutlich, dass ernährungsbezogene Erfahrungen in der Kindheit oft den weiteren alimentären Lebensweg mitbestimmen. Vorstellungen über die Notwendigkeit „richtiger Mahlzeiten" werden über Generationen hinweg vermittelt, ebenso kann die elterliche Betonung des Mittagessens als wesentlicher Mahlzeit auch im späteren Leben bei den Kindern noch normativ wirken. Auch in der Kindheit erworbene Vorlieben für bestimmte Speisen und Lebensmittel bleiben oft im Erwachsenenalter bestehen, dies kann allerdings auch für erfahrene Abneigungen gelten. Kontinuitäten bestehen aber nicht nur hinsichtlich Lebensmitteln, Geschmäckern und Mahlzeiten, sondern auch bezüglich allgemeiner Vorstellungen über das Essen, etwa den respektvollen Umgang mit und die Wertschätzung von Lebensmitteln (z.B. die Abneigung gegenüber dem Wegwerfen von Lebensmitteln). Knappheitserfahrungen in der Kindheit können bewirken, dass eine erlernte Sparsamkeitsorientierung und ein Preisbewusstsein auch unter verbesserten Lebensbedingungen wirksam bleiben. War die Kindheit entbehrungsreich (z.B. in den Kriegsjahren) und waren bestimmte Lebensmittel rar, so werden diese Lebensmittel auch noch Jahrzehnte später emotional hoch bewertet. Das Aufwachsen in „Patchwork-Familien" mit vielen Bezugspersonen und differenten Ernährungsstilen kann zur Ausbildung eher diskontinuierlicher Ernährungsmuster führen. Liebe und Sorge im

Zusammenhang mit Lebensmitteln in der Kindheit sowie ein positiv erlebtes Ambiente im Umgang mit Kochen und Essen in der Herkunftsfamilie haben einen hohen Stellenwert in der Weitergabe bestimmter Vorstellungen von „Esskultur". Waren in der Herkunftsfamilie Lebensmittel aus biologischem Anbau üblich, dann werden diese auch von den Kindern selbstverständlich in den Alltag integriert bzw. entwickelt sich eine bestimmte Offenheit ihnen gegenüber. Voraussetzung ist allerdings, dass diese Lebensmittel in einer nicht-repressiven, toleranten Atmosphäre erfahren wurden, da sonst im Zuge der Pubertät Distanzierungsstrategien wahrscheinlich werden. Wurden in der Kindheit Speisen frisch zubereitet, spielt Frische als Qualitätskriterium von Lebensmitteln auch im weiteren Lebenslauf eine wesentliche Rolle. Ähnliches gilt für die Wertschätzung von qualitativ hochwertigen Zutaten und Markenprodukten. Räumen die Eltern dem Essen einen hohen Stellenwert ein, dann kann sich dies bei den Kindern im späteren Leben fortsetzen. Gleiches gilt aber auch umgekehrt: In Herkunftsfamilien, wo das Essen eher geringere Bedeutung hatte, steigt die Wahrscheinlichkeit, dass auch im späteren Leben diese Haltung bestehen bleibt.

7.2.2. Der Erwerb von Ernährungskompetenz

In vielen Interviews wird deutlich, dass eine mehr oder weniger ausgeprägte Ernährungskompetenz eine wichtige Voraussetzung für das Zurechtfinden in der kulinarischen Kultur darstellt und häufig auch Bedingung für nachhaltige Ernährung ist. Deshalb muss eine ernährungsbiographische Analyse die Frage nach dem Erwerb von Ernährungskompetenz im Laufe der alimentären Sozialisation stellen. Auch beim Erwerb von Ernährungskompetenz (Wissen und Fertigkeiten) spielen Erfahrungen in der Herkunftsfamilie eine wesentliche Rolle. Kochwissen ist in hohem Maße praktisches Wissen, es wird weniger durch theoretische Anleitung (z.B. Kochbücher) tradiert als durch Zuschauen und Ausprobieren, durch tagtägliche eigene Praxis. Kochkompetenz wird häufig in Kindheit und Jugend erworben und zwar im „Zwang" zur frühen Praxis. Kinder, die aus verschiedensten Gründen (z.B. Berufstätigkeit der Mutter) frühzeitig zum Erwerb von Ernährungskompetenz angehalten werden, übernehmen auch im späteren Leben häufig Ernährungsverantwortung. Dies gilt im Einzelfall auch für Männer, dem allgemein weniger ernährungssensiblen Geschlecht. Kochfertigkeiten und Ernährungskompetenz werden oft über zwei Generationen hinweg in weiblicher Linie vermittelt (von der Großmutter über die Mutter zur Tochter). Die Vermittlung von Ernährungswissen läuft immer noch weitgehend geschlechtsspezifisch ab, Mütter geben ihre Ernährungskompetenz an Töchter weiter und selten an die Söhne. Im Regelfall erleben Männer die Küche als „weiblichen" Ort und schreiben auch im Erwachsenenalter den Frauen die primäre Ernährungsverantwortung zu. In biographischen Umbruchsituationen kann sich dies bei alimentär illiteraten Männern als Problem erweisen, wenn plötzlich zumindest rudimentäre Ernährungskenntnisse notwendig werden. Zwischen den Generationen ist allerdings auch ein umgekehrter Wissenstransfer zu beobachten, wenn Mütter bzw. Eltern über die Kinder neue, „moderne" Küchen kennen lernen, bisher unbekannte Rezepte erfahren, ökologisches und gesundheitliches Ernährungswissen erwerben.

Wurde in der Herkunftsfamilie kein Interesse an Ernährungsfragen geweckt, kann der Koch- und Ernährungsunterricht innerhalb der schulischen Ausbildung (z.B. Haushaltsschule, Hotelfachschule, Fachschule für wirtschaftliche Berufe, Frauenberufsschulen) hier als Korrektiv wirken und einen wesentlichen Anstoß für eine bewusstere Auseinandersetzung mit Ernährung geben. Schulischer Kochunterricht vermittelt Kochkompetenzen und Ernährungs- und Gesundheitswissen, kann zum einen als Festigung bzw. Ausweitung von in der Herkunftsfamilie erworbenen Kompetenzen dienen, zum anderen auch zum Erwerb neuer Kenntnisse führen. Auch wenn diese Schulerfahrungen nicht immer positiv besetzt sind, bilden sie Grundlagen für das lustvolle Experimentieren im privaten Kontext und zur Weiterentwicklung der eigenen Kochkünste. Auch sozialen Netzwerken kommt als Orten der Kompetenzvermittlung wesentliche Bedeutung zu. Im Laufe der Sozialisation üben soziale Netzwerke (Freunde, ArbeitskollegInnen, Verwandte) oft die Funktion alimentärer Kompetenzvermittlung aus. Dies kann die Weckung eines generellen Interesses an Koch- und Ernährungsfragen ebenso betreffen wie die Aneignung von Einkaufswissen, das Fungieren als „Testpersonen", die Vermittlung praktischer Kochfertigkeiten oder den Austausch von Informationen. Zwar spielt auch mediales Wissen eine wesentliche Rolle im Erwerb von Ernährungswissen, fast noch wichtiger erscheinen aber solche sozialen Netzwerke. Ein Alltagsverständnis von gesunder Ernährung wird eher informell über soziale Kontakte erworben (wobei mediale Einflüsse und solche von ExpertInnen auch relevant sind). Kommunikationen (z.B. über Ernährung und Schlankheit) im sozialen Umfeld (mit Freundin und Mutter) können sich als stärker handlungsanleitend erweisen als normative Ernährungs- und Gesundheitsregeln von ExpertInnen. Viele Informationen über Ernährung (z.B. bestimmte Lebensmittel) erfahren Menschen vom „Hören-Sagen" im Freundes- und Bekanntenkreis. Diesen persönlichen Informationen wird auch eher vertraut als medialen Informationen.

Die ernährungsbiographische Analyse zeigt bemerkenswerte Kontinuitäten von der Kindheit bis in das Erwachsenenalter, in vielen Fällen bleiben in der Herkunftsfamilie erworbene Ernährungsorientierungen auch im weiteren Lebensverlauf wirksam. Dies betrifft insbesondere allgemeine Einstellungen gegenüber dem Essen, das Interesse an Ernährung sowie den gekonnten Umgang mit Lebensmitteln. Auch die Ausbildung von Ernährungskompetenz wird oft in der Herkunftsfamilie grundgelegt, wenngleich auch institutionelle Instanzen in der weiteren Ernährungssozialisation herkunftsfamiliäre Defizite ausgleichen können. Die unterschiedlichen Kontinuitäten können allerdings durch Statuspassagen und andere Umbrüche im Lebenslauf deutlich erschüttert werden und alimentäre Umorientierungen zur Folge haben.

7.2.3. Auswirkungen von Statuspassagen und Umbrüchen im Lebenslauf auf das Ernährungshandeln

Institutionalisierte Statuspassagen sind in vielen Gesellschaften mit Ernährungsfragen verknüpft. Im Laufe seiner Vergesellschaftung durchschreitet der Mensch Übergänge von einem sozialen Status in einen anderen (z.B. vom Jugendlichen zum Erwachsenen), die in Ritualen symbolisch verarbeitet werden. Bei solchen Ritualen spielen Mahlzeiten mit sozial und emotional hoch bewerteten Nahrungsmitteln oft eine wichtige Rolle (deVault 1991). Radcliffe-Brown (1922) hat beispielsweise in seiner ethnologischen Studie über die Andamaner-Inselbewohner gezeigt, dass im Rahmen des Initiationsritus den Heranwachsenden bestimmte Lebensmittel verboten werden. Die Aufhebung dieser Verbote und der Verzehr dieser Speisen markieren dann den Übergang in den Erwachsenenstatus. In modernen Gesellschaften spielt besonders bei männlichen Jugendlichen der Alkohol eine ähnliche Rolle, während bei Mädchen eher die Aufnahme bestimmter Diätpraktiken als „Initiation" in den Status einer Frau gelten kann (Prahl/Setzwein 1999).

Die Pubertät als Statuspassage ist jene Zeit, in der die Ablösung der Jugendlichen von der Herkunftsfamilie beginnt und außerfamiliäre Bezugsgruppen, insbesondere die Gruppe der Gleichaltrigen, an Bedeutung gewinnen. Die Interviews zeigen deutlich, dass mit der Pubertät sich auch die Ernährungspraktiken verändern: Das Essen außer Haus wird für viele Jugendliche wichtiger, der Tisch, „das strenge, hohe Symbol der Institution Familie" (Kaufmann 2006, 167), wird gemieden. Fast und Convenience Food gewinnen an Bedeutung und Essen wird oft zur bloßen Nahrungsaufnahme. Es wird ein eigener Essstil entwickelt, welcher der Abnabelung vom Elternhaus dient und eigene kulinarische Präferenzen auszubilden erlaubt. Alimentäres Rebellentum ist nicht selten, muss allerdings nicht immer längerfristig in vom Elternhaus devianten Ernährungsformen münden. Adoleszenzkrisen können auch dazu führen, dass die familiär praktizierten Ernährungsformen wieder an Bedeutung gewinnen. Fallweise können bewusst gewählte Askese und Essensverweigerung in der Pubertät auch als Machtmittel gegenüber familiären Strukturen eingesetzt werden.

Ist in der Pubertät eine alimentäre Distanzierung von elterlichen Ernährungspraktiken nicht selten, so besteht doch immer wieder die Möglichkeit oder Notwendigkeit, zum Essen in die Familie zurückzukehren. Dies ändert sich beim Auszug aus dem Elternhaus oder beim außerhäuslichen Wohnen während der Studienzeit, was in vielen Fällen zu einer ernährungs- und auch gesundheitsbezogenen Unbekümmertheit führen kann. Da andere Lebensbezüge wichtiger werden, verliert das Essen oft an Bedeutung, Snacking wird häufiger. Insbesondere bei jungen Männern stehen Quantität und schnelle Sättigung im Vordergrund. Personen, die im Laufe ihrer Sozialisation keine Eigenverantwortung im Hinblick auf Ernährung gelernt haben und das sind häufig Männer, tendieren in dieser Phase dazu, vermehrt außer Haus zu essen. Allerdings wird in den meisten Fällen die Nabelschnur nicht abrupt getrennt: So ist der StudentInnenstatus oft durch Pendeln zwischen der Übernahme von Ernährungsverantwortung und der Rückkehr in infantiles Versorgtwerden-Wollen im „Hotel Mama" am Wochenende gekennzeichnet. Die Versorgung der sich lösenden Kinder mit Lebensmitteln und/oder gekochten Speisen kann den Ablösungsprozess in alimentärer Hinsicht erträglicher machen. Nahrungsgaben fungieren als Zeichen von Liebe und Fürsorge.

Statuspassagen im Lebenslauf sind oft mit einem Reflexivwerden von Konsumroutinen verbunden, mit der Notwendigkeit, neue Normalitäten und Arrangements aushandeln zu müssen. Dies kann bei der Gründung eines gemeinsamen Haushalts oder dem Beginn einer Partnerschaft der Fall sein, die häufig einen bedeutenden Einschnitt in der Ernährungsbiographie bewirken. Es stellt sich dann die Frage, wie ein Essen auf den Tisch kommt, welche Speisen ausgewählt werden und wer Einkauf und Zubereitung übernimmt. Die Interviews zeigen, dass mit dieser Situation sehr unterschiedlich umgegangen wird, dies für alle Befragten aber eine Herausforderung bedeutet, da bisherige Routinen nicht mehr unhinterfragt Geltung haben, sondern entweder neu bestärkt oder ausgehandelt werden müssen. Im Unterschied zur Pubertät wird mit Beginn einer Partnerschaft aus dem Essen als Nahrungsaufnahme ein Akt emotionaler und sozialer Wertigkeit, ein Ausdruck der Liebe, Verbundenheit und Geselligkeit. Kochen und regelmäßige Mahlzeiten gewinnen an Bedeutung, der Stellenwert des Essens erhöht sich: „Der Wunsch, sein Bestes und mehr zu geben, um das geliebte Wesen zu ernähren, gehört zur Grammatik der Verführung" (Kaufmann 2006, 169). In geschmacklicher Hinsicht zeigen sich geschlechtsbezogene Assimilationsprozesse: Frauen orientieren sich bei der Familiengründung häufiger an den Wünschen der Familienmitglieder (Mann und Kinder) als an den eigenen Präferenzen.

Haben in seltenen Fällen Männer die alltägliche Ernährungsverantwortung im Haushalt, so stellen sie ihren eigenen Geschmack in das Zentrum, berücksichtigen fallweise aber auch Speisewünsche der Partnerin oder gesundheitliche Aspekte bei der Kinderernährung. Frauen geben bei Familiengründung – insbesondere in traditionalistischen Milieus – häufig die eigene Berufstätigkeit auf, um die an sie delegierten Haushalts- und Versorgungspflichten für die Familie wahrzunehmen. Haben Männer Ernährungsverantwortung als weibliche Zuständigkeit erfahren, so neigen sie dazu, bei Beginn einer Partnerschaft diese Funktion selbstverständlich und unreflektiert auf die Partnerin zu übertragen. Interessant ist auch die längerfristige Entwicklung von Partnerschaften in kulinarischer Hinsicht. Zwar tritt nach einer Phase der Neuaushandlung eine gewisse Konsolidierung des Ernährungsstils ein, diese ist aber nicht immer von Dauer. Dies zeigt die alimentäre „Beziehungskarriere" einer gesundheitsorientierten Frau mit hoher Ernährungskompetenz: In der Anfangsphase einer neuen Beziehung passte sie sich stärker dem Geschmack ihres Partners an (weniger Aufwand, mehr Fleisch), um die sich entwickelnde Partnerschaft nicht zu gefährden. Im Laufe der Zeit sind aber ihre früheren Ernährungsorientierungen wieder stärker in den Vordergrund getreten, vor allem die Orientierung an Gesundheit. Nun versucht sie, den Geschmack des Partners zu respektieren, den eigenen Ernährungsansprüchen gerecht zu werden und Gesundheitsverantwortung für beide zu übernehmen, was häufig zu „Kompromissgerichten" führt, die Vorlieben beider Partner kombinieren. Im Zusammenhang mit Partnerschaft ist auch die Geburt von Kindern zu erwähnen, die oft Ernährungsumstellungen mit sich bringt. Vor allem der Mahlzeitenrhythmus ändert sich, die Ernährungspraktiken werden strukturierter und häufig werden auch verstärkt Bio-Produkte nachgefragt. Für Frauen können Schwangerschaft und Geburt zu einer bewussteren und regelmäßigeren Ernährung führen. Allerdings kann durch die Notwendigkeit der regelmäßigen Kinderversorgung für die Frauen die Bedeutung von Essen zurückgehen, vor allem was Geschmacks- und Genussaspekte betrifft. Eine „schlanke" Ernährung scheint ohne Kind im Haushalt leichter zu verwirklichen sein, da die Regelmäßigkeit der Mahlzeiten, das Aufessen von Resten und die ständige Verfügbarkeit von Lebensmitteln zu viele Anreize zum „Mitessen" bieten.

Konsumbezogen krisenhaft kann die Phase sein, wenn im Zuge von Trennungen der gemeinsame Haushalt aufgelöst wird und die getrennten Individuen wieder Ernährungsverantwortung für sich übernehmen oder an andere delegieren müssen. Männer beginnen oft erst bei Scheidung und der gewollten oder erzwungenen Übernahme des Alleinerzieherstatus sich aktiv für Ernährungsfragen zu interessieren. Auch ein längerfristiges Single-Dasein, vor allem im höheren Lebensalter, kann die aktive Beschäftigung mit Essen und Kochen, die Aneignung von Kochkompetenz befördern.

Doch nicht nur gesellschaftlich institutionalisierte Statuspassagen können mit einer Änderung von Ernährungspraktiken verbunden sein, auch andere Umbrüche im Lebenslauf können diese Auswirkungen nach sich ziehen. Schicksalsschläge wie zum Beispiel Unfälle oder der frühe Tod von Familienmitgliedern und ein damit veränderter Familienstand führen oft zu einschneidenden Veränderungen im Nahrungskonsum. Existiert die bisherige familiäre Situation nicht mehr, fallen partnerschaftliche Ernährungsrituale weg, kann Kochen und Essen an Stellenwert im Alltag verlieren. Nahrung bekommt dann stärker funktionalen Charakter, die emotionale und soziale Bedeutung nimmt ab. Essen kann aber auch zum Trostfaktor werden.

Der Themenkomplex Gesundheit/Krankheit ist in vielen Fällen motivierender Faktor für Ernährungsumstellungen (Brunner et al. 2006b; Sehrer 2004). Allerdings ist zu berücksichtigen, dass es sehr unterschiedliche Gesundheitsorientierungen gibt (Brunner et al. 2006a; vgl. Kapitel 6). Krankheiten, die einer falschen Ernährung zugeschrieben werden, krankheitsbedingte Ereignisse in Familie und Freundeskreis, altersbedingte körperliche Fragilitäten, ein negativ erlebtes Körpergewicht oder arbeitsbezogene Erschöpfungszustände bilden oft einen Einschnitt in der Ernährungsbiographie, können zu einer bewussteren Auseinandersetzung mit Ernährung führen und einen Anstoß zur Veränderung routinierter Konsumpraktiken geben. Folge kann sein, dass ehemals verpönte oder neue Lebensmittel in den Speiseplan integriert werden, neue geschmackliche Erfahrungen gemacht werden und sich längerfristig der Geschmack verändert. Die Integration ernährungsbezogener ExpertInnenratschläge, ein behutsamerer Umgang mit dem eigenen Körper oder die Aufnahme sportlicher Aktivitäten sind mögliche Auswirkungen. Oft sind mit krankheitsbedingten Ernährungsumstellungen eine Distanzierung gegenüber industriell produzierten Lebensmitteln und eine steigende Wertschätzung „naturbelassener" Produkte verbunden. Auch Bio-Produkte werden verstärkt konsumiert, manchmal zum ersten Mal im Leben. Die Bandbreite an Handlungskonsequenzen aufgrund von Krankheitserfahrungen ist relativ groß: Vor allem bei Männern kann trotz vorhandenem Problembewusstsein das Gesundheitsthema in der Ernährung verweigert werden, was allerdings mit zunehmendem Alter schwieriger wird. Manche Personen orientieren sich zwar kurzfristig an Ernährungsempfehlungen von ExpertInnen, bei zunehmender Sicherheit im Umgang mit der Krankheit kann es aber wieder zu einer Rückkehr zu früheren Gewohnheiten kommen. Krankheitsbezogene Ernährungsumstellungen sind nicht immer eine Quelle von Freude, zwar siegt die „Vernunft" über den Gusto, dies wird jedoch als Einschränkung von Lebensqualität erfahren (z.B. der Verzicht auf Lieblingsspeisen). Eine andere Strategie besteht darin, die Zubereitungsmethoden moderat in Richtung Gesundheit zu ändern (z.B. leichtere und frische Lebensmittel, kleinere Portionen), ohne auf bevorzugte Speisen verzichten zu müssen. Kurzzeitig sind zwar nach Krankheiten strikte Reglementierungen beim Essen möglich, längerfristig werden Regeln aber häufig „genussfreundlich" an den Ernährungsalltag und die eigenen kulinarischen Vorlieben adaptiert.

Auch der Einstieg in die Berufstätigkeit bzw. die Berufstätigkeit allgemein erfordern meist eine mehr oder weniger grundlegende Umstellung des Ernährungsalltags. Gesundheitsbewusste KonsumentInnen, die aufgrund von beruflicher Selbstständigkeit einen unstrukturierten Tagesablauf haben, sehen negative Auswirkungen auf die Regelmäßigkeit von Mahlzeiten. Die persönliche Ernährungspraxis muss oft beruflichen Zeitstrukturen angepasst werden. Auch Personen, die sich an gesundheitlichen Ernährungsrichtlinien orientieren – vor allem Frauen –, müssen aufgrund von Zeitknappheit Abstriche von ihrer gewünschten Ernährung machen. Berufsbedingt bekommt Ernährung oft einen untergeordneten Status, dient in erster Linie dem Hungerstillen, was jedoch von den KonsumentInnen eher negativ gesehen wird. Generell ist Berufstätigkeit mit häufigerem Außer-Haus-Essen verbunden. Sind in Familien beide Elternteile berufstätig, dann kann es vorkommen, dass auch Söhne in Ernährungsfragen frühzeitig auf sich gestellt werden und (partiell) Ernährungsverantwortung übernehmen bzw. sich Ernährungskompetenz aneignen (müssen).

Ein sozialer Milieuwechsel kann zur Erweiterung des Ernährungshorizonts, zur Entwicklung neuer Geschmäcker und zum Ausprobieren bisher unbekannter oder nicht geschätzter, weil dem Lebensstil der Herkunftsfamilie nicht adäquater Lebensmittel führen. Ebenso kann sozialer Abstieg Auswirkungen auf das Ernährungshandeln haben. Damit verbundene Hungererlebnisse können die funktionale Bedeutung des Essens in den

Vordergrund treten lassen. Erscheint das eigene Leben aussichtslos, dann verlieren die Genussaspekte beim Essen ebenso ihre Bedeutung wie gesundheitliche Überlegungen. Allerdings sind Lebens- und Ernährungsstile nicht so leicht zu ändern: So geben Menschen mit einer sozialen Abstiegskarriere bei Bedarf vor, gewisse Elemente eines mittelschichtorientierten Essstils auch weiterhin zu praktizieren. Auch alimentäre Distinktionsattitüden werden oft bereits in der Herkunftsfamilie eingeübt und können auch schon in der Kindheit dazu führen, dass gegenüber anderen Kindern diese Haltung eingenommen wird.

Ernährungshandeln kann sich auch reflexiv öffnen, wenn Menschen im Laufe ihres Lebens aufgrund von Migrationserfahrungen oder Auslandsaufenthalten Kontakte mit anderen Esskulturen haben. So kommt fallweise dem Kochen eigener nationaltypischer Gerichte eine identitätsstiftende Funktion zu und trägt zu einem Heimatgefühl in der Fremde bei. Steht man der fremden Küche eher skeptisch gegenüber, dann kann es notwendig sein, Kochkompetenz zu erwerben, um die eigenen Speisevorstellungen in der Fremde erfüllen zu können. Manchmal kann es zu einer gegenseitigen Befruchtung zweier Esskulturen kommen. Bei Migrationsprozessen erweist es sich als integrationsfördernd, offen gegenüber der „neuen Küche" zu sein und sich mit der neuen Esskultur vertraut zu machen.

7.3. Ernährungsbiographien und Nachhaltigkeit

Die Interviewanalyse hat sowohl relative Kontinuitäten als auch mehr oder weniger ausgeprägte Veränderungen in den Ernährungspraktiken im Laufe eines Lebens deutlich gemacht. Alltägliche Ernährungsarrangements sind eine mehr oder weniger bewusste Kompromissbildung, in denen Menschen ihre sozialisatorisch geprägten ernährungskulturellen Orientierungen ihren Bedürfnissen, den gegebenen Möglichkeiten, kontextuellen Anforderungen und dem System alltäglicher Lebensführung anpassen, wobei sie einen gangbaren Weg im Spannungsfeld von Routinisierung und Reflexivierung finden müssen (vgl. Kapitel 1). Wie gezeigt wurde, gibt es aber im Lebenslauf Umbruchsituationen, die Ernährungsroutinen aufbrechen und reflexiv werden lassen, für eine andere (auch nachhaltige) Ernährung sensibilisieren und Ernährungsumstellungen nach sich ziehen können. Welche Schlussfolgerungen für Nachhaltigkeit lassen sich aus der ernährungsbiographischen Perspektive ableiten?

Die Interviewanalyse hat einige förderliche Bedingungen für eine nachhaltigere Ernährung erkennbar werden lassen. So beginnt eine frühzeitige Grundlegung nachhaltigkeitsoffener Ernährungspraktiken bereits in der Kindheit. Positive kulinarische Erfahrungen in der Herkunftsfamilie, die Vermittlung einer Wertschätzung für Lebensmittel, die frühe Übernahme von Ernährungsverantwortung und generell ein ernährungs- und gesundheitsorientiertes Umfeld bieten gute Voraussetzungen für die Herausbildung nachhaltigkeitsaffiner Ernährungsmuster. Der Erwerb von Ernährungskompetenz in der Herkunftsfamilie und/oder durch schulischen Unterricht bzw. soziale Netzwerke kann als wichtige Voraussetzung für nachhaltige Ernährung gelten. Weiters kann sich ein nichtrigides Bio-Ambiente in der Familie positiv auf den späteren Konsum von Lebensmitteln aus ökologischem Anbau auswirken. Erfahrungen mit einem eigenen Garten in der Ernährungssozialisation spielen ebenfalls eine wichtige Rolle für die Wertschätzung von Lebensmitteln, insbesondere den Geschmack von „natürlichen" Lebensmitteln. Unter dem Aspekt von Wendepunkten sind unter anderem förderlich: Der Einstieg in den Vegetarismus, Krankheitserfahrungen sowie andere körperbezogene Wahrnehmungen (z.B. zu hohes Gewicht), die zu einer (partiellen) Umorientierung der Ernährungspraktiken führen können. Aus männlicher Perspektive kann sich die Gründung eines gemeinsamen Haushalts als förderlich erweisen, da dies meist mit einer durch die Partnerin induzierten höheren Gesundheitsorientierung bzw. einer höheren Wertschätzung der sozial-kommunikativen Aspekte von Ernährung einher geht. Auch ein ernährungs- und gesundheitsorientiertes Umfeld im Freundeskreis kann sich positiv auswirken, da es hier zu kommunikativem Austausch und Feedbackprozessen kommen kann, die oftmals für die Weiterführung eines eingeschlagenen Ernährungswegs notwendig sind. Motivallianzen aus Genuss, Gesundheit, Ökologie und Tierschutz und die Praktizierung einer toleranten, egalitär angelegten Haushaltsführung bieten meist ein ideales Bedingungsfeld für nachhaltige Ernährung. Dort, wo sich im Verlauf der Ernährungssozialisation die Wertschätzung der sozialen Funktionen des Essens entwickelt hat, dort ist meist auch ein nachhaltigkeitsförderliches Klima zu finden. Die Regelmäßigkeit des Essens durch einen gemeinsamen Haushalt und Kinder kann ebenfalls einen positiven Einfluss haben. Generell senken biographische Umbrüche die Barrieren für nachhaltige Ernährungsweisen, da solche Umbrüche oft auch mit einer Sensibilisierung für Ernährungsfragen verbunden sind und einer mehr oder weniger ausgeprägten Reflexivierung der Ernährungspraktiken Vorschub leisten.

Welche Faktoren erweisen sich als hinderlich für die Ausbildung nachhaltigerer Ernährungspraktiken? Im Unterschied zu diskontinuierlichen Verläufen scheint ein weitgehend kontinuierlicher, nicht-nachhaltiger Ernährungsverlauf seit der Kindheit weniger nachhaltigkeitsförderlich zu sein. Wenn die Möglichkeit zur Abwälzung der Ernährungsverantwortung an andere Personen oder Institutionen besteht bzw. kein Ernährungsinteresse oder -wissen im Laufe der alimentären Sozialisation entwickelt wird, bildet sich auch keine fruchtbare Basis für nachhaltigere Ernährung. Hat sich die Gründung eines gemeinsamen Haushalts für Männer als nachhaltigkeitsförderlich erwiesen, so geht dies aus weiblicher Perspektive oft in die gegenteilige Richtung: Die Rücksichtnahme auf den Geschmack des Partners kann dazu führen, dass ursprünglich nachhaltigere Anteile der eigenen Ernährung reduziert oder aufgegeben werden und eine Anpassung an den weniger nachhaltigen Geschmack des Partners stattfindet. Bildet sich im Lebenslauf keine Gesundheitsorientierung aus oder gerät die Gesundheitsorientierung in Konflikt mit einem ausgeprägten Pragmatismus in Ernährungsangelegenheiten, ist die Herausbildung nachhaltigerer Ernährungspraktiken eher unwahrscheinlich. Ein fast schon klischeehaft anmutender männlich-jugendlicher Ernährungsstil (u.a. hohe Bedeutung von Quantität und Sättigung, wenig Ernährungs- und Gesundheitsinteresse, viel Fleisch, Alkohol und Fast Food, hohe Preisorientierung) scheint am wenigsten förderlich für nachhaltige Ernährung zu sein. Zeitintensive berufliche Verpflichtungen erwiesen sich ebenfalls als hinderlicher Faktor, wenngleich hier in außerberuflichen Kontexten (z.B. am Wochenende) Raum für Kompensation besteht.

Ernährungsverläufe sind von vielen Faktoren abhängig und eingebettet in gesellschaftliche Wandlungsprozesse zu sehen. Ob sich diese Ernährungsverläufe stärker in Richtung Nachhaltigkeit bewegen, ist auch von der Gestaltung der Rahmenbedingungen abhängig. Zumindest zwei Bedingungen lassen sich unmittelbar aus dieser Analyse ableiten: Zur Förderung nachhaltiger Ernährung braucht es gesellschaftlich verstärkte Anstrengungen, Ernährungskompetenz zu entwickeln und zu stärken. Wenn die Familie als Sozialisationsinstanz dazu nur mehr eingeschränkt in der Lage ist, dann sollten vermehrt Qualifizierungsbemühungen von staatlichen und nichtstaatlichen Instanzen an ihre Stelle treten. Wir haben gesehen, dass z.B. schulischer Unterricht durchaus in der Lage ist, Kompetenzen im alimentären Feld zu vermitteln. Die Ausbildung und Stärkung von Ernährungskompetenz ist auch in engem Zusammenhang mit der Genderfrage zu sehen (vgl. Kapitel 5), d.h. sowohl eine gendersensible Ernährungsqualifikation als auch die gesellschaftliche Förderung gleichberechtigter Geschlechterbeziehungen kann sich nachhaltigkeitsfördernd auswirken.

Aus der Perspektive von biographischen Umbruchsituationen lässt sich zweitens ableiten, dass vor allem Lebensmittelproduktion und -handel verstärkt auf diese, im Zuge von Individualisierungsprozessen vermutlich häufiger auftretenden Reflexivierungen von Konsumroutinen, Bezug nehmen sollten. Biographische Umbruchsituationen können ein mögliches Einfallstor für nachhaltige Ernährung sein (Kropp/Brunner 2004; Schäfer 2002). Eine Studie zum Konsum von Bio-Produkten hat beispielsweise ergeben, dass solche Umbruchsituationen häufig zu einer Neubewertung bisheriger Konsumpraktiken führen und mit der Entstehung neuer Bedürfnisse und Präferenzen verbunden sind (Brunner et al. 2006b). So kann etwa die Umbruchsituation Schwangerschaft und Geburt von Kindern zu einer Sensibilisierung für Ernährungsfragen führen. In einer solchen Situation wächst der Wunsch nach natürlich und schadstoffarm produzierten, der Kindergesundheit zuträglichen Produkten und eine verstärkte Nachfrage nach Bio-Lebensmitteln oder der Einstieg in den erstmaligen Bio-Konsum kann die Folge sein. Während der Handel für diese spezielle Umbruchsituation schon relativ sensibilisiert ist und diese mit entsprechenden Produkten und Marketingmaßnahmen bearbeitet, ist diese Aufmerksamkeit bei anderen Umbruchsituationen noch nicht in diesem Ausmaß gegeben. So bringt die qualitative ernährungsbiographische Forschung zutage, dass der Übergang in den Ruhestand für zunehmend mehr Menschen der Beginn einer neuen, aktiven Lebensphase sein kann, in der sich Ernährungspräferenzen ändern, das vorhandene Gesundheitsbewusstsein aufgrund nun vorhandener Zeitressourcen auch umgesetzt werden kann und Bio-Lebensmittel verstärkt nachgefragt werden. SeniorInnen bilden ein Marktsegment, das – entgegen noch immer kolportierter Klischees der Ernährungsforschung – nicht mehr nur als „low-interest-group" oder ernährungsphysiologische Risikogruppe charakterisiert werden kann, sondern aufgrund des veränderten Stellenwerts des Alters in der Gesellschaft große Chancen für eine an Nachhaltigkeit orientierte Ernährungswirtschaft bietet (Poschacher 1999).

Karl-Michael Brunner

8. Waldhausen[31] – Ernährungsprozesse in einer ländlichen Kleingemeinde

Zur Kontrastierung mit dem großstädtischen Kontext haben wir eine Gemeindestudie in einer kleinen österreichischen Landgemeinde durchgeführt.[32] Dabei wurden neben KonsumentInnen auch Personen aus dem Ernährungssektor (Gastronomie, Landwirtschaft, Ernährungsgewerbe, Handel) und aus dem öffentlichen Leben (GemeindefunktionärInnen, Angestellte im Dienstleistungsbereich der Gemeinde) befragt. Diese Interviewten waren in doppelter Hinsicht relevant: Zum einen als InformantInnen über die Gemeinde und den jeweiligen beruflichen Bereich, zum anderen aber auch als alltägliche KonsumentInnen, die ihren Ernährungsalltag zu bewältigen haben. Großstädtische Ernährungspraktiken sind dadurch gekennzeichnet, dass KonsumentInnen meist nur mehr geringe direkte Beziehungen zur Landwirtschaft haben und in hohem Maße auf Fremdversorgung angewiesen sind. Deshalb wurde als Kontrastfolie bewusst eine Gemeinde ausgewählt, die geschichtlich auf eine landwirtschaftliche Struktur zurückblicken kann und auch heute noch zumindest teilweise landwirtschaftlich geprägt ist.

Das Forschungsvorgehen war mehrstufig angelegt: Nach einem ersten orientierenden Besuch in der Gemeinde wurden zwei mehrtägige Forschungsaufenthalte mit mehreren Mitgliedern des Forschungsteams durchgeführt.[33] Nach dem ersten Gemeindeaufenthalt wurden die Erfahrungen und Eindrücke des Forschungsteams aufgearbeitet, Hypothesen entwickelt und Konsequenzen für den zweiten Aufenthalt in der Gemeinde gezogen (z.B. hinsichtlich noch zu interviewender Personen). Insgesamt wurden 17 Interviews mit 20 Personen geführt, zwei Gespräche waren Gruppeninterviews mit mehreren Befragten. Primäre Datengrundlage für dieses Kapitel waren die Interviews, ergänzend wurden Informationen aus offiziellen Dokumenten in die Analyse aufgenommen (z.B. Gemeindebuch).

8.1. Charakteristika der Gemeinde

Da das Ernährungshandeln der Menschen immer kontextuell zu sehen ist (vgl. Kapitel 1), soll in diesem Abschnitt die Gemeinde hinsichtlich ihrer Struktur und Dynamik genauer beschrieben werden.

Die Gemeinde Waldhausen liegt in einem großen österreichischen Bundesland, hat ungefähr 1.500 EinwohnerInnen und eine relativ hohe Anzahl an Nebenwohnsitzen. Die Gemeinde besteht aus zwölf Ortschaften, die über eine große Fläche verteilt sind. Die Wohnbevölkerung hat in den letzten Jahrzehnten kontinuierlich abgenommen, früher nur in geringem Ausmaß, in den letzten Jahren allerdings stärker. Ein Grund dafür ist, dass es fast keine Betriebsansiedlungen in der Gemeinde gibt, viele Menschen gezwungen sind, in

---

[31] Der Name der Gemeinde ist aus Anonymitätsgründen fiktiv.
[32] Zu Methodologie und Methoden von Gemeindestudien vgl. Brunner et al. 1994.
[33] Details zur Datenerhebung in der Gemeinde sind unter 2.2.3. ausgeführt.

größeren Städten zu arbeiten und sich dann manchmal gleich für einen Wegzug aus der Gemeinde entscheiden. Während in den 1990er Jahren nur wenige GemeindebewohnerInnen in der Gemeinde gebaut haben, hat sich in den letzten Jahren auch aufgrund eines offensiven Bemühens seitens der Gemeindeleitung die Bautätigkeit verstärkt. Oft bekommen Abgewanderte nach dem Tod der Eltern deren Haus und nutzen dieses dann nur am Wochenende – eine Möglichkeit, „distanzierten Kontakt" mit der Heimatgemeinde zu halten. Hinsichtlich der Geschlechterverteilung hat die Gemeinde einen etwas höheren Männer- als Frauenanteil zu verzeichnen, die Erwerbsquote bei den Frauen liegt bei ca. 40 Prozent. Das verheiratete Ehepaar mit keinem, einem oder zwei Kindern ist bei weitem die bevorzugte Zusammenlebensform. Auffallend ist die hohe Anzahl an ErwerbspendlerInnen, zwei Drittel der Beschäftigten muss täglich auspendeln, der größte Anteil in einen anderen politischen Bezirk des Bundeslands. Dem steht nur eine kleine Zahl an EinpendlerInnen gegenüber. Es gibt weniger als 200 landwirtschaftliche Betriebe, deren Anzahl in den letzten Jahren kontinuierlich und deutlich abnahm, bei gleichzeitigem Anstieg der durchschnittlichen Betriebsgröße. Gegenwärtig gibt es ein Drittel Haupterwerbsbetriebe und zwei Drittel Nebenerwerbsbetriebe, wobei der Rückgang an Haupterwerbsbetrieben stärker ausgeprägt ist. Politisch hat die ÖVP zum Zeitpunkt der Untersuchung mit ungefähr drei Viertel der Stimmen bei den Gemeinderatswahlen die absolute Mehrheit in der Gemeinde, ein Viertel entfällt auf die SPÖ.

Neben diesen Charakteristika ist die Gemeinde durch einige besondere Strukturprobleme geprägt, die in der Folge beschrieben werden. Auslöser für einen grundlegenden Konflikt in der Gemeinde, der auch heute noch in seinen Auswirkungen zu spüren ist, war die Gemeindezusammenlegung im Jahre 1972. Gegen diese Zusammenlegung bildete sich ein BürgerInnenwiderstand, der vor allem in den 1980er Jahren massiv ausgeprägt war. Die Wahrnehmung der Gemeinde war in dieser Zeit durch eine Trennung in zwei Teile geprägt. Hintergrund dieses Konflikts war die Befürchtung eines Teils der Gemeinde gegenüber anderen Teilen ins Hintertreffen zu geraten. InteressenvertreterInnen eines Gemeindeteils reichten in den 1980er Jahren eine Klage auf Gemeindetrennung ein, die jedoch abgewiesen wurde. Ausgangspunkt dieser Aktion waren Gemeinderatswahlen, die ein Übergewicht der GemeindevertreterInnen eines Teils der Gemeinde erbrachten, worauf der andere Teil der Gemeinde, der sich nun nicht mehr angemessen vertreten fühlte, diese Klage einreichte. Nach der Abweisung der Klage kam es zu einem Weiterkochen des Konflikts. Bei den folgenden Gemeinderatswahlen gründete sich eine eigene Wahlgemeinschaft des sich zu wenig berücksichtigt fühlenden Ortsteils mit dem Ziel, eine Gemeindetrennung zu bewirken und eine eigene Gemeinde zu schaffen. Diese Wahlgemeinschaft erreichte ein Viertel der Stimmen. Parallel zu diesem Konflikt kam es zu einem Schulstreit, bei dem es um die Frage ging, in welchen Ortschaften der Gemeinde Schulen betrieben werden sollen. Aufgrund des Protestes von Eltern einer Ortschaft wurde eine Schule weiterbetrieben, die eigentlich geschlossen werden sollte. Zur Schließung einer Schule kam es aufgrund des massiven Rückgangs an SchülerInnen erst in den letzten Jahren. Allerdings wurde auch diese Entscheidung von einem Teil der Gemeinde nicht gut geheißen, was die Gemeindeleitung negativ in Form von Kritik zu spüren bekommt.

Obwohl von vielen InterviewpartnerInnen betont wird, dass die „alten" Gemeindekonflikte vergangen sind und das heutige Leben nicht mehr beeinflussen, zeigen sich Langzeitwirkungen dieser Konflikte, wobei insbesondere die Frage nach der Identität und der Integration der Gemeinde relevant ist. Ein Grundproblem der Gemeinde besteht darin, die im Zuge der Gemeindezusammenlegung erfolgte „künstliche" Integration zu bewältigen. Aufgrund der unterschiedlichen Interessen der Gemeindemitglieder ergibt sich das Bild eines wenig solidarischen Gemeinwesens, in dem Individualinteressen wichtiger erscheinen als das Wohlergehen der gesamten Gemeinde. Diese durch die Geschichte der Gemeinde mitbedingte Situation erschwert die Ausbildung eines Gemeinwillens, was für die Gemeindeführung das Problem der politischen Steuerung dieser Divergenzen ergibt. Eine aktive Gestaltung der Gemeinde wird dadurch erschwert, da jede Entscheidung gleichzeitig eine Nichtbeachtung bestimmter Partikularinteressen bedeutet. Die schwache soziale Integration der Gemeinde wird räumlich verstärkt, da die zwölf Ortschaften der Gemeinde weit über die Fläche verstreut sind und auch innerhalb dieser Ortschaften kein Zentrum auszumachen ist, in dem sich ein sichtbares Alltagsleben abspielen würde. Ein gegenwärtiges Problem für die Gemeindeführung besteht darin, in einer traditionell bäuerlich geprägten Struktur mit langjähriger Bevorzugung bäuerlicher Interessen auch die Interessen nicht-bäuerlicher BewohnerInnen zu berücksichtigen. Trotz abnehmender Bedeutung der Landwirtschaft gehen viele Bäuerinnen und Bauern noch immer davon aus, dass die Gemeindeleitung primär Landwirtschaftspolitik machen sollte (z.B. Schaffung geeigneter Traktorwege), was wiederum zu Konflikten mit den Interessen nicht-bäuerlicher Eigenheimbewohnerlnnen führen kann. Insgesamt erschwert die schwache Integration der Gemeinde eine einheitlich ausgerichtete Zukunftsstrategie der Gemeinde, das Ziehen an einem Strang ist an viele Voraussetzungen geknüpft. Die hohe Anzahl an Nebenwohnsitzen erweist sich dabei auch als hemmender Faktor. Andererseits ermöglicht es diese Situation, dass Einzelprojekte von Individuen mehr Chancen auf Verwirklichung haben, da sie sich nicht einem Gesamtwillen unterwerfen müssen, sondern individuelle Gestaltungschancen haben. Der soziale Uniformierungsdruck ist schwächer und EinzelkämpferInnen können sich dadurch möglicherweise leichter durchsetzen. Mentalitätsbezogen – durch Geschichte und Integrationsproblematik mit beeinflusst – ist in der Gemeinde wenig Aufbruchsstimmung feststellbar. Vorstellungen aktiver Zukunftsgestaltung sind zwar in der Gemeindeführung vorhanden, insgesamt aber ist vielfach ein pessimistischer Grundton bezüglich der Gemeinde zu hören, ein Sich-Abfinden mit scheinbar nicht beeinflussbaren Entwicklungen.

8.2.   Die Ernährungswirtschaft

Waldhausen ist typisch für viele Gemeinden, die vom Strukturwandel von der Landwirtschaft zur Industrie- und Dienstleistungsgesellschaft betroffen sind. Die Lage der Landwirtschaft wird generell als schwierig bezeichnet. Viele ältere Bäuerinnen und Bauern wollen oder können aufgrund ihres Alters und ökonomischer Probleme die Landwirtschaft nicht mehr fortführen. Entweder wird der Betrieb dann eingestellt oder die Kinder übernehmen ihn, oft jedoch nur halbherzig. Es sind Stimmen zu vernehmen, die eine gesunkene Motivation zum Bauerntum konstatieren. Die Jüngeren würden lieber in anderen Bereichen als der Landwirtschaft arbeiten. Viele Junge wirtschaften im Nebenerwerb und haben außerdem einen Vollzeit- oder Teilzeitberuf, teilweise arbeiten deren Eltern noch am Hof mit. In den letzten 20 Jahren hat die Zahl an LandwirtInnen kontinuierlich abgenommen, sogar bei Großbetrieben würde Nebenerwerb vorkommen. Die Zukunft der bestehenden landwirtschaftlichen Betriebe wird eher negativ gesehen, für viele wird in einigen Jahren ein Ende prophezeit. Landwirtschaft – insbesondere bei klein- bis mittelbäuerlichen Strukturen – sei nur mehr in Ausnahmefällen Existenz sichernd, steigenden Kosten bei Betriebsmitteln stehe ein sinkender Marktpreis bei vielen Produkten gegenüber. Ohne

EU-Ausgleichszahlungen wäre kein Überleben möglich. Einige LandwirtInnen in der Gemeinde machten nur deswegen weiter, damit der Grund nicht brach läge. Ein Verkauf des Grundes würde sich aufgrund der niedrigen Grundstückspreise nicht rentieren. Kritisiert wird von einigen AkteurInnen in der Gemeinde, dass die Risikobereitschaft unter den Bauern und Bäuerinnen wenig ausgeprägt sei, z.B. in Nischenmärkte einzusteigen (Bio-Produktion oder die Produktion seltener Fleischsorten für die regionale Gastronomie) und mögliche Potenziale für den Landbau auszuschöpfen. Die meisten in der Landwirtschaft Erwerbstätigen glaubten, mit Masse überleben zu können und würden zu wenig auf Qualität setzen. Dabei könnte das „Wagnis Nische" Überlebensmöglichkeiten bieten.

Drei Bio-Betriebe und zwei konventionelle landwirtschaftliche Betriebe wurden genauer befragt. Bio-LandwirtInnen berichten, dass Erfahrungen mit Krankheit, das Bedürfnis nach Neuorientierung bei der Hofnachfolge, eine kritische Haltung gegenüber der konventionellen Produktion und den ökonomischen Schwierigkeiten im EU-Markt sowie höhere Förderungen sie zur Betriebsumstellung motivierten. Die Bio-Produktion erschien als Chance für das Überleben unter zunehmend schwieriger werdenden landwirtschaftlichen Produktionsbedingungen. Für die biologisch Wirtschaftenden war die Umstellung ein Lernprozess, in dem viele Neuerungen ausprobiert wurden, fallweise auch mit kleineren Rückschlägen. Alle Befragten haben ihre Entscheidung nicht bereut, sehen diese rückwirkend als positiv an. Inmitten des Trends zur konventionellen Großproduktion und des ökonomischen Drucks erweist sich die Bio-Produktion als Chance, in der Nische überlebensfähig zu sein. Allerdings war die Umstellung im Kontext vorwiegend konventioneller Produktion kein leichtes Unterfangen. Alle Bio-LandwirtInnen erzählen von Stigmatisierungsprozessen, sie wurden anfangs entweder belächelt oder gar als „Narren" abgestempelt. Bei einem Betrieb wurde die Umstellung auf die Schafproduktion mit Spott bedacht, da Schafbetriebe gegenüber den in der Gemeinde üblichen Rinderbetrieben nur wenig Prestige genießen. Inzwischen hat sich dieser Betrieb aber die Anerkennung in der Gemeinde erkämpft bzw. kümmern sich die BetreiberInnen aufgrund ihres ökonomischen Erfolgs nur mehr wenig um die Spottenden.

Einer der befragten Betriebe praktiziert Ab-Hof-Verkauf, mehrmals im Monat wird auch auf städtischen Bio-Märkten verkauft sowie über den Bio-Handel vermarktet. Während die DorfbewohnerInnen diese Bio-Aktivitäten anfänglich mehr oder weniger abfällig betrachtet hatten, sind inzwischen viele GemeindebewohnerInnen KundInnen beim Ab-Hof-Verkauf geworden. Die Direktvermarktung auf den Bio-Märkten wird als besondere Erfolgsgeschichte gesehen, da sie für das Bauernpaar auch mit einem offenen Zugehen auf KundInnen verbunden war und eine ständige Pflege der Kundschaft erfordert. Stolz wird über prominente KundInnen erzählt, die ganz Österreich aus dem Fernsehen kennt. Der Großteil der KäuferInnen auf den Bio-Märkten sind StammkundInnen, die Bio-Qualität schätzen und auch bereit sind, einen adäquaten Preis zu bezahlen. Allerdings müsse das Preis-Leistungs-Verhältnis stimmen, da die Menschen nicht so dumm seien, jeden Preis zu bezahlen. Da die KundInnen einen Einblick in die Produktion haben wollen, wurde ein eigener Bio-Heuriger am Hof eingerichtet. Sehr gute KundInnen werden sogar zum Essen eingeladen. Bezüglich der KundInnenstruktur auf den Bio-Märkten wird einerseits auf gut verdienende KonsumentInnen verwiesen, zum anderen auf junge, gebildete Leute, die zwar nicht viel Geld haben, aber Wert auf gute Lebensmittel legen. Da kann es schon vorkommen, dass Aktionspreise gemacht werden, wenn bei den KundInnen das Geld nicht reicht.

Die Ausstrahlungseffekte der Bio-Betriebe in der Gemeinde sind bisher allerdings beschränkt geblieben. Angesichts der prekären Lage der Landwirtschaft und dem zunehmenden Bauernhofsterben haben einige Bio-LandwirtInnen versucht, konventionell wirtschaftende MitstreiterInnen zum Umstellen zu motivieren oder die Gemeinde selbst zu einem Bio-Aushängeschild zu machen. Zwar überlegt in einem Fall der Nachbar eines Bio-Bauern ebenfalls umzustellen, ist aber noch skeptisch, ob der Bio-Milchpreis halten wird. Insgesamt haben diese Bemühungen wenig positive Resonanz erbracht bzw. Ablehnung nach sich gezogen. Aus der Sicht der Bio-LandwirtInnen ist das unverständlich, sehen sie doch die konventionellen ProduzentInnen dauernd über niedrige Preise schimpfen und trotzdem nichts an ihrem Status ändern. Dabei gäbe es viele potenzielle KonsumentInnen in der Großstadt, die mit Bio-Produkten bedient werden könnten, weshalb die Unwilligkeit zum Umstieg nicht nachvollziehbar sei. Während auf Seiten der biologisch Wirtschaftenden durchaus ein optimistischer Grundton bezüglich der Chancen landwirtschaftlicher Produktion vorherrscht, ist dies bei den konventionellen ProduzentInnen nicht immer der Fall, teilweise wird ein negatives Bild der eigenen beruflichen Zukunft gezeichnet, einer Zukunft, der man scheinbar willenlos ausgeliefert ist. Während die Bio-LandwirtInnen auch gegenwärtig noch von kritischer Distanz seitens der konventionellen LandwirtInnen berichten, besteht aus der Sicht der konventionellen ProduzentInnen keine Rivalität zwischen beiden Bewirtschaftungsformen. Allerdings wird in einem Fall dem Öko-Landbau nur eine Chance gegeben, solange Förderungen vorhanden sind, da nur wenige Menschen bereit wären, für Lebensmittel höhere Preise zu zahlen. Aus Sicht der Bio-LandwirtInnen wird die konventionelle Landwirtschaft kritisch gesehen, konkret wird dies am Wasserproblem in der Gemeinde. Demnach fahren konventionelle LandwirtInnen ihre Gülle durch das Quellschutzgebiet und ruinieren damit Trinkwasser und Boden. Auch die Gemeindeleitung sieht die Wasserthematik als eines der zentralen, akuten Probleme der Gemeinde.

Wenig Optimismus ist hinsichtlich der Entwicklung der Nahversorgung mit Lebensmitteln zu verspüren. In einer Ortschaft gibt es ein von einer über 70-jährigen Dame geführtes Lebensmittelgeschäft, das von älteren StammkundInnen aufgesucht wird bzw. von Sympathiekäufen des nahe gelegenen Restaurants lebt. Gleichermaßen Einkaufsstätte für einzelne Produkte wie auch Kommunikationstreffpunkt für ältere BewohnerInnen dieser Ortschaft, wird das Geschäft wegen des Nichtvorhandenseins einer Nachfolge in den nächsten Jahren zusperren, womit diese Ortschaft kein eigenes Lebensmittelgeschäft mehr haben wird. Deutlich besser sind die Überlebenschancen für ein in einer anderen Ortschaft der Gemeinde befindliches Lebensmittelgeschäft. Dieses gewährleistet die Nahversorgung der Gemeinde (aufgrund der weiten Verstreuung der Ortschaften ist jedoch zum Lebensmitteleinkauf ein Auto Voraussetzung) und wird von der Bevölkerung teilweise auch in Anspruch genommen. Diesem Geschäft wird attestiert, dass es mit der Zeit geht, KundInnenwünsche berücksichtigt und daher auch viele GemeindebewohnerInnen dort einkauften. KundInnen kommen hauptsächlich aus der Ortschaft und umliegenden Gemeinden. Von Seiten des Geschäfts wird darauf geachtet, dass das Angebot vielseitig ist, damit die Menschen nicht wegen einzelner Produkte in die Stadt fahren müssen. Obwohl generell ein positives Bild dieses Geschäfts bei den GemeindebewohnerInnen vorherrscht, kaufen viele nur die unmittelbar benötigten Produkte im Geschäft und machen ihren Großeinkauf in den Supermärkten der nahe gelegenen Städte, wo viele GemeindebewohnerInnen auch arbeiten. Das Lebensmittelgeschäft kann mit den Preisen der Supermärkte kaum mithalten, mitunter werden manche Produkte teurer eingekauft als im Supermarkt verkauft. Während nicht-berufstätige Personen bevorzugt im Lebensmittelgeschäft einkaufen, praktizieren die Berufstätigen eine Doppelstrategie: Den Großeinkauf am Arbeitsweg in den Supermärkten und die täglichen Notwendigkeiten im Lebensmittelgeschäft. Auch wenn das Bestreben vorhanden ist, die Infrastruktur der Gemeinde zu stärken und die kleinen, überschaubaren Strukturen geschätzt werden, wird vor allem bei Berufstätigen der Einkauf im Lebensmittelgeschäft nicht immer realisiert.

Doch nicht nur Berufstätigkeit tritt als hinderlicher Faktor in Erscheinung, auch die Preisorientierung kann ein Grund sein, in Supermärkten der näheren Umgebung einzukaufen. Zwar wird versucht, mit einer Vergrößerung des Sortiments die Wünsche der GemeindebewohnerInnen zu berücksichtigen, besonderen Ansprüchen kann aber nur begrenzt nachgekommen werden: So sei zwar fallweise eine Nachfrage nach Bio-Lebensmitteln vorhanden, aufgrund der Größe von Verpackungseinheiten sei ein entsprechendes Angebot jedoch nur schwer zu realisieren, da viele Produkte liegen bleiben würden. Selten gekaufte Produkte erreichen leicht das Ablaufdatum, was zur Folge haben kann, dass die Familie der Geschäftsfrau Produkte an der Grenze zum Ablaufdatum selbst konsumieren muss. Auf abgelaufene Waren reagiert die Bevölkerung mit Unmut und wechselt die Einkaufsstätten. Aus der Sicht der Gemeindeleitung haben die kleinen Lebensmittelgeschäfte keine Chance, mit den Angeboten der Supermärkte mitzuhalten. Die höhere Mobilität der Bevölkerung und ein ausgeprägtes Preisbewusstsein hemmen in vielen Fällen den Einkauf in der Gemeinde. Ohne entsprechende Rahmengestaltung (z.B. restriktivere Flächenwidmungspraxis zuungunsten der Supermärkte) wird die Ausbreitung der großen Handelsketten nicht aufzuhalten sein und letztlich der längerfristige Niedergang der GreisslerInnen besiegelt sein. Noch kann dieses Lebensmittelgeschäft aber auf einen teilweisen Rückhalt in der Bevölkerung zählen, auch deswegen, weil es pro-aktiv versucht, den veränderten Einkaufspräferenzen der Bevölkerung Rechnung zu tragen (z.B. verstärktes Angebot an Fertigprodukten).

Auch der örtliche Bäcker leidet unter der Konkurrenz durch die Supermärkte und die industriellen Massenprodukte. Ein großer Betrieb mit Bäckerstrassen kann in kurzer Zeit und mit wenig Personal größere Mengen produzieren als ein kleiner handwerklicher Betrieb. Dies wirkt sich auf den Preis aus und da kann ein kleiner Bäcker nicht mithalten. Der Bäcker musste kurz vor unserem Forschungsaufenthalt die Preise erhöhen und ist damit auf Unverständnis bei der Gemeindebevölkerung gestoßen. Allerdings war er zu diesem Schritt durch die steigenden Kosten gezwungen, die von den KonsumentInnen nicht gesehen würden. In diesem Zusammenhang wird ihm auch die prekäre Situation der LandwirtInnen bewusst, die jahrelang für das Getreide denselben niedrigen Preis erhalten. Zwar verwendet der Bäcker selbst auch industrielle Fertigmischungen, die mit weniger Arbeitsaufwand verbunden sind, kritisiert aber gleichzeitig den geschmacklichen „Einheitsbrei". Daneben wird noch mit eigenen, traditionellen Rezepturen und Produktionsverfahren („Dampfl") „natürlich" erzeugt, allerdings werde Qualität von den KonsumentInnen nicht immer geschätzt und entsprechend bezahlt. Qualität werde oft über den Preis definiert, alles soll billiger werden. Solange dieses Qualitätsbewusstsein bei den KonsumentInnen nicht oder unzureichend vorhanden ist, wird die Zukunft der kleinen Fachbetriebe eher pessimistisch gesehen. Sollte das Handwerk nicht mehr gewinnbringend sein, dann müsste er sich eine andere Arbeit suchen. Neben dem Backgeschäft spielt der Bäcker auch als „fahrender Bäcker" eine wichtige Rolle in der Nahversorgung der Gemeinde. Insbesondere ältere und wenig mobile Personen schätzen die Belieferung mit Backwaren und zusätzlich angebotenen Gemischtwaren. Die jüngere Bevölkerung ist dabei als Zielgruppe weniger interessant, da sie aufgrund von Mobilität und Berufstätigkeit mit anderen Einkaufsstätten im städtischen Kontext Kontakt hat. Versuche, mit innovativen Methoden das Geschäft anzukurbeln, sind in der Gemeinde nicht immer erfolgreich. So versuchte der Bäcker einen Hauszustellungsservice via Internet zu etablieren, dies wurde jedoch von der Bevölkerung nicht besonders gut angenommen. Änderungen stoßen scheinbar oft auf Widerstand, das musste auch der Bäcker erfahren: Während der Bäckerladen früher durchgehend geöffnet war, wurde zur Schaffung von Rekreationszeiten eine Mittagspause eingeführt, was bei der Bevölkerung auf wenig Akzeptanz stieß und teilweise ein Abwandern zur Konkurrenz zur Folge hatte.

Generell hat der Lebensmitteleinzelhandel und das Lebensmittelgewerbe mit widrigen Bedingungen zu kämpfen. Zum Teil ist die Konkurrenz durch die großen Supermärkte und ProduzentInnen sehr groß, zum anderen sind die KonsumentInnen nur partiell bereit, die Nahversorgung mit entsprechendem Nachfrageverhalten zu stärken. In einigen Fällen ist keine Nachfolge in Sicht, d.h. längerfristig ist mit einer Geschäftsaufgabe zu rechnen.

Kulinarisches Aushängeschild der Gemeinde und Ziel vieler FeinschmeckerInnen aus dem näheren und weiteren Umfeld ist ein Restaurant, das in einigen Gourmetführern mit Auszeichnungen angeführt ist. Diesem Restaurant verdankt eine Ortschaft in der Gemeinde ihr überregionales Prestige, da es weit über die Gemeindegrenzen hinweg bekannt ist und die Ortschaft mit diesem Restaurant verbunden wird. Das Restaurant ist auch ein bedeutender Nachfragefaktor für regionale ProduzentInnen. Dieses Restaurant lebt weitgehend von auswärtigen Ein-Tages-Gästen, der Großteil der einheimischen Bevölkerung sucht es – wenn überhaupt – nur zu bestimmten Anlässen (z.B. Festtage) auf. Problematisch ist allerdings, dass es in der Ortschaft keine Übernachtungsmöglichkeiten gibt, um die mitunter auch Alkohol konsumierenden Gäste aufzunehmen. Der Gastwirt ist sich dieses Problems bewusst und bietet bei Bedarf einen Shuttle-Service in nächst gelegene Unterkünfte an. Dieser Mangel an Übernachtungsmöglichkeiten ist Ausdruck dafür, dass die Gemeinde für den Tourismus bisher wenig getan hat. Allerdings besteht die Einschätzung, dass dieses Manko auch in Zukunft nicht mehr auszugleichen ist. Zwar wurde auf Landesebene im Zusammenhang mit dem Restaurant vor einiger Zeit überlegt, die Errichtung hochwertiger Genießerzimmer zu fördern, jedoch war niemand in der Gemeinde bereit, dieses ökonomische Risiko einzugehen.

8.3.   Die Zukunft der Gemeinde

Finanziell steht der Gemeinde insgesamt eine schwierige Zukunft bevor, da das Steueraufkommen geringer wird und auch die öffentlichen Förderungen (z.B. durch den Bund) zurückgehen. Wenn es nicht gelingt, Arbeitsplätze in der Gemeinde zu schaffen und BewohnerInnen zu motivieren, in der Gemeinde zu bauen, dann – so die Einschätzung – wird es künftig enger werden.

Trotz eines nur wenig ausgeprägten Wir-Gefühls, eines Bedeutungsrückgangs der Landwirtschaft, schwieriger Voraussetzungen für das Ernährungshandwerk und den Lebensmitteleinzelhandel und anderer skizzierter Probleme, bietet die Gemeinde aber für viele BewohnerInnen – für die ein Leben in der Stadt nur schwer vorstellbar ist – eine hohe Lebensqualität, die sehr geschätzt wird. Die jetzige Gemeindeleitung vermittelt den Eindruck, dass sie trotz Versäumnissen in der Vergangenheit eine aktive Zukunftsstrategie verfolgt, um die Gemeinde attraktiver zu machen und Probleme offensiv anzugehen, auch wenn dies nicht auf ungeteilte Zustimmung stößt und die Veränderungsbereitschaft der Bevölkerung nicht sehr ausgeprägt erscheint.

8.4.   Ernährungspraktiken

8.4.1.   Essen und Kochen im Alltag

Lange Zeit war die Gemeinde dominant bäuerlich strukturiert, orientierte sich das Essen im Alltag an traditionell-bäuerlichen Regeln. Heute wird eine (partielle) Enttraditionalisierung des Essens konstatiert, eine Zunahme „moderner" Formen des Nahrungskonsums. Wenn wir die Aussagen unter einer Gesamtperspektive betrachten, so befindet sich die Gemeinde ernährungsbezogen im Spannungsfeld zwischen Tradition und Moderne.

Ein traditionales Moment des Essens im Alltag ist beispielsweise die noch immer stark ausgeprägte Norm, dass zu Mittag ein warmes Essen auf dem Tisch stehen soll und alle Familienmitglieder sich zu diesem Essen gemeinsam am Mittagstisch versammeln. Dieses Mittagessen wird im Normalfall von der Mutter und/oder Tochter und/oder Großmutter bzw. Schwiegermutter und/oder Schwiegertochter zubereitet, wobei Vater und Sohn auf Normbefolgung achten. Der Mittagstisch fungiert als Symbol des familiären Zusammenhalts, das miteinander Essen und Reden hat hohe Wichtigkeit. Auf den Tisch kommen meist regionaltypische Gerichte mit Fleisch. Auch wenn das bäuerlich-traditionelle Essen nur mehr im Einzelfall in allen Dimensionen praktiziert wird, sind Elemente dieser Ernährungsweise noch weit verbreitet bzw. als Anspruch vorhanden. Verpflichtungen aus Erwerbsarbeit oder Bildung können dazu führen, dass diese Norm eines gemeinsamen, warmen Mittagessens nicht immer realisiert wird. Insbesondere wenn Frauen berufstätig sind, kann es zu Abwandlungen dieser Norm kommen (z.B. jeden zweiten Tag ein warmes Mittagessen) bzw. kann die Normbefolgung auf Seiten der Frauen erhebliche Überlastungen nach sich ziehen. Die zunehmende Verwendung von Convenience-Produkten wird als eine Folge dieser Belastung gesehen. Das Abendessen hingegen – entsprechend traditionellen Gewohnheiten – wird meist in kaltem Zustand (z.B. als Jause) eingenommen. Verschiebt sich in den Städten die (warme) Hauptmahlzeit zunehmend auf den Abend, so bleibt am Land das Mittagessen die warme Hauptmahlzeit par excellence, das Abendessen besteht weitgehend aus kalten Speisen. Ein kaltes Abendessen kann mitunter für figurbewusste Frauen den Vorteil haben, dass ein Mitessen am Abend nicht notwendig ist und daher das Halten des Körpergewichts leichter fällt. Ein weiteres Element der warmen Mittagsmahlzeit besteht darin, dass es von den weiblichen Mitgliedern der Familie frisch gekocht wird. In der Gemeinde ist es nicht selten, dass drei Generationen unter einem Dach leben, was zur Folge hat, dass auch Großmütter fallweise kochen und sich mit Mutter (und/oder Tochter) bei der Zubereitung der Mahlzeiten abwechseln. Hinsichtlich der Speisewahl ist aber generationsspezifisch eine mehr oder weniger ausgeprägte Distanzierung von traditionell-regionstypischen Gerichten feststellbar. So kann es vorkommen, dass die Großmutter noch die traditionelle Küche bevorzugt und die Frau des Hauses (oder die Schwiegertochter) bereits Elemente anderer Küchen aufnimmt (z.B. Mittelmeerküche), traditionelle Lebensmittel durch andere ersetzt. Die Gründe hierfür sind vielfältig und reichen von einer „Entschwerung" der Gerichte durch leichtere Zutaten (Vermeidung von Übergewicht), von einer Ersetzung als ungesund eingeschätzter Zutaten durch gesündere bis hin zur Rücksichtnahme auf die Geschmäcker von Kindern und Jugendlichen (Pizza statt Fleischspeisen).

Obwohl der Anspruch auf frisch gekochtes Essen noch weit verbreitet ist, wird im Alltag in vielen Haushalten auf Tiefkühlkost zurückgegriffen. Es wird öfter darauf verwiesen, dass Zeitmangel die Verwendung von Tiefkühlprodukten befördert. Auch die fehlende Einkaufsinfrastruktur in der Gemeinde wird als Grund für die Verwendung von Tiefkühlkost angegeben. Im Lebensmittelgeschäft wird ein deutlicher Anstieg des Absatzes an Tiefkühlprodukten in den letzten Jahren festgestellt. Für viele Haushalte ist die gemischte Verwendung von selbst eingefrorenen Lebensmitteln (z.B. Gemüse) und zugekauften Tiefkühlprodukten die Regel (Tiefkühlgemüse, Pizza usw.). Selbst eingefrorene Lebensmittel (meist aus dem eigenen Garten) genießen dabei eine höhere Wertschätzung. Der Konsum von Tiefkühlprodukten wird den KonsumentInnen in der Gemeinde erleichtert, da sie auf die Dienste eines fahrenden Tiefkühlhändlers zurückgreifen können.

Nicht untypisch für ländliche Gemeinden ist, dass viele BewohnerInnen einen eigenen Garten besitzen und dort in unterschiedlichem Ausmaß Lebensmittel für den eigenen Gebrauch kultivieren. Die Selbstversorgung aus dem eigenen Garten bildet eine wichtige Grundlage der Lebensmittelbereitstellung am Land. Während der Selbstversorgungsgrad bei manchen Bauernfamilien noch sehr groß ist, kann sich der Eigenanbau bei anderen Haushalten auf einige wenige Produkte (Gemüse, Kräuter) beschränken. Der Gefriertruhe kommt in vielen Haushalten eine besondere Bedeutung zu: Lebensmittel aus Eigenproduktion werden eingefroren und bieten mitunter für mehrere Monate im Jahr kontinuierliche Versorgung. Nicht selten werden Produkte auch von der Verwandtschaft bezogen, insbesondere bei Fleisch ist dies häufig der Fall. Dieses wird an Schlachttagen erworben und dann für den späteren Gebrauch eingefroren. Dazu kommt, dass auch die Nähe von bäuerlichen Betrieben den Bezug bestimmter Nahrungsmittel erleichtert.

In den Ernährungspraktiken der Gemeinde zeigt sich oft eine deutliche Unterscheidung zwischen dem wöchentlichen Alltag und dem Wochenende. Vorstellungen einer „richtigen Mahlzeit" (meist bestimmt durch mehrere Gänge, dem Zeitlassen, dem gemeinsamen Versammeln am Esstisch und dem Ausschalten des Fernsehers) werden eher am Wochenende realisiert, während der ernährungsbezogene Alltag unter der Woche durch Kompromisse gekennzeichnet sein kann. Auch wenn es Haushalte gibt, die keinen Unterschied zwischen Wochentag und Wochenende machen, ist das Zubereiten des Essens am Wochenende häufig aufwendiger und insbesondere am Sonntag ist Fleisch (vor allem Rindfleisch) ein absolutes Muss. Das Wochenende ist auch jene Zeit, in der die wenigen kochenden Männer in der Gemeinde in Aktion treten.

Der Sonntag ist ernährungsbezogen ein Ausnahmetag, dies gilt in noch höherem Ausmaß für andere Festtage wie z.B. Taufen, Geburtstage, kirchliche Feiertage oder andere Festlichkeiten in der Gemeinde (z.B. Feuerwehrfest). An diesen Tagen kommt es häufig vor, dass Familien nicht zu Hause essen (was manchmal auch am Wochenende der Fall ist). Generell ist das Außer-Haus-Essen in der Gemeinde selten. An Festtagen aber ist dies anders: Da wird häufig in Restaurants, Gasthäusern oder beim Heurigen in der Gemeinde gegessen, was sonst eher unüblich ist bzw. bestimmten Personen vorbehalten bleibt (z.B. allein stehenden Witwern ohne Kochkompetenz). Auch öffentliche Ereignisse wie Feuerwehrfeste bieten Möglichkeiten zur Nahrungsaufnahme, das Grillhendl scheint dabei eine beliebte Speise zu sein. Für ernährungsbewusste GemeindebürgerInnen ist das Speisenangebot bei öffentlichen Ereignissen aber qualitativ oftmals unzureichend, weshalb auf ein Essen verzichtet wird. Für berufstätige GemeindebewohnerInnen ist mittags außer

Haus zu essen allerdings oft die Regel, da die entfernte Arbeitsstelle keine Rückkehr in das eigene Heim erlaubt.

Da in der Gemeinde vielfältige Verwandtschaftsbeziehungen herrschen und oftmals mehrere Generationen, wenn schon nicht unter einem Dach, so doch in der näheren Gemeindeumgebung wohnen, spielen gegenseitige Hilfeleistungen bei der Bereitstellung von Speisen eine ausgeprägte Rolle. Für allein stehende Witwer kann es sich essensmäßig als Vorteil erweisen, wenn die Töchter in der Gemeinde wohnen, da dann auf weibliche Versorgungskanäle zurückgegriffen werden kann. Ist die Frau des Hauses für Einkäufe in die Großstadt oder berufstätig, springt die Großmutter beim Kochen ein. Zu bestimmten Feiertagen kann sich die Verwandtschaft treffen und beim gemeinsamen Essen ihr Zusammengehörigkeitsgefühl bestärken. Einladungen zum Essen beschränken sich häufig auf die Verwandtschaft.

Hat für die erwachsenen BewohnerInnen der Gemeinde die gemeinsame Mahlzeit und der dabei getätigte kommunikative Austausch einen hohen Stellenwert für die Erzeugung und Reproduktion von familiärer Gemeinschaft, so ist dies bei den Jugendlichen in der Gemeinde nicht immer der Fall. Jugendliches Essen bewegt sich zwischen dem gemeinsamen Familientisch und damit verbundener Kommunikation, der Selbstversorgung aus dem Kühlschrank bzw. dem „Kochen" einfacher Speisen (Tiefkühlpizza) und dem Schnellessen vor dem Fernseher. Bei urlaubsbedingter Abwesenheit der Eltern kann es durchaus vorkommen, dass manche Jugendliche die ganze Woche Tiefkühlpizza essen. Bei den wochenendlichen Aktivitäten in den Städten (Kinobesuche) genießen Fast-Food-Restaurants hohe Wertschätzung, weniger wegen der Qualität der Speisen, als wegen der Möglichkeit des schnellen Essens und der Öffnungszeiten am Sonntag.

8.4.2. Gender und Ernährungskompetenz

Hat sich bereits im städtischen Kontext die geschlechtsspezifische Zuweisung von Haushalts- und Ernährungsverantwortung an die Frauen als sehr persistent erwiesen, so ist dies im ländlichen Kontext noch in viel größerem Ausmaß der Fall (auch aufgrund der geringeren Ausdifferenzierung von Zusammenlebensformen). Dass die Frauen für Einkaufen, Kochen und Hausarbeit zuständig sind und die Küche kein männlicher Verantwortungsbereich ist, wird fast in allen Haushalten sichtbar. Daran ändert auch weibliche Berufstätigkeit nichts. Häufig ist zu hören, dass der Mann noch „aus der älteren Generation" sei und es deshalb verständlich wäre, dass er keine Ernährungsarbeit leistet. Zwar übernehmen Väter und Söhne fallweise einzelne Arbeiten (z.B. Einkaufen), wenn diese „angeschafft" werden, ansonsten ist die weibliche Zuständigkeit für die Küche der Regelfall. Zwar kocht ein Teil der Frauen nicht ungern, bei einem anderen Teil wird diese Zuständigkeit aber auch als belastender Zwang erfahren, vor allem bei berufstätigen Frauen, deren Männer jegliche Mithilfe im Haushalt ablehnen. Wenn es allerdings um die Speisenwünsche geht, dann wird in vielen Fällen deutlich, dass sich der Geschmack der Männer durchsetzt. Meist bestimmen sie, was auf den Tisch kommt. Manche Frauen würden gerne Innovationen am häuslichen Esstisch durchsetzen (weniger Fleisch, Verwendung von Vollwert- oder Bio-Produkten, gesündere Zusammensetzung der Gerichte), scheitern aber am Widerstand der Männer, die gewohnte, traditionelle Speisen auf dem Tisch haben wollen. Aus Gründen der Konfliktvermeidung, einem ausgeprägten Pflichtverständnis und dem Verwöhnen-Wollen wird den Wünschen der Männer häufig nachgegeben.

Es gibt aber auch einige, wenige kochende Männer in der Gemeinde: Dies ist bei-spielsweise beim professionellen Kochen im Restaurant der Fall oder wenn sich der Mann am Wochenende entschließt, zumindest Teile des sonntäglichen Mittagessens zu kochen. Der Unterschied zum weiblichen Kochen besteht darin, dass die entsprechende Lust vor-handen sein muss und dass es sich um Fleischspeisen oder exotische Speisen handelt. In einem Fall bereitet der Mann – wie bereits sein Vater vor ihm, von dem er diese Praxis übernommen hat – am Sonntag den Schweinebraten zu, während der Rest der Familie in der Kirche weilt. Die dazugehörigen Knödel muss allerdings die Frau – vor dem Kirch-gang – zubereiten. Männer, die fallweise kochen, also auch auf Kochkompetenz zurück-greifen können, springen fallweise auch ein, wenn die Frau wichtige andere Dinge zu tun hat.

Die Weitergabe von Kochkompetenz vollzieht sich fast ausschließlich in weib-licher Linie. Ein Aufbrechen dieses Kompetenz-Zyklus – wie im städtischen Kontext in Ansätzen beobachtbar – ist selten. Ähnlich wie im städtischen Zusammenhang geht der Erwerb von Kochkompetenz durch Erfahrungslernen vor sich. Am Anfang steht das Mit-helfen, dann wird schrittweise das Selbstkochen eingeübt. Vermittlungsperson ist in den meisten Fällen die Mutter. Zusätzlich zum Erfahrungslernen im familiären Kontext kann auch die Schule eine Festigung des Gelernten bewirken. Insbesondere Kochbücher aus der Schulzeit werden auch später noch konsultiert. In den wenigen Fällen kochender Männer spielte ebenfalls das Zuschauen bei der Mutter eine zentrale Rolle im Kompe-tenzerwerbsprozess, aber auch der (am Sonntag) kochende Vater kann – wie bereits an-geführt – als Vorbild wirken. Neben der Anweisung im Elternhaus kann auch der Schulun-terricht den männlichen Erwerb von Ernährungskompetenz anregen. Lernen Söhne in der Schule kochen, so wird das von den Müttern als positiv empfunden. Mehr Bedeutung wird allerdings dem eigenständigen Kochen der Töchter zugeschrieben, dies sehen Mütter als ihren Erfolg an und konstatieren mit Genugtuung die Einübung in die zukünftige Rolle als Hausfrau.

8.4.3. Der Stellenwert von Gesundheit beim Essen

In den Interviews wird deutlich, dass Gesundheitsfragen im Zusammenhang mit dem Es-sen auch am Land zunehmend ein Thema geworden sind. So wird öfters festgestellt, dass im Vergleich zum traditionell-ländlichen Essen früherer Generationen heute ge-sundheitsmotivierte Änderungen im Ernährungsalltag vorgenommen werden. So wird im Lebensmittelgeschäft beobachtet, dass Gesundheitsaspekte bei der Produktwahl zuneh-mend eine Rolle spielen, auf den Zucker- und Fettgehalt von Lebensmitteln geachtet wird. Mehrere KonsumentInnen heben hervor, dass im Vergleich zu vor zehn Jahren gesund-heitliche Überlegungen wichtiger geworden sind: Dies äußert sich z.B. in der Reduktion der Verwendung von Fett, dem Kochen mit Öl statt mit Schmalz und auch in der Redukti-on des (Schweine-)Fleischkonsums. Im Unterschied zum traditionellen Kochen der älteren Generation koche die jüngere auch in Bauernhaushalten etwas gesundheitsbewusster, so wird darauf geachtet, dass Gemüse ein konstanter Bestandteil der aufgetischten Gerichte ist.

Während ein pro-aktives gesundheitliches Ernährungshandeln vor allem bei Frauen und Müttern (gesunde Ernährung für die Kinder) feststellbar ist, resultiert dies bei Män-nern häufiger aus körperbedingtem „Zwang". Krankheitserfahrungen und Ratschläge des Arztes können zu (von Frauen orchestrierten) Ernährungsumstellungen führen (z.B. Reduktion von Schweinefleisch), auch wenn dies manchen Männern schwer fällt. Deutlich wird dies bei einem allein stehenden älteren Witwer, der die Schwierigkeiten eines krankheitsbedingten Verzichts auf bestimmte mit Lust verbundene Lebensmittel zum Ausdruck bringt. Fettreduktion bedeutet in diesem Fall auch Geschmacksreduktion, weshalb die ärztlichen Ratschläge auch nur moderat umgesetzt werden und immer wieder der Gusto auf eigentlich zu meidende, fetthaltige Speisen durchschlägt. Zeigen sich Männer den weiblichen Bemühungen um gesündere Ernährung gegenüber offen, dann kann dies zu alimentären Lernprozessen führen (z.B. Kennenlernen schmackhafter Fleischalternativen). Auffallend ist, dass häufig Übergewicht das Motiv für gesundheitsbezogene Ernährungsumstellungen ist und es zu einer partiellen Distanz gegenüber der bodenständigen, regionalen Kost kommen kann und mehr Gemüse und kohlehydrathältige Lebensmittel bevorzugt werden. Frauen verweisen auf vielfältige Diätaktivitäten, auch männliche Jugendliche praktizieren fallweise Diäten und kontrollieren ihre Ernährungspraktiken, wenn es um das Aufrechterhalten einer sozial akzeptablen Körperform und die Chancen beim weiblichen Geschlecht geht. Ernährungsumstellungen müssen aber nicht von Dauer sein: Mehrmals wird darauf verwiesen, dass der Mensch nur begrenzt lernfähig sei und bei einer Verbesserung des Gesundheitsstatus oft wieder in die alten Gewohnheiten zurück falle. Solange keine gesundheitlichen Probleme auftauchen, gäbe es auch keine Aufmerksamkeit für Gesundheitsfragen. Die geringste Offenheit für Gesundheitsthemen scheint bei Jugendlichen gegeben, jedoch auch hier ist bei männlichen Jugendlichen im Vergleich mit ihren fleischzentrierten Vätern eine fallweise Distanz zu Fleisch und fetthaltigen Speisen feststellbar.

Insgesamt sind Erfahrungen mit Krankheit, Rücksichtnahmen auf die eigenen Kinder, Gewichtsprobleme, altersbedingte Gebrechlichkeiten und der allgemeine Gesundheitsdiskurs wesentliche Antriebsfaktoren für eine gesündere Ernährung. Dagegen steht jedoch eine traditionell sehr starke Orientierung an deftiger, bodenständiger Küche mit hohem Fleischanteil. Es wird vermutet, dass in der Gemeinde gesunde Ernährung in Zukunft noch mehr an Bedeutung gewinnen wird. Einschränkend wird vermerkt, dass gesundes Essen aufgrund von Infrastrukturmängeln in der Gemeinde manchmal schwierig zu realisieren ist, es z.B. Biogemüsezustelldienste wie in der Großstadt nicht gibt. Werden Bio-Lebensmittel konsumiert, dann spielt die Einschätzung ihrer Gesundheitsförderlichkeit oft eine wesentliche Rolle.

Der zukünftige Gesundheitsstatus der Gemeinde hängt entscheidend von den Kindern und Jugendlichen ab. Generell wird aus der Sicht der Eltern die ernährungs- und gesundheitsbezogene Lage von Kindern und Jugendlichen in der Gemeinde im Vergleich zur Stadt als besser eingeschätzt. Zum einen gäbe es in der Gemeinde keine Fast-Food-Angebote, weshalb die Heranwachsenden nur bei ihren bildungs- oder freizeitbezogenen Aufenthalten in den Städten damit konfrontiert würden. Zum anderen sei das Angebot an (Sport-)Vereinen größer, weshalb Bewegung für Jugendliche leichter machbar sei. LehrerInnen (die auch außerhalb der Gemeinde unterrichten) beobachten, dass der Gesundheitsstatus von Kindern und Jugendlichen schlechter geworden sei, dass in den letzten Jahren zunehmend auch Kinder mit einem Körpergewicht von 100 Kilo in der Klasse säßen, was es früher nicht gegeben habe. Viele Kinder kämen in den Kindergarten und die Schule, ohne gefrühstückt zu haben. In der Schule böte das Schulbuffet zwar auch gesunde Lebensmittel an, der Schulwart mache jedoch mit ungesunden Produkten das meiste Geschäft und durch dieses Angebot werde das ungesunde Essen der SchülerInnen befördert. Mehrmals wird in den Interviews gefordert, dass Kinder und Jugendliche Zugang zu gesunder Ernährung haben sollten, auch wenn sie dies altersphasenbedingt nicht immer annähmen.

8.4.4. Das Lebensmittel Fleisch

Viele der bäuerlichen Betriebe in der Gemeinde betreiben Milch- und Viehwirtschaft. Der Bezug zu Fleisch ist also noch sehr direkt gegeben, Hausschlachtungen finden häufig statt. Traditionelle ländliche Kontexte sind oft durch hohen Fleischkonsum gekennzeichnet (Döcker 1994). Wenn wir den Fleischkonsum in der Gemeinde betrachten, dann zeigen sich relativ enge Beziehungen zum Thema Gesundheit. Auf die Reduktion des Fleischkonsums allgemein und des Schweinefleischs im Besonderen aus gesundheitlichen Gründen wurde bereits verwiesen. Moderate Enttraditionalisierungsprozesse sind in Bezug auf Fleisch offensichtlich: Der tägliche Fleischkonsum ist nicht mehr das Non-Plus-Ultra. Obwohl Sonntag und Feiertag in hohem Ausmaß noch immer Fleischtage sind (meist Rindfleisch), ist dies während der Woche nicht mehr unbedingt der Fall. Wurde in der Kindheit einiger Interviewpersonen noch täglich Fleisch genossen, so hat sich der Fleischkonsum zumindest unter der Woche reduziert und ist ein Wechsel von gesundheitlich als negativ eingeschätzten Fleischsorten (z.B. Schwein) zu anderen Fleischsorten festzustellen. Im Einzelfall kann aus Gesundheitsgründen der Schweinefleischkonsum fast auf Null reduziert werden. Generell wird weniger fettes Fleisch bevorzugt, auch wenn manchmal ein daraus resultierender Geschmacksverlust beklagt wird. Änderungen der Zubereitungsweisen werden ebenfalls festgestellt: War für die ältere Generation das gekochte, gedünstete bzw. durchgebratene Fleisch Standard, so neigt die jüngere Generation zu kurz gebratenem Fleisch. In konventionell produzierenden Bauernfamilien sind Fleisch und Wurstwaren allerdings immer noch die zentralen Lebensmittel. Die Vormittagsjause des Bauern ist weitgehend fleisch- und wurstzentriert, Wurst spielt sowohl beim Frühstück als auch Abendessen eine wesentliche Rolle, während Fleisch im Zentrum des Mittagessens steht. In anderen Haushalten (z.B. Personen in Dienstleistungsberufen) dagegen sind auch nicht fleischzentrierte Ernährungsweisen zu beobachten, teilweise durch den Vegetarismus des eigenen Kindes mitbewirkt.

Charakteristisch für die Gemeinde ist, dass fast niemand ausschließlich im Supermarkt Fleisch kauft. Die Regel ist vielmehr, dass Fleisch aus eigener Produktion, aus der Fleisch produzierenden Verwandtschaft oder von ortsansässigen, bekannten Betrieben bezogen wird. Teilweise kann es unterschiedliche Bezugsquellen für Rind, Schwein, Wild, Fisch und Huhn geben. Gemeinsam ist diesen Bezugsquellen, dass sie als sehr vertrauenswürdig eingeschätzt werden. Da die ProduzentInnen bekannt sind, kann die Herkunft des Tieres nachvollzogen werden, weshalb mögliche Risiken beim Fleischkauf weitgehend ausgeschaltet erscheinen. Manchmal wird Fleisch von Bio-LandwirtInnen bezogen, häufig ist aber die persönliche Bekanntschaft ein Äquivalent für „Bio". Auch wenn nicht biologisch produziert wurde, gehen viele Abhof-KäuferInnen davon aus, dass das Fleisch quasi „Bio" sei, aufgrund naturnaher Aufzucht und Hausschlachtung. In einem Fall wird das Fleisch vom eigenen Vater bezogen und wegen des „Glücks der Tiere" als Bio-Fleisch bezeichnet. Nicht überraschend ist daher, dass Lebensmittelskandale – wenn überhaupt – nur kurzfristige Auswirkungen hatten. Fleisch wird durchgehend als vertrauenswürdig eingeschätzt, da der Bauer bekannt und die Kontrollen gut seien. Im Unterschied zu Deutschland sei das Fleischimage in Österreich gut, es gäbe keine Fleischfabriken und die Kontrollen funktionierten. Fleisch wird meist in größeren Mengen gekauft und

für den späteren Gebrauch eingefroren. Regionalität spielt für die GemeindebewohnerInnen insbesondere in Bezug auf den Fleischkauf bei bekannten LandwirtInnen eine Rolle.
Neben dem Vertrauensaspekt wird auch die Fleischqualität als Positivum angeführt, Tiere
aus der Region hätten weniger Transportstress, was sich günstig auf die Qualität auswirke.
Bei ernährungsbewussten KonsumentInnen und/oder Bio-KonsumentInnen kann es vorkommen, dass beim Außer-Haus-Essen im Gasthaus oder auf Festen kein Fleisch gegessen
wird, da die Herkunft nicht bekannt ist und Massentierhaltung vermutet wird. Bio-Fleisch
wird fallweise die bessere Qualität zugeschrieben und als besonderer Vorteil die artgerechte Tierhaltung gesehen.

8.4.5.   Der Konsum von Bio-Lebensmitteln

Generell ergibt sich der Eindruck, dass der Konsum von Bio-Lebensmitteln in der Gemeinde nicht sehr ausgeprägt ist, den Qualitäten biologischer Produkte von vielen eher
Misstrauen entgegengebracht wird. Im Lebensmittelgeschäft wird berichtet, dass nur wenige GemeindebewohnerInnen auf „Bio" achten und dass Bio-Lebensmittel generell
schwierig zu verkaufen seien, da sie bei den Menschen keinen großen Stellenwert genießen. Dem Großteil der LandwirtInnen in der Gemeinde wird eine große Ablehnung gegenüber biologisch erzeugten Lebensmitteln zugeschrieben, auch bei Probieraktionen sei-
en viele nicht bereit, auch nur zu kosten. Das Potenzial für den Bio-Konsum in der Gemeinde wird von mehreren Seiten als eher gering eingeschätzt. Stadtmenschen würden
sich mehr aus solchen Produkten machen als Landmenschen. Nur wenige seien bereit, höhere Preise zu zahlen. Das Image von Bio-Produkten wäre je nach Bevölkerungsschicht
unterschiedlich, während die älteren GemeindebewohnerInnen eher dagegen seien, seien
die Gesundheitsbewussten dafür. SkeptikerInnen des Bio-Konsums heben die hohen Preise hervor, die durch teilweise mangelnde Qualität nicht gerechtfertigt seien. Echtheits-
zweifel und Vorwürfe der Geschäftemacherei werden geäußert, aus Sicht des Ernährungs-
handwerks stellt die Hervorhebung von „Bio" konventionelle Qualitätsprodukte ungerech-
terweise in den Schatten. Zwar konstatieren auch Nicht-KäuferInnen, dass die Kontrollen
bei Bio-Produkten besser seien, jedoch reduziert dies nicht das Misstrauen. Als Gegenentwurf zu Bio-Produkten wird häufig auf die Erzeugnisse aus dem eigenen Garten verwiesen, die wirklich „Bio" seien, da sie im Unterschied zu konventionell erzeugten nicht
gespritzt würden. Öfter wird von Bio-SkeptikerInnen geäußert, dass nur der eigene Garten
absolute Sicherheit bietet. Auch die Hausschlachtung von Tieren bzw. die Herkunft der
Tiere aus verwandtschaftlicher Produktion wird – wie bereits im Abschnitt über den
Fleischkonsum erwähnt – manchmal als Äquivalent für Bio angeführt. Diese Tiere seien
glücklich, deshalb könnten sie als Bio-Tiere bezeichnet werden. SkeptikerInnen kaufen
zwar auch manchmal Fleisch vom Bio-Betrieb, allerdings nicht wegen der Bio-Qualität,
sondern wegen der nachvollziehbaren Herkunft und dem dadurch gegebenen Vertrauen.

Bio-KäuferInnen heben die höherwertige, gesundheitsförderliche Qualität von Bio-
Lebensmitteln hervor, auch sei der Geschmack solcher Produkte besser, was den höheren
Preis rechtfertige. Außerdem sei die Preisdifferenz im Supermarkt zwischen biologisch
und konventionell produzierten nur mehr gering. Einige InterviewpartnerInnen sehen
durchaus Chancen für Bio-Lebensmittel auch am Land, da zunehmend mehr Menschen
auf Lebensmittelqualität achten und nicht den Preis als alleiniges Kriterium sehen. Allerdings dürfe der Mehrpreis nicht zu hoch sein, da sonst auch prinzipiell aufgeschlossene
KonsumentInnen nicht kaufen würden. Auffällig ist bei den interviewten Bio-

LandwirtInnen, dass parallel zur Umstellung und zum Aufbau der biologischen Landwirtschaft auch ein Bewusstwerdungsprozess hinsichtlich der eigenen Ernährung stattfand. Während in einem Fall der eigene Status vor der Umstellung als Billigkäuferin beschrieben wird, der sich dann in einen Status als überzeugte Bio- und Qualitätsesserin verwandelte, war in den anderen Fällen bereits vor der Umstellung eine Bio-Karriere begonnen worden bzw. entwickelte sich langsam eine bewusste Ernährungspraxis. Gemeinsam ist allen Fällen, dass sich eine Qualitätsorientierung und eine Freude an der Auseinandersetzung mit gesunder Ernährung entwickelt haben und teilweise auch darüber hinausgehende Wissenserwerbsprozesse stattgefunden haben. Eine Bio-Bäuerin drückt dies so aus: Durch „Bio" bekomme man eine andere Lebenseinstellung. Für einen Großteil der GemeindebewohnerInnen scheinen Bio-Lebensmittel aber wenig Attraktivität zu besitzen, auch eine Gesundheitsorientierung führt nicht unbedingt zu einem Konsum biologisch erzeugter Lebensmittel.

8.4.6. Der Aspekt Regionalität

Regionalität verstanden als Nähe zu den produzierenden LandwirtInnen spielt beim Fleischkauf – wie bereits gezeigt – eine zentrale Rolle für viele GemeindebewohnerInnen. Bei anderen Produkten wie z.B. Gemüse wird Regionalität als Qualitätsmerkmal oft mit österreichischer Herkunft gleichgesetzt. Österreichische Produkte werden der Importware vorgezogen, wobei insbesondere die Abgrenzung zu Gemüse aus Spanien und Holland deutlich wird. Tomaten aus Spanien würden zu früh geerntet und seien im Vergleich zu den Tomaten aus dem eigenen Garten geschmacklos, Gemüse aus Holland wäre chemisch behandelt, weshalb regionale Produkte gesünder seien. Medienberichterstattung über diverse Anbau- und Konservierungsmethoden wird als Hintergrund für Meidungen bestimmter Produkte angeführt. Generell ist bezüglich der Regionalität der Produkte unter den KonsumentInnen der Gemeinde eine Zweiteilung feststellbar: Während Regionalität als Qualitäts- und Orientierungsmerkmal bei einem Teil der KonsumentInnen mit Ausnahme Fleisch keine Rolle spielt (manche InterviewpartnerInnen stellen dies für den Großteil der Gemeinde fest), achtet der andere Teil auf regionale Herkunft. Insbesondere den LandwirtInnen wird eine ausgeprägte regionale Orientierung zugeschrieben. Auch Lebensmittelkleingewerbetreibende setzen in ihrem eigenen Konsum auf Regionalität, da mit dem Konsum regionaler Produkte Arbeitsplätze erhalten werden, die Wertschöpfung in der Region bzw. in Österreich verbleibt und letztlich sie selbst auch auf regional orientierte KonsumentInnen angewiesen sind. Bei KonsumentInnen von Bio-Lebensmitteln ist ebenfalls eine ausgeprägte Regionalorientierung feststellbar, wobei der Regionsbegriff oftmals relativ weit gefasst wird und neben Produkten aus der unmittelbaren Region auch Produkte aus der „Region Österreich" beinhaltet. Region wird im Allgemeinen als Synonym für Sicherheit und Risikominimierung gesehen. Generell wird aber deutlich, dass Regionalität (und fallweise auch Saisonalität) Dimensionen der Produktwahl sind, die oft nur wenige Lebensmittel betreffen. Oft ist das Aussehen wichtiger als die Herkunft. Paradoxerweise wird von städtischen KonsumentInnen die Region, in der sich die Gemeinde befindet, als Qualitätsmerkmal höher bewertet als von vielen Einheimischen. Bei städtischen KonsumentInnen sei für Produkte aus der Region auch eine entsprechende Mehrpreisbereitschaft vorhanden. So wird dies zumindest von einem auf städtischen Märkten präsenten Bio-Betrieb gesehen, der darin eine Chance für die Gemeinde sieht, wenn entsprechende Maßnahmen zur Pflege dieses regionalen Ursprungs gesetzt würden. Vorstöße in diese Richtung würden aber als „Bio-Spinnertum" abgetan.

8.5.   Eine nachhaltige Ernährungszukunft in Waldhausen?

Im Vergleich zu den städtischen Ernährungspraktiken hat die Analyse der ländlichen Kleingemeinde doch deutliche Unterschiede hervorgebracht, von denen einige nochmals genannt seien: Die Zentralität des warmen Mittagessens, die hohe Bedeutung des eigenen Gartens, das nicht sehr ausgeprägte Interesse an Bio-Landbau und Bio-Lebensmitteln, die vergleichsweise noch stärker ausgeprägte geschlechtsspezifische Arbeitsteilung und alimentäre Verantwortungszuweisung an Frauen sowie eine geringere Bedeutung von Außer-Haus-Essen. Gleichzeitig sind aber auch in der Gemeinde städtische Tendenzen im Vormarsch: Der zunehmende Einkauf im Supermarkt und bei den Discountern, eine Orientierung am Preis, eine (moderate) Gesundheitsorientierung, die Zunahme des Konsums von Convenience-Produkten und (bei Jugendlichen) von Fast Food.

Was Waldhausen insgesamt betrifft, so sind die Chancen für eine nachhaltige Ernährungszukunft wohl ambivalent einzuschätzen. Auf der einen Seite gäbe es durchaus Möglichkeiten, z.B. eine Ausweitung biologisch produzierender Betriebe zu betreiben, die aufgrund der steigenden Nachfrage nach Bio-Lebensmitteln mittelfristig sicherlich Überlebenschancen hätten. Allerdings müssten dazu die Potenziale der Region stärker hervorgehoben werden, die ja offensichtlich bei den städtischen KonsumentInnen eine positive Resonanz erzeugen, was in der Gemeinde selbst noch nicht in diesem Ausmaß realisiert wird. Die Schaffung von Regionalitätsbewusstsein unter den ProduzentInnen und GemeindebewohnerInnen, ev. in Verbindung mit der Schaffung einer regionalen Marke, die Diversifizierung von Vermarktungsformen und das bewusste Setzen auf Nischenprodukte (z.B. in Verbindung mit dem Restaurant als Nachfragefaktor) könnten zusätzliche ernährungsbezogene Erwerbsmöglichkeiten für die Gemeinde bieten. Eine Tourismusoffensive in Verbindung mit kulinarischen Themen und Angeboten (z.B. Schaffung regionstypischer Lebensmittel in Verbindung mit Festen) wäre ebenfalls eine Positionierungsmöglichkeit. Mehr Bio-Produktion könnte auch eine Entlastung des Wasserproblems in der Gemeinde nach sich ziehen. Die Einbindung von Kindergarten und Schule in nachhaltige Ernährungsprojekte (unter Beteiligung von Betrieben der Ernährungswirtschaft) wäre eine Möglichkeit, nicht nur ein Bewusstsein für Produkte aus der Region herzustellen, sondern auch eine Sensibilität für gesunde Ernährung unter dem Gemeindenachwuchs zu schaffen. Zur Erleichterung berufstätiger Frauen bestünden für die Restaurants und Gasthöfe der Gemeinde durch ein Angebot an gesunden und frischen „Take-Away"-Gerichten zusätzliche Verdienstmöglichkeiten und würde gleichzeitig ein Beitrag in Richtung Gendergerechtigkeit geleistet. Die Interviews haben durchaus den Eindruck vermittelt, dass es Potenziale in der Gemeinde für solche (hier nur kursorisch aufgezählten) Aktivitäten gäbe. Voraussetzung wäre allerdings, dass es zu einer Bündelung dieser Interessen kommt und gemeinsam mit der Gemeindeleitung Strategien und Aktivitäten unter Einbindung der Bevölkerung überlegt und im Hinblick auf Realisierungsvoraussetzungen und -chancen bewertet werden.

Allerdings ist vor dem Hintergrund der beschriebenen Situation der Gemeinde die Initiierung solcher Aktivitäten eher unwahrscheinlich. Dazu müsste ein Commitment unter den GemeindebewohnerInnen geschaffen werden, das gerade in Ernährungsangelegenheiten hoch voraussetzungsvoll scheint. Zwar lässt das Beispiel des Lebensmittelgeschäfts durchaus eine fallweise Unterstützung durch die GemeindebewohnerInnen erkennen, aber generell ist die Situation der Ernährungswirtschaft alles andere als rosig. Für viele KonsumentInnen scheinen die Verlockungen der Supermärkte in Verbindung mit einer Preisorientierung zu stark, ist die Nachfrage nach Bio-Lebensmitteln nur schwach ausgeprägt, ein Regionalitätsbewusstsein wenig existent und lässt die immer noch starke traditionelle Verankerung der Ernährungspraktiken Veränderungen in größerem Ausmaß unwahrscheinlich erscheinen.

Veränderungen der Ernährungspraktiken sind aber sichtbar: Zum einen solche, die den Anforderungen des zeitraubenden Berufslebens geschuldet sind, wie z.B. die steigende Verwendung von Convenience-Produkten (z.B. Tiefkühlerzeugnisse). Diese Verwendung ist allerdings vor dem Hintergrund der Konstanz von traditionellen Mahlzeitennormen zu sehen. Andererseits sind vor allem gesundheitsmotivierte (partielle) Ernährungsumstellungen zu beobachten. Auch am Land wird das Gesundheitsthema wichtiger, kommt es zu einer moderaten Fleischreduktion bzw. einem Wechsel zu gesünder eingeschätzten Fleischsorten. Übergewicht und ärztliche Ernährungsempfehlungen sind u.a. treibende Faktoren hinter diesen Entwicklungen. Von Frauen versuchte Ernährungsumstellungen werden jedoch nicht selten von Männern torpediert, was im Kontext von noch weitgehend unhinterfragten traditionellen Geschlechtsrollenzuweisungen wenig Spielraum für die Frauen bietet. Die hohe Bedeutung des eigenen Gartens und des Selbstanbaus ist im Sinne von Selbstversorgung und Ernährungskompetenz positiv zu sehen, die u.a. damit verbundene Distanzierung von Bio-Produkten kann allerdings als problematische Folge interpretiert werden.

Florentina Astleithner

9. Fleischkonsum als Kriterium für nachhaltige Ernährungspraktiken

Fleischprodukte zählen zu jenen Lebensmitteln, denen eine große emotionale Bedeutung zugemessen wird, das heißt, sie sind symbolisch aufgeladen, haben eine hohe kulturelle Wertigkeit und sie wecken starke Reaktionen. Der Fleischkonsum erhält als Kriterium für nachhaltige Ernährungspraktiken aber auch deshalb besonderes Gewicht, weil insbesondere die ökologischen und gesundheitlichen Auswirkungen durch die industrielle Fleischproduktion einen beträchtlichen Anteil am nicht-nachhaltigen Entwicklungstrend der Gegenwartsgesellschaften haben. Außerdem verschärft der weitgehend uneingeschränkte Fleischkonsum der Reichen die globale soziale Ungleichheit, da u.a. die mit Kraftfutter (Getreide, Soja etc.) gemästeten Nutztiere zu Nahrungskonkurrenten der Menschen und die benötigten Flächen für Futtermittel immer zahlreicher in den Ländern des Südens beansprucht werden, wo gleichzeitig mehr als 800 Millionen Menschen unterernährt sind (FAO 2004). Dieser Zahl stehen laut Schätzungen des Worldwatch Institutes 1.100 Millionen Menschen gegenüber, die überernährt sind (Krämer/Scheffler 2001), nicht zuletzt aufgrund eines sehr hohen Fleischkonsums.

Bemerkenswert ist, dass die Veränderung des Fleischkonsums – abgesehen von den meist nur kurzfristig geführten Diskussionen rund um Fleischskandale – bisher keine Rolle in der öffentlichen Umweltkommunikation spielt, obwohl die industrielle Produktion von Fleisch beispielsweise einen erheblichen Beitrag zum Treibhausgaseffekt leistet.[34] Die theoretisch simple und hoch effiziente Strategie, die verzehrte Menge auf das ernährungswissenschaftlich empfohlene Maß zu reduzieren – was gleichzeitig einen großen Nutzen im Sinne einer gesundheitsfördernden Präventionsmaßnahme besäße – wird aber durch den hohen Status und die identitätsstiftende Funktion, die Fleisch als Nahrungsmittel genießt, konterkariert.

In den folgenden Abschnitten wird zuerst die Relevanz (einer Reduktion) des Fleischkonsums für nachhaltige Entwicklung diskutiert, dann folgt die Darstellung der empirischen Befunde zu Motiven und Praktiken des Fleischkonsums und abschließend werden die Chancen und Restriktionen nachhaltiger Fleischgenusspraktiken in Österreich zusammengefasst.

9.1. Die Relevanz des Fleischkonsums für nachhaltige Entwicklung

Nachhaltiger Fleischkonsum basiert, wie nachhaltige Ernährung generell, auf Handlungsweisen, die folgende Ziele gleichzeitig und gleichwertig anstreben: Die Erreichung hoher Lebensqualität (worunter insbesondere die Erhaltung der Gesundheit fällt), die Schonung der Umwelt, faire Wirtschaftsbeziehungen und soziale Gerechtigkeit. Zur Umsetzung dieser Ziele werden von der Ernährungsökologie zwei zentrale Kriterien für einen nachhalti-

---

[34] Der kürzlich erschienene Bericht der FAO zu den Umweltauswirkungen der Fleischproduktion könnte dies ändern (Steinfeld et al. 2006).

gen Fleischgenuss formuliert (Koerber et al. 2004): Zum einen sollten wöchentlich nicht mehr als zwei Fleischmahlzeiten verzehrt werden. Diese Menge sei u.a. günstig, um Zufuhrempfehlungen für z.B. Vitamin B_{12} leichter zu decken und gleichzeitig zur Vermeidung von ernährungsabhängigen Krankheiten beizutragen, die auf zu hohe Verzehrsmengen von tierischen Lebensmitteln zurückgeführt werden können. Weiters würde dadurch die Umwelt durch die Reduktion von Material- und Stoffströmen und des Flächenverbrauchs geschützt.

Zum anderen sollten Fleisch und Fleischprodukte aus biologischer und regionaler Erzeugung unter sozial fairen Bedingungen bezogen werden. Auch dies würde zur Schonung der Umwelt beitragen, die regionale Wirtschaft stärken und die Externalisierung von Kosten und Belastungen in andere Regionen der Erde vermindern. Weite Transportwege würden durch eine solche Konsumpraxis vermieden, die artgerechte Tierhaltung würde gefördert und ein Beitrag zur Minimierung der Belastung mit Schadstoffen geleistet.

So einleuchtend diese Ziele unter Umständen scheinen mögen, erweisen sie sich doch als weit entfernt von der gegenwärtigen gesellschaftlichen Praxis einer Mehrheit der KonsumentInnen[35], was unterschiedliche Ursachen hat. Diese sollen im Folgenden ansatzweise dargestellt werden.

9.1.1.   Sozio-kulturelle Aspekte des Fleischkonsums

Der Genuss von Fleisch hat kulturgeschichtlich gesehen immer schon einen besonderen Stellenwert und wird gleichzeitig in geschmacklicher, gesundheitlicher und moralischer Hinsicht (Tötung eines Lebewesens) höchst ambivalent bewertet. Als rares und nicht zu jeder Zeit verfügbares Gut ist Fleisch in der Menschheitsgeschichte ein hoch geschätztes Lebensmittel, das Feste und Feiern begleitet bzw. einen hohen Status der Essenden unterstreicht. In benachteiligten Schichten ist es das besondere Sonntagsessen, im bäuerlichen Alltag dient es als Belohnung für schwere Arbeit. „Als Sinnbild für Kraft, Potenz und Besitz verbindet sich mit dem Fleisch seit frühesten Zeiten eine Ideologie von Macht und gesellschaftlichem Ansehen" (Mellinger 2004, 27; MacClancy 1997; Rifkin 2001; Twigg 1983). Da Fleisch lange Zeit als Luxusgut und Kostbarkeit galt, diente es hervorragend zum Zweck der sozialen Distinktion. Dazu wird das Fleisch verschiedener Tierarten in ihrem Wert und ihrer Symbolik unterschieden. So steht rotes, bluthaltiges Fleisch, allen voran das Rindfleisch, an der Spitze der Hierarchie für die Einverleibung von Stärke und Aggressivität, Eigenschaften, die dem verzehrten Tier zugeschrieben werden. Wenig verwunderlich wird dunkles Fleisch mit Männlichkeit in Verbindung gebracht. Weißes Fleisch, das mit Weiblichkeit und weiblichen Eigenschaften assoziiert wird, und Fisch symbolisieren hingegen weniger machtvolles Fleisch und wären daher für Menschen geeignet, denen eine schwache Verdauung unterstellt wird (z.B. Kranke und Kinder, aber auch schwangere und stillende Frauen). Eier, Milchprodukte und schließlich Pflanzen werden ganz unten in dieser Hierarchie angesiedelt (Twigg 1979). Diese Hierarchisierung spiegelt sich auch in der in unserem Kulturkreis traditionellen Zusammensetzung von Mahlzeiten wider, in der Fleisch das Zentrum darstellt und von pflanzlichen Beilagen umgeben ist, denen eine untergeordnete Rolle zukommt. Die Ambivalenz in diesem Ordnungsprinzip wird an ihren Grenzen deutlich. An der Tatsache nämlich, dass rohes Fleisch

---

[35] Die genannten Ansprüche würden einigen Studien zufolge eine Reduktion des gegenwärtigen Fleischkonsums um bis zu 80 % erfordern (Brunner 2001).

und solches von unkastrierten und Fleisch fressenden Tieren in unserer Kultur tabuisiert werden, da in ihnen die „Macht des Blutes" zu offensichtlich wäre bzw. da sie mit einem Übermaß an Virilität behaftet sind, das als nicht mehr schmackhaft gilt. Rohes Fleisch beispielsweise ist der Natur noch zu nahe und muss erst durch Kulturtechniken des Kochens, Bratens etc. „zivilisiert" werden (zu Esstabus vgl. Barlösius 1999; Harris 1988; Setzwein 1997).

Die Langlebigkeit sozialer Ordnungsmuster, die in Ernährungsregeln und -gewohnheiten ihren Niederschlag findet und die die Umsetzung nachhaltiger Ernährungspraktiken erschwert, betrifft nicht nur die Frage der Esstabus. Trotz substantieller Veränderungen von Frauen- und Männerrollen, der Reduzierung körperlich anstrengender Berufstätigkeiten, gesundheitlicher Appelle von medizinischem Fachpersonal u.v.m., zeigen österreichische Studien, dass Männer doppelt so viel Fleisch- und Wurstwaren essen wie Frauen. Damit wird die ernährungswissenschaftlich empfohlene Menge von Männern mit rund 140 % deutlich stärker überschritten als von Frauen mit rund 50 % (Döcker et al. 1994). Die Empfehlungen im österreichischen Ernährungsbericht 2003 liegen bei maximal zwei bis drei Portionen Fleisch zu je 150g und maximal zwei bis drei Portionen Wurstwaren zu je 50g pro Woche und Person (Elmadfa et al. 2003).[36]

Die Tendenz von jüngeren Menschen und vor allem von Frauen fleischärmer oder auch fleischlos zu essen, lässt TrendforscherInnen bereits von einer „Feminisierung der Ernährungsweise" (Rützler 2003, 2005) sprechen, wodurch eine signifikante Reduktion des Fleischkonsums erwartet wird. Dies würde allerdings voraussetzen, dass es Frauen gelingt (z.B. in Familiensituationen), ihre fleischreduzierte Ernährungsweise nicht nur gegenüber ihren Männern und Söhnen durchzusetzen, sondern diese auch zu motivieren, ihren eigenen Fleischkonsum zu reduzieren. Die empirischen Befunde unserer Studie zeigen allerdings, dass die Tendenz eher umgekehrt ist, nämlich dass Frauen sich den Wünschen ihrer Männer und Söhne anpassen.

Der Fleischkonsum ist in verschiedene weitere Trends eingebettet, die starke Auswirkungen auf Ernährungspraktiken generell haben (Lönneker 2003). Die Lockerung von festen, vorgegebenen und gemeinsamen Essenszeiten und Regeln führt zu einer „Ent-Rhythmisierung" und zur „Ent-Bindung", die sich in einer Vorliebe für Fast Food niederschlägt, bei dem der Anteil von Fleisch sehr hoch ist. Auch im häuslichen Alltag wird gerne auf einfache, schnelle Fleisch- und Wurstgerichte wie Würstel, Faschiertes, Geschnetzeltes, Hamburger und generell Convenience-Produkte zurückgegriffen. Dies wird auch für Kinder immer selbstverständlicher, deren Geschmack sich auf industriell produzierte Produkte einstellt und die zunehmend auch immer mehr danach verlangen. Die Bevorzugung hoch verarbeiteter Produkte bedeutet in Hinblick auf den Genuss von Fleischwaren, dass deren tierischer Ursprung möglichst nicht mehr wahrnehmbar sein soll. Dadurch geht auch die Notwendigkeit bestimmter Fertigkeiten verloren, die früher – zumindest für die Zubereitenden – dem Fleischgenuss vorausgingen, wie z.B. das Zerlegen eines ganzen Tieres oder das Wissen um die Verwertung fast aller Teile, die Innereien eingeschlossen. Damit ist eine „Ent-Sinnlichung" verbunden, die im direkten Kontakt mit dem zu verspeisenden Tierkörper früher eher gegeben war. Gleichzeitig ist es weniger nötig, sich Gedanken darüber zu machen, dass andere Lebewesen für den eigenen Genuss getötet werden.

---

[36] Laut Ernährungsbericht wird diese Empfehlung je nach untersuchter Personengruppe sogar um das Zwei- bis Dreifache überschritten. Lediglich bei Schwangeren und 3- bis 6-jährigen Vorschulkindern würden die konsumierten Mengen den wünschenswerten Vorgaben entsprechen.

9.1.2.   Fleischverbrauch in Österreich und weltweit

Der für die westliche Kultur selbstverständliche und sehr hohe Fleischkonsum hat sich kontinuierlich in der zweiten Hälfte des 20. Jahrhunderts entwickelt, als Fleisch zu einem für die Mehrheit der Bevölkerung in hoch industrialisierten Ländern jederzeit verfügbaren und zunehmend auch leistbaren Nahrungsmittel wurde. Beispielsweise ist der Schweine-fleischverbrauch[37] in Österreich pro Kopf und Jahr von ca. 10 Kilo 1947/48 auf ca. 60 Kilo im Jahr 2000 gestiegen (Elmadfa et al. 2003) und hat damit mengenmäßig den höchsten Stellenwert bei der Bevölkerung. Auch wenn die absoluten Zahlen in verschiedenen Berichten voneinander abweichen, sind die generellen Befunde doch recht eindeutig. Trotz gewisser Schwankungen (z.B. kontinuierlicher Rückgang des Rindfleischkonsums seit Mitte der 1970er Jahre und kurzfristig auch durch die BSE-Krise) ist der Gesamtfleisch-konsum in Österreich weitgehend stabil und auf einem sehr hohen Niveau verglichen mit den ernährungswissenschaftlichen Empfehlungen (zwei bis drei Fleischmahlzeiten pro Woche).

Insgesamt liegt der Verbrauch von Fleisch in Österreich 2004 bei 98,4 kg pro Kopf (das ergibt eine rechnerisch ermittelte verzehrte Menge von 66 kg pro Kopf; Statistik Austria 2005) und liegt über dem für westliche Industrieländer ermittelten Durchschnitt von 87 kg pro Kopf und Jahr. Im Vergleich stehen den „Entwicklungsländern" nur 23 kg pro Kopf und Jahr zur Verfügung (Krämer/Scheffler 2001). Erhebungen der FAO zufolge hat sich der jährliche Pro-Kopf-Fleischverbrauch weltweit zwischen 1961 und 2000 ver-doppelt (FAO 2004). Hinter derartigen Durchschnittswerten verbergen sich allerdings große Differenzen zwischen einzelnen Ländern, zwischen Land- und Stadtbevölkerung und auch zwischen Mitgliedern eines Haushalts. Der Fleischverbrauch zeigt starke Korre-lationen mit der Höhe des Einkommens (Durning/Brough 1993). Die sich industrialisie-renden Länder holen rasch in ihrem Verbrauch auf, eine Tatsache, die von der FAO (2004) der Bevölkerungszunahme in den Städten (um 2017 sollen in den so genannten Entwick-lungsländern bereits gleich viele Menschen in den Städten wie am Land leben) und einem steigenden Pro-Kopf-Einkommen zugeschrieben wird. Dadurch erhöhe sich einerseits die durchschnittliche Kalorienzufuhr, andererseits verändere sich aber auch die Nahrungszu-sammensetzung, sodass der Anteil an Fleisch, neben jenem an pflanzlichen Ölen, Zucker und Weizen zunimmt. Menschen in Entwicklungsländern (vor allem die Elite und die wachsende Mittelschicht) können sich teilweise zunehmend teurere Produkte leisten, wo-bei es sowohl zu einer Annäherung als auch Anpassung an westliche Lebens- und Ernäh-rungsstile kommt, die eng mit einem wachsenden Fleischkonsum verbunden sind.

Darüber hinaus lassen sich Umschichtungen innerhalb des Fleischkonsums fest-stellen. In den Industriestaaten wird ein leichter Rückgang des gesamten Fleischkonsums konstatiert, wobei zwischen den mittleren und oberen Einkommensschichten, die weniger Fleisch zu sich nehmen, und den unteren Schichten zu differenzieren ist, deren Fleisch-konsum steigt (Fine et al. 1996). Tendenziell nimmt dabei der Verzehr von weißem Fleisch zu und der von rotem leicht ab, wie Zahlen für Österreich belegen: So ist parallel zum bereits erwähnten Rückgang des Rindfleischkonsums beim Geflügelverbrauch seit Beginn der 1960er Jahre ein beträchtlicher Aufwärtstrend zu verzeichnen, der sich in einer

---

[37] Zu beachten ist dabei, dass der tatsächliche Verzehr an Fleisch und Fleischwaren um ein Drittel geringer ist, da die Verbrauchsdaten Angaben in Schlachtgewicht beinhalten, einschließlich der Knochen, Zubereitungsverluste und Abschnittsfette sowie der industriell verwertbaren Bestandteile. Außerdem wird ein nicht unbedeutender Anteil des Fleisches an Haustiere verfüttert (Elmadfa et al. 2003).

Steigerung im Jahr 2002 gegenüber 1995 von + 17,6 % niederschlägt (Elmadfa et al. 2003).

9.1.3. Industrielle Produktion und ökologische Auswirkungen

Die universelle Verfügbarkeit von Fleisch in jeder Art und Form ist der Industrialisierung der Fleischproduktion zu verdanken, die auf Massentierhaltung, maschineller Tötung, Zerlegung und Umformung sowie Kühlanlagen und beschleunigten Transportmöglichkeiten basiert (Durning/Brough 1993; Rifkin 2001; Salmhofer et al. 2001; Sopper et al. 2000). Fleisch wurde dadurch nicht nur viel billiger, sondern die Produktion auch aus dem Alltagsbewusstsein verbannt. Den modernen Produktionstechniken entsprechen die oftmals noch in der Vorstellung existenten und von der Werbung benutzten Bauernhofidyllen nicht mehr.[38]

Die industrielle Produktion von Fleisch hat beträchtliche ökologische „Nebenfolgen", die einerseits eine Reduktion des Fleischkonsums und andererseits eine weitgehende Umstellung auf ökologischen Landbau zu einer sinnvollen Nachhaltigkeitsstrategie machen würde. Die Umstellung der gesamten Fleischproduktion auf Basis ökologischer Produktionskriterien wäre aus Gründen der höheren Flächenbeanspruchung innerhalb einer gegebenen Wirtschaftseinheit allerdings nur bei gleichzeitiger Reduktion des Fleischkonsums möglich. Eine solche Strategie wäre grundsätzlich realisierbar und käme auch der Gesundheit der Bevölkerung zugute, wenn es gelingen würde, den Fleischkonsum auf das aus medizinischer Sicht empfohlene Niveau von zwei bis drei Fleischmahlzeiten pro Person und Woche zu reduzieren. Wie eine österreichische Materialflussanalyse ergeben hat, ist der intensive Ressourceneinsatz der Lebensmittelversorgung auf den hohen Anteil der Fleischprodukte zurückzuführen (BMUJF 1996). „Eine Verdoppelung des Anteils vegetarischer Ernährung würde den Stoffumsatz der österreichischen Wirtschaft um insgesamt 10 bis 15 Prozent senken" (Fischer-Kowalski et al. 1997, 217).

Ökologische Probleme der Tierproduktion ergeben sich sowohl input- (z.B. Futtermittelproduktion) als auch outputseitig (z.B. Beitrag zum anthropogenen Treibhauseffekt) sowie in der Haltung der Tiere selbst (z.B. zu hohe Dichte, nichtverwertbare Menge von Gülle). Energetisch ist es nicht sehr effizient, die in Pflanzen gespeicherte Sonnenenergie über den Umweg Pflanzen fressender Tiere zu nutzen. Für konventionell erzeugtes Rindfleisch wird etwa zwölf Mal soviel Primärenergie verbraucht wie Nahrungsenergie darin enthalten ist. In der ökologischen Landwirtschaft wird weniger als halb soviel Primärenergie für die Produktion von Rindfleisch verbraucht (Koerber et al. 2004), dafür ist aber der Flächenbedarf um 10 bis 30 % höher, da den Böden nicht mehr entnommen werden soll als sie geben (ÖVAF 1999 zit. nach Sopper et al. 2000). Für den Menschen ist außerdem nur ein kleiner Teil der vom Tier aufgenommenen Nahrungsenergie von 10 bis 35 % über tierische Produkte konsumierbar (Koerber et al. 2004).

Die vordergründigen Probleme durch die industrialisierte Landwirtschaft und Massentierproduktion sind die hohe Flächenbeanspruchung für Futtermittel[39], Überdüngung

---

[38] Einen Einblick in die gegenwärtigen Produktionsbedingungen von Lebensmitteln bietet u.a. der bisher erfolgreichste österreichische Dokumentarfilm „We feed the world" von Regisseur Wagenhofer (Näheres unter www.we-feed-the-world.at, 20.01.07).

[39] „Weltweit gehen 36% der Getreideernte und 70% der Sojaernte in die Mägen von Tieren. (...) In Österreich wurden 1999 2,8 Millionen Tonnen Getreide als Viehfutter verwendet – dies entspricht etwa 63% der Gesamtmenge an Getreide. Insgesamt wird mit über 7.000 km² mehr als die Hälfte des österreichi-

von Böden und Gewässern und Pestizideinsatz mit Folgen für die Lebensmittel (Rückstände), die Böden und das Grundwasser[40], Massentierhaltung mit qualvollen Haltungsbedingungen für die Tiere, Einsatz von Antibiotika und Gentechnik im Tierfutter sowie die Steigerung des Transportaufkommens durch Zentralisierung von Produktions-, Schlacht- und Verarbeitungsbetrieben.

Besonders eindrücklich lässt sich der Beitrag der Fleischproduktion zum Klimaproblem veranschaulichen. Betrachtet man den gesamten Ernährungssektor – inkl. Verarbeitung, Transport und Zubereitung – zeigt sich, dass die Fleischwirtschaft inklusive der Milchwirtschaft für den größten Teil der Klimabelastungen verantwortlich ist (Salmhofer et al. 2001). In Deutschland verbrauchte die Landwirtschaft 1991 52 % der innerhalb des Bereichs „Landwirtschaft und Ernährung" emittierten CO_2-Äquivalente, wovon alleine 44 % der Tierproduktion zuzuschreiben sind (Koerber et al. 2004). Dies ist einerseits auf einen hohen Primärenergieverbrauch zurückzuführen. Andererseits entstehen z.B. in Österreich 43 % der jährlichen Methanemissionen (56-mal treibhauswirksamer als CO_2) durch die Verdauung von Rindern und Schafen bzw. durch die Gülleseen der Intensivtierhaltung (Sopper et al. 2000). Ein weiteres Problem sind die Emissionen aus der Brandrodung zur Gewinnung von Land für Weideflächen oder Futtermittelanbau. Seit 100 Jahren sind davon vor allem die Tropen betroffen, aber auch in Europa, den USA und Teilen Ostasiens wurden historisch betrachtet große Flächen natürlicher Vegetation in landwirtschaftliche Nutzflächen umgewandelt.

9.1.4. Wirtschaftliche Rahmenbedingungen

In Österreich sind die Treibhausgasemissionen aus der Landwirtschaft zwischen 1990 und 2003 um 13,1 % gesunken, was vorwiegend einem verringerten Einsatz von Mineraldünger und vor allem dem Rückgang der Rinderzahlen um 21 % und der Schweinezahlen um 12 % zuzuschreiben ist (Gugele et al. 2005). Damit ist die Landwirtschaft einer der wenigen Bereiche, in denen bedeutende Reduktionen erzielt werden konnten, auch wenn das angestrebte Ziel der Klimastrategie – eine Verringerung von 21,4 % – noch nicht erreicht werden konnte. Die Ursachen für den Rückgang liegen aber nicht etwa in einem bewusst reduzierten Fleischkonsum, sondern in den tief greifenden Veränderungen der Landwirtschaft (zuletzt z.B. durch den EU-Beitritt Österreichs). Die Folge ist, dass vielen Bauern und Bäuerinnen (vor allem mit kleineren Betrieben) die Lebensgrundlage entzogen wurde. So haben zwischen 1999 und 2004 40 % der Schweine haltenden Betriebe ihre Tätigkeit aufgegeben, gleichzeitig nahm die Konzentration der Bestände von 40 auf 60 Tiere je Betrieb zu (BMLFUW 2005). Das gegenwärtige Agrarfördersystem der EU unterstützt mittels Subventionen Größe und Massenproduktion, die sich auch auf eine Reduktion der Vielfalt der Produkte auswirkt.[41] GewinnerInnen dieser Entwicklung sind landwirtschaftli-

---

schen Ackerlandes mit Futtermitteln bebaut" (Salmhofer et al. 2001, 66). Darüber hinaus werden jährlich auch fast 500.000 Tonnen Soja-Futtermittel und über 10.000 Tonnen Fischmehl importiert (Sopper et al. 2000).

[40] Jährlich werden beispielsweise etwa 6.500 Tonnen Pestizide auf österreichische Felder gesprüht. Wasserlösliche Substanzen werden mit dem Regenwasser ausgewaschen und gelangen schließlich ins Grundwasser (Baur 2005).

[41] So ist der österreichische Schweinebestand durch die marktbedingten Anforderungen an Schweinefleisch (wie hoher Magerfleischanteil und rascher Wuchs) bereits auf drei Rassen und deren Kreuzungen reduziert (BMLFUW 2003).

che Großbetriebe, unternehmerische Interessen der Agrarindustrie und die EigentümerInnen von Grund und Boden, sodass Schätzungen zufolge die Verteilung der Subventionen in den reichen Ländern ungleicher ist als z.b. die Einkommensverteilung in Brasilien (DGVN 2005). Beispielsweise lag der Wert der vom landwirtschaftlichen Wirtschaftsbereich empfangenen Gütersubventionen in Österreich 2004 um 5,6 % über dem Vorjahresniveau (BMLFUW 2005).

Nur langsam werden Ansätze zur Veränderung dieser Politik entwickelt, indem zum Beispiel mit 1. Jänner 2005 eine neue Verordnung der EU zur „Cross Compliance" in Kraft getreten ist. „Cross Compliance" verknüpft Direktzahlungen und Prämien (z.B. Schlachtprämie, Mutterkuhprämie) der EU mit der Erfüllung von bereits bestehenden Grundanforderungen im Bereich Umwelt, Gesundheit von Mensch, Tier und Pflanzen sowie Tierschutz. Wenn also beispielsweise Schweine nicht ordnungsgemäß gekennzeichnet sind und damit eine Rückverfolgung der Tiere etwa im Falle der Feststellung einer verbotenen Substanz im Fleisch (und damit einer Gesundheitsgefährdung von Menschen) nicht möglich wäre, kommt es für die betroffenen LandwirtInnen erstmals neben der Ahndung des Vergehens selbst auch zu einer Kürzung der Direktzahlungen und Prämien. Bisher wirkten sich Verstöße nicht auf die Höhe der Förderungen aus (Zauner 2005).

Gleichzeitig mit der Tierkonzentration in größeren Betrieben werden immense Überschüsse geschaffen, die häufig vernichtet werden müssen oder deren gestützter Export Produktion und Märkte in benachteiligten Ländern beeinträchtigen. In Europa werden doppelt so viele Lebensmittel hergestellt als tatsächlich konsumiert werden können (BUND/Misereor 1996). Am Beispiel der Schweineproduktion betrug der Selbstversorgungsgrad im Jahr 2004 in den EU-15-Ländern 108 % und der Angebotsüberschuss musste wie im Vorjahr zur Stabilisierung in Drittländer exportiert werden, wobei insgesamt rund 1,4 Mio. t ausgeführt wurden (BMLFUW 2005). In Österreich liegt die Selbstversorgungsrate bei 110 % (BMLFUW 2003). Weltweit steigt gleichzeitig die Schweineproduktion, sodass im Jahr 2004 mehr als 1,28 Mrd. Schweine geschlachtet wurden (um fast 2 % mehr als im Vorjahr), was einer Fleischmenge vom 100 Mio. Tonnen entspricht. Knapp die Hälfte der globalen Produktion des Schweinefleisches stammt aus China (BMLFUW 2005).

Parallel zur inländischen Senkung der Tierzahlen steigen sowohl die Exporte (+ 10,3 %) als auch die Importe (+ 45,6 %) von lebenden Tieren und auch von Fleisch (Importe: + 24,9 %; Exporte: + 20,0 %) (BMLFUW 2005). Dies ist ein Hinweis darauf, dass sich der Handel generell intensiviert. Auch wenn österreichische Handelsbeziehungen zu einem großen Teil innerhalb der EU bestehen, wirkt sich der globale Handel negativ auf die „Entwicklungsländer" aus. „Nach aktuellen Schätzungen erleiden die Entwicklungsländer aufgrund von Protektionismus und Subventionen in den entwickelten Ländern jährlich Einkommenseinbußen in der Landwirtschaft in Höhe von ca. 24 Milliarden US-Dollar" (DGVN 2005, 169). Der bereits erwähnte Dokumentarfilm von Wagenhofer (2005) weist auf die weltweit sehr ungleich verteilten Möglichkeiten von Produktion und Konsum hin. So ist es z.B. für europäische Produzierende mittels hoher Exportsubventionen möglich, einen Teil der Überschüsse zu Dumpingpreisen in wirtschaftlich benachteiligten Ländern zu verkaufen, was Agrarwirtschaften in der südlichen Hemisphäre zerstört, die trotz ihrer niedrigen Produktionskosten mit den billigen Preisen subventionierter europäischer oder nordamerikanischer Produkte nicht mehr mithalten können.

Ohne hier weiter auf die komplexen globalen wirtschaftlichen Zusammenhänge eingehen zu können, sollte dennoch deutlich werden, dass die Fleischindustrie einen sehr wesentlichen Wirtschaftszweig darstellt, der einerseits volkswirtschaftlich ein hohes Gewicht hat, andererseits aber auch erheblichen globalen Umstrukturierungsprozessen unterliegt und sowohl ökologisch als auch sozial bedenkliche Auswirkungen zeigt.

9.1.5. Gesundheitliche Auswirkungen des Fleischkonsums

Obwohl Fleisch zur Versorgung mit essentiellen Nährstoffen sehr geschätzt wird, wirkt sich der häufig zu hohe Verzehr von tierischen Produkten auch negativ auf die Gesundheit aus, was sich u.a. in hohen Kosten für das Gesundheitssystem niederschlägt. Ernährungsphysiologisch wertvoll ist in erster Linie der Gehalt an Protein, an den Vitaminen B_1, B_6 und B_{12} sowie Eisen, Zink und Selen (Koerber et al. 2004). Wie bereits erwähnt, ist aus gesundheitlicher Sicht der Genuss von Fleisch bis zu einer gewissen Menge durchaus günstig bzw. nicht notwendigerweise abzulehnen. Aus einer Perspektive der Nachhaltigkeit wäre die häufigere Verwendung von qualitativ hochwertigem Fleisch aus regionaler und biologischer Produktion empfehlenswert. Diese Kriterien spielen allerdings für die Mehrheit der Bevölkerung keine Rolle.

Aus Sicht der Medizin besonders bedenklich ist die (teilweise illegale) Verfütterung bzw. Anwendung von Medikamenten wie Antibiotika, Antiparasitika, Kreislaufmittel und Hormonen zur Behandlung von Fruchtbarkeitsstörungen der Tiere, wie bei Überprüfungen festgestellt wurde. Ist die steigende Antibiotikaresistenz, die auch Behandlungen von einfacheren Krankheiten schon sehr erschwert, bereits nachgewiesen, so gilt für viele von den an Tieren verabreichten Arzneien, dass ihre Auswirkungen über den Nahrungskreislauf auf den Menschen noch gar nicht abzusehen sind. Auch steigende Allergien gegen Antibiotika werden auf deren Rückstand im Fleisch zurückgeführt (Gesundheit 2001). Aber auch ein mengenmäßig zu hoher Genuss von hochwertigem Fleisch schadet auf Dauer der Gesundheit, da Fleisch, Wurst und auch Eier relativ viel Fett (je nach Tierart und Teilstück zwischen 1 und 30 % bzw. zwischen 6 und 42 % bei Wurstwaren), Cholesterin und Purine enthalten (Koerber et al. 2004). So können Stoffwechselstörungen, Rheuma, Herz-Kreislauf-Erkrankungen und sogar Krebserkrankungen begünstigt werden. Häufig geht mit einem hohen Fleischkonsum auch ein geringer Konsum von Obst und Gemüse einher, wodurch dem Körper wichtige Stoffe fehlen.

9.2.   Praktiken des Fleischkonsums

Im Folgenden werden die Ergebnisse der Auswertung der Interviews in Hinblick auf die Bedeutung von Fleisch im Ernährungshandeln ausführlich dargestellt. Drei Typen von Fleisch Essenden kristallisierten sich heraus: Personen, für die Fleisch ein zentrales und selbstverständliches Lebensmittel darstellt, Menschen, die Fleisch als ein Nahrungsmittel unter anderen konsumieren und Personen, die ihren Fleischkonsum ganz gezielt gering halten. Im Anschluss wird noch kurz auf VegetarierInnen eingegangen. Eine abschließende Zusammenfassung der Chancen und Restriktionen für nachhaltige Entwicklung in Hinblick auf die einzelnen Typen bietet eine Auseinandersetzung mit möglichen Anknüpfungspunkten für Handlungsstrategien.

9.2.1.   Fleisch als zentrales und selbstverständliches Lebensmittel

Für etwas mehr als die Hälfte der interviewten Personen stellt der Konsum von Fleisch-
und Wurstprodukten einen (sehr) wichtigen und selbstverständlichen Bestandteil ihres
Speiseplans dar. Die Personen dieses Typs sind zwischen 16 und 74 Jahren alt, wobei die
Hälfte der „Generation 50+" angehört. Es besteht eine starke Tendenz zu traditionellen,
konservativen und bürgerlichen Werten. Diese ergibt sich aufgrund eines relativ hohen
Anteils an älteren Befragten, die sich an Bewährtem orientieren und eine gewisse Heimat-
verbundenheit aufweisen. Der Genuss einer „traditionell österreichischen", fleischbetonten
Küche wird vorwiegend mit dem guten Geschmack von Fleisch begründet, lässt sich aber
auch mit Gewohnheit (meist seit der Kindheit), bei manchen mit einem gewissen Hang zur
Bequemlichkeit (eher Männer und jünger) und für einige wenige auch mit einer bewussten
Statusinszenierung (vorwiegend Männer und gehobenere Milieus) erklären. Bei diesem
Typus herrscht ein eher niedriges Formalbildungsniveau vor.

In der Gruppe jener Personen, die Fleisch als zentrales und selbstverständliches
Lebensmittel betrachten, überwiegen lust- und emotionsbetonte, traditionelle sowie altruistische Ernährungsorientierungen. Die zuletzt genannte Orientierung bietet eine Erklärung, wieso diesem Typ etwas mehr Frauen als Männer angehören. Obwohl Frauen statis-
tisch gesehen weniger Fleisch essen, führt ihre weitgehende Ernährungsverantwortung gepaart mit einer hohen Bereitschaft, sich an männliche (fleischbetonte) Vorlieben anzupas-
sen, dazu, Fleisch als wertvolles und wichtiges Nahrungsmittel häufig in den Speiseplan
zu integrieren. Gleichzeitig wollen fast alle der befragten Frauen, aber nur wenige Männer
dieses Typs, ihren täglichen Fleischkonsum – vor allem aus gesundheitlichen Gründen –
reduzieren. Bei diesen Befragten finden sich körper- und krankheitsbezogene Ernährungsorientierungen, die mit den übrigen in dieser Gruppe dominanten Orientierungen (z.B.
lust- und emotionsbetonte Orientierungen) durchaus in Konflikt geraten können.

Wie im Eingangsteil dieses Kapitels bereits dargestellt wurde, ist der Verzehr von
Fleisch- und Wurstprodukten tief in der kulturellen Identität verwurzelt und reproduziert
diese immer wieder neu. Fleisch- und Wurstwaren sind besonders geeignete Nahrungsmittel, um ethnische und nationale bzw. regionale sowie religiöse Zugehörigkeit zu demonstrieren und die eigene Identität zu festigen bzw. sich heimisch zu fühlen. Sie dienen aber
auch der Grenzziehung zwischen Schichten und Milieus und spiegeln bis heute die soziale
Ungleichheit zwischen Männern und Frauen. Die symbolische Bedeutung von Fleisch ist
in unserer Kultur so fest eingeschrieben, dass der Genuss von Fleisch- und Wurstwaren
kaum erklärungsbedürftig zu sein scheint – im Gegensatz zu einer bewussten Reduktion
oder dem gänzlichen Verzicht auf Fleisch. Menschen, die Fleisch- und Wurstwaren als einen wichtigen Bestandteil Ihrer Nahrung betrachten, tun dies auf eine sehr selbstverständliche, wenig reflexive Art und Weise. Eine Tendenz zur Rechtfertigung ist nur bei Personen festzustellen, die aus gesundheitlichen Gründen eine Verringerung ihres Fleischkonsums anstreben.

Die Tatsache, dass in den Interviews, die sich ja um Ernährungspraktiken im Allgemeinen drehen, der Konsum und vor allem die Beschaffung von Fleisch- und Wurstwaren häufig besonders hervorgehoben werden, ist ein Indiz dafür, dass Fleischerzeugnisse
als herausragende Produkte einer Gruppe von sensiblen Lebensmitteln (wie z.B. auch Brot
oder weitere tierische Lebensmittel wie Eier, Butter und Milch) zu verstehen sind. Diese
Sensibilität lässt sich teilweise damit erklären, dass Tiere Lebewesen sind, die vor dem

Verzehr getötet werden müssen – ein Akt, der im Rahmen industrieller Produktionsweisen neben vielen damit verbundenen Prozessen aus Gründen der Hygiene und Sicherheit strengen Regeln in Form gesetzlicher Vorschriften unterliegt. Fleischprodukte sind aber auch immer wieder Gegenstand von Lebensmittelskandalen, wie z.B. im Zusammenhang mit BSE-Rindern, salmonellenverseuchten Hühnern und nachgewiesenen Hormon- oder Antibiotika-Rückständen, um nur einige zu nennen. Derartige Skandale schüren eine beträchtliche Verunsicherung unter KonsumentInnen (Brunner 2006a). Die hohe emotionale Bewertung von Fleischprodukten hat aber auch mit der kulturellen und symbolischen Aufgeladenheit von Fleischerzeugnissen als menschliches Nahrungsmittel zu tun. Einige Aspekte, die sich in diesem Zusammenhang im Interviewmaterial finden, werden nun im Folgenden näher ausgeführt.

- ### Lebensmittelbeschaffung

Dass Fleisch- und Wurstwaren sensible Lebensmittel sind, zeigt sich vor allem an den Einkaufspraktiken und in Bezug auf Lebensmittelskandale, die sehr häufig mit Fleisch in Verbindung gebracht werden – auch wenn in den Interviews nur sehr selten von eigenen negativen Erfahrungen berichtet wird (konkret erwähnt wird in zwei Fällen z.B. eine Salmonellenvergiftung). Bei der Beschaffung von Fleischprodukten hat das Vertrauen in die Produzierenden und HändlerInnen einen besonderen Stellenwert. Der Preis ist der – subjektiv bewerteten[42] – Qualität meist untergeordnet. Dies fördert den Konsum von regionalen Produkten und die Nutzung kleiner Fachgeschäfte (wie Fleischereien), von Direktvermarktung und Bauern- oder Wochenmärkten sowie vom Ab-Hof-Verkauf. Großes Vertrauen kann aber auch bestimmten Supermarktketten oder Discountern entgegengebracht werden, wenn die bisherigen Erfahrungen positiv waren. An diesen Einkaufsstätten werden die hohen hygienischen Standards hervorgehoben, die mitunter ein Gegenargument gegen biologische Lebensmittel (z.B. aus Direktvermarktung) darstellen, denen ein geringeres Maß an Hygiene unterstellt wird. Für die Wahl des Einkaufsorts spielen aber auch die angebotenen Packungsgrößen (z.B. für Singlehaushalte) oder die Form der Darreichung (z.B. Bevorzugung offener Fleischwaren) eine Rolle. Ist das Vertrauen in die Bezugsquellen hoch, was bei den Befragten vor allem dieses Typs meist der Fall ist, stellen Lebensmittelskandale höchstens eine kurzfristige Irritation dar, haben aber keinen tief greifenden Einfluss auf die Einkaufs- und Esspraktiken.

- ### Geschmackliche Präferenzen und österreichische Küche

Wird diese Gruppe nach ihren Lieblingsspeisen gefragt, werden häufig klassische Fleischgerichte genannt (z.B. Schnitzel, Backhendl, Schweinsbraten, Stelze). Sie werden mit einer Vorliebe für pikante und deftige Gerichte erwähnt und hängen manchmal bei Männern eng mit dem Aspekt eines reichhaltigen Essens zusammen, von dem man „richtig satt" wird. Personen dieses Typs sind es häufig gewohnt, drei Mahlzeiten täglich zu sich zu nehmen, wobei auch eine Abfolge von Suppe, fleischbetonter Hauptspeise und Nachspeise

---

[42] Die Qualitätskriterien weisen eine beträchtliche Bandbreite auf und orientieren sich an subjektiven Einschätzungen aufgrund von persönlichen Erfahrungen. Gütesiegel spielen beispielsweise nur eine sehr untergeordnete Rolle, denen u.U. sogar eher misstraut wird (z.B. in Verbindung mit Bio-Produkten). Qualität wird vor allem auf eine lange Erfahrungsgeschichte mit bestimmten Einkaufsstätten bezogen. Deutlich wird auch, dass Werbestrategien gutgläubig vertraut wird (z.B. Anbietenden gentechnikfreier Fleisch- und Wurstwaren, Heimatsujets in der Werbung).

beim Mittagessen keine Seltenheit ist. Mehrgängige Menüs überwiegen allerdings am Wochenende, wenn genügend Zeit zur Vorbereitung und zum Genuss aufwendigerer Fleisch-Speisen zur Verfügung steht. Der Sonntag gilt in vielen österreichischen Haushalten immer noch als Familien- und typischer Fleischtag. Häufig finden gerade am Wochenende Einladungen zu den Eltern (oder der Eltern zu den Kindern) statt, bei denen dann Traditionen (z.B. das Aufwarten des Sonntagsbratens) gepflegt werden, die im (beruflichen) Alltag immer weniger Platz haben. Unter der Woche werden leichtere und vor allem einfacher zuzubereitende Gerichte, die sich auch gut aufwärmen lassen, wie Schinkenfleckerl, Gulasch, Faschiertes und ähnliches bevorzugt.

Einige Befragte betonen den gänzlichen Verzicht bzw. ihre Abneigungen oder auch Vorlieben bezüglich des Fleischs von bestimmten Tierarten oder spezieller Fleischsorten. Beispielsweise lehnen manche Befragte Schweinefleisch ab, andere Rindfleisch, besonders bei Innereien scheiden sich die Geister, ob diese etwas besonders Exquisites seien oder das Gegenteil davon. Diese Haltungen werden einerseits mit Referenz auf das Gewohnte oder den besonderen Geschmack begründet, teilweise auch mit ethischen oder religiösen Einstellungen und Werten. In einem Fall wird der häufige Verzehr von Wild erwähnt, weil der Vater der Familie Jäger ist, in einem anderen die Vorliebe für Lammfleisch, weil dieses von der Herkunftsfamilie selbst produziert wird. Die ambivalente Haltung gegenüber Innereien lässt sich vielleicht damit erklären, dass diese für den menschlichen Verzehr tendenziell (vielleicht abgesehen von Leber) zu einer Rarität geworden sind und damit etwas eher Unbekanntes darstellen (z.B. Kutteln oder Beuschel), was gleichzeitig Inszenierungen einer gehobenen Küche entgegen kommt. Die Bevorzugung von weißem Fleisch wird in den Interviews mit einer Gesundheitsorientierung, aber auch mit der einfacheren Zubereitung bzw. bei älteren Leuten mit dem leichteren Verzehr (hat keine Flachsen) und dem Geschmack begründet. Bei Jugendlichen kommt es manchmal zur Verweigerung bestimmter Fleischgerichte, um sich bewusst gegen die Herkunftsfamilie abzugrenzen bzw. weil eigene Geschmacksvorlieben entwickelt werden (z.B. Ablehnung von fettem Fleisch bei jungen Frauen oder Ablehnung serbisch zubereiteter Gerichte bei SerbInnen der zweiten Generation).

Ein weiteres Argument für die Bevorzugung von Fleisch- und Wurstwaren wird bei geringer Kochkompetenz oder in Single-Haushalten angeführt, nämlich die Möglichkeit der bequemen und einfachen Zubereitung (z.B. Knackwurst warm machen, Putenbrust braten). Gerichte, die nicht einfach selbst zubereitet werden können wie Schweinsbraten oder Backhendl, werden auch in Haushalten mit geringerem Einkommen gerne außer Haus genossen. Convenience-Orientierung mit Vorliebe für Fleisch geht am ehesten bei Jugendlichen in einen unbekümmerten Hang zu Fast Food über.

Fast alle Personen dieses Typs bringen ihre ausgeprägte Fleischvorliebe in Zusammenhang mit einer traditionellen Wiener bzw. österreichischen Küche, die sie auch als bodenständige, heimische oder gutbürgerliche Küche sowie Hausmannskost bezeichnen. Neben vielen der bereits erwähnten Eigenschaften (Drei-Mahlzeiten-System usw.) ist damit vor allem eine Speisenaufteilung gemeint, die aus einem Stück Fleisch im Zentrum besteht (klassisch: Schnitzel, Braten, Stelze als dominanter Teil eines Gerichts) und *Bei*lagen, die – ihrem Namen gerecht – die Peripherie bilden. Eng verwoben mit dem Bild einer österreichischen Küche sind Gewohnheiten und Traditionen auf der einen Seite, Heimatgefühl und nationale Identität auf der anderen. Dies verschränkt sich mit Kindheitserinnerungen, in denen Fleischgenuss für etwas Besonderes (Feiern, festliche Anlässe, Sonntag) steht bzw. mit familiärer Eingebundenheit und Geborgenheit, mit Geselligkeit unter

Gleichgesinnten und einander Vertrauten assoziiert wird. Vertrautes spiegelt sich im Geschmack, indem Gewohntes und Bekanntes Neuem vorgezogen wird. Die Rede von einer traditionellen österreichischen Küche und den Geschmackserlebnissen der Kindheit kann allerdings je nach nationaler (z.B. Migrationshintergrund) oder regionaler Küche sehr unterschiedliche Bilder wecken.[43] Auffällig ist, dass auch MigrantInnen ihre Vorliebe für die österreichische Küche betonen, was als Zeichen der Demonstration einer gelungenen sozialen Integration interpretiert werden kann.

- ## Symbolische Bedeutung von Fleisch

Der Genuss von Fleisch als symbolischer Akt ist neben dem identitätsstiftenden kulturellen Aspekt, ein Ausdruck von Männlichkeit, Stärke, Dominanz und Status. Diese Bedeutungsgehalte schwingen ganz besonders mit, wenn die Zubereitung von Fleischspeisen in die aufwendige Gestaltung kulinarischer Höhepunkte am Wochenende oder in spektakuläre Inszenierungen z.B. im Rahmen von Einladungen mündet, für die in den Interviews einige Beispiele zu finden sind. Etwa wenn gut situierte Ehefrauen zu besonderen Anlässen wie Weihnachten im Familienkreis oder für repräsentative, formelle Einladungen besondere Gerichte (wie z.B. Zunge oder Rehfilet) zubereiten. Oder wenn Männer Ehrgeiz beim Kochen speziell in Hinblick auf ausgefallene Fleischgerichte entwickeln, Beilagen, Salate und vor allem die Verantwortung für die alltägliche Versorgung aber ihren Partnerinnen überlassen oder in Form von Außer-Haus-Essen auslagern. Im Interviewmaterial sind es ausschließlich Männer, die sich über eine differenzierte Auseinandersetzung mit der optimalen Beschaffung und Zubereitung von – teilweise auch unkonventionellen (z.B. Kapaun[44]) – Fleischgerichten, weit reichende Koch- und Einkaufskompetenzen aneignen, deren Anwendung und Ergebnisse nicht nur auf einer sinnlich-genussvollen Ebene zelebriert werden, sondern die auch klar der Abgrenzung von weniger privilegierten oder kulinarisch wenig anspruchsvollen Gruppen und manchmal auch gegenüber der eigenen Partnerin dienen.

In einem speziellen Fall wird die Interviewsituation zu einer willkommenen Plattform der Selbstdarstellung, die bereits in der Kindheit mit der Vorliebe beginnt, Mitschü-

---

[43] So beschreiben Nohel et al. (1999) die sehr vielfältig ausdifferenzierten Regionalküchen in den österreichischen Bundesländern im Überblick und stellen dabei Bezüge zur historischen Entwicklung und zahlreichen wechselseitigen Einflüssen – zwischen Klassen und Schichten, verschiedenen Nationen, ethnischen Gruppen usw. – sowie zu den geographischen und klimatischen Eigenheiten einer Landschaft oder Region her. Sie betonen aber auch eine weitergehende lokale Differenzierung z.B. zwischen verschiedenen Wiener Bezirken. Damit wird nicht nur eine regionale und vor allem historisch verortete Vielfalt demonstriert, die sich mit dem Begriff einer traditionellen österreichischen Küche nicht adäquat erfassen lässt, sondern es wird auch gezeigt, wie heterogen und veränderlich die Wurzeln derartiger Traditionen sind, die im Zeitalter der Globalisierung meist gänzlich überholt wirken. Die ursprüngliche Herkunft vieler Gerichte, die z.B. als typisch wienerisch verkauft werden, liegt meist gar nicht in Wien, sondern in einer der Regionen der alten Donaumonarchie. Umgekehrt übt die Wiener Küche einen derart großen Einfluss aus, dass heute in vielen Bundesländern das so genannte Wienerische, wie beispielsweise das Wiener Schnitzel, weiter verbreitet ist als diverse regionale Spezialitäten. Der österreichische Sozial- und Wirtschaftshistoriker Sandgruber (1997) weist mittels einer materialreichen Analyse von Kochbüchern aus dem ausgehenden Mittelalter bis ins 20. Jahrhundert nach, dass die Vorstellung einer österreichischen Küche weniger der Realität, als viel eher einem Mythos, Klischee, Wunschbild oder Tourismus- bzw. Marketingziel entspricht. Die Hartnäckigkeit einer solchen Wunschvorstellung deutet allerdings auf eine hohe Funktionalität derartiger Bilder hin.

[44] Kastrierter und gemästeter Hahn.

lerInnen mit einem ausgefallenen Fleischgeschmack (z.B. der Vorliebe für Beuschel) zu schockieren. Als Erwachsener bildet das konservative Herkunftsmilieu, das sich im Festhalten an altbewährten, religiösen Werten niederschlägt, eine Arena der Selbstinszenierung und Distinktion. Aber auch die Orientierung an Essenstrends medial vermittelter Kritiken bzw. Moden ist eine Basis für exaltierte Ernährungspraktiken – wenn ein Publikum vorhanden ist. Einladungen werden so zu einem Showkochen, mit dem Ziel, die Gäste mit ausgefallenen Speisen, wie z.B. Lammherzen zu provozieren und schockieren, um sich und seine Kochkünste zum alleinigen Thema des Abends zu machen. Zu derartigen Events werden allerdings von dem Befragten nur Menschen eingeladen, von denen er annimmt, dass sie Spaß daran haben und im besten Fall auch etwas mitnehmen können (z.B. neue Geschmackserlebnisse oder ganz praktisch ein Rezept für die einfache Zubereitung von Muscheln, was bis dahin von einem weiblichen Gast als sehr schwierig eingeschätzt worden war). Wie weit die symbolische Bedeutung von Fleisch(-teilen) getrieben werden kann, demonstriert dieser dreißigjährige Akademiker, indem er die eigene Herkunftsfamilie als „Schulterscherzl-Familie" und die Familie, aus der die Lebensgefährtin stammt, als „Tafelspitzfamilie" bezeichnet[45], was als häufiger Anlass für familiäre Tischgespräche und intensive Diskussionen dient. Daran wird deutlich, wie wichtig in diesem Fall der identitätsstiftende Aspekt des Fleischkonsums sein kann bzw. dass bestimmte Fleischsorten oder -teile als Symbol für Eigenschaften von Menschen oder ganzen Familien verwendet werden können. Das Beispiel dieses Befragten steht auch dafür, dass die Zubereitung und das Angebot von ausgefallenen Fleischgerichten zu abwechslungsreichen Erlebnissen im sozialen Miteinander funktionalisiert werden können.

Der hohe Status, der Fleischgerichten zukommt, zeigt sich ebenfalls bei Personen, die (in der Kindheit) Armut am eigenen Leib erfuhren oder Mangelsituationen (z.B. durch Krieg) ausgesetzt waren. Diesen Menschen vermittelt der Genuss von Fleisch die Gewissheit, der – nicht nur materiell einschränkenden – Zeit entkommen zu sein und im Leben „etwas erreicht zu haben". Die hohe Bedeutung, die Fleisch in späteren, besseren Jahren zukommt, kann dann auch durch gesundheitliche Reduktionsempfehlungen nur schwer durchbrochen werden. Andererseits wird deutlich, dass auch Personen, die über sehr niedriges Einkommen verfügen, sich durch den Genuss ihrer fleischreichen Lieblingsspeisen ein Stück Lebensqualität gönnen, was soziale Benachteiligungen kompensieren hilft.

- Strategien der Reduktion

Wie schon erwähnt, sind es vor allem Frauen, die versuchen, ihren Fleischkonsum zu reduzieren. Die Motivation zur Verringerung des Fleischverzehrs liegt ausschließlich in gesundheitlichen Gründen bzw. in verschiedenen Krankheitserfahrungen, die eine Ernährungsumstellung erfordern. Damit wird die Hoffnung verbunden, weitgehend beschwerdefrei möglichst alt zu werden. Unmittelbares Ziel ist, das körperliche Wohlbefinden mittels Ernährung zu steigern. Fast alle Personen dieser Gruppe sind zwischen 50 und 74 Jahren alt. Unterstützt wird die Reduktion des Fleischkonsums u.U. durch die Fürsorge für Familienmitglieder (altruistische Ernährungsorientierungen), insbesondere wenn diese an Krankheiten leiden, deren Heilung oder Linderung mit einer Ernährungsumstellung leichter bewirkt werden kann.

---

[45] Beide Fleischstücke sind wenig fette Teile des Rinds, wobei der Tafelspitz etwas magerer ist und vor allem längere Fasern besitzt und ein Schulterscherzl tendenziell etwas saftiger ist und kürzere Fasern hat.

Allerdings überwiegen der Wunsch oder das Ideal einer Reduktion, die Praxis bleibt aber dennoch weitgehend fleischorientiert und Abstriche werden z.B. eher in der Größe der Portionen gemacht. Frauen, die ihren Fleischkonsum reduzieren wollen oder müssen und den Haushalt mit Männern teilen, stehen nicht nur vor der Herausforderung, dies gegen die eigenen geschmacklichen Vorlieben zu tun, sondern müssen sich meist auch mit den geschmacklichen Fleischvorlieben ihres Partners (oder der Söhne) arrangieren. Tendenziell führt dies zu einem höheren Fleischkonsum als erwünscht. Umgekehrt fällt es Frauen leichter, weniger Fleisch zu essen, wenn sie keinen Partner versorgen bzw. nicht – wie es in seltenen Fällen doch vorkommt – von einem Mann bekocht werden.

Die wenigen Männer, die ihren Fleischkonsum aktiv reduzieren, sind pensionierte Senioren, die ihren Haushalt selbst führen und auch eigene Ernährungsverantwortung ü-bernehmen (müssen). Im Fall eines Befragten ist es die Betreuungspflicht für eine minder-jährige Tochter, die einen großen Teil der Motivation für eine (etwas) gesündere Ernäh-rung ausmacht. Einer weitgehenden Reduktion steht allerdings die Orientierung an einer schnellen und bequemen Nahrungsversorgung ohne hohen Aufwand entgegen, die doch häufig z.B. zu gewohnten, portionierten, küchenfertigen und leicht zubereitbaren Fleisch-teilen greifen lässt.

Die angewandten Strategien zur Reduktion von Fleisch- und Wurstkonsum sind unterschiedlich, z.B. werden verstärkt weiße Fleischsorten und auch mehr Fisch verwen-det. Die Fleisch-Portionen werden verkleinert zu Gunsten als gesünder eingeschätzter und größerer Beilagen (z.B. mehr Gemüse) oder Fleisch wird weniger oft gegessen. Besonders schwer fällt eine Reduktion jenen Personen, die als Kinder oder in jungen Jahren kriegs-bedingte Entbehrungen erlitten, die sie im Alter kompensieren, indem sie z.B. auf Butter oder Fleisch nicht verzichten wollen. Als hilfreich wird eine abwechslungsreiche Ernäh-rungsweise (z.B. verschiedenes Obst und Gemüse, Reduktion von Fleisch im Alltag, Qua-lität vor Quantität) und die Integration neuer Gerichte (z.B. im Wok gegartes Gemüse) ge-sehen, um die notwendige Reduktion mit genussvollen Aspekten des Essens zu kombinie-ren.

9.2.2.   Fleisch als ein Nahrungsmittel unter anderen

Für eine kleinere Gruppe der Befragten hat das Essen von Fleisch bzw. Wurst keinen be-sonderen Stellenwert, sondern passiert eher beiläufig. Fleisch ist hier ein Lebensmittel un-ter anderen. Auffallend an dieser Gruppe ist, dass die Personen fast ausschließlich männ-lich und eher jünger (20- bis 30-Jährige) sind und bis auf eine Ausnahme über ein relativ hohes durchschnittliches Haushaltsnettoeinkommen verfügen. Es überwiegt ein postmate-rielles Milieu, mit Tendenzen zu modernen PerformerInnen und ExperimentalistInnen. Dies drückt sich im Streben nach individueller Entfaltung und Selbstverwirklichung und einer gewissen Toleranz und Weltoffenheit, aber auch einer kritisch aufgeklärten Verbrau-cherInnenrolle aus. Bei den modernen PerformerInnen überwiegen Aspekte einer hohen Leistungsbereitschaft, ein hoher Lebensstandard und ein Hang zum spontanen Konsum. Die experimentalistischen Eigenschaften zeigen sich in einer ich-bezogenen Lebensstrate-gie, in der Sinn-Suche und im Versuch, möglichst vielfältige Erfahrungen zu machen. Aus dieser Milieuzugehörigkeit ergibt sich auch, dass individualistisch-distinktive sowie lust- und emotionsbetonte Ernährungsorientierungen vorherrschend sind.

Die Haltung gegenüber Ernährungsfragen hängt deshalb stark von Situationen und Kontexten ab und ist anderen Aspekten des Lebens, wie z.B. der Berufstätigkeit untergeordnet. Es ist sicherlich kein Zufall, dass diese Gruppe fast zur Gänze aus Männern besteht, die zudem häufig Singles sind und damit auch keine Ernährungsverantwortung für andere tragen. Die eigene Verantwortung für das Ernährungshandeln wird gerne in den Außer-Haus-Bereich ausgelagert oder hoch flexibel und variabel gestaltet. Für den Fleischkonsum gilt das gleiche: Er hängt von den Gelegenheiten und Angeboten ab, ist eher zufällig bzw. wird in den Interviews nicht oder kaum hervorgehoben. Charakteristisch an dieser Gruppe der Befragten ist, dass Ernährung aufgrund der Lebenssituationen insgesamt keinen hohen Stellenwert hat. Sowohl über Ernährung generell, als auch über den Fleischgenuss im Speziellen wird wenig Konkretes ausgesagt. Diesem Lebensbereich wird tendenziell wenig Aufmerksamkeit geschenkt, bzw. nur dann, wenn damit ein Zusatznutzen verbunden ist (z.B. Essen mit ArbeitskollegInnen oder FreundInnen, wo es eher um Fragen der Selbstinszenierung als um Aspekte einer bestimmten Form der Ernährung geht). Dadurch entsteht ein eher heterogenes Bild, das es schwer macht, die Gemeinsamkeiten dieser Gruppe zu identifizieren, die sich vielleicht am ehesten noch am funktionellen Charakter der Ernährung festmachen lassen. Um diese „Diagnose" zu veranschaulichen, werden nun unterschiedliche Motive als Hintergrund für das sehr kontextabhängige Ernährungshandeln dargestellt.

- ## Motive und Kontexte

Die meisten Befragten dieser Gruppe üben relativ anspruchsvolle berufliche Tätigkeiten (Tendenz zur Selbstständigkeit) aus und ordnen das Ernährungshandeln den hoch flexiblen zeitlichen und leistungsorientierten Rahmenbedingungen unter. Ein Grund, um den Fleischkonsum im (Arbeits-)Alltag gering zu halten, ist, dass die „Fleischküche" z.B. für einen selbständigen Designer ein „zu großes Wohlgefühl oder Völlegefühl" und Zufriedenheit auslöst, was sich negativ auf die Arbeitsmotivation und die Leistungsfähigkeit auswirkt. Als Konsequenz bietet sich für diese Person im Arbeitsalltag die Einnahme der einzigen täglichen Mahlzeit häufig in einem vegetarischen Lokal an. Am Wochenende ist eine von den Eltern servierte fleischhaltige Kost aber durchaus willkommen.

Ein in der IT-Branche selbstständiger, 38-jähriger Akademiker und Single, weist in Ernährungsfragen einen extremen Patchwork-Charakter auf, das heißt, es finden sich gar keine klaren Ernährungsorientierungen oder Fixpunkte, sondern das Handeln orientiert sich hoch flexibel am Arbeitsrhythmus, dem Ort bzw. dem Kontext (zu Hause oder in einem Lokal, mit KundInnen oder FreundInnen) und ist stark den beruflichen Anforderungen untergeordnet bzw. auch von mangelnden Kochkenntnissen bestimmt. Der Zugang zu Essen erfolgt nicht auf einer sinnlichen, sondern auf einer funktionalen Ebene. Fleisch ist kein Muss, wird aber genossen, wenn die entsprechende Laune gegeben ist. Beim relativ häufigen Verzehr von Fast Food (z.B. Pizza per Hauszustellung, Fast-Food-Restaurants) sind Fleisch und Wurst Bestandteile wie andere auch, auf die nicht weiter geachtet wird. Im trendigen Szenelokal oder in gehobener Gastronomie erfolgt die Auswahl eventuell saisonal und dem Gusto entsprechend, was Fleischprodukte enthalten kann.

Ein weiteres Motiv, das im Zusammenhang mit der Berufstätigkeit als Koch steht, ist die Suche nach Ausgleich zum aufwendigen und reglementierten Kochen an der Arbeitsstätte (Restaurant im gehobenen Bereich). Fleisch (von guter Qualität) wird zwar als wichtig, aber nicht notwendig betrachtet. Bevorzugt wird eine einfache, gute und spannende Küche, wobei mit fremden Gerichten und Gewürzen (mediterran, indisch, südostasiatisch, afrikanisch) experimentiert wird.

Andererseits ist in dieser Gruppe der Befragten auch der Hang zu einer starken Reglementierung zu finden, die sich an Gesundheit, Schlankheit bzw. den Anforderungen des Ausdauersports orientiert. Die Konsequenz von selbst erstellten Diät- und Trainingsprogrammen kann die fast gänzliche Vermeidung von Fett und ein ausschließlicher Verzehr von magerem Fleisch sein wie Hühnerbruststeaks, Kalbfleisch oder Thunfisch im Salat. In diesem Fall wird weniger die Häufigkeit des Fleischverzehrs reduziert, sondern eher die Menge und es wird auf die Qualität des Fleisches geachtet.

Spielen Versorgungspflichten eine Rolle, dominiert Effizienz das Ernährungshandeln. In Verbindung mit Allergieerfahrungen und darauf folgender Ernährungsumstellung findet sich auch bezüglich des Fleischkonsums eine Ambivalenz zwischen rational-kognitiven Vorstellungen über gesunde/vernünftige Ernährung und der sinnlich-lustvollen Komponente des Essens. Bei der Integration von neuen/alternativen Ernährungsformen in den Alltag können Schwierigkeiten auftreten, die nur mit Abstrichen von Idealbildern zu bewältigen sind. So kann die idealtypisch erwünschte Reduktion des Fleischkonsums an der einfachen Verfügbarkeit bzw. den vertrauteren Kochpraktiken, den Wünschen des Partners oder der Gewohnheit scheitern.

Benachteiligende Lebensumstände (Notstandshilfe und betreute Wohnform) können unerwünschter Weise dazu führen, dass Fleisch seinen zentralen Stellenwert einbüßt. Essen verliert dann im Allgemeinen gegenüber existentielleren Fragen an Bedeutung. Fleisch ist zwar wichtig, steht aber häufig nicht zur Verfügung, weil es nicht leistbar ist.

Das Wochenende signalisiert auch in dieser Gruppe von Befragten häufig einen anderen Umgang mit Fleisch, da die Restriktionen des Alltags nicht gegeben sind. So können Genuss und Gelassenheit eher Platz greifen und dominieren dann auch leistungsbezogene oder rational-gesundheitliche Motive. Kommt es vor, dass der ganze Tag nur aus Essen besteht, weil das Frühstück in das Mittagessen und dieses wiederum in das Abendessen übergehen, dann wird die sinnlich-lustvolle Komponente besonders spürbar.

- ### Sinnstiftung durch Ernährung und Selbst-Kochen

In der Gruppe jener Personen, für die Fleisch ein Nahrungsmittel unter anderen ist, können Ernährung und Selbst-Kochen – in enger Verbindung mit Umweltschutz, Naturbewusstsein und Körpergefühl – als Antwort auf die Sinnsuche im Leben genutzt werden. Dies geschieht dann eher punktuell neben anderen Formen der Versorgung (wie Außer-Haus-Essen oder sich von Familienmitgliedern versorgen lassen) und ist nicht selten mit einer Kritik an industriellen Produktionsbedingungen und den damit einhergehenden Risiken für Mensch und Tier verknüpft, was fleischlose Gerichte zu durchaus willkommenen Speisen werden lässt. Vorbilder und Identifikationsfiguren – sowohl im privaten (z.B. Familienmitglieder und FreundInnen) als auch im öffentlichen Umfeld (z.B. kulinarische Persönlichkeiten oder VertreterInnen von Ernährungsschulen, wie Hildegard von Bingen, Kräuterpfarrer Weidinger u.a.) – können dabei sehr hilfreich sein. So kann beispielsweise die Ablehnung von Schweinefleisch durch Vorbilder motiviert sein.

Wird selbst gekocht, werden auch daran gewisse Ansprüche gestellt, z.B. nach Einfachheit und Abwechslung. Das Prinzip der Einfachheit, hohe Qualitätsansprüche, sowie der Wunsch nach Distinktion können zu einer, zumindest situationsabhängig gelebten, Reduktion auf das Wesentliche in Ernährungsfragen führen, die mit einer Tendenz in Richtung Wohlfühlorientierung einhergeht, was den Fleischkonsum tendenziell reduziert bzw. positiv auf die Qualität des verzehrten Fleisches wirkt. Es werden aber auch große individuelle Freiheitsräume wahrgenommen und beansprucht. Dies kann zu einer bewussten Entscheidung für nachhaltige Praktiken (z.b. vegetarische Gerichte) führen, kann aber auch ins Gegenteil münden, z.b. den Genuss von Fast Food und die Unterordnung des Essens unter andere Prioritäten (Berufstätigkeit).

- **Lebensmittelbeschaffung**

Generell haben in dieser Gruppe Qualität und Frische von Lebensmitteln einen hohen Wert. Bio-Produkte werden teilweise wegen ihres besseren Geschmacks und der bevorzugten Produktionsbedingungen gekauft. Besonders bei Fleisch, aber auch bei anderen Produkten wird Regionalität und eine nachvollziehbare Herkunft oder besser noch der persönliche Bezug zu den ProduzentInnen (Ab-Hof-Verkauf) hoch geschätzt. Dieser Wunsch führt u.U. dazu, dass nur jene Fleischsorten konsumiert werden, die an den bevorzugten Bezugsstätten (z.B. Rind und Lamm aus der Qualitätsproduktion der Eltern) zu bekommen sind. Das relativ hohe Einkommen bei den meisten Befragten aus dieser Gruppe ermöglicht einen eher unbekümmerten Konsum von Qualitäts- und teilweise auch Markenprodukten, d.h. es werden größtenteils auch höhere Preise akzeptiert. Die Befragten sind bemüht, mit ihrem Status nicht zu protzen, wenngleich ein gewisses Maß an Differenzierung dennoch erwünscht ist.

Qualitätsansprüche und auch finanzielle Spielräume führen allerdings nicht automatisch zum Konsum von biologischen und artgerecht produzierten Lebensmitteln, auch wenn dies begünstigt wird. Es müssen auch die Überzeugung von bestimmten Werten, ein entsprechendes Image und nicht zuletzt eine möglichst bequeme Verfügbarkeit gegeben sein. Bio-Produkte werden von manchen Befragten wegen ihrer Assoziation mit der alternativen Ökologie-Bewegung der 1980er Jahre abgelehnt. Andererseits kommt es vor, dass biologische Lebensmittel zwar bei einigen Lebensmittelgruppen (z.B. Eier, Milch, Brot, Gemüse, Obst) bevorzugt werden, dass bei Fleisch aber – trotz eines eher geringen Konsums – das Preisargument ausschlaggebend ist und auf konventionell erzeugte Produkte aus dem Supermarkt zurückgegriffen wird. Hierbei zeigt sich großes Vertrauen in die Marketingstrategien einzelner AnbieterInnen. Außerdem fördern Argumente für artgerechte Tierhaltung und Tierschutz, Fleischskandale und eine Kritik an EU-Förderstrategien den Kauf regionaler, heimischer Produkte aus konventioneller Produktion.

9.2.3. Bewusst geringer Fleischkonsum

Ein Viertel der Befragten schränkt den Genuss von Fleisch bewusst ein. Bis auf einen Mann, der die meiste Zeit das Kochen für sich, seine Partnerin und das gemeinsame Kleinkind übernimmt, befinden sich in dieser Gruppe ausschließlich Frauen. Fast alle Personen leben in Partnerschaften mit oder ohne Kinder und sind zwischen 30 und 42 Jahren alt. Diese Gruppe der Befragten lässt sich mehrheitlich zwei sozialen Milieus zuordnen: Einerseits dem postmateriellen Milieu, in dem jene Personen zu finden sind, die sich von alternativen Ernährungslehren ansprechen lassen (z.B. Traditionelle Chinesische Ernährung, Makrobiotik) und die als kritisch aufgeklärte VerbraucherInnen bewusst die Auswirkungen der Nahrungsmittel auf ihr körperliches Wohlbefinden beachten. Hier überschneiden sich gesundheitsfördernde und mental stärkende Ernährungsorientierungen mit ökologischen und sozialkritischen. Andererseits dem traditionellen Milieu (teilweise mit einer Tendenz zur bürgerlichen Mitte), deren Vertreterinnen – es sind ausschließlich Frauen –

eine traditionelle Küche bevorzugen, die aber aus geschmacklichen sowie gesundheitlichen Gründen wenig Fleischprodukte konsumieren. Bei diesen Frauen besteht meist auch eine pragmatisch-funktionale Grundhaltung in Bezug auf das Ernährungshandeln, die auf körper- und krankheitsbezogenen Ernährungsorientierungen basiert.

- **Einschränkung aus geschmacklichen Gründen**

Den meisten der Befragten aus dieser Gruppe schmecken Fleisch und Fleischprodukte nicht besonders gut. Dies liegt häufig in der Biographie begründet, das heißt, dass diese Personen oft schon als Kinder wenig Fleisch gegessen haben und daher Fleischkonsum nicht zur Gewohnheit wurde. Entweder empfanden bereits die Eltern wenig Lust, Fleisch zu essen, oder die Einkommenssituation der Herkunftsfamilie ließ keinen höheren Fleischkonsum zu. Es kommt aber auch vor, dass in der Kindheit häufig Fleisch gegessen wurde und später dann durch andere Einflüsse (wie z.B. Krankheit, Wissenserweiterung durch Ausbildungen) der Konsum reduziert wird. Da die Einstellungen dieser Gruppe sich häufig auch an Gesundheit und einer bewussten Auseinandersetzung mit Ernährung orientieren, erlangt die symbolische Dimension des Fleischkonsums als Luxusgut – auch wenn man es sich leisten könnte – kaum Bedeutung. Am ehesten im Zuge von Einladungen kommt auch bei diesen Personen dem Fleisch ein höherer Stellenwert zu, wobei auch das keine unumstößliche Regel ist. Selbst wenn der Geschmack an bodenständiger, fleischhaltiger Kost orientiert ist, kann der tatsächliche Fleischkonsum aus körper- und gesundheitsbezogenen Gründen gering sein. Insgesamt wird jedenfalls auf die (biologische) Qualität des Fleisches hoher Wert gelegt.

- **Einschränkung aus gesundheitlichen Gründen**

Ist der geringe Fleischkonsum nicht schon durch die geschmackliche Komponente geleitet, können manifeste Krankheitserfahrungen, körperliche Beschwerden oder auch das Streben nach Gesundheit und Wohlbefinden Motive für eine Einschränkung sein. Eine gesunde Ernährung wird hier häufig mit fleisch- und fettarmer Kost assoziiert, insbesondere wenn damit auch eine Schlankheitsorientierung verbunden ist, was bei einigen der Befragten der Fall ist. Gesundheitliche Bedenken werden aber auch mit der Möglichkeit der Übertragbarkeit von Krankheiten durch Fleischkonsum (z.B. Salmonellen, Tierseuchen) in Verbindung gebracht. Die Gesundheitsorientierung ist bei einem Teil dieser Gruppe eng mit der Beachtung verschiedener Ernährungslehren und/oder einer religiös-spirituellen Haltung (z.B. Traditionelle Chinesische Medizin, Makrobiotik, Askese) verbunden. Diese Einstellung kann durch bestimmte berufliche Tätigkeiten (z.B. Shiatsu-Praxis, Ernährungsberatung), durch Urlaubserlebnisse, oder durch eigene körperliche Erfahrungen entwickelt worden sein.

Nicht selten geht damit auch eine kritische Haltung gegenüber landwirtschaftlichen Produktionsbedingungen, nicht artgerechter Tierhaltung und insgesamt dem westlichen Lebensstil einher. Durch eine intensive Beschäftigung mit Ernährungsfragen wächst das Wissen und dies führt wiederum zu einem kritischeren Umgang mit dem täglichen Essen. Die gleichzeitige Abhängigkeit von ExpertInnenwissen kann dabei unter Umständen allerdings auch ins Gegenteil münden. Im Falle einer 42-jährigen Betriebsorganisatorin, die in ihrer Jugend an Diabetes I erkrankte, führten die Ratschläge von Expertinnen und Experten zur anfänglichen Erhöhung des Fleischkonsums, weil dies für Diabeteserkrankte zu der Zeit empfohlen wurde. Erst veränderte medizinische Empfehlungen, das zunehmende eigene Wissen und die wachsende Sicherheit im Umgang mit der Krankheit machten eine Rückkehr zu früheren Gewohnheiten möglich.

Menschen, die einen bewusst geringen Fleischkonsum pflegen, bevorzugen tendenziell auch bestimmte Fleischarten, die als gesünder gelten, wie Pute, Huhn oder Rind sowie Fisch. Schweinefleisch wird sowohl aus geschmacklichen als auch aus gesundheitlichen Gründen eher abgelehnt, wofür die Zuschreibung eines erhöhten Fettanteils im Schweinefleisch und verschiedene, auch medial vermittelte Gesundheitsdiskurse verantwortlich sein dürften.

- **Einkauf von Fleisch und Fleischprodukten**

Befragte, die ihren Fleischkonsum bewusst niedrig halten, achten wie erwähnt auch besonders auf die Qualität und die Herkunft des konsumierten Fleisches und verwenden fast ausschließlich Biofleisch. Bioqualität wird bei Fleisch aufgrund einer tendenziell skeptischen Haltung gegenüber industriellen Produktionsprozessen auch dann vorgezogen, wenn dies bei anderen Lebensmitteln eine untergeordnete Rolle spielt. Wichtig ist, die Produktionskette nachvollziehen zu können und Produktionsbetriebe wie VerkäuferInnen möglichst persönlich zu kennen. Es werden neben Supermärkten bevorzugt auch Märkte, Fleischhauereien und Ab-Hof-Verkaufsstellen aufgesucht, denen großes Vertrauen entgegengebracht wird. In Supermärkten kommen andere Kriterien zum Zug, z.B. preisliche Angebote oder bestimmte Kennzeichnungen (wie Fleisch aus Österreich). Der Einkauf in kleinen, überschaubaren Strukturen wird geschätzt. Wird ein Einkaufsort nach anfänglicher Überprüfung für gut befunden, dann ist die Wahrscheinlichkeit sehr hoch, dass dieser lange Zeit genutzt wird. Regionalität und Saisonalität spielen eine große Rolle, sodass auch in Kauf genommen wird, nicht jederzeit über frisches Fleisch zu verfügen. Die Beachtung der regionalen Herkunft kann aber auch mit romantischen Erinnerungen an bestimmte Regionen (z.B. Herkunft, Urlaub) verknüpft und symbolisch stark mit Heimatgefühl und Identität aufgeladen sein. Der Preis spielt eine nur untergeordnete Rolle. Wenn Bezugsquellen genutzt werden, die nicht in der näheren Umgebung liegen, kommt es häufig vor, dass zwei bis drei Mal pro Jahr größere Mengen bezogen und portionenweise tiefgekühlt aufbewahrt werden. Fisch wird vorwiegend tiefgekühlt eingekauft, weil häufig keine leicht erreichbaren Bezugsquellen für frischen Fisch vorhanden sind.

An der Frage des Fleischeinkaufs zeigt sich bei allen Interviewten, aber besonders in der Gruppe jener, die einen bewusst geringen Fleischkonsum pflegen, ein sehr hohes Vorschuss-Vertrauen in die österreichische Lebensmittelproduktion und die Qualität österreichischer Lebensmittel. Dieses Vertrauen gründet in der Annahme, dass die Exekutierung strenger Lebensmittelgesetze in Österreich die Qualität und Sicherheit der Produkte wahrt, was auch durch subjektive Wahrnehmung beim Genuss der Lebensmittel bestätigt wird. Die Vermittlung dieses Images durch Medien und Werbung scheint gut zu greifen.

Sowohl in Bezug auf Lebensmittelskandale als auch in puncto Sicherheit von Produkten wird Fleisch häufig von den Befragten als Beispiel herangezogen: Lebensmittelskandale werden eher mit Fleischprodukten als mit Gemüse oder Getreide assoziiert (BSE, Salmonellen, Schweinepest etc.), wobei in den Interviews generell keine hohe Betroffenheit festzustellen ist. Jene Personen, die wenig Fleisch essen und dieses vorwiegend in kleinen Verkaufsstrukturen beziehen, sind darüber hinaus sehr von ihrem eigenen Einkaufsverhalten und dessen Sicherheit überzeugt. Menschen, die vorwiegend Biofleisch konsumieren, sehen sich dadurch überhaupt keiner Gefahr ausgesetzt. Es kommt vor, dass abgepacktes Fleisch im Supermarkt aus Sicherheitsgründen und aufgrund des Geschmacks gänzlich abgelehnt wird.

- ● **Motive für den Fleischkonsum**

Wenn Personen aus dieser Gruppe Fleisch essen, kann dies unterschiedlich motiviert sein. Häufig wird eher am Wochenende oder bei (festlichen) Einladungen Fleisch zubereitet und in geringen Mengen gegessen. Für allein stehende (ältere) Frauen, die im Alltag wenig (Fleisch) zu sich nehmen, kann das Zusammenkommen der Familie (und vor allem der eigenen Kinder) dazu führen, besonders gut, groß und auch fleischhaltig aufzukochen. Dies wird u.a. mit dem höheren Aufwand der Zubereitung von Fleischspeisen begründet, der sich für Single-Portionen nicht lohne. Auch würden kleine Mengen gar nicht zufrieden stellend gelingen (z.B. Braten). Der höhere Aufwand, der unter Einhaltung von Qualitätsansprüchen ebenso mit einer aufwendigeren Beschaffung (z.B. Ab-Hof-Verkauf, Bioläden) verbunden sein kann, führt im Alltag zu einer einfachen, in manchen Fällen auch funktional-rationalistisch bestimmten Küche unter Vermeidung von Fleisch, das komplementär eher außer Haus verzehrt wird. Hier wird die österreichische Küche tendenziell abgelehnt, weil sie zu fleischbetont ist und stattdessen eher asiatische oder andere Küchen (z.B. kurdisch, griechisch oder italienisch) bevorzugt. Fleischgerichte werden auch bei Einladungen genossen und dadurch der Bedarf weitgehend gedeckt, weil es gerade bei Einladungen häufig vorkommt, dass Fleisch angeboten wird. Fleisch kann aber auch sehr bewusst als „schneller Eiweißlieferant" (z.B. nach der traditionell chinesischen Ernährungslehre) eingesetzt werden, sodass diesem Lebensmittel eine funktional-physiologische Bedeutung zugeschrieben wird. Dies kann so weit gehen, eine solche Ernährung als Medizin aufzufassen, die sowohl vorbeugend als auch ganz gezielt eingesetzt werden kann.

Bestimmte Rahmenbedingungen (z.B. abendliches Ausgehen) können die Lust auf Lebensmittel steigern, die im Alltag nicht gegessen werden. Der Griff zu Fast-Food-Produkten wird dann u.U. als Strategie definiert, um sich nicht völlig vom Mainstream der Ernährungskultur zu entwöhnen. Vermehrter Fleischkonsum ist bei Frauen oft auch durch die Orientierung an den Wünschen ihrer Partner verursacht, die darauf bestehen bzw. denen sich die Frauen – mehr oder weniger gerne – anpassen. Eine Abkehr von diesem Verhalten tritt entweder durch Trennung oder Verwitwung ein, oder wenn die Unzufriedenheit mit dem gesteigerten Verzehr von Fleisch wächst bis schließlich die Widerstandskraft überwiegt, sich auch innerhalb einer Partnerschaft verstärkt an den eigenen alimentären Wünschen zu orientieren.

9.2.4.   Fleischverzicht

Unter den Befragten finden sich nur sehr wenige Personen, die in ihrer Ernährung gänzlich auf Fleisch und Fisch verzichten, die also Ovo-Lacto-VegetarierInnen sind. Da es im Rahmen dieser Studie zu weit führen würde, detailliert auf das komplexe Phänomen des Vegetarismus einzugehen, seien lediglich die wichtigsten Aspekte der Auswertung in Bezug auf die interviewten Personen genannt.

Als Motiv für den Verzicht auf Fleisch wird in erster Linie der Tierschutz genannt. Dabei gibt es eine Tendenz zu ökologischen und sozialkritischen Ernährungsorientierungen, wenn z.B. Methoden der Tierhaltung und Schlachtung kritisiert werden und damit in einem Fall eine Boykotthaltung gegenüber der (Fleisch-)Wirtschaft und dem Transportwesen ausgedrückt wird. Bei einem Befragten führte ein reflexives Arbeitsumfeld dazu, sich Gedanken über Ernährung und Produktionsbedingungen zu machen und als Konsequenz schließlich ganz auf den Verzehr von Fleisch- und Wurstwaren zu verzichten. Bei einem in Patchwork-Verhältnissen lebenden 34-Jährigen gewinnt ein ganzheitliches, körperliches Wohlbefinden nach eher exzessiven Lebensphasen, in denen Ernährung und Gesundheit kaum Beachtung geschenkt wurde, zunehmend an Bedeutung. Positive gesundheitliche Nebeneffekte und die Steigerung des körperlichen Wohlbefindens werden generell begrüßt, aber im Gegensatz zum Tierschutz nicht als primäre Ursachen für den Fleischverzicht genannt.

Auffällig ist, dass alle befragten VegetarierInnen betonen, ihre Haltung anderen nicht aufoktroyieren zu wollen und in Gesellschaft auch eher defensiv bezüglich ihrer Ernährungspraktiken auftreten. Das heißt, es wird nicht erwartet, dass GastgeberInnen ausschließlich Vegetarisches anbieten. Im Gegenteil wird auch bei eigenen Einladungen den Gästen Fleisch serviert. Ebenso besteht eine große Toleranz gegenüber Familienmitgliedern, PartnerInnen wie Kindern, denen ganz bewusst individuelle Entscheidungsfreiheit offen stehen soll, auch wenn die persönlichen Motive, kein Fleisch zu essen, sehr stark und teilweise auch ethisch ausgeprägt sind.

In einem Fall war auch die Partnerin lange Zeit Vegetarierin, bis sie sich aufgrund einer Fehlgeburt aus ernährungsphysiologischen Gründen für einen moderaten Fleischkonsum entschied, in den auch die gemeinsamen Kinder einbezogen sind. Daran wird eine große Unsicherheit deutlich, ob der völlige Verzicht auf Fleisch zu einem Mangel an bestimmten Nährstoffen führt, was von dem Befragten strikt zurückgewiesen wird.[46] Genau diese Frage ist aber wohl zentral für den Legitimationszwang, dem sich VegetarierInnen in unserer Gesellschaft ausgesetzt sehen, da der völlige Verzicht auf Fleisch immer wieder als abweichendes Verhalten interpretiert wird. Andererseits erklärt diese mögliche gesellschaftliche Stigmatisierung auch das Potenzial des Vegetarismus als kulturelle Protestbewegung.

9.3.   Nachhaltiger Fleischkonsum: eine Zusammenfassung

Die Ergebnisse der empirischen Untersuchung zeigen deutlich, dass die eingangs erwähnten Kriterien für einen nachhaltigen Fleischkonsum nur bei einer Minderheit der Befragten auf Resonanz stoßen. Die Motive für einen geringen Fleischkonsum und die Verwendung biologisch produzierter Fleischprodukte aus der eigenen Region sind sehr häufig auf den Wunsch nach Verbesserung der eigenen Gesundheit zurückzuführen, wobei diesem Anliegen meist tiefgreifende Krankheitserfahrungen vorausgehen. Häufig sind es Frauen, die einen eher niedrigen Fleischkonsum pflegen, aber auch Personen in fortgeschrittenem Lebensalter – die meist bereits eine längere Krankengeschichte vorzuweisen haben – bemühen sich, den Verzehr von Fleisch zu reduzieren. Andere Motive sind in biographischen Ernährungsgewohnheiten, in einer kritischen Reflexion des westlichen Lebensstils und der

---

[46] Damit liegt dieser Befragte im Einklang mit der gegenwärtigen Forschungsmeinung: Entgegen langjähriger Ansicht der Medizin gilt es mittlerweile als gesichert, dass jeder gesunde Mensch bei einer bedachten Planung ohne weiteres auf Fleisch verzichten und dadurch maßgeblich seine Gesundheit fördern kann (American Dietetic Association 2003). Vorsicht wird lediglich den so genannten „PuddingvegetarierInnen" empfohlen, die zwar kein Fleisch essen, sich aber nicht um eine gesunde Ernährung kümmern, sondern viel Süßes wie Pudding oder Kuchen zu sich nehmen.

damit verbundenen Produktionsformen oder in bestimmten religiös-spirituellen Werthaltungen zu finden.

Deutlich wird, dass eine Reduktion des Fleischkonsums auf bewussten Entscheidungen gründet, die durchaus auch mit genussvoll-sinnlichen Komponenten des Essens konkurrieren können. Ein Gegengewicht zu diesem Dilemma bietet eine gewisse Lust an der Askese, die mit Schlankheitsvorstellungen, aber auch einem damit verbundenen körperlichen und geistigen Wohlbefinden eng verknüpft ist. Letzteres bietet sich wohl am ehesten als positiver Anknüpfungspunkt an, mit dem Ziel, eine gesunde, fleischarme Ernährung als Ausgleich zu alltäglichen Belastungen zu funktionalisieren.

Weiters fällt auf, wie eng ein bewusster Fleischkonsum mit reflektiertem Einkaufsverhalten und mit relativ differenziertem Wissen über Produktionsbedingungen, Tierhaltung sowie Ernährungsphysiologie bzw. Kochkenntnissen in Zusammenhang steht. Diese sehr bewusste Haltung entwickelt sich in einem länger währenden Aneignungsprozess, der durch die stetige Auseinandersetzung mit dem Thema kontinuierlich erweitert wird und sich verfestigt. Eine so entstandene Werthaltung dominiert dann auch über die symbolische Bedeutung eines hohen Fleischkonsums als Ausdruck eigenen Wohlstands. Die Tatsache, dass fast ausschließlich Frauen in einer mittleren Altersgruppe ihren Fleischkonsum reduzieren – die sich zum Teil auch erst von männlich dominierter fleischbetonter Kost emanzipieren bzw. ihre eigenen Vorlieben gegen diese durchsetzen müssen – weist darauf hin, dass bei Männern in diesem Alter andere Ernährungsmotive im Vordergrund stehen. Anknüpfungspunkte bei Männern finden sich in erster Linie im Anspruch an hohe Leistungsfähigkeit im Beruf oder durch intensive sportliche Betätigungen, die zu einem bewussteren Umgang mit Ernährungsfragen führen. Bei Männern, die sich auf die Übernahme der Ernährungsverantwortung für Partnerin und Kinder einlassen, erhöht sich die Reflexivität bezüglich des Ernährungshandelns ebenso auffällig. In manchen Fällen ist auch eine zeitweilige Rücksichtnahme auf die Vorlieben und Wünsche von Frauen während einer Schwangerschaft festzustellen.

In der Gruppe der vorwiegend männlichen Personen, die Fleisch als Nahrungsmittel unter anderen betrachten und dessen Konsum nicht besonders hervorheben, zeigt sich, dass hohes Einkommen die Bevorzugung von Qualitäts- und Markenprodukten unterstützt. Dies bedeutet zwar nicht automatisch, dass auch regionale und/oder biologisch produzierte Produkte gekauft werden, erleichtert es aber. Außerdem wurde auch deutlich, dass Vorbilder und Identifikationsfiguren vor allem bei Jüngeren hilfreich sein können. Selbst Kochen und eine bewusste Auseinandersetzung mit Ernährung können auch einen Teil einer Antwort auf die Sinnsuche im Leben ausmachen und zu einem geringeren Konsum von Fleisch führen.

Durch das vorhandene Wissen über Tierhaltung und Fleischproduktion ergibt sich bei Menschen mit einem geringen Fleischkonsum nicht nur ein sehr bewusstes Einkaufsverhalten, sondern auch eine Differenzierung im Genuss verschiedener Fleischsorten, wobei insbesondere Schweinefleisch eher gemieden und Geflügelfleisch bevorzugt wird. Biologisch produziertes Fleisch hat einen besonderen Stellenwert. Die Bevorzugung kleiner überschaubarer Strukturen fördert regionale Produktionsbetriebe und kleinteilige Handelsstrukturen. Das hohe und fast uneingeschränkte Vertrauen in die österreichische (Bio-)Fleischproduktion stellt ein großes, soziales Kapital dar, das eine wichtige Basis für einen nachhaltigen Fleischkonsum bedeutet.

Es gibt aber auch sehr starke Motive für einen hohen Fleischkonsum, die in erster Linie in einer langen Tradition der westlichen Fleischkultur liegen und die eng mit den symbolischen Bedeutungen von Fleisch zusammenhängen. Diese Motive werden durch Marketingkampagnen der Fleischindustrie aufgegriffen und mit Verweis auf den ernährungsphysiologisch wichtigen Stellenwert tierischer Lebensmittel verstärkt. Vermittelt wird dabei neben der kulturellen Identität Österreichs als hervorragendes Fleischproduktionsland („Fleisch aus Österreich" oder „österreichische Qualität" als Markenzeichen) vor allem der hohe Status, der Fleisch als Lebensmittel zugeschrieben wird und die enge Verbindung von Fleischkonsum mit Männlichkeit, Stärke und Dominanz. Dadurch bieten sich die Zubereitung und der Genuss von Fleischspeisen zur Inszenierung des eigenen Status, von festlichen Anlässen und der eigenen kulturellen Identität an. Der hohe Status von Fleischgerichten kommt besonders in weniger privilegierten sozialen Milieus zum Tragen, da es heute auch Menschen mit geringen Einkommen möglich ist, sich den Fleischgenüssen hinzugeben und damit ein Stück an (vermeintlicher?) Lebensqualität zu gewinnen.

Gleichzeitig fehlt aufgrund der breiten Verfügbarkeit von meist genussfertig angebotenen Fleischprodukten und der Selbstverständlichkeit des Fleischgenusses als bewährtes und fast allen zugängliches Kulturgut fast jede Notwendigkeit, sich mit den Produktions- und Handelsbedingungen, den ökologischen Auswirkungen oder der sozialen Gerechtigkeit auseinander zu setzen. Nur Aspekte des Wohlbefindens und der Gesundheit bieten einen für sehr viele Menschen relevanten Anknüpfungspunkt.

Karl-Michael Brunner

10. Der Konsum von Bio-Lebensmitteln

10.1. Die Relevanz des Bio-Konsums für Nachhaltigkeit

Der Produktion und dem Konsum biologischer Lebensmittel kommt als Nachhaltigkeitskriterium eine große Bedeutung zu. Im Bewusstsein vieler Menschen ist „biologisch essen" gleich „nachhaltig essen". Der Anteil des Bio-Konsums am gesamten Lebensmittelkonsum wird oft als zentraler Nachhaltigkeitsindikator für den Bereich Ernährung gesehen (Lass/Reusswig 1999; Rösch 2002).

Aus ökologischer Perspektive kann der biologische Landbau als nachhaltige Form der Lebensmittelproduktion gelten. Konventionelle Systeme der Landwirtschaft sind oft mit hohen Belastungen der Umweltmedien (Luft, Wasser, Boden) verbunden und können zu einer Reduktion der Artenvielfalt führen. Als Beispiel kann die Belastung der Böden und Gewässer durch Pflanzenschutzmittel (wie z.B. Pestizide) angeführt werden. Diese schädigen aber nicht nur die Natur, sondern stellen über Rückstände in Lebensmitteln oder Wasser auch für den Menschen ein potenzielles Risiko dar. Der biologische Landbau demgegenüber ist, wie viele Studien feststellen, mit einer deutlich geringeren Umweltbelastung verbunden, u.a. verminderte Schadstoffbelastung, bessere Bodenqualität, geringere Emissionen von Treibhausgasen, größere Artenvielfalt (Köpcke 2002; Koerber et al. 2004). Im Vergleich zum konventionellen Landbau zeigen sich in den meisten Umweltwirkungsbereichen deutliche Vorteile des ökologischen Landbaus (Senatsarbeitsgruppe 2003), die gesamten mit dem Anbau verbundenen Umweltbelastungen sind bei ökologischer Produktion teilweise um mehr als die Hälfte geringer als bei konventioneller (Jungbluth 2000). Demnach kann der Konsum von biologisch produzierten Lebensmitteln in ökologischer Hinsicht als wesentlicher Beitrag zu mehr Nachhaltigkeit im Ernährungssystem gesehen werden.

Aus sozialer und ökonomischer Nachhaltigkeitssicht ist wesentlich, dass der Konsum von Bio-Lebensmitteln kein Minderheitenprogramm darstellt, sondern für breite Kreise der Bevölkerung leistbar und realisierbar sein sollte. Studien in verschiedenen Ländern zeigen jedoch, dass diese „Demokratisierung" des Bio-Konsums bisher nur ansatzweise gelungen ist. Bio-Lebensmittel sind gegenüber konventionell produzierten teilweise deutlich teurer, weshalb viele KonsumentInnen als Grund für den Nichtkauf den höheren Preis angeben. Auch wenn der Mehrpreis oft nur ein Argument unter mehreren für den Nichtkauf ist und sich oftmals ernährungskulturelle Gründe (z.B. Abgrenzung von den „Ökos") als bedeutsamer erweisen, darf das Preisargument nicht bagatellisiert werden. Zwar ergibt sich der höhere Preis für Öko-Produkte auch durch die höhere Prozess- und Produktqualität, der niedrigere Preis für konventionell produzierte Lebensmittel ist aber wesentlich dadurch mitbedingt, dass Umweltkosten externalisiert werden, die Preise also nicht die „ökologische Wahrheit" sagen. KäuferInnen von Öko-Produkten werden doppelt zur Kasse gebeten, durch den höheren Produktpreis und als SteuerzahlerInnen für die Beseitigung von Umweltschäden. Strategien für mehr Nachhaltigkeit im Ernährungssystem (wie auch in anderen Sektoren der Wirtschaft) sollten deshalb auf die Internalisierung der Kosten gerichtet sein. Höhere Preise für Öko-Lebensmittel müssen aber nicht zwangsläufig höhere Ausgaben für Nahrungsmittel insgesamt bedeuten, können doch Mehrkosten durch einen veränderten Speiseplan relativiert werden. So hat eine Studie ergeben, dass Haushalte für Bio-Lebensmittel zwar durchschnittlich um 40 % mehr ausgeben als für konventionelle Produkte, durch eine andere Lebensmittelauswahl (z.B. weniger Fleisch und Süßigkeiten) die Gesamtausgaben jedoch niedriger liegen können als in konventionell konsumierenden Haushalten (Brombacher 1992). Eine Untersuchung zu Bio-Einkaufsstätten kommt zum Ergebnis, dass KundInnen solcher Läden nicht notwendigerweise ein hohes Einkommen haben müssen (Schäfer 2005). Gleichwohl zeigen viele Studien, dass Bio-IntensivkäuferInnen durch hohe Schulbildung, oft auch hohes Einkommen und gehobene Berufspositionen gekennzeichnet sind, der Bio-Konsum also sozial hoch selektiv ist (Spiller/Engelken 2003) und dies in vielen Ländern der Erde (Torjusen et al. 2004). Die soziale Selektivität bricht etwas auf bei älteren, an Gesundheit orientierten Personen sowie jüngeren KonsumentInnen, die fallweise Bio-Lebensmittel kaufen, um sich oder anderen etwas Gutes zu tun. Hier sind auch Personen mit mittlerem und niedrigem Bildungsgrad und Einkommen vertreten (Birzle-Harder et al. 2003). Wenn wir die Milieuforschung heranziehen, dann zeigt sich, dass regelmäßiger Bio-Konsum von wenigen Ausnahmen abgesehen vor allem in sozialen Milieus der Oberschicht und oberen Mittelschicht praktiziert wird, also noch immer weitgehend ein Elitenphänomen ist (Brunner 2002; Sinus Sociovision 2002). Dabei lassen sich zwei unterschiedliche Wertorientierungen unterscheiden: Zum einen wird ein wertkonservativer Zugang zum Bio-Konsum deutlich mit Tradition, Heimat und Region als primären Ernährungsorientierungen und zum anderen ein postmaterieller Zugang, bei dem Gleichberechtigung, kulturelle Vielfalt, Ökologie und Sozialkritik wesentliche Orientierungen darstellen. „Schwarz-Grün" scheint die bevorzugte Koalitionsform beim Bio-Konsum zu sein (Brunner 2005). Angesichts der sozialen Selektivität des Bio-Konsums ist zu fragen, wie Öko-Lebensmittel auch für weniger verdienende Menschen leistbar sein können und wie bisher ökoabstinente Ernährungspraktiken für Lebensmittel aus biologischem Anbau geöffnet werden können. Durch die Hauptvermarktungsschiene Lebensmitteleinzelhandel hat sich in Österreich zumindest für die KonsumentInnen (die Sichtweise der ProduzentInnen dürfte angesichts der Marktmacht der Lebensmittelkonzerne eine andere sein) eine günstige Lage entwickelt, da sich in finanzieller Hinsicht der Mehrpreis bei verschiedenen Öko-Produkten im Vergleich zu konventionellen verringert hat. Durch den Einstieg der Discounter in den Bio-Lebensmittelmarkt kann sich diese Entwicklung noch verstärken.

In sozialer Hinsicht ist aus Nachhaltigkeitsperspektive bedeutsam, dass der Konsum von Bio-Lebensmitteln nicht zu sozialer Stigmatisierung führt, sondern eine gesellschaftlich anerkannte Praxis sein sollte. Dazu könnte die „Konventionalisierung" des Bio-Sektors in Österreich, das Heraustreten aus der „Öko-Nische", ein möglicher Weg sein.

Sehr oft geben KonsumentInnen vor allem gesundheitliche Gründe an, warum sie Bio-Lebensmittel konsumieren (was durch eine entsprechende Lebensmittelwerbung gefördert wird). Niedrigere Pestizidrückstände und Nitratbelastungen, teilweise ein höherer Vitamin-C-Gehalt sowie höhere Gehalte an bestimmten Mineralstoffen und sekundären Pflanzenstoffen sind nur einige Befunde, die darauf hindeuten, dass ökologisch produzierte Lebensmittel gesundheitsförderlicher sein könnten als konventionell produzierte (Koerber et al. 2004; Velimirov/Müller 2003). Aussagen zur Gesundheitsförderlichkeit sind aber mit Vorsicht zu genießen, da Ernährung zwar einen wesentlichen, jedoch nicht den einzigen Einflussfaktor auf den Gesundheitsstatus darstellt. Eine vergleichende Bewertung von Lebensmitteln unterschiedlicher Produktionsverfahren kommt zum Schluss, dass es keinen wissenschaftlichen Nachweis dafür gebe, „dass der ausschließliche oder überwiegende Verzehr von ökologisch erzeugten Lebensmitteln direkt die Gesundheit fördert. (...) Aspekte höherer Prozessqualität der Lebensmittelerzeugung, wie z.B. Naturverträglichkeit und Erhalt der Kulturlandschaften beispielsweise durch Ökologischen Landbau werden von den Verbraucherinnen und Verbrauchern wahrgenommen und können zu deren Wohlbefinden beim Lebensmittelkonsum und -verzehr beitragen und somit indirekt Auswirkungen auf die menschliche Gesundheit haben" (Senatsarbeitsgruppe 2003, 101).

10.2. Die Entwicklung des Bio-Konsums in Österreich

Die Entwicklung der Biobewegung in Österreich geht zurück bis auf das Jahr 1927, in dem die ersten Pionierbetriebe entstanden (Freyer et al. 2001). Eine sehr starke Entwicklung hatte der Bio-Sektor Mitte der 1990er Jahre, was unter anderem auf Förderungen und den Einstieg der großen Handelsketten in die Vermarktung von Bio-Lebensmitteln zurückzuführen ist. Abgesehen von Liechtenstein hat Österreich heute mit 13,5 % den höchsten Prozentsatz an biologisch bewirtschafteter Fläche in Europa, der Marktanteil an biologischen Lebensmitteln liegt bei ca. 5 %. Auch wenn der Bio-Markt kurzzeitige Phasen der Stagnation zeigte, ist in den letzten Jahren ein rasches Wachstum feststellbar. Betrachtet man die Umsatzentwicklung, so lässt sich eine kontinuierliche Steigerung beobachten und zwar von 50 Millionen Euro im Jahre 1994 zu 145 Millionen Euro im Jahre 1997 zu 400 Millionen Euro im Jahre 2003 und schließlich 500 Millionen Euro im Jahre 2006 (Lindenthal et al. 2006). Der Bio-Markt hat sich von einem Anbieter- zu einem Nachfragemarkt entwickelt. Auch für die Zukunft werden Steigerungspotenziale konstatiert, allerdings wird auch vermutet, dass es zu einer Sättigung des Marktes auf hohem Niveau kommen könnte.

Die dynamische Entwicklung des österreichischen Bio-Marktes hat auch mit dem Einstieg der großen Handelskonzerne in den Markt zu tun. 1994 wurde die erste Bio-Handelsmarke eines Handelskonzerns eingeführt, inzwischen haben alle großen Handelsunternehmen eine eigene Handelsmarke. Unter dem Aspekt der Vermarktungsstruktur von Bio-Produkten zeigen sich in Österreich Unterschiede zu einigen anderen Bio-Märkten in Europa, in denen traditionell der Naturkostfachhandel führend in der Vermarktung ist. Dies war lange Zeit z.B. in Deutschland der Fall, wenngleich auch dort der konventionelle Lebensmitteleinzelhandel aufgeholt hat (Brunner/Sehrer 2005). Gegenwärtig hat in Österreich der Lebensmitteleinzelhandel mit 64 % den größten Umsatzanteil, der Naturkost-Fachhandel liegt bei 14 %, Großküchen/Gastronomie und Direktvermarktung halten bei je 6 % und 10 % entfallen auf den Export (Lindenthal et al. 2006). Der Lebensmitteleinzelhandel hatte großen Einfluss auf die dynamische Entwicklung des Bio-Sektors, durch intensive Marketingmaßnahmen wurde ein positives Bild von Bio-Produkten bei den KonsumentInnen aufgebaut, was zu einem Nachfrageanstieg führte. Zwar hat sich die Marktmacht des Lebensmitteleinzelhandels positiv auf die Entwicklung des Bio-Konsums ausgewirkt, andere Teile der Wertschöpfungskette (ProduzentInnen oder regionale Absatzkanäle) sehen diese Entwicklung aber auch mit Nachteilen verbunden (z.B. Marginalisierung, Preisdruck) (BMLFUW 2006).

1996 haben 54 % der österreichischen KonsumentInnen angegeben, zumindest gelegentlich Lebensmittel aus biologischer Landwirtschaft zu verwenden, wobei Obst und

Gemüse am meisten nachgefragt wurden (BMLF 1997). Im Jahr 2002 hat sich der Prozentsatz an Bio-KonsumentInnen auf 68 % erhöht (BMLFUW 2003). Eine andere Studie hat für 2002 ermittelt, dass sogar 72 % der ÖsterreicherInnen Bio-Lebensmittel kaufen, wobei sich fast ein Drittel als regelmäßige KäuferInnen bezeichnete. Ein Viertel der österreichischen Bevölkerung wird der Gruppe der Nicht-KäuferInnen zugeordnet (Markant 2002). Angesichts der realen Umsatzanteile muss man diese Zahlen aber als deutlich übertrieben ansehen, was damit zusammenhängen dürfte, dass KonsumentInnen teilweise mit „Bio" sehr undeutliche Vorstellungen verbinden. So haben in einer Repräsentativbefragung zwei Drittel der Befragten der Aussage zugestimmt, dass „man eigentlich nicht genau wisse, was Bio genau ist" (Hasslinger 2001). Dieser Befund wird auch durch unsere Untersuchungsergebnisse untermauert, die eine sehr große Interpretationsbreite bei den KonsumentInnen zeigen (vgl. weiter unten). Insgesamt zeigt diese Entwicklung aber, dass der Bio-Konsum in Österreich die „Öko-Nische" verlassen und gesellschaftlich breite Anerkennung gefunden hat.

Wie sehen nun die typischen Bio-KonsumentInnen in Österreich aus? Der „2. Lebensmittelbericht Österreich" (BMLFUW 2003) konstatiert mit 55 % eine leicht weibliche Dominanz unter den Bio-KäuferInnen. Altersbezogen sei der Prozentsatz von Bio-VerwenderInnen in der jüngsten Altersgruppe und bei den 40- bis 59-Jährigen am höchsten. Am meisten zugenommen hätte allerdings die Verwendung bei den 50- bis 70-Jährigen. Höhere Bildungsniveaus sind stärker vertreten, auch wenn die Bedeutung von Bildung seit 1996 etwas abgenommen hat. Höhere monatliche Haushaltsnettoeinkommen befördern den Bio-Konsum, bei den niedrigeren Einkommensniveaus (bis 2000 Euro monatlich) seien aber stärkere Zuwachsraten feststellbar als bei den höheren. Dies könnte als Hinweis auf eine leichte „Demokratisierung" des Bio-Konsums gewertet werden. Bezogen auf allgemeine Werthaltungen zeigt sich, dass eine ausgeprägte Weltoffenheit und die hohe Bedeutung von Gesundheit (allgemein oder in diätetischer Weise) mit verstärktem Bio-Konsum in Verbindung stehen. Eine andere Studie aus 2002 konstatiert einen deutlich höheren Anteil von Frauen unter den Bio-KäuferInnen (81 % Frauen und 61 % Männer) (Markant 2002). Auch altersbezogen zeigen sich teilweise Divergenzen zu den Zahlen des Lebensmittelberichts: Demnach kaufen 90 % der Personen zwischen 40 und 49 Jahren zumindest gelegentlich Bio-Lebensmittel, hingegen nur 60 % der Bevölkerung ab 60 Jahren. Einen unterdurchschnittlichen KäuferInnenanteil weise die Gruppe der 15- bis 29-Jährigen auf. Bio-Konsum korreliere zwar positiv mit der Höhe der Schulbildung, einkommensspezifisch und regional gäbe es hingegen kaum Unterschiede.

Warum kaufen ÖsterreicherInnen Bio-Produkte? Eine quantitative Befragung aus dem Jahr 2000 weist als Gründe für den Bio-Kauf die „Gesundheit" (49 %) an erster Stelle aus, den „besseren Geschmack" (37 %) an zweiter und die „Abneigung gegenüber Chemie (33 %) an dritter Stelle (Freyer et al. 2001). Auch Lebensmittelskandale hätten einen gewissen Einfluss gehabt. In einer Befragung aus dem Jahr 2002 nennen 63 % der ÖsterreicherInnen spontan als Hauptmotiv für den Bio-Kauf den „positiven Einfluss auf die Gesundheit", 19 % den „besseren Geschmack", 18 % die „bessere Qualität", aber nur 4 % die „Schonung der Umwelt" (Markant 2002). Der „Lebensmittelbericht Österreich 2006" (BMLFUW 2006) weist für 43 % der KonsumentInnen „gesunde Ernährung" als Hauptkriterium für den Kauf von Bio-Produkten aus, gefolgt vom „besseren Geschmack" (15 %) und „besserer Qualität und Kontrolle" (13 %) sowie „Unterstützung der Landwirte" (10 %). Werden KonsumentInnen bezüglich des Nicht-Kaufs befragt, dann stehen an erster Stelle vor allem der Preis (57 %) sowie die Unsicherheit, ob es sich bei den angebotenen

Produkten tatsächlich um biologisch erzeugte handelt (25 %) (BMLFUW 2006; Schöppl 2001).

Wie zu sehen ist, divergieren die Ergebnisse der quantitativen Befragungen zum Teil erheblich, ohne dass diese Unterschiede plausibel argumentiert werden. Vor allem die Diskrepanz zwischen Marktanteil und Zahl an angeblichen Bio-KonsumentInnen ist erstaunlich. Diese Divergenzen hängen vermutlich damit zusammen, dass der Begriff „Bio" in den Köpfen der Menschen weit gefasst wird und der soziale Erwünschtheitsfaktor bei den Antworten hoch ist. Die qualitative Zugangsweise kann diesen Faktoren möglicherweise besser auf die Spur kommen, da durch den Erzählfluss im Interview Erwünschtheitsfilter leichter überwunden werden, Motive und Handlungsgründe argumentiert und im Kontext der gesamten Ernährungspraktiken plausibel gemacht werden. Widersprüchlichkeiten und Ambivalenzen bei den KonsumentInnen werden nicht ausgeblendet und können in der Analyse aufgezeigt werden.

10.3. Der Konsum von Bio-Lebensmitteln: Ergebnisse aus der Interviewanalyse

In den folgenden Abschnitten wird zuerst auf allgemeine Ergebnisse der Interviewanalyse hinsichtlich zentraler Aspekte des Bio-Konsums eingegangen und später eine Differenzierung nach Bio-KäuferInnengruppen vorgenommen, wobei IntensivkäuferInnen, Gelegenheits- und SeltenheitskäuferInnen sowie NichtkäuferInnen unterschieden werden.

10.3.1. Allgemeine Ergebnisse

Bezogen auf *Motive für den Kauf von Bio-Lebensmitteln* zeigt sich, dass – durchaus im Einklang mit Ergebnissen aus quantitativen Befragungen – Bio-Produkte häufig aus gesundheitlichen (z.B. Schadstofffreiheit) und geschmacklichen Gründen gekauft werden. Ökologische Überlegungen sind in den meisten Fällen zweitrangig. Produktqualität kommt bei den KonsumentInnen deutlich vor Prozessqualität. Besonders bei Kindern im Haushalt wird die vermutete Gesundheitszuträglichkeit von Bio-Produkten hervorgehoben. Umweltmotive (z.B. Reduzierung der Transportwege) kommen häufig in Kombination mit Gesundheitsaspekten und der Betonung der Natürlichkeit von Bio-Produkten (z.B. keine Geschmacksverstärker) vor. Menschen mit einer auf Gesundheitsförderung und mentale Stärke gerichteten Ernährungsorientierung (eine aus Gesundheitsperspektive ganzheitlich-alternative Ernährungspraxis) zeigen ein besonderes Faible für Bio-Produkte, da aus ihrer Sicht Lebensmittel aus biologischem Anbau viele Vorteile vereinen (u.a. Naturbelassenheit, Schadstofffreiheit, energetische Dichte). Für einige KonsumentInnen bieten Bio-Produkte eine Möglichkeit, sich vor Lebensmittelskandalen oder Gen Food zu schützen. Manchmal sind es auch sozial- und wirtschaftskritische Motive, die zum Kauf von Bio-Produkten anleiten, z.B. um als KonsumentIn ein Zeichen zu setzen und die LandwirtInnen zu unterstützen. Der Bio-Kauf als Gegenstrategie zur kritisch gesehenen konventionell-industriellen Landwirtschaft und die Förderung regionaler Gerechtigkeit kommen als Motive auch zum Vorschein, wenngleich nicht in dominanter Ausprägung. Geschmacksmotive und Vorstellungen von Ursprünglichkeit und Natürlichkeit sind insbesondere in genussorientierten, gehobenen sozialen Milieus („Feinschmecker"), bei Menschen mit traditionellen oder individualistisch-distinktiven Ernährungsorientierungen deutlich. Generell kann gesagt werden, dass es meist ein Bündel an Motiven ist, das Menschen zum Bio-Konsum anhält, wobei manche Kombinationen (z.B. Gesundheit und Natürlichkeit) häufiger vorkommen, während insbesondere die Kombination von Umwelt- und Gesundheitsmotiven oder gar eine dominante Ökologiemotivation voraussetzungsreicher zu sein scheinen.

Generell lässt sich eine *Entideologisierung und Normalisierung* des Biokonsums feststellen, die sich von den IntensivkäuferInnen bis hin zu den NichtkäuferInnen erstrecken. InterviewpartnerInnen verweisen auf ein gewandeltes Bild der Bio-KonsumentInnen: Es entspricht nicht mehr dem bei vielen österreichischen KonsumentInnen negativ besetzten Bild alternativer KörneresserInnen. Menschen, die bereits in den 1980er Jahren Erfahrungen mit Bio-Lebensmitteln gemacht haben und damit das negative Bild eines dunklen, alternativen Bioladens verbinden, erscheint die Möglichkeit des Bio-Kaufs in Supermärkten wie eine Wohltat an Modernität. Generell empfinden die KonsumentInnen die Vorstellung rigider Bio-KonsumentInnen – wie überhaupt jeden Ernährungsrigorismus – sozial negativ etikettiert und mit den Erfordernissen moderner Lebensstile schwer zu vereinbaren. Es wird positiv vermerkt, dass mit dem Biokonsum sozial nicht mehr die Erwartung einer grün-alternativen Ideologie und einer entsprechenden äußeren Erscheinungsform verbunden ist, wie klischeehaft auch immer die jeweiligen Bilder sein mögen. Diese Ent-Stigmatisierung des Biokonsums wird positiv erlebt. Vorteilhaft wird auch gesehen, dass mit der Entideologisierung eine Verbreiterung der Kundenstruktur stattgefunden hat, dass es zu vernünftigen Preisrelationen gekommen sei und damit Bio-Lebensmittel für die breite Masse zugänglich geworden sind. Die höhere gesellschaftliche Akzeptanz von „Bio" und das größere Angebot lässt auch positive Leitbilder einer nachhaltigen Ernährung entstehen, die für Jugendliche anschlussfähig sind. Die Entideologisierung des Bio-Konsums führt auch dazu, dass – trotz kritischer Einwände – viele NichtkäuferInnen keine grundsätzlichen ideologischen Bedenken gegenüber Bio-Lebensmittel mehr zeigen. Die Normalisierung des Bio-Konsums hat allerdings zur Folge, dass Bio-Lebensmittel häufiger mit Gesundheitsmotiven (Wellness, Fitness) sowie mit Naturbelassenheit (geringer Verarbeitungsgrad) in Verbindung gebracht werden als mit ökologischen Handlungsgründen. Dem korrespondiert, dass Wissen über ökologische Produktionsbedingungen und Standards oft nur gering ausgeprägt ist. Liegen die Motive für den Bio-Konsum vor allem in einer Orientierung an Gesundheit, Naturbelassenheit (als Gegenentwurf zur industriellen Verarbeitung) und Frische, so geraten Bio-Lebensmittel in Konkurrenz zu anderen Lebensmitteln vermeintlich naturnaher Herkunft. Insbesondere bei den Gelegenheits- und SeltenheitskäuferInnen kommt es häufig vor, dass auch konventionell erzeugte Lebensmittel, die mit Naturbotschaften beworben werden, als „biologisch erzeugte" wahrgenommen werden, die außerdem noch billiger seien. Längerfristige Konsequenz der Entideologisierung könnte sein, dass „Bio" zunehmend ein diffuses Konzept wird, besonders bei KonsumentInnen, für die Gütesiegel generell wenig Bedeutung haben bzw. schwer zu unterscheiden sind. „Richtige" Bio-Lebensmittel erscheinen in der Konsequenz als zu teuer, „naturnahe" werden ihnen vorgezogen. Die „Veralltäglichung" von „Bio" hat einerseits zur Folge, dass die Hürden für den Bio-Kauf gesenkt werden (leichtere Erreichbarkeit, größeres Angebot, weniger ideologisch bedingte Hürden, „modernere" Einkaufsstätten). Andererseits ist damit allerdings auch eine Gewöhnung an Bequemlichkeit verbunden, d.h. wenn Bio-Lebensmittel nicht schnell in entsprechender Qualität und zum entsprechenden Preis verfügbar sind, dann wird auf konventionelle Produkte zurückgegriffen. Dies ist stärker bei GelegenheitskäuferInnen der Fall, aber auch IntensivkäuferInnen mit großer Zeitknappheit zeigen diese Gewöhnungspraxis. Die Normalisierung des Bio-

Konsums führt sowohl dazu, dass die Wertegrundlagen einer ökologischen Landwirtschaft verschwimmen, als auch dass der „Überzeugungsdruck" sinkt, der auch anspruchsvollere Hürden überwindbar macht.

Die Entideologisierung wirkt sich auch auf die *Ernährungssozialisation* aus. Die Interviews zeigen immer wieder die Bedeutung der alimentären Sozialisationsgeschichte für die Einstellung zu Bio-Lebensmitteln. Während es in einer ideologisch geprägten Bio-Atmosphäre (inklusive entsprechender „Bio-Erziehung" in der Herkunftsfamilie) öfters zu Anti-Bio-Haltungen in der Pubertät und im späteren Leben kommen kann, scheint dies in einem Klima der Entideologisierung weniger der Fall zu sein. Hier tritt häufiger das Muster zutage, dass die „Biosozialisation" in der Herkunftsfamilie auch zu einer (selbstverständlichen) Integration von Bio-Lebensmitteln in den eigenen alimentären Alltag im Erwachsenenalter führt. Die ernährungsbiographische Analyse zeigt auch, dass Bio-Lebensmittel in Statuspassagen und lebensgeschichtlichen Umbruchsituationen zu einer alimentären Antwort auf Ernährungsfragen unter Bedingungen von Unsicherheit werden (vgl. Kapitel 7). Unter entideologisierten Rahmenbedingungen dürfte dies zunehmend auch für nicht bio-affine Milieus eine Möglichkeit sein.

10.3.2. Differenzen zwischen KäuferInnengruppen

Im folgenden Abschnitt werden Motive und bevorzugte Einkaufsstätten verschiedener KäuferInnengruppen im Detail betrachtet. Dabei werden Bio-IntensivkäuferInnen und Gelegenheits- und SeltenheitskäuferInnen unterschieden, ergänzend wird auch auf die NichtkäuferInnen eingegangen.

- ### Die IntensivkäuferInnen

Wenn wir die Gruppe der IntensivkäuferInnen insgesamt betrachten (wobei auch jene Personen inkludiert sind, die zwischen dem Intensiv- und dem Gelegenheitskonsum liegen), haben Gesundheitsaspekte meist zentrale Bedeutung für den Bio-Konsum, gefolgt von Umwelterwägungen im weiteren Sinn (insbesondere Tierschutzmotive sind hier führend) und Qualitätsmotiven (besserer Geschmack, Natürlichkeit der Produkte, weniger chemische Rückstände, energetisch wertvoller). In der Analyse haben sich drei deutlich unterschiedene „Motivallianzen" (Littig 1995) herauskristallisiert:

Die vorwiegend männlich dominierte *„Umwelt-Zuerst"-Motivallianz* vereint Umweltmotive (z.B. Umweltzerstörung oder Tierschutz), Geschmack und Gesundheitsüberlegungen. Hier nehmen Umweltmotive den ersten Rang ein, wobei auch Argumente der sozialen Gerechtigkeit eine wichtige Rolle spielen (Unterstützung und Honorierung der Bio-LandwirtInnen, Kritik der subventionierten konventionellen Landwirtschaft). Geschmack und Gesundheit sind zwar auch wesentliche Motive, aber der Umwelt deutlich nachgereiht.

Die vorwiegend weiblich dominierte *„Gesundheit-Zuerst"-Motivallianz* beim Bio-Intensivkonsum verbindet Gesundheit als primäres Motiv mit anderen. Diese Kombination tritt in zweifacher Ausprägung auf: Zum einen als Kombination Gesundheit und Umwelt, wobei hier Gesundheitsaspekte zwar vorrangig sind, jedoch auch ökologische Handlungsgründe (Zerstörung der Umwelt durch konventionelle Landwirtschaft, nicht artgerechte Tierhaltung) wesentlich sind und darüber hinaus Geschmack und Natürlichkeit der Lebensmittel eine Rolle spielen. Bei der zweiten Kombination haben Umweltaspekte nur nachrangige Bedeutung (z.B. ist Regionalität in Verbindung mit kürzeren Transportwegen ein prominentes Argument), Gesundheit steht als Motiv klar an erster Stelle, alle anderen Motive sind deutlich weniger handlungsleitend (z.B. Geschmack, soziale Gerechtigkeit oder Tierschutz). Bei dieser „Gesundheit-Zuerst"-Orientierung, die oft durch Krankheitserfahrungen bedingt ist, kann wiederum eine auf Gesundheitsförderung und mentale Stärke gerichtete Ernährungsorientierung und eine funktionale Körperorientierung (Fitness und Schlankheit) unterschieden werden.

Beim dritten Motivkomplex, der „Qualität-Zuerst"-Motivallianz, sind weder Umwelt noch Gesundheit zentrale Motive, sondern ein ausgeprägtes Qualitätsverständnis in Verbindung mit Geschmack, Natürlichkeit der Lebensmittel und der Bevorzugung einer handwerklich orientierten, kleinräumigen Bio-Landwirtschaft, die als positive Abgrenzung zur industriellen Lebensmittelproduktion gesehen wird. „Qualität-Zuerst" heißt, dass für diese Bio-IntensivkäuferInnen die Produktqualität im Vordergrund steht, aber auch die Prozessqualität nicht unwesentlich ist.

Es gibt also mehrere motivationale Wege zum intensiven Bio-Konsum. Weiters ist für diese Gruppe charakteristisch, dass der Preis beim Lebensmittelkauf keine herausragende Rolle spielt. Bio-Produkte werden als wertvolle Lebensmittel betrachtet, für die auch ein angemessener Mehrpreis bezahlt wird. Allerdings zeigen sich sehr wohl Preis-Leistungsüberlegungen, d.h. wenn der Mehrpreis zu hoch erscheint, dann werden konventionelle Lebensmittel vorgezogen. Eine extreme Premiumpreisorientierung findet auch bei dieser an sich relativ erschütterungsresistenten Gruppe von Bio-KonsumentInnen ihre Grenzen. Ein weitere Strategie im Umgang mit zu hohen Produktpreisen besteht darin, Produktprioritäten zu setzen (z.B. Obst, Gemüse, Fleisch oder Reformwaren), die – jenseits von Preisüberlegungen – auf jeden Fall in Bioqualität gekauft werden, während andere, den Interviewpersonen nicht so wichtige Lebensmittel, in konventioneller Qualität erworben werden.

In einigen Fällen wird deutlich, dass der in der Literatur häufig angenommene Zusammenhang von hohem Umweltbewusstsein und intensivem Bio-Konsum so nicht stimmt. So zeigt sich auch manchmal, dass erst durch den Konsum von Bio-Lebensmitteln ein ausgeprägteres Umweltbewusstsein entstehen kann. Ausgelöst durch eine Umbruchsituation im Leben (z.B. Krankheiten) kann es zum Konsum von Bio-Lebensmitteln kommen und durch die Beschäftigung mit diesen Produkten (ev. inklusive Informationen durch ErzeugerInnen oder Direktbesichtigung von Betrieben) kann sich auch eine umweltfundierte und an den Produktionsbedingungen interessierte Haltung herausbilden. Für viele IntensivkäuferInnen erweist sich der Bio-Kauf auch als Sicherheitsstrategie gegen mögliche Lebensmittelskandale.

Bio-Lebensmittel werden von den IntensivkäuferInnen meist in mehreren *Einkaufsstätten* erworben, wobei hier u.a. Prioritäten bezüglich bestimmter Produkte, infrastrukturelle Gegebenheiten, Zeitüberlegungen, partnerschaftliche Arbeitsteilungen und die Unterscheidung zwischen Großeinkauf und täglichem Kleineinkauf eine Rolle spielen, welche Einkaufsstätten mit welcher Frequenz besucht werden. Es gibt sowohl Präferenzen für den konventionellen Supermarkt als auch den Bioladen. Während die einen im Supermarkt die Angebotsvielfalt, den Preis und die Sicherheitsgarantie eines großen Konzerns hervorheben, ist für die anderen der Bioladen ein Garant höherer Qualität (meist verbunden mit Erzeugermarken) und schafft aufgrund der persönlicheren Atmosphäre und der Bekanntheit der ErzeugerInnen mehr Vertrauen. Generell scheint den kleinen Bioläden mehr vertraut zu werden (auch Bio-Supermärkte spielen eine wesentliche Rolle), wenngleich auch die Ausweitung des Bio-Angebots im konventionellen Handel positiv im Sinne von Bewusstseinsbildung gesehen wird. Ein hoher Stellenwert kommt dem Einkauf auf Märkten und der Ab-Hof-Vermarktung bzw. Lieferung nach Hause (Biokiste) zu. Auch diesen Vermarktungswegen wird eine höhere Vertrauenswürdigkeit unterstellt, der persönliche Kontakt mit den ProduzentInnen und teilweise auch die persönliche Besichtigung der Produktionsbedingungen werden positiv bewertet. Insbesondere Fleisch wird oft direkt von ProduzentInnen erworben. Dies hängt auch damit zusammen, dass Tierschutzaspekte eine wichtige Rolle für den Bio-Kauf spielen und einige IntensivkonsumentInnen eigene Erfahrungen mit schlechten Haltungsbedingungen in der konventionellen Tierzucht haben.

Die Bio-IntensivkäuferInnen sind soziodemographisch tendenziell jünger als die Gelegenheits- und SeltenheitskäuferInnen, auffällig ist der hohe Anteil an AkademikerInnen und InhaberInnen gehobener Berufspositionen. Dominant sind die Ernährungsorientierungen „Ökologie und Sozialkritik", „Gesundheitsförderung und mentale Stärke" sowie „Körper und Krankheit". Nachgereihte Bedeutung haben „Individualismus und Distinktion", „Ressourcenorientierung und Effizienz" sowie „Lust und Emotion". Aus Geschlechterperspektive ist auffällig, dass der Zugang über Krankheit ein ausschließlich weibliches Phänomen ist, auch die starke Gesundheitsorientierung ist weiblich dominiert („Gesundheit-Zuerst-Motivallianz"), während die (abstrakte) Kritik an der konventionellen Landwirtschaft, die vorrangige Betonung von Umweltbelangen und Argumente artgerechter Tierhaltung und Tierschutz eher männliche Muster zu sein scheinen („Umwelt-Zuerst-Motivallianz").

- ### Die Gelegenheits- und SeltenheitskäuferInnen

Bei den Gelegenheits- bis SeltenheitskäuferInnen zeigt sich am einen Ende des Spektrums ein deutlicher, wenn auch eingeschränkter Bezug zu Bio-Lebensmitteln, am anderen Ende verwischen sich aber die Grenzen zwischen „Bio" und „Natürlich" bzw. „aus eigenem Garten".

Bei den *GelegenheitskäuferInnen* stehen ganz klar Gesundheits- und Körpermotive im Vordergrund, meist in Kombination mit dem Wunsch, naturbelassene Lebensmittel zu konsumieren. Deutlich werden auch Geschmacks- und Qualitätsvorstellungen, während Umweltüberlegungen nur mehr im Einzelfall eingeschränkt eine Rolle spielen, wenngleich in einigen Fällen eine kritische Haltung gegenüber der konventionellen Landwirtschaft zutage tritt und manchmal auch ökologische Begründungen auftreten (z.B. gegen lange Transportwege). Für einige Befragte ist „Bio" ein Garant für höheres Vertrauen (Nachvollziehbarkeit) und schützt vor Auswirkungen bei Lebensmittelskandalen. Fast durchgehend zeigt sich, dass die Grenze des Bio-Kaufs der mögliche Mehraufwand darstellt. Wenn Bio-Lebensmittel nicht leicht zu erwerben sind und einen zu hohen Preis haben, werden konventionelle Lebensmittel vorgezogen.

Bei den *Einkaufsstätten* steht der Einkauf im Supermarkt deutlich an erster Stelle, der Bioladen ist nur mehr im Einzelfall für spezielle (z.B. makrobiotische) Produkte relevant. Im Unterschied zu den IntensivkäuferInnen werden dem Supermarkt häufiger positive Merkmale zugeschrieben. Statt dem Bioladen werden vermehrt kleinere, konventionelle (Fach-)HändlerInnen bevorzugt, die vertrauensgenerierend wirken und gleichsam als Ersatz für „Bio" stehen. Märkte und Ab-Hof-Verkäufsstellen sind zusätzliche Einkaufsstätten, der Supermarkt ist jedoch die dominante Einkaufsstätte.

Bei den *SeltenheitskäuferInnen* sind Gesundheit und Körper, Geschmack/Genuss und Qualität sowie Natürlichkeit und Tradition (das „Ursprüngliche") leitende Kaufmotive. Ökologische Aspekte kommen praktisch nicht mehr vor, auch genauere Vorstellungen über die biologische Produktionsweise sind selten. In vielen Fällen ist die Grenze zwischen „Bio" und „natürlich" sehr verschwommen, werden Produkte aus dem eigenen Garten oder bestimmte „naturnahe" Lebensmittel als biologisch produzierte angesehen. „Region" oder kleine Einkaufsstrukturen auf Märkten können als Äquivalente für „Bio" auftreten. Während „Bio" im weitesten Sinn bei dieser Gruppe (im Unterschied zu manchen NichtkäuferInnen) noch mit Abstrichen positiv konnotiert ist, mehren sich gleichzeitig die Zweifel an Bio-Labels und generell an der biologischen Landwirtschaft. Regionalität, Eigenanbau und „direkt vom Bauern" erweisen sich bei dieser Gruppe als stärkere Vertrauensquellen. Bei dieser Gruppe stehen die Discounter als *Einkaufsstätten* im Vordergrund, auch kleine Händler und Ab-Hof-Verkaufsstätten spielen fallweise eine Rolle.

Interessant ist bei einigen VertreterInnen dieser Gruppe, dass sie zwar manchmal Bio-Lebensmittel konsumieren (und diese schätzen), jedoch nicht zu den KäuferInnen zählen. Dies ist dann der Fall, wenn es z.B. Einladungen zu Bio-Lebensmittel konsumierenden Familienmitgliedern oder FreundInnen gibt und hier ein Erstkontakt stattfindet. SeltenheitskäuferInnen kaufen fallweise auch nicht für sich, sondern für Mitglieder der Familie, wenn diese zu Besuch kommen und ihnen etwas Gutes getan werden soll. Aus sozialen Gründen wird dabei die Hürde zum Bio-Konsum relativ leicht übersprungen.

Diese Gruppe ist tendenziell älter als die IntensivkäuferInnen, es finden sich nur mehr vereinzelt AkademikerInnen, mittlere und weniger privilegierte Berufspositionen dominieren. Es sind deutlich mehr Frauen vertreten. Bei mehr als einem Drittel stellte sich in der Analyse eine „Bio-Schimäre" heraus, d.h. es wird zwar ein (seltener) Bio-Kauf behauptet, im Kontext wird aber klar, dass damit selbst angebaute Produkte oder Produkte „vom Bauernhof" gemeint sind. In dieser Gruppe ist ein diffuser Begriff von „Natürlichkeit" und „Naturbelassenheit" als Qualitätsmerkmal von Lebensmitteln vorherrschend, woraus eine oftmals unklare Grenzziehung zwischen „Bio" und „Nicht-Bio" resultiert. Während bei den IntensivkäuferInnen eine ganzheitliche Gesundheitsvorstellung dominiert (oft als Folge von Krankheit), ist bei den Gelegenheits- und SeltenheitskäuferInnen eine körperbezogene Ernährungsorientierung (vor allem auf Schlankheit und adäquate Körperformen gerichtete) vorherrschend (oftmals mit Askesebemühungen), wobei dies in unseren Interviews ein ausschließlich weibliches Phänomen ist. Neben körper- und schlankheitsbezogenen Ernährungsorientierungen sind hier traditionelle Orientierungen dominant, weiters spielen auch der familienbezogene Altruismus, ein ressourcen- und effizienzbezogener Pragmatismus sowie Lust und Emotion eine Rolle. Gesundheitsförderung und mentale Stärke sowie Individualismus und Distinktion sind im Einzelfall leitende Ernährungsorientierungen, Ökologie und Sozialkritik hat geringen Stellenwert.

• Die NichtkäuferInnen

Die Gründe, die für den Nichtkauf von Bio-Lebensmitteln in Stellung gebracht werden, sind vielfältig: Neben dem oft genannten Mehrpreis ist auch fehlendes Ernährungsinteresse relevant oder die Skepsis gegenüber und/oder mangelndes Wissen bezüglich der Produktionsbedingungen. Im Einzelfall können Bio-Lebensmittel auch als typische „Mittelschichtnahrung" eingeschätzt werden, die aus diesem Grund zu meiden sei. Zweifel an den Qualitätsansprüchen und Kontrollen, eine fehlende Umweltorientierung, eine Distanz von einer vermeintlichen Öko-Ideologie sowie ein ausgeprägtes Vertrauen in die österreichische konventionelle Produktion bzw. Lebensmittelkontrollen sind weitere Begründungen für den Bio-Nichtkauf. Unter bestimmten Bedingungen sind allerdings auch prinzipielle NichtkäuferInnen bereit, einzelne Bio-Produkte zu kaufen: So z.B., wenn ein bioabstinenter Vater seine „Bio-Tochter" zu Besuch hat, aus Liebe ihrem Geschmack entsprechen will und daher Bio-Produkte kauft.

Sieht man von den KonsumentInnen mit „Bio-Schimäre" ab, deren seltener Bio-Konsum sich als Bio-Nichtkonsum herausstellt, ist die Gruppe der NichtkäuferInnen durch folgende Charakteristika gekennzeichnet: Sie erstreckt sich über die gesamte Alterspalette, beide Geschlechter sind in etwa gleich vertreten, das Bildungsniveau ist mittel bis gering, handwerkliche Berufe überwiegen. Dominante Ernährungsorientierungen sind Lust und Emotion sowie Ressourcenorientierung und Effizienz, fallweise sind auch familienbezogener Altruismus, eine auf Schlankheit und Fitness gerichtete Körperorientierung und traditionelle Orientierungen handlungsleitend.

10.4. Bio-Lebensmittel – der leichte Weg in die Nachhaltigkeit?

Angesichts der jährlichen Steigerungsraten bei der Bio-Nachfrage und der Ausweitung der Vermarktungsstrukturen (Zunahme an Bio-Lebensmitteln bei Discountern, Ausweitung des Sortiments im Handel, kontinuierliche Ausweitung an Bio-Supermärkten in den Städten) scheinen die Barrieren für den Konsum von Bio-Lebensmitteln als einem Nachhaltigkeitskriterium relativ niedrig zu sein. Wir haben gesehen, dass sehr unterschiedliche Motive und Motivkombinationen zu mehr oder weniger intensivem Bio-Konsum führen können, dass verschiedene „Motiv-Allianzen" für unterschiedliche Gruppen von KonsumentInnen wirksam sind (Brunner et al. 2006b). Allerdings ist notwendig, sich die verschiedenen motivationalen Anknüpfungspunkte und deren „Allianzen" in qualitativer Hinsicht genauer anzusehen, da je nach KonsumentInnengruppe und Motivkombination ein Motiv sehr Unterschiedliches bedeuten kann. Insbesondere die Zugänge zu gesunder Ernährung bieten viele Anknüpfungspunkte für Nachhaltigkeit. Gesundheitsversprechen von Bio-Lebensmitteln scheinen bei den KonsumentInnen auf fruchtbaren Boden zu stoßen. Wir haben gesehen, dass die Bio-IntensivkäuferInnen häufig ganzheitliche Gesundheitsvorstellungen haben (oft als Folge von Krankheiten) und dementsprechend andere Erwartungen an Bio-Lebensmittel stellen als die Gelegenheits- und SeltenheitskäuferInnen, bei denen Gesundheit oft synonym mit einem schlanken und fitten Körper erscheint. Nachhaltigkeits-AkteurInnen im Ernährungssystem müssten an diesen unterschiedlichen Gesundheitsvorstellungen (vgl. Kapitel 6) und Motiv-Allianzen ansetzen und zielgruppenspezifische Kommunikations- und Marketingstrategien konzipieren und entsprechende nachhaltige Produktinnovationen entwickeln.

Was den Aspekt der Demokratisierung des Bio-Konsums betrifft, so hat auch unsere Analyse gezeigt, dass die Gruppe der Bio-IntensivkäuferInnen noch immer weitgehend durch die Charakteristika hohe Bildung und gehobene Berufspositionen gekennzeichnet ist, d.h. eine Demokratisierung noch nicht in größerem Ausmaß stattgefunden zu haben scheint. Soll diese Beschränkung überwunden werden, müssten Maßnahmen zur KonsumentInnenansprache gesetzt werden, welche auf die (allerdings schwieriger zu erreichende) Zielgruppe der GelegenheitskäuferInnen gerichtet sind, um diese Gruppe an den Intensivkonsum heranzuführen. Deutlich wurde auch, dass der „Biogedanke" in die Gesellschaft diffundiert ist und seitens der VerbraucherInnen in hohem Ausmaß mit positiven

Assoziationen verknüpft wird. Problematisch ist allerdings, dass ein sehr dehnbarer Bio-Begriff bei den KonsumentInnen deutlich wurde und viele Lebensmittel mit „Bio" assoziiert werden, denen keine biologische Produktion zugrunde liegt. Dies muss im Falle von regional produzierten Lebensmitteln noch kein großes Problem sein, da auch Regionalität Nachhaltigkeitsvorteile in sich birgt (vgl. Kapitel 11). Sehr problematisch für den Bio-Sektor wird es, wenn darunter Lebensmittel „vom Bauernhof" oder „vom Land" verstanden werden. Auch in jüngster Zeit lassen sich Beispiele finden, wo Handelsketten neue Vermarktungsstrategien für bestimmte Lebensmittel schaffen, die sehr in die Nähe von „Bio" kommen („Tradition, Ursprünglichkeit"), obwohl die Produktion konventionell erfolgt – was zwar nicht unbedingt mit geringerer Qualität verbunden sein muss, aber zu einer Vernebelung der Unterschiede von „Bio" und „Nicht-Bio" auf Seiten der KonsumentInnen führt.

Als relativ gruppenübergreifend erweist sich das (mehr oder weniger ausgeprägte) Bedürfnis nach persönlicheren Einkaufserlebnissen und unterschiedlichsten Formen der (vertrauensgenerierenden) Direktvermarktung als Antwort auf entbettete ProduzentInnen-KonsumentInnen-Beziehungen. Auch wenn diese Vermarktungsformen quantitativ gesehen keine dominante Stellung innerhalb des Bio-Lebensmittelmarkts haben, sind hier durchaus noch Potenziale für Nachhaltigkeit vorhanden, auch in Verbindung mit der Wertschätzung von Regionalität (vgl. Kapitel 11). Als Gegentrend zur „Ent-Kontextualisierung" der Lebensmittelproduktion und -vermarktung könnten Strategien zu einer verstärkten „Re-Kontextualisierung" (z.B. in der Verbindung von „Bio" und „Region") in bestimmtem Ausmaß durchaus auf die Unterstützung der KonsumentInnen zählen.

Was die generelle Entwicklung des Bio-Markts betrifft, so ist eine Ausweitung mit widersprüchlichen Anforderungen konfrontiert: Zum einen muss die Klientel der Bio-IntensivkäuferInnen mit ihren aufgezeigten Ernährungsorientierungen bedient werden, zum anderen müssen auch die Gelegenheits- und SeltenheitskäuferInnen intensiver „bearbeitet" werden. Beide Gruppen unterscheiden sich deutlich in Sozialstruktur, motivationalen Anknüpfungspunkten und Barrieren sowie präferierten Einkaufsstätten. Studien aus anderen Ländern lassen vermuten, dass es den *einen* Weg zum Bio-Konsum nicht gibt und es je nach Strategie unterschiedliche Chancen und Risiken für die AkteurInnen in der Lebensmittelkette gibt (Brand 2006a, 2006b). Bei einer Ausweitung des Bio-Konsums nur auf die Gruppe der Gelegenheits- und SeltenheitskäuferInnen zu setzen, ist riskant, da diese Gruppe keine allzu erschütterungsresistente Basis an bio-affinen Grundmotiven besitzt, sehr oft der „Bio-Schimäre" aufsitzt und auch sonst sehr volatil ist (Ressourcen- und Bequemlichkeitsorientierung, Billigmentalität). Zwar bietet hier die „Konventionalisierung der Bio-Szene" Chancen (z.B. durch verstärktes Bio-Angebot in den Discountern), allerdings kann eine zu weit gehende Konventionalisierung wiederum die motivationale Basis der IntensivkäuferInnen untergraben. Die Bio-Szene muss gleichzeitig auf mehrere Strategien setzen: Zum einen sind die „supermarkt- und discounter-affinen" GelegenheitskäuferInnen mit dominant funktionalen Gesundheitsvorstellungen zu „bedienen" und deren Konsumintensität von Bio-Lebensmitteln zu erhöhen, zum anderen sollten die zumindest teilweise „bioladen-affinen" IntensivkäuferInnen mit ihrem Interesse auch an ökologischen Aspekten und einer fundierten Wertegrundlage ökologischer Produktion sowie an ganzheitlichen Gesundheits- und Körperkonzepten in ihrem Konsum stabilisiert und weiter motiviert werden. Gesundheit, Umwelt und Qualität sind hier wesentliche Bezugspunkte. Die Forderung nach einer „Förderung und Erhaltung der Diversität in Produktion und

Handel" (Brand 2006c) erscheint deshalb als plausibel, da sie einer differenzierten KonsumentInnen-Struktur entspricht.

Strategien für eine nachhaltige Ernährung dürfen aber nicht an den Privat-Haushalten und dem Lebensmitteleinkauf der KonsumentInnen Halt machen. Für einige KonsumentInnengruppen ist das Außer-Haus-Essen oft schon wichtiger als das Essen in den eigenen vier Wänden. Deshalb sind für eine Ausweitung des Bio-Konsums verstärkte Bemühungen von Nöten, noch stärker als bisher die Institutionen der Gemeinschaftsverpflegung und auch die Gastronomie in ernährungsbezogene Nachhaltigkeitsstrategien einzubeziehen (Strassner 2005). In den Analysen wurde deutlich, dass viele, im Prinzip motivierte KonsumentInnen am Arbeitsplatz Schwierigkeiten haben, sich gemäß ihrer Orientierungen zu ernähren. Hier wären strategische Synergien zwischen einer „Biologisierung" der Betriebsverpflegung mit Maßnahmen zur betrieblichen Gesundheitsförderung denkbar. Ähnliches gilt für andere Formen der Gemeinschaftsverpflegung (Krankenhäuser, Kindergärten). Sollen ernährungsbezogene Nachhaltigkeitsstrategien Erfolg haben, ist nicht nur an den KonsumentInnen anzusetzen, sondern auch an den ermöglichenden oder restringierenden kontextuellen Einbettungen von Ernährungspraktiken wie z.B. in Betrieben oder öffentlichen Institutionen. Hier sind die AkteurInnen der Lebensmittelkette ebenso gefordert Politik und Zivilgesellschaft (Brunner 2004b).

Walpurga Weiss

11. Regionalität und regionale Lebensmittel

11.1. Zur Bedeutung von Regionalität

Das Sprechen über Regionen, Regionalisierung und Regionalität ist ein relativ junges Phänomen. Die Begriffe stammen ursprünglich aus der Fachsprache von GeographInnen und RaumplanerInnen der 1960er Jahre. Im Laufe der 1980er Jahre gewinnt das „Regionale" zunehmend an Bedeutung, was in politischen (z.B. „Europa der Regionen"), ökonomischen (z.B. Regionalisierung als Antwort auf die Globalisierung, Wettbewerb der Regionen) und soziokulturellen (z.B. regionale Kultur und Identität, Heimat als Vermarktungsinstrument) Diskussionen zum Ausdruck kommt. Vor allem in der Neuorientierung der Agrarpolitik als integrierte ländliche Entwicklung fand der Gedanke der Regionalisierung Eingang. Auch im Zusammenhang mit dem Nachhaltigkeitsgedanken (gemäß dem Motto „Think globally, act locally") gewannen sowohl die Idee einer eigenständigen Regionalentwicklung als auch verschiedene Strategien zur Nutzung endogener Potenziale von Regionen und zur Schaffung regionaler Wirtschaftskreisläufe an Bedeutung (Blotevogel 2000; Ermann 2005).

Eine Diskussion um die Regionalität von Lebensmitteln muss die Vielfalt von Regionalkonzepten mitdenken. Regionen werden sehr unterschiedlich und teilweise unpräzise abgegrenzt, auch die Zuschreibung materiell-natürlicher, sozialer, kultureller und historischer Eigenschaften variiert. Je nach subjektiven und soziokulturellen Orientierungen (z.B. Tradition, Gesundheit, Distinktion) verbinden KonsumentInnen verschiedene Inhalte mit Regionalität (z.B. Heimat, Urlaub, Nation, Herkunft, Europa) (Gelinsky 2003; Spiekermann 2002a). In den Alltagspraktiken der Menschen bezieht sich Regionalität häufig auf Vorstellungen von „Raum" und „Kultur", bei denen die Territorialität der Region und die kulturelle Eigenart eine Einheit bilden, was vielfach unhinterfragt auf eine natürliche Determinierung zurückgeführt wird (Gelinsky 2003). Im Bereich von Lebensmitteln und Ernährung bauen auf den unterschiedlichen Vorstellungen von Regionalität bestimmte Konzeptualisierungen von Produktketten und Produktionsweisen, regionalen Lebensmitteln, Rezepturen und Küchen auf (Ermann 2005; Gelinsky 2003). Ermann (2002) geht davon aus, dass Menschen Regionen über Lebensmittel konstruieren, deren Image aber wesentlich auf Regionalkonstruktionen der Nahrungsmittelvermarktung zurückgeht. Für die verschiedenen Assoziationen zu Region scheinen die Lokalisierung der Produktherkunft und die Nähe zwischen Produktion und Vermarktung (z.B. Landwirtschaft und Verarbeitung, AnbieterInnen und VerbraucherInnen) wesentlich zu sein, wobei der örtliche Zusammenhang meist auf oder unterhalb der staatlichen Ebene angesiedelt wird (z.B. Bundesland, Naturregion, Gegenden mit besonderem kulturell-historischem Hintergrund) (Ermann 2002, 2005). Es wird aber meist nicht nur die Herkunft beachtet, sondern – oft implizit – auch das Eingebundensein der Lebensmittel und Speisen in regionale Traditionen und Brauchtümer, die mit soziokulturellen Orientierungen und Sinnstiftung verknüpft werden (Gelinsky 2003).

Regionalität wird oft als Antwort auf Globalisierungstendenzen gesehen, die im Ernährungssektor durch die Internationalisierung der Agrar- und Ernährungswirtschaft und die von zunehmender Konzentration sowie Verdrängungswettbewerben gekennzeichneten Lebensmittelmärkte deutlich wird. Der Rückgang dezentraler und kleinbetrieblicher Wirtschaftsaktivitäten wird im Allgemeinen mit den negativen Folgen dieser weltweiten Prozesse ebenso in Verbindung gebracht (Ermann 2005), wie die internationale Ausbreitung von als dominierend angesehenen westlichen und insbesondere amerikanischen Kulturpraktiken, Konsummustern und Waren. Diese Entwicklungsverläufe werden von KritikerInnen für Verluste von regionalspezifischen Essgewohnheiten und Lebensmitteln verantwortlich gemacht. Oft ist sogar von einer Kulturkrise der Ernährung die Rede, die in der globalen Gleichmacherei der Ernährungsweisen und des Geschmacks kombiniert mit einem Rückgang der kulturellen Vielfalt an Kulturpflanzen, Nutztierrassen, Regionalküchen und Rezepturen zum Ausdruck komme (Ermann 2005; Gelinsky 2003). In Anbetracht des damit verbundenen steigenden Bedürfnisses von KonsumentInnen, Regionalität als Gegensatz zur heutigen anonymen, industrialisierten Lebensmittelindustrie markieren zu wollen, darf allerdings nicht unerwähnt bleiben, dass damit auch die Gefahr steigt, frühere Mühsale des traditionellen Lebensmittelhandwerks mythisch zu übersteigern und zu idealisieren (Prahl/Setzwein 1999), was sich die Lebensmittelwerbung gegenwärtig gerne zu Nutze macht.

Unternehmen der Lebensmittelwirtschaft verstehen es heute, regionale Lebensmittel und Speisen bzw. deren Image als Markenzeichen gewinnbringend einzusetzen (Spiekermann 2002a). Dabei wird die Sehnsucht der Menschen nach Harmonie, Gemütlichkeit, Heimatnähe und Identität aufgegriffen und mit oft vorgetäuschten Garantien und Versprechungen wie beispielsweise „gesicherte Herkunft", „vom Land", „Herkunftsgarantie", mit Assoziationen zu bestimmten alpenländischen Regionen sowie mit nostalgischen Verpackungen und Bildern überzeichnet. Darstellungen von selbst geräuchertem Speck heimischer Bauern und Bäuerinnen, handgemachten Nockerln vom Koch oder der Köchin, Bilder vom Bauernhof mit glücklichen Tieren und grünen Wiesen täuschen die Nähe zu einer vermeintlich traditionellen Erzeugung vor (Ermann 2005; Gelinsky 2003; Prahl/Setzwein 1999) und verweisen symbolisch auf das Ursprüngliche und Gute einer „gegenwärtigen Vergangenheit" (Spiekermann 2002a, 68). Der regionale Wert von Lebensmitteln wird hier sozusagen nachträglich in das Produkt eingeschrieben (Ermann 2005; Spiekermann 2002a).

Die unübersehbare Warenfülle in den Supermarktregalen, die Anonymität entlang von Lebensmittelproduktionsketten, die großräumigen Verteilungs- und Transportwege und die starke Trennung von Produktion und Handel (was sich z.B. in der Entwicklung von handwerklichen Bäckereien zu industriellen Brotfabriken gut aufzeigen lässt) werden oft als Gründe für die zunehmende Verunsicherung und Überforderung von VerbraucherInnen genannt, was sich in der Folge in einer steigenden Nachfrage nach (regionalen) Herkunftsgarantien und Sicherheitsversprechen bei Lebensmitteln ausdrückt. KonsumentInnen fordern zur eigenen Risikoabschätzung und zum Schutz vor Irreführung bessere Informationen und mehr Transparenz. Obwohl ExpertInnen immer wieder beteuern, dass unsere Lebensmittel noch nie so sicher, also gesundheitlich unbedenklich wären wie heute, reagieren PolitikerInnen auf diese KonsumentInnenwünsche und sehen in der Auszeichnung von Herkunftsgarantien mit Gütesiegeln und kontrollierbaren Vertriebswegen („gläserne Landwirtschaft" vom Stall bis zum Tisch) probate Mittel, um das Vertrauen in Lebensmittel wieder herzustellen (Barlösius 1999; Besch 2002; Rützler 2005). Mit der Zertifizierung von Lebensmitteln sollen Informationen und „objektives" Wissen bezüglich Produkt(ions)eigenschaften garantiert und für KonsumentInnen leichter nachvollziehbar gemacht werden (Ermann 2005). Nach Gelinsky (2003) übersehen ExpertInnen im Risikodiskurs zur Lebensmittelsicherheit allerdings, dass artikulierte Ängste von KonsumentInnen nicht nur die Gesundheit und Funktionalität von Lebensmitteln betreffen, sondern auch soziale und kulturelle Aspekte indirekt zur Sprache bringen. Weiters denken KonsumentInnen die Kategorien Natur/Tradition und Technik/Industrie vielfach als zwei sich gegenüberstehende Prinzipien, wobei häufig angenommen wird, dass Natur und Tradition auf die Bedürfnisse des Menschen eingerichtet seien und deshalb Sicherheit garantieren (Barlösius 1999). Beispielhaft kommt dies zum Ausdruck, wenn Menschen immer wieder auf das Natürliche, Authentische und Gute handwerklich produzierter Lebensmittel verweisen (Spiekermann 2002a).

Das zunehmende Interesse von KonsumentInnen an Lebensmitteln mit regionaler Herkunft wird in vielen Studien deutlich, auch unsere Interviewanalyse weiter unten wird dieses Interesse zeigen. Auf die offen gestellte Frage, an welchen Kriterien ÖsterreicherInnen die Qualität von Lebensmitteln festmachen, wird an dritter Stelle die Herkunft von Lebensmitteln genannt. Dabei beziehen sich 19 % der Befragten ganz allgemein auf Regionalität und 12 % explizit auf österreichische Herkunft (BMLFUW 2003). Die Rückbesinnung auf Produkte aus der Region wird gemeinhin als Alternativtrend zum Kauf von weltweit produzierten Lebensmitteln gedeutet (Dorandt/Leonhäuser 2004). Doch die Gründe gehen darüber hinaus. KonsumentInnen setzen regionale Produkte gerne auch als Gegenpol zu all den Aspekten der gesellschaftlichen Entwicklung, die mit einer Vereinheitlichung und Zerstörung natürlicher Lebenswelten in Verbindung gebracht werden. Die zunehmende Bedeutung von lokalen und regionalen Zusammenhängen in den Ernährungspraktiken von Menschen wird aber auch als Suche nach einer authentischen Lebensweise, nach genussvollem Essen und als Antwort auf die zunehmende Verunsicherung beim Essen interpretiert (Bell/Valentine 1997; Besch 2002; Prahl/Setzwein 1999). Im Kontext von Nachhaltigkeit wird mit der Förderung regionaler Ernährungsweisen versucht, die negativen Folgen des Strukturwandels der Lebensmittelwirtschaft abzumildern und ein nachhaltiges Wirtschaftsmodell, welches die Erhaltung der kulturellen, ästhetischen und ökologischen Vielfalt von Kulturlandschaften durch kleinbetriebliche und dezentrale Produktionsstrukturen sichert, als Gegengewicht zur Weltmarktorientierung zu etablieren. Nachhaltigkeitsrelevant sind die Verringerung des Güter- und Einkaufsverkehrs, umweltschonende Produktionsverfahren, Verbesserungen der Produktqualität und -vielfalt durch Frische und Saisonalität, die Erhöhung der regionalen Wertschöpfung, die Sicherung von Arbeitsplätzen und Einkommen in ländlichen Regionen, die Stärkung von (kulturellen und sozialen) regionalen Identitäten und die Intensivierung direkter ErzeugerInnen-VerbraucherInnen-Beziehungen. Bemühungen um eine Regionalisierung der Ernährung erhalten auch durch verschiedene Lebensmittelskandale und die Gentechnikdebatte der vergangenen Jahre zusätzlichen Auftrieb (Brunner 2006a; Ermann 2005; Schleicher et al. 1989). Generell ist es aber schwierig, ein konsistentes Konzept und eindeutige Kriterien von Regionalität und Nachhaltigkeit nachzuzeichnen, da diese selbst in Fachkreisen oftmals unklar und umstritten sind (Ermann 2005; Penker/Payer 2005).

11.2.   Regionalität in Österreich

Dem europäischen Trend entsprechend ist seit einigen Jahren auch in Österreich eine Intensivierung der Regionalisierung der Nahrungsmittelversorgung zu beobachten. So hat seit den 1990er Jahren die direkte Vermarktung von bäuerlichen Produkten kontinuierlich zugenommen, was sich an vielfältigen Formen regional wirtschaftender Projekte und Initiativen zeigt. Heute sind die Vermarktungswege vielfältiger und reichen vom Ab-Hof-Verkauf, Ernährungshandwerk und Bauernmarkt über die Gastronomie und Großküchen bis hin zum Spezialitäten- und Lebensmitteleinzelhandel (BMLFUW 2003). Generell vermarkten rund ein Viertel aller landwirtschaftlichen Betriebe in Österreich häufig und rund drei Viertel gelegentlich Lebensmittel direkt an VerbraucherInnen. Die anhaltende Nachfrage der KonsumentInnen wird als ein genereller „Trend zu heimischen Qualitätsprodukten und regionalen Spezialitäten" (ebda., 56) gesehen. Für 46 % aller ÖsterreicherInnen zählt der Ab-Hof-Verkauf zumindest für eine Lebensmittelgruppe als Haupteinkaufsquelle. Prinzipiell lassen sich alle Produktgruppen direkt vermarkten, doch den Schwerpunkt bilden frische Lebensmittel (wie Eier, Fleisch, Milch- und Milchprodukte, Kartoffel, Obst und Gemüse) sowie traditionelle Erzeugnisse mit vergleichsweise geringem Verarbeitungsgrad (wie Bauernbrot, Selchfleisch und Bauernwurst, Käse, Wein und Schnaps). Am häufigsten werden in Österreich Milchprodukte, Fleisch, Eier, Brot, Wein und Schnäpse abgesetzt, ein großer Anteil davon stammt aus biologischer Landwirtschaft. Insbesondere bei Fleisch bürgt aus Sicht der VerbraucherInnen die Herkunft für Qualität und Sicherheit. Zunehmend werden bei der Direktvermarktung allerdings auch Veränderungen des Sortiments in Richtung höher verarbeitete Erzeugnisse, Spezialitäten und Produktinnovationen häufiger (BMLFUW 2003; Hayn/Empacher 2004; Meyer/Sauter 2002).

Die positiven Bezüge von KonsumentInnen zu Herkunft und „handwerklicher" Herstellung von Lebensmitteln wurden inzwischen von verschiedensten Vermarktungsinitiativen als Wert steigerndes Produktkriterium erkannt. Nach und nach sind der Handel, die Agrarmarketinggesellschaften und die Tourismusbranche auf die wachsende Bedeutung des Regionaldiskurses aufmerksam geworden und haben verschiedene Projekte wie Spezialitätenwochen, eigene Handelsmarken, Bauernhofgarantien oder Vermarktungsinitiativen in Kooperation mit politischen Institutionen initiiert. Beispielhaft können hier zwei Initiativen angeführt werden. Im Rahmen der österreichischen Nachhaltigkeitsstrategie wurden auf Initiative des Lebensministeriums gemeinsam mit Betrieben des österreichischen Einzelhandels seit Herbst 2004 die „Nachhaltigen Wochen" initiiert, die nun jährlich stattfinden (www.nachhaltigewochen.at). Ziel dieser Initiative ist, den Konsum nachhaltiger, regionaler Produkte in der Öffentlichkeit zu forcieren und dadurch den Produktabsatz in den einzelnen Warensortimenten dauerhaft zu steigern. Basierend auf dem Konzept „aus der Region – für die Region" wurden vier Kriterien für nachhaltige Lebensmittel definiert (biologische Produktion, Stärkung der Regionalität, fairer Handel, umweltschonende Verarbeitung). Mindestens ein Kriterium muss erfüllt sein, um mit der eigens dafür kreierten Wort-Bildmarke „Aus der Region. Das Bringt's" ausgezeichnet zu werden.

Eine weitere nationale Vermarktungsinitiative (vom Lebensministerium gemeinsam mit Agrarmarkt Austria organisiert) ist die „Genuss Region Österreich" (www.genuss-region.at). Mit diesem Projekt sollen die Leistungen der österreichischen Bäuerinnen und Bauern, der lebensmittelverarbeitenden Betriebe und der Gastronomie in einer Region für KonsumentInnen sichtbar gemacht werden. Hauptkriterium für die Auszeichnung zur „Genuss Region Österreich" ist, dass der Rohstoff für die Spezialitäten aus der Region stammt und auch dort verarbeitet wird, ungeachtet ob dieser aus konventioneller oder biologischer Landwirtschaft stammt. Unter besonderer Berücksichtigung der EU-Kriterien zu geschützten Herkunfts- und Ursprungsangaben werden Lebensmittel mit geringem Verarbeitungsgrad wie zum Beispiel Getreidesorten, Fleisch und Fleischprodukte von speziellen Rinderrassen, Schinken, Käse und regionaltypische Obst- und Gemüsesorten zertifiziert. Laut InitiatorInnen verleiht das Zusammenspiel von österreichischer Kulturlandschaft und Lebensmittelhandwerk den unterschiedlichen Regionen ihren typischen Charakter. Mit dieser Initiative soll dieses Zusammenwirken den KonsumentInnen vermittelt und dadurch der Absatz von solchen ausgezeichneten Spezialitäten gesteigert werden. Unterstützt wird die Initiative von verschiedenen Betrieben der Lebensmittelbranche.

11.3.   Herkunftsbezeichnungen und Gütesiegel

Im Gegenzug zur Internationalisierung des Lebensmittelhandels und der Orientierung an WTO-Standards des freien Warenverkehrs hat die EU als Antwort auf den fortschreitenden Abbau von Zollschranken rechtliche „Handelsbarrieren" (Barlösius 1999, 204) erlassen. 1992 schuf sie Verordnungen zum Schutz und zur Aufwertung von Spezialitäten sowie besonderen Agrarerzeugnissen und Lebensmitteln mit Herkunftsbezeichnungen (Barlösius 1999; Ermann 2005). Sofern definierte Voraussetzungen gegeben sind, bleiben bestimmte Ursprungsbezeichnungen und geographische Angaben ausschließlich den Erzeugnissen der jeweiligen Region vorbehalten (Barlösius 1999). Für Österreich wurden bisher über ein Dutzend Produkte genehmigt, wie z.B. das Steirische Kürbiskernöl, der Marchfelder Spargel oder die Wachauer Marille (Nohel et al. 2002). Kürbiskernöl aus Italien kann folglich niemals ein „echtes" Produkt sein, selbst wenn es mit bestem Know-How produziert wurde (Ermann 2005).

Obwohl diese Verordnungen immer wieder mit dem „Schutz des kulinarischen Erbes" gerechtfertigt werden, bezwecken sie auch, die ökonomischen Folgen der Vereinheitlichung und Harmonisierung des europäischen Lebensmittelrechts für ausgewählte Produkte zu mildern (Barlösius 1999). Mit spezifischen Gütesiegeln sollen die Diversifizierung und die Vermarktung europäischer landwirtschaftlicher Produkte gefördert und rechtlich gegen Missbrauch und Nachahmung geschützt werden. Den VerbraucherInnen soll ein nachvollziehbarer Zusammenhang zwischen dem Lebensmittel und seiner Herkunft vermittelt werden. ProduzentInnen verwenden diese Auszeichnungen vor allem zu Marketing- und Absatzzwecken (Eberle et al. 2004a; Ermann 2005).

Auch auf nationaler Ebene existieren unterschiedliche Herkunftszeichen und Gütesiegel. Doch für KonsumentInnen scheint es schwierig, ihre jeweils spezifische Aussagekraft sowie die mehr oder weniger weitläufigen Qualitäts- und Kontrollbestimmungen zu differenzieren (Arbeiterkammer Wien 2005; Ermann 2005; Hawlik 2005; Nohel et al. 2002). Das kann beispielhaft anhand von Untersuchungen zum Gütesiegel der Agrarmarkt Austria (AMA) aufgezeigt werden. Bezogen auf den Bekanntheitsgrad ist das rot-weiß-rote AMA-Gütesiegel in Österreich bestens eingeführt, der Großteil der ÖsterreicherInnen kennt dieses Zeichen (Hawlik 2005; ISMA 2004). Zusätzlich gibt es noch ein AMA-Biozeichen für Produkte aus biologischer Landwirtschaft, das hauptsächlich als Beitrag zum österreichischen Umweltschutz beworben wird. Doch die Ähnlichkeiten dieser beiden AMA-Gütesiegel sind für KonsumentInnen besonders verwirrend und ihre jeweils spezifischen Inhalte sowie Unterscheidungsmerkmale kaum bekannt. Selbst beim AMA-Gütesiegel sind die Differenzen zwischen der Einschätzung der Menschen und den tatsächlichen Kriterien groß. Repräsentative Umfragen zeigen, dass 70 % der Befragten mit dem AMA-Gütesiegel fälschlicherweise Kriterien wie artgerechte Tierhaltung und ein Verbot von Massentierhaltung verbinden. Mehr als zwei Drittel glauben sogar, dass es sich hierbei um Produkte aus biologischer Landwirtschaft handelt und nur eine Minderheit (11 %) ist sich bewusst, dass Lebensmittel mit diesem Gütesiegel aus konventioneller Landwirtschaft stammen (Hawlik 2005). Die Wirkung dieses Siegels auf KonsumentInnen und die häufige Verwechslung mit biologischen Produkten werden mit der Art der Werbung erklärt. Das langjährige konsequente Marketing mit Bildern von grünen Wiesen, „glücklichen" Kühen, Rindern in Mutterkuhhaltung und sich in Stroh wälzenden Schweinen vermittelt eine vermeintliche Nähe zu einer klein strukturierten, handwerklichen und naturnahen Landwirtschaft und diese Assoziationen scheinen sich fest in den Köpfen der Bevölkerung verankert zu haben. VerbraucherInnen sind aber auch die Bedeutungen anderer Gütesiegel bzw. teilweise auch ihre Differenz zu Handelsmarken (z.B. Wiener Zucker) wenig bekannt, Inhalte werden eher über den Schriftzug, die Wortwahl, die Aufmachung und das Bild assoziiert. Auch wenn nur für einen kleineren Teil der KonsumentInnen Gütesiegel Kauf entscheidend sind, Misstrauen gegenüber solchen Siegeln vorhanden ist oder fälschliche Annahmen über die durch ein Siegel garantierten Kriterien existieren (Penker/Payer 2005), kommen glaubwürdigen und transparenten Herkunftszeichen und einer entsprechenden Kommunikation der mit diesen Zeichen verbundenen Qualitätskriterien eine wichtige Bedeutung für nachhaltig regionale Kaufentscheidungen zu.

11.4. Regionalität und regionale Lebensmittel aus Sicht von KonsumentInnen – Ergebnisse der empirischen Untersuchung

Lebensmittel werden von KonsumentInnen nicht nur nach ihrer Funktionalität beurteilt, sondern sie wirken auch als Bedeutungsträger und Sinnvermittler (vgl. 1.3.1.). Die in Ernährungsdiskursen vermittelten Inhalte (z.B. Gesundheitseffekt, Frische, Ausdruck eines bestimmten Lebensstils, Heimatverbundenheit) eröffnen je nach Ernährungsorientierungen der KonsumentInnen vielschichtige Möglichkeiten zur subjektiven Deutung von regionalen Lebensmitteln. Dabei spielen Beurteilungen von Geschmack, Individualität und Natürlichkeit ebenso eine Rolle wie beispielsweise Assoziationen zu ihrer Aufmachung, Produktionsweise, dem Ort der Herstellung und/oder der Umwelt- und Sozialverträglichkeit. Bei der interpretativen Auswertung unseres Interviewmaterials haben wir drei unterschiedliche Vorstellungen von regionalen Lebensmitteln identifiziert (die sich allerdings überschneiden können), welche im Folgenden genauer erläutert werden. Insgesamt wird deutlich, dass Regionalität im Vergleich zu Gesundheit oder Geschmack bei weitem nicht diese Bedeutung für KonsumentInnen zu haben scheint, wie in Nachhaltigkeitsdebatten oftmals angenommen wird.

11.4.1. Regionale Lebensmittel als Ausdruck von „Klasse statt Masse"

Diese Vorstellung von Regionalität findet sich vorwiegend bei Personen mit individualistisch-distinktiver Ernährungsorientierung, in deren Leben genussvolles Essen zentralen Stellenwert hat und die sich selbst häufig als FeinschmeckerInnen bezeichnen. Wie im Kapitel 3 beschrieben, gehören dieser Gruppe vor allem besser verdienende Wiener Männer aus der mittleren Altersgruppe an. Deren Bevorzugung regionaler Lebensmittel ist we-

niger an ökologischen oder heimatverbundenen Kriterien ausgerichtet, sondern an speziellen Herkunfts- und Ursprungsbezeichnungen (z.B. Marchfelder Spargel, Argentinisches
Rindfleisch), an traditionellen Rezepturen sowie an besonderen Entstehungsgeschichten
der Lebensmittel. Diese Gruppe legt nachdrücklich Wert auf handwerklich produzierte
Spezialitäten, wobei Frankreich und andere mediterrane Länder gerne als Paradebeispiele
herangezogen werden. Die nicht ständige Verfügbarkeit dieser Produkte übt einen besonderen Reiz auf den Geschmack dieser Personen aus, sei es aufgrund saisonaler Gegebenheiten (z.B. Marchfelder Spargel, Kapaun) oder weil sie typischerweise aus einem anderen
Land stammen, nur an ausgewählten Orten (z.B. Feinkostläden, Wochenmärkten, speziellen Restaurants) oder über persönlich bekannte Bezugsquellen erhältlich sind. Dadurch
sind sie auch nicht für alle KonsumentInnen zugänglich. Die regionalen bzw. saisonalen
Besonderheiten und Wertschätzungen werden zur Marke erhoben, sie dienen als „Indika-
tor" für die Produktqualität und werden gleichzeitig mit Geschichten symbolisch aufgeladen. Der damit verbundene demonstrative Konsum ist oft maßgeblicher Ausdruck eines
individuellen Lebensstils („Kennerschaft", „Savoir Vivre") und dient zur distinktiven Abgrenzung sowohl von der unterstellten Geschmacksmonotonie der allgemeinen Bevölkerung als auch von massenindustriell gefertigten Lebensmitteln.

11.4.2. Regionale Lebensmittel als Synonym für Produkte vom Land/Bauernhof

Es sind vorwiegend Personen mit ländlich-bäuerlicher Herkunft und ältere Menschen mit
traditionell-religiösem Hintergrund, die Produkten vom Bauernhof ein großes Vertrauen
entgegen bringen. Mit der österreichischen Landwirtschaft verbindet diese Gruppe klein
strukturierte, traditionelle Betriebe, die im Kreislauf der Saisonen und natürlicher Wachstumsperioden von Pflanzen und Tieren wirtschaften. Entsprechend ihrer Idealvorstellun-
gen kommen die frischen Produkte direkt von den ErzeugerInnen auf den Teller. Regionale Lebensmittel sind mit Vorstellungen von „Naturbelassenheit" verbunden, welche Produkte vom Land bestens erfüllen – unabhängig davon, ob sie aus konventioneller oder biologischer Landwirtschaft stammen. Mit Ausdrücken wie „verzüchten" und „eingreifen"
grenzen sich diese Personen von industrieller Agrarproduktion und Gentechnologie ab,
wobei diese Abgrenzung mehr emotionaler denn wissensbasierter Natur ist. Natur und
Tradition bieten ihnen dagegen genügend Sicherheit. Als besonders naturnahe gelten un-
behandelte Lebensmittel, die sich – in Abgrenzung zur industriellen Massenproduktion –
in ihrem Aussehen, in ihrer Größe (z.B. Obst und Gemüse) und Form (z.B. Brot) unterscheiden sollen. Erfüllen Lebensmittel diese Kriterien, dann werden sie als besonders gesund, schadstofffrei, frisch, authentisch und ursprünglich bewertet. Manche „bauernver-
bundene" Menschen sind deshalb besonders ansprechbar für Gütesiegel und Zeichen, die
mit diesem Image arbeiten sowie für traditionelles Verpackungsdesign und Werbebot-
schaften, die ein romantisierendes Bild der österreichischen Landwirtschaft zeichnen. Bilder von freilaufenden Hühnern auf Eierkartons, an denen noch Stroh klebt oder restliche
Erde an Wurzelgemüse und Erdäpfel stellen für sie oftmals eine ausreichende Garantie für
eine natürliche und regionale Lebensmittelproduktion dar. Als besonders vertrauenswürdig
gelten weiters Einkaufsstätten mit persönlichem Kontakt zu den VerkäuferInnen bzw.
ProduzentInnen, was sie mit ihrer teilweise jahrelangen KundInnentreue ausdrücken und
belohnen.

11.4.3. Regionale Lebensmittel als Versprechen von Nähe

Hier können zwei Ausdifferenzierungen von Nähe unterschieden werden, jene von Heimatverbundenheit und jene von Solidarität.

Für Personen mit einer Orientierung an traditioneller *Heimatverbundenheit*, sei es aus dem bürgerlichen oder weniger privilegierten Milieus, stellen österreichische Qualitätsmerkmale eine Leitorientierung beim Einkaufen von regionalen Lebensmitteln dar. Mit Region oder Nation verbinden diese Menschen besondere Zugehörigkeitsgefühle, die sie auch beim Essen und Trinken ausdrücken. Ihr Idealbild von Heimat hängt von der jeweiligen Perspektive ab, besonders auf oder unterhalb der nationalstaatlichen Ebene bieten sich für sie positive Identifikationsmöglichkeiten an. Speziell emotional hoch bewertete Lebensmittel wie beispielsweise Fleisch, Milch, Brot und Alkohol (z.B. Wein) werden gerne mit romantischen Erinnerungen an bestimmte Regionen (z.B. Kindheit, Urlaub) symbolisch mit Heimatgefühl und Identität aufgeladen, manchmal erfüllen aber auch einfache Handelsmarken mit vermeintlichem Herkunftsbezug (z.B. Waldviertler Milch) diese Funktion. Lebensmittel und Küchen, die aus der näheren Umgebung stammen, erfahren generell mehr Wertschätzung als jene aus der Ferne. Produkte aus Europa werden beispielsweise besser eingestuft als jene aus den USA und innerhalb Europas werden Lebensmittel in österreichischer Qualität bevorzugt. Vermutlich nicht unabhängig von der jahrelangen medialen Berichterstattung zur Sicherheit österreichischer Lebensmittel, schätzt diese KonsumentInnengruppe das österreichische Lebensmittelgesetz als besonders streng ein, es biete ausreichend Schutz vor Skandalen und gute Hygienestandards. Darin eingeschlossen drückt sich implizit auch eine kulturelle Distanzierung von anderen ethnischen Ernährungspraktiken (z.B. Schlachtungsmethoden, ethnische Einkaufsorte) und „typischen Skandalländern" wie beispielsweise Holland und Spanien aus, was teilweise mit mangelnder Hygiene, Sicherheit und Sauberkeit, industriell-künstlicher Produktion, einem schlechteren Lebensmittelgesetz und unzureichenden Kontrollen begründet wird.

Ein Bezug zu regionalen Lebensmitteln als Versprechen von Nähe kann auch durch Motive der *Solidarität* geleitet sein. Für vorwiegend jüngere, besser gebildete Personen mit einer ökologischen und sozialkritischen oder mit einer gesundheitsfördernden, mental stärkenden Ernährungsorientierung drückt sich regionale Verbundenheit durch eine nachvollziehbare Herkunft und Produktionsweise von Lebensmitteln aus. Diese Menschen sind durch eine bewusste, kritische und verantwortungsvolle Haltung zu ökologischen, sozialen und gesundheitlichen Fragen charakterisiert, der Kauf von regional (und oft auch ökologisch) erzeugten Lebensmitteln stellt für sie einen Akt der Solidarität gegenüber ProduzentInnen und Natur dar. Die ökologische Bedenklichkeit langer Transportwege, die Absatzsicherung heimischer Produkte und die Saisonalität von Lebensmitteln sind wesentliche Argumente für den Konsum regionaler Lebensmittel. Produkte aus der Region werden als Gegenentwurf zur anonymisierten Lebensmittelproduktion verstanden und auch als gesünder im ganzheitlichen Sinn eingestuft. Diese Personen bevorzugen je nach Vorhandensein und (alltäglicher) Zeitverfügbarkeit dezentral organisierte Einkaufsmöglichkeiten (z.B. Wochenmarkt, Bioläden, Ab-Hof-Verkauf), die ein Gefühl von Nähe zur Erzeugung und Authentizität vermitteln. Als weitere Vorteile von Produkten aus nahräumlicher Erzeugung und Vermarktung nennen sie Vertrauenswürdigkeit und Sicherheit. Fallweise kann Nähe auch persönliche Kontakte mit ProduzentInnen bedeuten. Regionale Produkte ermöglichen eine bessere Nachvollziehbarkeit der Produktionsketten, die gegebenenfalls auch persönlich kontrolliert werden können und dadurch einen Schutz vor Lebensmittelskandalen bieten. Im Unterschied zu anderen KonsumentInnen fühlt sich diese Gruppe durch Skandale zwar generell betroffen, durch die eigenen Ernährungspraktiken und die Auswahl regionaler, meist biologisch produzierender Betriebe wird aber ausreichende Sicherheit hergestellt.

11.5. Regionalität als Nachhaltigkeitskriterium – ein Fazit

In der Nachhaltigkeitsdebatte wird oft argumentiert, dass KonsumentInnen mit ihren Kaufentscheidungen wesentlich zu einer nachhaltigen Regionalentwicklung, zur Stärkung regionaler Wirtschaftskreisläufe und zur Wieder-Einbettung enträumlichter Wirtschaftsbeziehungen in engere Produktions-Konsumptions-Beziehungen beitragen könn(t)en. Ob Regionalität jedoch immer mit Nachhaltigkeit übersetzt werden kann, ist aber pauschal nicht zu beantworten. Oft wird Regionalität per se als etwas Gutes und Erstrebenswertes angesehen und mit Umweltschutz und Verkehrsentlastung, Landschaftsästhetik und Kulturlandschaftsschutz, Arbeitsplätzen, der Stärkung regionaler Wirtschaftskreisläufe bis hin zur Schaffung kultureller Identität gleichgesetzt, ohne dass diese Vorzüge und ihre Interaktionen detaillierter dargestellt würden (Ermann 2005; Penker/Payer 2005). Schlicher und Fleissner (2003) verweisen darauf, dass die – in Energieverbrauch je Produkteinheit – gemessene Ökobilanz regionaler Produkte weitaus schlechter sein kann als von Produkten aus weiterer Entfernung. Der Verzicht auf den Vorteil sinkender Durchschnittskosten größerer Betriebseinheiten kann letztlich zu Lasten des betrieblichen Umweltschutzes gehen, ebenso sind kleinräumige Wirtschaftskreisläufe in manchen Regionen gar nicht möglich, weil die Ressourcen auf der Seite der Erzeugung oder der Verarbeitung fehlen und überregional ergänzt werden müssen. Weiters kann ein Großteil der Lebensmittel und Speisen, die wir heute essen, selbst mit sehr raffinierten und ausgeklügelten Kontrollsystemen hinsichtlich ihrer formal-regionalen Herkunft nicht eindeutig nachgewiesen, zugeordnet und bewertet werden (Penker/Payer 2005; Schlicher/Fleissner 2003).

Es erscheint also nicht sinnvoll, die ökologischen, ökonomischen und sozialen Nachhaltigkeits-Potenziale einer regionalen Lebensmittelversorgung zu überhöhen oder sie auf Basis reduktionistischer Ökobilanzen oder Kosten-Nutzen-Rechnungen pauschal zu verdammen. Regionale Lebensmittel und ihre Produktion sowie Vermarktung sind weder per se umweltfreundlich und sozial nachhaltig, sämtliche Vorteile können zwar im Einzelfall zutreffen, sind aber keineswegs zwingend (Ermann 2002; Sauter/Meyer 2004). Ermann (2002) schlägt – um Aussagen über Regionalität und Nachhaltigkeit überhaupt treffen zu können und sie nicht einzig zum Schutz der jeweils nationalen Wirtschaft zu instrumentalisieren – eine kommunikativ-metaphorische Definition von Regionalität vor. Darunter versteht er eine Argumentationslogik, die in genau umgekehrter Richtung verläuft. Nach seinem Verständnis zeichnet sich ein Lebensmittel nicht deshalb durch hohe Qualität, Transparenz, persönliche Beziehung zu HerstellerInnen oder seinem Beitrag zur Umwelt- und Sozialverträglichkeit aus, weil es regional ist, sondern es kann dann als regional bezeichnet werden, wenn es genau diese Kriterien erfüllt. Diesem Ansatz zufolge kann ein Lebensmittel als ein nachhaltiges Regionalprodukt bezeichnet werden, weil ein möglichst großer Teil der Produktkette sowie ökonomische, ökologische und soziokulturelle Umstände der Produktion für die KäuferInnen transparent sind und positiv bewertet werden (Ermann 2002, 2005).

Die fehlende Nachvollziehbarkeit der Herkunft, Produktion und Verarbeitung von Lebensmitteln, Lebensmittelskandale und die vielen ungedeckten Informationsbedürfnisse der KonsumentInnen haben der Ernährungswirtschaft teilweise große Vertrauensverluste gebracht. Maßnahmen zur Imagesteigerung regionaler Produkte, Direktvermarktung und die Zertifizierung regionaler Lebensmittel könnten geeignete Strategien zur Wiederherstellung von Vertrauen sein. Besonders die Direktvermarktung (z.B. Ab-Hof, Bauernmarkt, ZustellerInnendienste) stellt aus Sicht der VerbraucherInnen eine Informationsquelle mit hoher Vertrauenswürdigkeit sowie eine gute Möglichkeit zum Abbau von Verunsicherung dar. In Supermärkten oder anonymeren Einkaufsstrukturen wird der fehlende persönliche Kontakt gerne mit dem Zurückgreifen auf Zertifikate, Gütesiegel und Marken kompensiert. Eine klare Kennzeichnung regionaler Produkte dient also nicht nur der Produktmarkierung, sondern stellt auch eine Hilfestellung zur Erkennung von Regionalprodukten dar. Allerdings ist es schwierig, die Zertifizierung und Unterscheidbarkeit von regionalen Lebensmitteln für VerbraucherInnen zu kommunizieren. Dazu wäre ein überschaubares System mit klar verständlichen Zertifikaten zu schaffen und die vorgenommenen Überprüfungen und Kontrolltätigkeiten den EndverbraucherInnen glaubhaft, einfach und verständlich mitzuteilen (Sauter/Meyer 2004).

Aus den Ergebnissen unserer Untersuchung wird deutlich, dass die Interpretationen von Regionalität sehr unterschiedlich sind und daher auch Chancen und Restriktionen für nachhaltige Ernährung differenziert zu beurteilen sind. Menschen, die *Regionalität als Ausdruck von „Klasse statt Masse"* sehen, bieten einige, allerdings eingeschränkte, Anknüpfungsmöglichkeiten für Nachhaltigkeit. Sie sind offenkundig an der symbolischen Aufladung „regionaler" Lebensmittel interessiert. Aufgrund ihrer distinktiven und individualistischen Ernährungsorientierung sind sie moralisierenden Verzichtsargumenten eher abgeneigt, d.h. Lebensmittel mit Herkunftsbezeichnungen aus Übersee werden nicht abgelehnt, auch wenn mit ihrem Transport hohe Umweltbelastungen verbunden sind. Doch über ihre Wertschätzung von genussvollem Essen und ihrem FeinschmeckerInnenstatus ist ein Zugang zu nachhaltiger Ernährung möglich, indem idealerweise regionale Nachhaltigkeitskriterien in besondere Entstehungsgeschichten von Lebensmitteln und Speisen verpackt, vermittelt und als Besonderheit „verkauft" werden. Als hinderlich in Bezug auf Nachhaltigkeit wirkt sich ihre Vorstellung von Regionalität aus, die sich aus ihrer Sicht weltweit auf bestimmte Orte beziehen kann, sozusagen als „Regionalität vor Ort". Mögliche Anknüpfungspunkte könnten hier eventuell mit nachhaltigen „Äquivalenten" geschaffen werden, die in ihrem symbolischen Wert und distinktiven Potenzial vergleichbar sind, wie z.B. der Kauf von „Styria Beef" statt argentinischem Rindfleisch.

Die Anknüpfungspunkte für Menschen, die regionale Lebensmittel mit *Produkten vom Land bzw. vom Bauernhof* verbinden, verlaufen stark über die Thematiken Naturbelassenheit, Saisonalität und natürliche Wachstumsperioden von Pflanzen und Tieren, Reduktion von Umweltgiften und Gesundheitszuträglichkeit. Trotz der Abgrenzung dieser KonsumentInnengruppe von der industrialisierten Lebensmittelproduktion stellen biologische Landwirtschaft und Umweltschutzargumente bisher nur wenige Anschlussmöglichkeiten dar. Verstärkte Kommunikationsbemühungen der Bio-Branche im Hinblick auf die Naturbelassenheit und Schadstofffreiheit biologisch produzierter Lebensmittel könnten die Resonanz verstärken. Aus ihrer traditionellen Grundorientierung heraus fühlen sich diese Menschen verpflichtet, die österreichischen BäuerInnen zu unterstützen, von denen sie allerdings teilweise ein romantisierendes Bild haben. Daher sprechen sie unterschiedlich stark auf klischeehafte, traditionelle Werbeversprechungen und Verpackungen bei Lebensmitteln an, die mit diesem Image arbeiten. Fehlen Möglichkeiten direkt ab Hof oder auf einem Bauernmarkt zu kaufen, greifen sie im Supermarkt gerne auf diese Versprechungen oder auf Lebensmittel mit nationalen Gütesiegeln zurück. In Bezug auf Nachhaltigkeit ist es daher wichtig, einfache und leicht verständliche Hilfestellungen zum klaren Erkennen von Regionalprodukten und zur Unterscheidung ihrer Auszeichnungen (Gütesiegel) anzubieten.

Das regionale Nachhaltigkeitspotenzial für Menschen mit *Heimatverbundenheit* liegt in ihrem Bedürfnis nach Nähe und Identifikation. Ihr starker Österreichbezug bezieht sich aber nicht nur auf die Lebensmittelebene, sondern beinhaltet auch das Festhalten an altbewährten, traditionellen Speisen (vor allem Fleisch) und eine „Idealisierung" des österreichischen Lebensmittelgesetzes. Bezüge zur nachhaltigen Ernährung wären über Heimatmotive und nationale Zugehörigkeit herzustellen. Eine Barriere stellt die Orientierung an teilweise einfachen, vertrauten Handelsmarken mit vermeintlichem Herkunftsbezug (z.B. Wiener Zucker) dar. Über eine (Aus)-Differenzierung österreichischer Herkunftsbezeichnungen könnte versucht werden, auch hier mit einfachen und leicht verständlichen Informationen Regionalität deutlich zu machen.

Menschen, die einen Regionalitätsbezug über *Solidaritätsmotive* herstellen, sind vor allem über ökologische Produktionsweisen, nachvollziehbare Herkunft und hohe Lebensmittelqualität für nachhaltiges Essen motivierbar. Jene mit einer ökologischen und sozialkritischen Grundorientierung nehmen eine bewusste und kritische Haltung gegenüber Produktionsbedingungen und der Herkunft von Lebensmitteln ein und sind teilweise auch über eine moralische Nachhaltigkeitsdebatte erreichbar. Persönliche Möglichkeiten, die nahräumliche Lebensmittelproduktion vor Ort zu besichtigen, steigert ihr Vertrauen und bestärkt sie in ihrem Handeln. Aber auch weniger an Moral orientierte Menschen, sowie jene mit einer gesundheitsfördernden, mental stärkenden Orientierung sehen im solidarischen, regionalen Handeln eine Möglichkeit, sich persönlich von der industriellen Massenproduktion abzugrenzen. Naturbelassene Lebensmittel mit geringem Verarbeitungsgrad bevorzugt in Bioqualität sowie kleinere vertraute Distributionsformen bieten in dieser Gruppe bevorzugte Anschlussmöglichkeiten für nachhaltiges Ernährungshandeln.

Wesentlich ist, die unterschiedlichen Regionalitätsbezüge der KonsumentInnen ernst zu nehmen und in zielgruppenspezifischen Kommunikations- und Vermarktungsstrategien die Vorteile regionaler Lebensmittel deutlich zu machen und Verbindungen zu den Zielen nachhaltiger Entwicklung herzustellen. Gerade im Kontext der gesellschaftlichen Klimadebatte wäre der Beitrag des Konsums regionaler Lebensmittel zum Klimaschutz mit entsprechenden Kommunikationsmaßnahmen öffentlich zu machen.

Marie Jelenko

12. Ernährungskompetenz und -verantwortung

12.1. Einleitung

Das normative Konzept von nachhaltigem Konsum ist eng mit der Vorstellung von KonsumentInnen als kompetenten und verantwortlichen AkteurInnen verknüpft. Maßnahmen zur Förderung nachhaltiger Konsumkompetenz zielen auf den Ausbau von produktivem statt passivem und kompensatorischem Konsum, auf Bedürfnisorientierung statt Produktorientierung und auf Zufriedenheit statt Entfremdung ab (Scherhorn et al. 1997). Dabei werden Konsumentinnen (und seltener Konsumenten) als Haushaltsakteurinnen (bzw. Haushaltsakteure) gedacht, die in ihren Handlungen von Wirtschaft, Gesellschaft und Umwelt beeinflusst sind und umgekehrt auch auf Wirtschaft, Gesellschaft und Umwelt einwirken. In Zusammenhang mit diesen Mikro-Makro-Wechselwirkungen sind komplexitätsverarbeitende Daseinskompetenzen wichtig, welche „die Qualität der Beteiligung an allen gesellschaftlichen Teilsystemen unter den gegenwärtigen komplexen Bedingungen maßgeblich bestimmen" (Kaufmann 2000, 46). Im Zuge gesellschaftlicher Transformationsprozesse und der zunehmenden Verflechtung der Haushalte mit marktlichen und nichtmarktlichen Institutionen spricht Thiele-Wittig von der „Neuen Hausarbeit"[47], die vermehrt Orientierungs-, Abstimmungs- und Integrationsfähigkeit von den HaushaltsakteurInnen verlangt. Dabei unterscheiden sich die für die „Neue Hausarbeit" erforderlichen Kompetenzen insofern von jenen für „traditionelle Hausarbeit", als „sie sich auf die Auseinandersetzung mit den Lebensbedingungen und auf zunehmende Vermittlungsleistungen gegenüber verschiedenen Institutionen beziehen" (Thiele-Wittig 2003, 4). Die „Neue Hausarbeit" kann auch in Bezug zu dem in diesem Buch mehrfach erwähnten Konzept alltäglicher Lebensführung gesehen werden (vgl. 1.3.3.).

Auch im Handlungsbereich Ernährung sind Kompetenz und Verantwortung in Verbindung mit Nachhaltigkeit häufig gebrauchte Begriffe, die aber selten genauer definiert werden. Eine Ausnahme bilden hier Stieß und Hayn (2005, 74), die unter Rückgriff auf Mrowka (1997) Ernährungskompetenz als jene Fähigkeit beschreiben, „theoretische Kenntnisse und praktische Fertigkeiten in Bezug auf Ernährung in Ernährungssituationen in adäquates Handeln umzusetzen". Das Wissen um Nahrungsmittelkomponenten und die richtige Aufbewahrung von Lebensmitteln sowie Kenntnisse über die Zubereitung von Mahlzeiten und das Beherrschen dafür notwendiger praktischer Fertigkeiten sind grundlegende Bestandteile von Ernährungskompetenz.

---

[47] Durch die Abnahme von traditioneller Hausarbeit in Folge von Auslagerungsprozessen werden Haushalte vor zahlreiche neue Aufgaben gestellt, die sich aus der Zunahme der Außenbeziehungen und Verflechtungen ergeben. Der damit verbundene Arbeitscharakter wurde zunächst kaum beachtet. Im engeren Sinne versteht Thiele-Wittig (2003, 4) unter Neuer Hausarbeit „Arbeitseinsätze an den Schnittstellen zu den verschiedenen Institutionen, von denen Haushalte Güter und Dienstleistungen beziehen (Märkte, Banken, Versicherungen, Verkehrseinrichtungen, Gesundheits- und Bildungseinrichtungen)".

Verantwortung wird nach gängigem Sprachgebrauch als Pflicht bzw. Bereitschaft definiert, die Folgen für eine Handlung oder Maßnahme zu übernehmen. Im Kontext von Ernährungspraktiken bedeutet die Übernahme von Ernährungsverantwortung für sich und/oder andere, dafür Sorge zu tragen, dass der Verantwortungsbereich Ernährung im Hinblick auf das Wohlergehen der zu Versorgenden (die verantwortliche Person eingeschlossen) möglichst gut gestaltet ist, was mit der bewussten Auseinandersetzung mit Ernährungsaufgaben und -inhalten verbunden ist. Zumindest soll die eigene Versorgung und/oder jene von anderen mit Essen durch Organisation, Planung und Durchführung von ernährungsbezogenen Tätigkeiten sichergestellt werden. Darüber hinaus wird es als wichtig angesehen, einen ausreichend „gesunden" Nährwert der Ernährung zu gewährleisten und negative physische und psychische Folgen abzuwenden. Die Vorstellungen von gesunden Ernährungspraktiken sind zwar vielfältig (vgl. Kapitel 6), aber in der Regel mit einem reflektierteren Umgang mit Essen verbunden. Gleichzeitig scheint die praktische Auseinandersetzung mit Ernährungsaufgaben zu einem gesteigerten Ernährungsbewusstsein beizutragen, wobei es dabei oft nicht um theoretisches, sondern um praktisches Wissen geht.

Sozialwissenschaftliche Untersuchungen zu Ernährungskompetenz beschäftigen sich vorwiegend mit Kochkompetenz, die sie zumeist mittels Selbsteinschätzung der Befragten im Rahmen von repräsentativen Studien zu erfassen suchen (Berg/Rumm-Kreuter 1996; Kutsch 1996; Stieß/Hayn 2005). Diese Vorgangsweise macht es schwierig, auf die „tatsächlichen" Kompetenzen der Befragten zu schließen.[48] Ein klare Tendenz zeigen viele Studien bezüglich der geschlechtsspezifischen Verteilung von Kochkompetenzen: Zwischen 80 und 90 % der Frauen geben an, sehr gut bis durchschnittlich kochen zu können, dagegen sind nur weniger als die Hälfte der Männer dieser Ansicht. Umgekehrt schätzen ein Viertel bis über 40 % der Männer ihre Kochkenntnisse als weniger oder überhaupt nicht gut ein, bei Frauen beläuft sich der Anteil in den verschiedenen Studien auf um die 10 % (Berg/Rumm-Kreuter 1996). Stieß und Hayn (2005, 74) vermuten darüber hinaus, dass jene 30 % Männer ihrer Studie, die ihre eigenen Kochkompetenzen nicht beurteilen wollten oder konnten, „dem harten Kern der Kochabstinenzler" zuzurechnen sind. Kutsch (1996) folgert aus seinen Ergebnissen, dass es für Männer durchaus gesellschaftlich akzeptabel ist, nicht kochen zu können, während es für Frauen einen sozialen Zwang gibt, Kochfertigkeiten zu besitzen.

Schwieriger ist es, Aussagen über intergenerationale Veränderungen der Kochkompetenz zu machen. Befunde, die jüngere Frauen schlechter beurteilen als jene mittleren und höheren Alters können auch auf die kürzere Kochpraxis jüngerer Menschen im bisherigen Lebensverlauf zurückgeführt werden und lassen kaum Rückschlüsse auf gesellschaftliche Wandlungsprozesse zu (Berg/Rumm-Kreuter 1996). Außerdem ist zu vermuten, dass Koch- und Ernährungskompetenzen nicht einfach abnehmen, sondern den alltäglichen Anforderungen angepasst werden. In diesem Sinne ist heute die Kompetenz einer zeiteffizienten Organisation und Gestaltung von Ernährung im Alltag (für berufstätige Frauen) von stärkerer Bedeutung als die Kompetenz, ein Mahl (z.B. einen Schweinsbraten) nach „traditionellen" Vorstellungen zuzubereiten. Bezüglich des Zusammenhangs von

---

[48] Demgegenüber bieten interpretative, nicht vorstrukturierte Erhebungs- und Analyseverfahren die Möglichkeit, Hintergründe und Plausibilitäten von Aussagen nachzuvollziehen. In unserer Untersuchung ist weniger die Frage zentral, wie gut Menschen kochen können, als die Frage, wie sie ihre Ernährung vor dem Hintergrund spezifischer Lebensbedingungen gestalten (Kontextualisierung) und auf welche Kompetenzen sie dabei zurückgreifen (können).

Schichtzugehörigkeit und Ernährungskompetenz konstatieren Lehmkühler und Leonhäuser (1999) auf Basis einer qualitativen Studie zum Ernährungsverhalten in Familien mit niedrigem Einkommen, dass deren Ernährung nicht nur durch einen eingeschränkten finanziellen Rahmen bestimmt ist, sondern auch durch geringe Fertigkeiten und Kenntnisse hinsichtlich Mahlzeitenzubereitung und Ernährungswissen erklärt werden kann. Die Orientierung am Preis und Sättigungswert von Grundnahrungsmitteln und die geringe Bedeutung von Gesundheit in Zusammenhang mit Ernährung sind nach den Autorinnen insbesondere für dauerhaft in Armut lebende Familien kennzeichnend. Stieß und Hayn (2005) kommen in ihrer repräsentativen Untersuchung zu dem Ergebnis, dass die Ernährungsstile „desinteressierte Fast-Fooder" und „freudlose GewohnheitsköchInnen" überwiegend in mittleren bis geringen Einkommensgruppen zu finden sind. Bei ersteren sind darüber hinaus Männer dominant, letztere befinden sich überwiegend in der Nachfamilienphase. Auffällig ist, dass sich Angehörige dieser Ernährungsstile im Gegensatz zu Angehörigen aller anderen Ernährungsstile *nicht* mehrheitlich als gute oder sehr gute KöchInnen einschätzen. Ähnliches gilt für die Freude am Kochen, da „desinteressierte Fast-Fooder" und „freudlose GewohnheitsköchInnen" einen überdurchschnittlichen Anteil von Personen aufweisen, die eher oder sehr ungern kochen. Gleichzeitig werden in diesen beiden Gruppen im Schnitt am wenigsten Versorgungszuständigkeiten übernommen.

Es deutet einiges darauf hin, dass eine enge Verbindung zwischen der Übernahme von Ernährungsverantwortung und der Verfügung über Ernährungskompetenz besteht. Ohne Ernährungskompetenz ist es nur schwer möglich, Ernährungsverantwortung zu übernehmen und die Übernahme von Ernährungsverantwortung fördert die weitere Ausbildung von Ernährungskompetenz. „Someone has to take care of the process of food preparation. This person has to take responsibility for the everyday planning, preparation and production of a meal, implying having time available for cooking, and a knowledge of how and what to prepare" (Ekström 2005, 6). Dabei scheint weniger die Zeitverfügbarkeit ausschlaggebend für die Übernahme von Ernährungsverantwortung zu sein als das Geschlecht (vgl. Kapitel 5). So zeigt die bereits erwähnte repräsentative Studie in Deutschland, dass in Mehr-Personen-Haushalten 71 % der Frauen und nur 10 % der Männer die alleinige Verantwortung für Einkauf und Kochen haben, wobei das Vorhandensein von Kindern im Haushalt diese Unterschiede noch verschärft (Stieß/Hayn 2005). Bei Betrachtung des täglichen Aufwands für Beköstigungstätigkeit in Familien lassen sich auch unter Berücksichtigung der Berufstätigkeit von Frauen noch beträchtliche Unterschiede zwischen den Geschlechtern feststellen. So wenden nicht erwerbstätige Mütter täglich durchschnittlich eine Stunde und 35 Minuten für Beköstigungstätigkeiten auf, die dazugehörigen Männer dagegen nur 20 Minuten. Der durchschnittliche Zeitaufwand von vollzeiterwerbstätigen Müttern liegt immerhin noch bei 55 Minuten und ist damit fast doppelt so hoch wie jener der – mit vollzeiterwerbstätigen Frauen zusammenlebenden – Väter mit 29 Minuten (Meier 2004). Eine repräsentative Studie zu Praxisformen des Essens, Trinkens und Kochens in Österreich kommt zu dem Ergebnis, dass 68 % der Männer niemals und 9 % häufig kochen (Landsteiner/Mayer 1994). Demgegenüber kochen 6 % der Frauen niemals und 72 % häufig. Es unterschieden sich aber nicht nur die Häufigkeiten, sondern auch die Anlässe nach Geschlecht. Das Kochen für FreundInnen, die „Gestaltung von Essen zum Eßerlebnis im privaten Rahmen einer Essenseinladung" ist unter Männern mit gehobenen sozialen Positionen (Selbstständige, leitende Angestellte) am beliebtesten (ebda., 107). Dagegen kochen Frauen weniger oft für FreundInnen als für Familienangehörige und unterscheiden sich diesbezüglich nur wenig nach ihren sozialen Positionen. In diesem

Zusammenhang ist zu vermuten, dass Ernährungskompetenz in Verbindung mit alltäglicher Ernährungsverantwortung anders gelagert ist als Ernährungskompetenz als Ausdruck eines außeralltäglichen „Erlebniskultes".

12.2.   Empirische Ergebnisse zu Ernährungskompetenz und -verantwortung

Im folgenden Abschnitt werden Zusammenhänge von Ernährungskompetenz, -verantwortung und nachhaltiger Ernährung auf Basis unserer Interviews herausgearbeitet. Die Analyse hat drei typische Ausprägungen dieser Zusammenhänge an den Tag gebracht: Einerseits finden sich Befragte, deren Ernährungskompetenz in Verbindung mit der Ausübung alltäglicher Ernährungsverantwortung steht. Andererseits gibt es solche, die zwar Ernährungskompetenz besitzen, diese aber nicht im alltäglichen Leben ausüben. Drittens wurden auch solche Personen sichtbar, die nur über geringe (bis gar keine) Ernährungskompetenzen verfügen und auch wenig (bis gar keine) Verantwortung in Ernährungsbelangen übernehmen.

12.2.1.   Ernährungskompetenzen und alltägliche Ernährungsverantwortung

Diese Gruppe setzt sich aus jenen Menschen zusammen, die gemäß der obigen Definition Ernährungskompetenzen besitzen, also Wissen und praktische Fertigkeiten in Bezug auf die Zubereitung von Mahlzeiten sowie Nahrungsmittelkomponenten haben und versuchen, diese Kompetenzen im Alltag in einer verantwortungsvollen Art und Weise umzusetzen. Hier sind vor allem Frauen in Familien- oder Partnerschaftskonstellationen zu finden, denen im Laufe ihrer Sozialisation Ernährungskompetenz und Ernährungsverantwortung als „weibliche Tugenden" und/oder Ausdruck des Wohlfühlens vermittelt wurden. Aber auch Männer mit höherem Bildungsniveau und mit relativ großen privaten Zeitressourcen, die mit Familie bzw. Partnerin zusammenleben, können in diese Gruppe fallen. Darüber hinaus sind hier (weibliche) Singles mit gesundheitsdominanter Ernährungspraxis (vgl. Kapitel 6), hoher „alltagstauglicher" Kochkompetenz sowie beruflicher Flexibilität anzutreffen.

Bezeichnend für die Ernährungspraktiken dieser Gruppe ist, dass in oft täglicher Regelmäßigkeit ernährungsbezogene Aufgaben wie Einkauf, Mahlzeitenzubereitung, Vorratshaltungen etc. erledigt werden und die Alltagsgestaltung organisatorisch auf diese Tätigkeiten abgestimmt ist. Dabei hat der Gesundheitswert des Ernährungshandelns großen Stellenwert. Ihre Ernährungskompetenz beziehen diese Personen zu einem großen Teil aus der tagtäglichen praktischen Auseinandersetzung mit Ernährung und dabei gemachten Erfahrungen.

Ein markanter Unterschied zeigt sich zwischen jenen Befragten, die Ernährungsarbeit in erster Linie als notwendige Pflicht gegenüber anderen sehen, die es zu erledigen gilt und jenen Befragten, für die die Ausübung von Ernährungshandlungen auch positiv besetzt ist. Letztere setzen die Übernahme von Ernährungsverantwortung in enge Verbindung mit dem eigenen Wohlbefinden bzw. mit dem „harmonischen" Gleichgewicht in Partnerschaft oder Familie. Dabei sind sie bereit, für Ernährung im Rahmen ihrer Möglichkeiten verhältnismäßig große zeitliche und finanzielle Ressourcen aufzuwenden. Sie gehen gerne, wenn auch nicht unbedingt überwiegend, auf Wochenmärkten oder in kleineren Fachgeschäften einkaufen und achten beim Einkauf auf Qualität, auf einen geringen Verarbeitungsgrad und auf die Frische von Lebensmitteln. Die Vorstellungen von Qualität variieren je nach dominanten Ernährungsorientierungen: Sie sind bei Befragten mit traditionellen Orientierungen eng mit regionalen und saisonalen Bezügen verknüpft. Sozialkritisch und ökologisch orientierte Befragte beachten insbesondere die ökologische, artgerechte und soziale Gestaltung des Produktions- und Distributionsprozesses. Für Menschen mit der Orientierung „Gesundheitsförderung und mentale Stärke" soll die Qualität von Lebensmitteln und Speisen den Einklang von Körper und Geist fördern und ist dabei an die Richtlinien der jeweiligen „Gesundheitskonzepte" sowie an damit zusammenhängende persönliche Erfahrungen gebunden. Bei körper- und krankheitsbezogenen Befragten stehen wissenschaftlich begründete Vorgaben einer gesunden bzw. „schlanken" Ernährung (wenig Fleisch, Fett, Zucker und hohe vegetarische Anteile) im Vordergrund. Während bei den „Traditionellen" Fleisch einen zentralen Stellenwert in der Ernährung hat, sind in den anderen drei genannten Orientierungen vegetarische Lebensmittel und Speisen deutlich höher bewertet. Verschiebungen ergeben sich bezüglich des Fleischkonsums bei altruistischen Ernährungsorientierungen, da diese mit einer gewissen Anpassung der Ernährungsweise an die geschmacklichen Vorlieben des Partners, der Partnerin bzw. der Kinder verknüpft sind. Während sich ältere Frauen oft an den fleischzentrierten Geschmack ihrer Lebenspartner anpassen, bemühen sich Frauen und Männer der jüngeren Generation oft um Gerichte, die beiderlei Vorlieben kombinieren (vgl. Kapitel 5).

In der Gruppe der pflichtbezogenen Ernährungsverantwortlichen steht eine pragmatische Erledigung der Ernährungsverantwortung im Vordergrund, wobei (an wissenschaftlichen Empfehlungen orientierte) Gesundheitsaspekte und geschmackliche Vorstellungen der Haushaltsmitglieder Berücksichtigung finden. Es handelt sich in unserer Befragung um eine Gruppe, die ausschließlich aus Frauen mit Familien- oder Partnerschaftsbeziehungen besteht. Dies deutet darauf hin, dass die Übernahme von Ernährungsverantwortung aus Pflichtgefühl nach wie vor in erster Linie im weiblichen Lebenskontext anzutreffen ist. Diese Befragten haben verglichen mit der vorher beschriebenen Gruppe relativ wenig aktives Interesse an Ernährungsfragen und besitzen kaum Ansatzpunkte für eine Veränderung ihrer stark routinisierten Ernährungspraktiken. Eine gewisse Ausnahme bildet eine 42-jährige Frau, die in jungen Jahren an Diabetes I erkrankt ist und daher eine Phase intensiverer Auseinandersetzung mit Ernährungsfragen hinter sich hat. Heute baut sie zwar ökologische Lebensmittel in relativ großem Umfang in ihre Ernährung ein, sieht die Erledigung von Ernährungsarbeit für sich und ihren Partner in gesundheitlich zuträglicher Weise aber als Pflicht, der sie möglichst Zeit schonend nachkommt und die kein besonderes Wohlbefinden vermittelt.

Einen Übergang zur zweiten Ausprägung des Zusammenhangs von Ernährungskompetenz und -verantwortung und bei sehr geringen Ernährungskompetenzen auch zur dritten Gruppe bilden jene ausschließlich männlichen Befragten, die nur teilweise Ernährungsverantwortung übernehmen, indem sie zwar fast täglich kochen, aber Gesundheitsaspekte nicht, kaum oder nur unter bestimmten Bedingungen mitberücksichtigen. Auffällig ist hier, dass eine längere bzw. bis heute andauernde Phase des Alleinlebens der entscheidende Anstoß zur Ausbildung von (zum Teil nur rudimentären) Kochkompetenzen war und kombiniert mit einer relativ hohen bzw. flexiblen Zeitverfügbarkeit die Übernahme der alltäglichen Versorgungsarbeit förderte. Positive Antriebe sind zum Teil auch ein männlicher kochkompetenter Freundeskreis, eine wenig kochversierte Partnerin und viele bzw. längere Auslandsaufenthalte, die mit einer stärkeren Identifikation mit der österreichischen Küche in Verbindung standen. Die Ernährungspraktiken sind (männlich) fleisch-zentriert und lust- und emotionsbetont, wobei der alltägliche Aufwand für das Essen eher gering gehalten wird. Diesbezügliche Strategien können von der Zubereitung wenig auf-wendiger Gerichte (z.B. Würstel) bis zum gezielten Vorkochen und portionierten Einfrie-ren anspruchsvollerer Gerichte reichen. Bei jenen Befragten, die kürzlich Versorgungszu-ständigkeit für das eigene Kind übernahmen (ein Alleinerzieher und ein „junger" Vater), ist eine Wandlung der Ernährungspraktiken zu bemerken, die auch auf eine stärkere Integ-ration von Gesundheitsaspekten abzielt. So versucht ein pensionierter weniger kochver-sierter Alleinerzieher zunehmend unaufwendige Gemüsekomponenten in die Mahlzeiten einzubauen (v.a. Tiefkühlgemüse), da er sich erstens für die Gesundheit seiner neunjähri-gen Tochter verantwortlich fühlt und zweitens auch Verantwortung für seine eigene Ge-sundheit tragen will, um für die Tochter noch möglichst lange da sein zu können. Auch gesundheitliche Probleme können für allein lebende Männer ein Anstoß sein, gesundheits-bezogene Ernährungskompetenzen zu erlangen und verstärkt in den Alltag zu integrieren.

12.2.2. Ernährungskompetenzen ohne alltägliche Ernährungsverantwor-tung

In diese Gruppe fallen Befragte, die im Laufe ihres Lebens relativ umfassende Ernäh-rungskompetenzen erworben haben, diese aber nur zu bestimmten Anlässen umsetzen. Die Befragten haben bzw. übernehmen (derzeit) keine ernährungsbezogene Versorgungszu-ständigkeit für andere Menschen und sind im Alltag auch für sich selbst nur eingeschränkt bereit, Ernährungsarbeit zu leisten. Im Wesentlichen sind hier allein lebende Frauen (zu-meist in der Nachfamilienphase) zu finden sowie Männer, die Ernährung als Hobby betreiben und junge Befragte, deren Ernährungskompetenz und -interesse im Entstehen ist.

Allein lebende Frauen (nach der Familienphase) verbinden oft mit dem „Tun für andere" einen wichtigen Sinn des Ernährungshandelns. Wenn diese Frauen alleine für sich kochen, soll es vor allem schnell und unkompliziert sein und gesundheitlichen Ansprüchen bzw. Schlankheitsanforderungen genügen. Supermärkte und Discounter sind bevorzugte Orte der Lebensmittelbeschaffung, in denen vielfach verzehrsfertige Produkte gekauft werden, die einen hohen Gesundheitswert versprechen (z.B. fettreduzierte Joghurts). Sie übernehmen dabei insofern Ernährungsverantwortung für sich, als sie gesundheitliche Ü-berlegungen, manchmal auch „nur" Schlankheitsaspekte berücksichtigen, die Arbeit dafür aber weitgehend auslagern. Die Möglichkeit zum „gesunden Snacken" scheint allein le-benden Frauen sehr entgegenzukommen. Aufwendigere Ernährungsarbeit wird in erster Linie zu familiären und freundschaftlichen Anlässen ausgeführt, bei denen dann genuss-volle Komponenten des Essens und das „Verwöhnen" anderer im Vordergrund stehen. Ei-ne Ausnahme bilden hier zwei ältere allein lebende Arbeiterinnen mit erwachsenen Kin-dern, die am Wochenende regelmäßig und aufwendig für sich selbst kochen und dabei auf ein „schönes" Ambiente achten. Sie schaffen so bewusst eine Abgrenzung zum monoto-nen und anstrengenden Berufsleben und können mit ernährungsbezogenen Tätigkeiten ihre Kreativität ausdrücken und einen Rahmen für Wohlbefinden und Regeneration schaffen.

Bei Männern dieser Gruppe ist die Selbstdarstellung als exquisiter Koch, Gesund-heitsexperte und/oder Kenner ernährungswirtschaftlicher Bedingungen von zentraler Be-deutung. Es geht ihnen weniger um das tagtägliche Umsetzen ihres Wissens, als ein spezi-fisches Wissen (und beim Kochen dazugehörige praktische Fertigkeiten) zu besitzen und sich dadurch von anderen abzuheben. Höhere Ansprüche an Ernährung werden von den

Befragten dieser Gruppe in erster Linie am Wochenende bzw. an arbeitsfreien Tagen aus-
gelebt, indem hohe finanzielle und zeitliche Ressourcen für Einkaufen, Kochen und Essen
bzw. für exquisites Essen-Gehen aufgewendet werden. Bevorzugte Einkaufsstätten sind
dann kleinere Fachgeschäfte, Wochenmärkte, DirektvermarkterInnen und zum Teil auch
Bioläden und -supermärkte, denen hohes Vertrauen hinsichtlich der Qualität ihrer Waren
entgegen gebracht wird. Unter der Woche konsumieren die ausnahmslos berufstätigen Befragten dieser Untergruppe Essen bevorzugt außer Haus bzw. (durch die Partnerin) zubereitet. Hier sind die Ansprüche an Ernährung deutlich reduziert, wobei zum Teil die
schlechte Infrastruktur in Arbeitsnähe beklagt wird. Zum Teil pflegen die Befragten auch
bewusst „postmoderne" Ernährungsstile und befürworten den Besuch von „Fast-Food-
Lokalen", die Inanspruchnahme von „Take-Away-Dienstleistungen" und die Verwendung
von Convenience-Produkten als Ausdruck der persönlichen Freiheit und Individualität.

Zwei 24-jährige Befragte mit höherem Bildungsniveau (Student und Akademike-
rin) haben zwar bereits Ernährungskompetenz erworben und setzen diese auch fallweise
beim Einkauf oder um sich selbst oder andere zu verwöhnen ein, sind in ihrem Ernährungsalltag aber noch stark an Essensgaben und/oder Einladungen ihrer Eltern bzw. Großeltern gebunden. Über die Herkunftsfamilie besitzen sie ein relativ differenziertes Ernährungswissen und zeigen sich offen für Naturbelassenheit und biologische Qualität von Lebensmitteln. Ihre Ernährungshandlungen sind Teil eines Selbstfindungsprozesses und werden sich vermutlich erst nach einer stärkeren Ablösung vom Elternhaus und bei
geregelteren Lebensbedingungen verfestigen (vgl. Kapitel 7). Die Potenziale für die Entwicklung nachhaltiger Konsummuster sind dabei durchaus groß.

12.2.3. Fehlende Ernährungskompetenz und -verantwortung

Mit Ausnahme eines minderjährigen weiblichen Lehrlings sind alle Befragten dieser
Gruppe männlich und zwischen 30 und 40 Jahre alt. Sie haben geringes Interesse an Ernährungsfragen, geringe Ernährungskompetenz und übernehmen kaum Ernährungsverantwortung. Mit dem Ausblenden oder Delegieren von Ernährungsfragen und -verant-
wortung können die Befragten ihr Vertrauen in das Essen und ihre wenig reflektierten Ernährungspraktiken aufrechterhalten.[49] Zusätzlich zu den (weiblichen) Haushaltsmitgliedern können bei diesen Singles auch Marken, Gütesiegel, bestimmte Supermärkte oder
Discounter vertrauensbildende Funktion erfüllen. Dabei werden die Hintergründe und
Voraussetzungen für dieses „Vertrauen" nicht weiter hinterfragt. Denn Essen soll in erster
Linie schmecken, den körperlichen Ansprüchen genügen (sättigen oder schlank halten)
und keinen großen Zeitaufwand erfordern. Selbst wenn mit fortschreitendem Alter und
zunehmendem Körpergewicht gesundheitliche Aspekte der Ernährung mehr Aufmerksamkeit erlangen, so gehen die Befragten damit sehr Zeit schonend um, ohne den eigenen Ernährungsstil weiter zu hinterfragen (z.B. durch die Verwendung von Vitamin-
präparaten). Der schnelle Einkauf in nahe gelegenen Supermärkten und Discountern, ein
hoher Außer-Haus-Konsum bzw. der Konsum von Speisen, die von anderen im häuslichen
Kontext zubereitet wurden sowie die häufige Verwendung von Convenience-Produkten

---

[49] Frauen bzw. Mütter managen oft die Ernährung der Familie, indem sie „Informationen einho-
len" und stellvertretend für andere das Vertrauen in die reibungslose Versorgung herstellen bzw. aufrechterhalten. So sind für Jugendliche bzw. für Männer die sie bekochenden Mütter bzw. Partnerinnen häufig
vertrauensbildende Instanzen, die eine weitere Beschäftigung mit Ernährung aus ihrer Sicht unnötig erscheinen lassen (Härlen et al. 2004).

sind kennzeichnend für die Befragten dieser Gruppe. Etwas anders gelagert ist die Situation bei einem 39-jährigen Notstandshilfebezieher mit Alkoholproblemen. Seine Ernährungskompetenz besteht in erster Linie in der Aneignung von „Überlebenswissen". So kann er durch bestimmte Einkaufsstrategien (z.B. Informationen über den Beginn der Preisreduktion demnächst ablaufender Ware), über Informationen aus dem Bekanntenkreis, über die Kenntnis von günstigen Lokalen mit großen Portionen etc. seine eigene Versorgung sicherstellen. Andere Aspekte der Ernährung haben auf Grund seiner sozialen Lage derzeit kaum Bedeutung.

12.3. Bedeutung für nachhaltige Entwicklung

Wenn wir nun die Frage von Ernährungskompetenz und -verantwortung in den Zusammenhang des Leitbilds nachhaltiger Ernährung stellen, dann zeigt sich, dass ein weitgehendes Fehlen dieser beiden Komponenten eher schwierige Bedingungen für nachhaltige Ernährung bedeutet, da die Reflexion des eigenen Ernährungsstils weder über Eigen- bzw. Fremdverantwortung noch über Wissen oder praktische Fertigkeiten befördert werden kann. Hier zeigt sich auch, wie problematisch das „traditionelle" Bild der fürsorglichen Mutter gerade für Männer ist. Denn die selbst erlebte und beim „Vater" beobachtete Auslagerung von Ernährungsverantwortung wird von Söhnen oft im weiteren Lebensverlauf fortgeführt. Dort, wo junge Männer aber frühzeitig zu eigenverantwortlichen Ernährungshandlungen (z.B. durch die Berufstätigkeit der Mutter) gezwungen waren, können diese im weiteren Lebensverlauf auf eine vergleichsweise hohe Kochkompetenz zurückgreifen und gestalten ihre Ernährung dementsprechend reflektierter als „umsorgte" und ernährungsinkompetente Männer.

Ein sehr nachhaltigkeitsaffines Klima ist am anderen Ende des Spektrums zu finden, nämlich bei der Gruppe der ernährungskompetenten und ernährungsverantwortlichen Befragten, für die die Beschäftigung mit Ernährung Wohlbefinden[50] bedeutet. Nicht so sehr der Besitz von Ernährungskompetenz und die Übernahme von Ernährungsverantwortung sind hier ausschlaggebend für einen reflektierteren und vergleichsweise ressourcenaufwendigen Ernährungsstil, als das Wohlbefinden, das das eigene Tun für sich selbst und für die Partnerschaft bzw. die Familie vermittelt. Wohlbefinden stellt einen wichtigen Faktor für die Entwicklung von sozial, gesundheitlich und ökologisch nachhaltigen Ernährungspraktiken dar, da sich die Befragten genauer damit auseinandersetzen, woher Lebensmittel kommen, was in ihnen „steckt", wie sie möglichst schonend und gleichzeitig schmackhaft zubereitet und ohne Qualitätsverlust aufbewahrt werden können und wie Ge-

---

[50] Die sozialwissenschaftliche Bedeutung des originär psychologischen Begriffes „Wohlbefindens" zeigt sich besonders in der Lebensqualitätsforschung. „Lebensqualität" wird hier als ein auf größere Bevölkerungsgruppen bezogenes allgemeines Maß der Kongruenz von objektiven Lebensbedingungen und deren subjektiven Bewertungen (Wohlbefinden, Zufriedenheit) aufgefasst (Schumacher et al. 2003). Auch in unserer Untersuchung zeigt sich, dass nicht nur objektive Lebensbedingungen die Ernährungspraktiken beeinflussen, sondern Wohlbefinden als Zustand subjektiv empfundener positiver Gefühle (Freude, Glücksgefühle), Gesundheit und Freiheit beim Menschen von großer Bedeutung ist. Dabei beeinflussen objektive Lebensbedingungen die Möglichkeiten, subjektives Wohlbefinden herzustellen. Das „Zufriedenheits- oder Wohlbefindensparadox" zeigt aber, dass sich bei „gruppenstatistischer Betrachtung ungünstige oder widrige objektive Lebensumstände (z.B. gesundheitliche oder finanzielle Beeinträchtigungen) – solange existentielle Mindestanforderungen nicht unterschritten werden – kaum in den Bewertungen des subjektiven Wohlbefindens der Betroffenen widerspiegeln" (Schumacher et al. 2003, 4).

nuss, Gesundheit und je nach Ernährungsorientierung andere Aspekte der Ernährung vereint werden können.

Bisher oblag das Herstellen dieses Wohlbefindens in erster Linie Frauen und wurde auch bevorzugt entlang weiblicher Familienlinien weiter gegeben. Es finden sich aber auch Männer in dieser Gruppe, die Ernährungskompetenz über den Freundeskreis bzw. durch den frühen Zwang zu eigenverantwortlichen Ernährungshandlungen erwarben und heute im Rahmen der Familie bzw. Partnerschaft Ernährungsverantwortung übernehmen. Sie sehen damit ihr eigenes Wohlbefinden und das harmonische Zusammenleben im Haushalt positiv beeinflusst. Vor diesem Hintergrund ist zu überlegen, welche Rahmen-, Arbeits- und Lebensbedingungen geschaffen werden können, um das mit Ernährungsarbeit verbundene Wohlbefinden zu fördern und inwieweit die partielle Auslagerung von Ernährungsarbeit – vor dem Hintergrund der heutigen Dominanz von ökonomischen gegenüber reproduktiven Zeiten – nicht eher dazu beiträgt, dieses Wohlbefinden zu erhalten als die zeitliche Überforderung von Frauen und Männern durch den moralischen Anspruch, alles selbst zuzubereiten.

Dies könnte nämlich dazu führen, dass Ernährungsverantwortung überhaupt nur noch als Pflicht wahrgenommen wird, das Interesse an Ernährungsthemen zurückgeht und die moralischen Ansprüche letztendlich an Bedeutung verlieren. Die Befragten unserer Untersuchung, die sich mit Ernährung in dieser Art und Weise auseinandersetzen, kümmern sich um die Versorgung der Familie und bemühen sich, dabei auch gewisse (wissenschaftlich propagierte) gesundheitliche Vorgaben zu berücksichtigen. Sie streben aber eine möglichst pragmatische Erledigung der Ernährungsarbeit an und zeigen sich sehr offen für alle möglichen Formen der Erleichterung. Diese können sich sowohl auf zeitsparende Aspekte der Ernährung (z.B. Tiefkühl- und Convenienceprodukte) beziehen, als auch auf den Gesundheitswert (z.B. als „gesund" beworbene Kinderprodukte, Functional Food). Bei Frauen (in der Nachfamilienphase), die keine Ernährungszuständigkeit (mehr) haben und denen Ernährung auch (alleine) kein besonderes Wohlbefinden vermittelt, werden die pragmatischen Zugänge zu Ernährung noch dominanter: Sie bereiten kaum mehr warme Mahlzeiten zu, essen unaufwendig und spontan und berücksichtigen dabei in erster Linie Gesundheits- und/oder Schlankheitsnormen. Aufmerksamkeit für Ernährung kann bei ihnen in erster Linie über diese beiden Aspekte geweckt werden.

Einen anderen Zugang zu Ernährung haben jene Männer unserer Studie, die zwar für sich selbst tagtägliche Versorgungszuständigkeit übernehmen, aber Gesundheitsaspekten keine Aufmerksamkeit schenken. Dies drückt sich mitunter in einem sehr „deftigen", fleischlastigen Ernährungsstil aus, der von Gusto und Lust auf gewisse Speisen angetrieben wird. Großteils (aber nicht immer) achten die Befragten auch auf eine preisgünstige, einfache und unaufwendige Handhabung hinsichtlich Einkauf, Zubereitung und Aufbewahrung von Lebensmitteln. In dieser Gruppe zeigt sich, wie wichtig gerade bei Männern die praktische Übernahme von Ernährungsverantwortung gegenüber den eigenen Kindern sein kann. Wo eine solche Verantwortung übernommen wurde bzw. werden musste, versuchen auch sie Gesundheitsaspekte stärker in ihren Ernährungsalltag zu integrieren und reflektieren zumindest partiell ihren Ernährungsstil.

Die (männlichen) „Selbstdarsteller" haben zwar außerhalb ihres Berufsalltags viele Anknüpfungspunkte für nachhaltige Entwicklung, empfinden sich aber im täglichen Leben für Ernährung als nicht zuständig. So lagern sie viele Tätigkeiten aus und achten dabei in sehr viel geringerem Maße auf Qualität im Sinne handwerklicher oder ökologischer Produktionsweise sowie auf vertrauensbildende kleine Distributionsformen. Diese Diskrepanz von Wissen bzw. praktischen Fertigkeiten und alltäglicher Umsetzung lässt ihre Ernährungspraktiken in Hinblick auf Nachhaltigkeit als ambivalent erscheinen. Wenn die Befragten für andere Menschen Ernährungsverantwortung übernehmen (müssen), dann erweist sich als positiv, dass sie auf Ernährungskompetenzen zurückgreifen können. Dies zeigt sich besonders anschaulich am Beispiel eines jungen Familienvaters, in dessen Freundeskreis Essen als zeit- und geldintensives Hobby betrieben wurde und der heute die Hauptzuständigkeit für die Ernährung der Familie übernimmt. Gut verdienend und zeitlich flexibel geht er mit dem Sohn auf Wochenmärkten einkaufen, zeigt ihm, woran er Qualität erkennt, wie er Speisen zubereitet und welches Wohlbefinden er mit Ernährungsarbeit verbindet.

Florentina Astleithner und Karl-Michael Brunner

13. Chancen und Restriktionen für nachhaltige Ernährung in Österreich. Ein Resümee

In diesem abschließenden Kapitel wollen wir in einem ersten Schritt zentrale Ergebnisse unserer Studie nochmals im Hinblick auf Anknüpfungspunkte und Hemmnisse für nachhaltige Ernährung aufgreifen und in nachhaltigkeitspolitischer Perspektive diskutieren. In einem zweiten Schritt werden wir unter Bezugnahme auf unseren theoretischen Ansatz Schlussfolgerungen zu den Bedingungen der Veränderbarkeit von Ernährungspraktiken ableiten und Maßnahmen für nachhaltige Ernährung in Österreich vorschlagen.

13.1. Anknüpfungspunkte, Hemmnisse und Voraussetzungen nachhaltiger Ernährung – die Ergebnisse der Interviews

Wie in der Analyse deutlich wurde, gibt es auf Seiten der KonsumentInnen viele Anknüpfungspunkte für nachhaltige Ernährung, auch wenn oft nur Teilaspekte von Nachhaltigkeit relevant sind. Wie aus der Literatur bekannt und durch die Ergebnisse unserer Studie bestätigt, ist ein durchgehend nachhaltiger Lebens- und Ernährungsstil sehr voraussetzungsvoll und im Alltag schwer zu realisieren. Dazu sind weder die Voraussetzungen bei den KonsumentInnen gegeben, noch die kontextuellen Rahmenbedingungen entsprechend gestaltet. Es wurde gezeigt, dass die Ernährungspraktiken der ÖsterreicherInnen von unterschiedlichen Ernährungsorientierungen angeleitet werden (Kapitel 3). Diese können sich zwar bis zu einem gewissen Grad im Zeitverlauf verändern, machen aber grundlegende Ansprüche oder Notwendigkeiten im alimentären Alltag deutlich. Manche Ernährungsorientierungen haben sich dabei als sehr anschlussfähig für nachhaltige Ernährung erwiesen, manche in Teilbereichen und manche zeigen nur geringe Potenziale für nachhaltiges Essen. In einigen Fällen sind zwar Affinitäten zum nachhaltigen Lebensmittelkonsum vorhanden, die Umsetzungsbedingungen aber aus sozialer, ökonomischer oder gesundheitlicher Sicht problematisch, weil mit Einschränkungen der Lebensqualität verbunden (z.B. restriktives Essen aus körperbezogenen Gründen, Überwälzung der Ernährungsverantwortung an die Frauen, Überlastungsphänomene im Zusammenhang mit Ernährungsarbeit). Menschen mit den Orientierungen „Ökologie und Sozialkritik", der spirituell-religiösen Ausrichtung von „Tradition und Heimat" und der Orientierung „Gesundheitsförderung und mentale Stärke" praktizieren in ihrem Ernährungsalltag bereits viele Aspekte einer nachhaltigen Ernährung und bieten auch Potenziale für Veränderungen ihres Konsums. Bereits bei diesen drei Orientierungen wird deutlich, dass die Zugänge zu nachhaltiger Ernährung sehr unterschiedlich sein können, neben klassischen „grünen" KonsumentInnen können dies auch Menschen mit einer konservativ-spirituellen Grundorientierung oder mit einer ganzheitlichen Gesundheitsphilosophie. Partielle Anschlussmöglichkeiten sind bei den Orientierungen „Altruismus und Familie", „Körper und Krankheit", „Individualismus und Distinktion" und der klassisch-ländlichen Version von „Tradition und Heimat" zu finden. Hier sind zwar manche Affinitäten vorhanden und eine Aufgeschlossenheit für Nachhaltigkeit zu finden, jedoch sind auch deutliche Einschränkungen bzw. wenig nachhaltige Praxisvoraussetzungen sichtbar. „Ressourcenorientierung und Effizienz" sowie „Lust und Emotion" zeigen die größten Barrieren für nachhaltige Ernährung, wenngleich diese beiden Orientierungen häufig in Kombination bzw. Konkurrenz zu anderen Orientierungen auftreten. Schwierigster „Nachhaltigkeitskandidat" dürfte der stark preisorientierte, auf Quantität und schnellen Genuss ausgerichtete, aber ansonsten an Ernährung wenig interessierte Mann in jüngeren Jahren sein. Da mit diesen Ernährungsorientierungen jeweils spezifische Offenheiten und Barrieren für nachhaltige Ernährung verknüpft sind, sollten Nachhaltigkeitsstrategien diese unterschiedlichen Ernährungsorientierungen als Ausgangspunkt nehmen, zielgruppenspezifisch auf die verschiedenen KonsumentInnengruppen gerichtet sein und mögliche „Motivallianzen" nutzen (z.B. Gesundheit und Sorge für andere).

Gesundheitsmotive werden sehr häufig als zentraler Schlüssel für den Zugang zu nachhaltiger Ernährung gesehen. Der Konsum von Bio-Lebensmitteln zum Beispiel ist häufig mit Gesundheitsversprechen von Seiten der Produktion und des Handels und Gesundheitserwartungen von Seiten der KonsumentInnen verbunden. Doch Gesundheit ist nicht gleich Gesundheit. Obwohl eine Orientierung an Gesundheit im Zusammenhang mit Ernährung häufig eine Rolle spielt, unterscheiden sich die Vorstellungen von Gesundheit bei den KonsumentInnen teilweise sehr deutlich und bestimmen in unterschiedlichem Ausmaß die Ernährungspraktiken (Kapitel 6). Wir haben insgesamt 7 Typen von gesundheitsbezogenen Ernährungspraktiken identifiziert, die teilweise eng mit bestimmten Ernährungsorientierungen verknüpft sind. Obwohl auch die nicht pro-aktiv auf Gesundheit gerichteten Ernährungspraktiken Anknüpfungspunkte für nachhaltige Ernährung bieten (z.B. über ExpertInnenempfehlungen zu gesunder Ernährung im Falle der krankheitsbezogenen Ernährungspraxis), sind die Chancen bei den 5 pro-aktiven Praktiken deutlich höher, auch deswegen, weil hier ein (unterschiedlich ausgeprägtes) Interesse an Ernährung vorliegt. Kommunikationsmaßnahmen und Produktentwicklungen sollten sich an diesen Unterschieden ebenso orientieren, wie an den jeweils unterschiedlichen institutionellen Kontexten, die in Zusammenhang mit den jeweiligen Gesundheitskonzepten stehen: Krankenhäuser und medizinische ExpertInnen, Sportvereine und -einrichtungen, ErnährungsberaterInnen usw. Gesundheit wird auch in Zukunft einen hohen, wenn nicht sogar höheren gesellschaftlichen Stellenwert haben, weshalb gerade in diesem Themenfeld vielfältige Potenziale für nachhaltige Ernährung bestehen.

Die zunehmende Distanz und Entfremdung der KonsumentInnen von der Lebensmittelproduktion, die wachsenden Distanzen zwischen Produktion und Konsum in einem globalisierten Lebensmittelmarkt lassen die Sehnsucht der KonsumentInnen nach Regionalität, Überschaubarkeit und direktem Vertrauensaufbau größer werden. Auch wenn hinter diesen Sehnsüchten oft durch gezielte Werbestrategien geschürte idyllische Vorstellungen stecken, die auch mit der regionalen Produktionsrealität wenig zu tun haben, können Bemühungen um mehr Nachhaltigkeit im Ernährungssystem an den Regionalitätsvorstellungen der KonsumentInnen andocken. Im Kapitel 11 wurden drei verschiedene Deutungsmuster von Lebensmitteln aus der Region identifiziert: Zum einen werden aus einer Distinktions- und Qualitätshaltung heraus Lebensmittel aus der Region als Ausdruck von „Klasse statt Masse" gesehen. Zum anderen erscheinen regionale Lebensmittel als Synonym für Produkte vom Land bzw. Bauernhof. Die dritte Vorstellung sieht regionale Lebensmittel als Versprechen von Nähe in verschiedener Hinsicht (Heimatverbundenheit oder Solidarität mit ProduzentInnen und Natur). Hinter diesen Regionalitätsbezügen stehen jeweils auch unterschiedliche KonsumentInnen, was wiederum zielgruppenorientierte Kommunikations- und Marketingstrategien notwendig macht. Auffallend war in diesem Zusammenhang, dass in Österreich (z.B. im Unterschied zu Deutschland; Brunner 2006a) den (vor allem tierischen) Produkten österreichischen Ursprungs – auch für nationale Waren wird mitunter der Begriff Region verwendet – ein hohes Vorschussvertrauen in Bezug auf Sicherheit entgegengebracht wird. Allerdings besteht im Sinne der Gewinnung von KonsumentInnen für Nachhaltigkeit die Gefahr, dass dieser beachtliche Vertrauensvorschuss missbraucht wird, wenn z.B. mittels Werbung die realen Produktionsbedingungen verschleiert werden und suggeriert wird, dass nationale Produkte in der Regel aus artgerechter Tierhaltung stammen.

Wenn wir die Koch- und Esspraktiken genauer betrachten, dann zeigen sich die Veränderungen des Ernährungsalltags unter dem Einfluss gesellschaftlicher Wandlungsprozesse deutlich. Allerdings sind Menschen nicht nur „Opfer" dieser Veränderungen, sondern gehen mit diesen Entwicklungen aktiv um. Generell hat sich gezeigt, dass ein fordernder beruflicher Alltag, insbesondere die Berufstätigkeit der Frauen bei weitgehender Konstanz der geschlechtsspezifischen Zuschreibung von Ernährungsarbeit, häufig einen Zeitdruck nach sich zieht, der eine zufrieden stellende Integration alimentärer Aufgaben in die alltägliche Lebensführung schwierig macht. Viele InterviewpartnerInnen beklagen, dass sie unter diesen Bedingungen nur schwer die eigenen Ansprüche an das Essen realisieren können (Kapitel 4). Die Interviews zeigen, dass diese Ansprüche oftmals sehr hoch sind. Zwar gibt es auch KonsumentInnen, für die Essen nur einen geringen Stellenwert hat, vorausgesetzt die Zugänglichkeit und Quantität stimmen, für viele Menschen aber hat das Essen eine wichtige Bedeutung. Gemeinsam essen und kommunizieren wird häufig als Ausdruck von hoher Lebensqualität gesehen. Allerdings sind zur Realisierung dieser Ansprüche Anstrengungen notwendig, die an Wochentagen nur schwer leistbar sind.

Durchgängig wurde in den Interviews eine alimentäre Zweiteilung in Wochen- bzw. Arbeitstag und Wochenende bzw. arbeitsfreie Zeit deutlich. An arbeitsfreien Tagen lassen sich die eigenen Ansprüche an das Essen leichter realisieren, da weniger Zeitdruck besteht und Gelassenheit oft eine Voraussetzung für eine „schöne Mahlzeit" ist. Die arbeitsfreie Zeit wird als Raum für Essens-Experimente, für das stressentlastete Zeitlassen-Können beim Essen und auch als Kompensation für im Arbeitsalltag begangene „Ernährungssünden" gesehen. Nachhaltigkeitsstrategien sollten diese beiden unterschiedlichen Ernährungszugänge berücksichtigen: Zum einen muss den Schwierigkeiten begegnet werden, die Menschen von der Realisierung der eigenen Ernährungsansprüche abhält. Besonders dem Essen am Arbeitsplatz bzw. dem Außer-Haus-Essen während der Arbeit oder auch in der Freizeit (z.B. in der Gastronomie) sollte Aufmerksamkeit geschenkt werden. Nachhaltige Angebote (die vor allem, aber nicht nur von Frauen eingefordert werden) und eine entsprechende Gestaltung des Essens-Ambientes (die Schaffung von „kulinarischen Atmosphären"; Pfriem et al. 2006) sind häufig geäußerte Wünsche der KonsumentInnen. Essen in Ruhe mit qualitativ hochwertigen Speisen würde hoch geschätzt (vor allem von Frauen), wenn entsprechende Angebote vorhanden wären. Generell scheinen Allianzen von betrieblicher Gesundheitsvorsorge, nachhaltiger und gesunder Ernährung und Arbeitsproduktivität noch sehr selten zu sein, obwohl sich hier große Potenziale zeigen. Dies gilt auch für die Gastronomie im betrieblichen Umfeld und darüber hinaus.

Auffallend ist durchgehend, dass es markante Unterschiede zwischen dem Essen in Gemeinschaft und dem Essen alleine gibt. Letzteres ist bei vielen KonsumentInnen mit wenig Freude verknüpft und wird eher lustlos bewältigt. Dagegen ist das Essen in Ge-

meinschaft sehr hoch bewertet, wird wegen seiner Sozialität und kommunikativen Atmosphäre geschätzt. Auch Personen, die Ernährungsorientierungen folgen, die mit restriktiven Ernährungspraktiken verbunden sind (z.B. Frauen mit körperbezogenen Orientierungen, die auf einen schlanken Körper gerichtet sind), lockern ihre z.T. sehr strikten Ernährungsregeln auf und lassen in Gemeinschaft lustbetonte Aspekte des Essens stärker zum
Vorschein kommen. Die positiv bewerteten Aspekte des gemeinsamen Essens müssten
auch in Nachhaltigkeitsstrategien stärker zum Ausdruck gebracht werden. Meist aus ökologischer Sicht formulierte Nachhaltigkeitspostulate lassen dies vermissen, sind sie doch
häufig in einem Verzichtsrahmen formuliert, der die sozialen und kulturellen Dimensionen
des Essens nicht würdigt.

Ein zentrales Strukturierungsmerkmal von Ernährungspraktiken ist das Geschlecht.
Es zeigten sich große Unterschiede zwischen Männern und Frauen sowohl hinsichtlich der
Bedeutung von Gesundheit und Schlankheit, dem zugeschriebenen Sättigungswert von
Speisen und damit zusammenhängend den Vorlieben für bestimmte Lebensmittel. Neben
diesen Unterschieden ist vor allem auf die geschlechtsspezifische Arbeitsteilung und die
Zuweisung der Ernährungsverantwortung an Frauen zu verweisen. Frauen fühlen sich in
sehr viel größerem Ausmaß für die Ernährung verantwortlich und leisten alltägliche Ernährungsarbeit. In der jüngeren Generation sind zwar gewisse Wandlungstendenzen sichtbar (in partnerschaftlich geführten Beziehungen und bei Berufstätigkeit der Frauen übernehmen auch Männer manchmal Ernährungsaufgaben und eignen sich so Kompetenzen
an, der Regelfall ist dies aber nicht). Generell zeigen Frauen einen bewussteren und nachhaltigeren Zugang zum Essen als Männer. Allerdings ist dies häufig mit Stress und Über-
lastung bzw. mit restriktiven Kontrollstrategien bezüglich des Essens sowie mit der praktischen Verantwortungsübernahme für das Essen verbunden. Die Zugänge der Männer zu
Nachhaltigkeit sind mehr an Distinktion und Geschmack orientiert bzw. an theoretischen
Überlegungen von Umweltschutz und Tierhaltung. Die ungleiche Verteilung der Ernährungsarbeit und die häufige Abwälzung von Ernährungsverantwortung an Frauen sind
nicht nachhaltig. Viele Frauen, insbesondere wenn sie berufstätig sind, leiden unter dem
Stress der Mehrfachbelastung, was im Wunsch nach Entlastung bzw. in der Verwendung
von zeitsparenden Convenience-Lebensmitteln und alimentärer Aufwandsreduktion zum
Ausdruck kommt. Nachhaltigkeitsstrategien müssten neben dem Ausbau von nachhaltigen
Convenience-Angeboten vor allem auf Maßnahmen zur Herstellung von Gendergerechtigkeit abzielen (z.B. Verbesserung der Work-Life-Balance[51], an Männer gerichtete Maß-

---

[51] Das Konzept der Work-Life-Balance erweitert die bekannte Diskussion zur Vereinbarkeit von
Familie und Beruf, indem nicht nur betont wird, dass auch in der Familie bzw. zur Selbstreproduktion Arbeit stattfindet („Care-Work"), sondern indem auch weitere notwendige bzw. erstrebenswerte Lebenstätig-
keiten in die Überlegungen miteinbezogen werden (z.B. das Aufrechterhalten von Freundschaften, Freizeit,
Sport, zivilgesellschaftliches Engagement). In Auseinandersetzung mit einer vielschichtigen und in sich
widersprüchlichen „Neuformatierung der Arbeits- und Familienwelt in der ‚forcierten Moderne'" (Jurczyk
et al. 2005, 13) nimmt das Bild der Balance zwischen Arbeit und Leben die Tatsache in den Blick, dass ein
prekäres Gleichgewicht zwischen unterschiedlichen Kräften immer wieder neu austariert werden muss
(Jurczyk 2005). Die Forschung zu Bedingungen und Konsequenzen des sozialen Wandels im Rahmen der
alltäglichen Lebensführung bietet wichtige Anknüpfungspunkte für Fragen nachhaltiger Entwicklung, wobei auch der hohe Stellenwert der Ernährungsarbeit deutlich wird (vgl. Kapitel 1). Bisher stellen sich Männer der genannten Fragestellung weit weniger als Frauen. Möglicherweise führt aber die Wahrnehmung der
vielfältig „entgrenzten" Arbeitsarrangements, die u.a. „zunehmende Inkompatibilitäten und Reibungsflä-
chen zwischen der Erwerbslogik und der Logik der Beziehungen zwischen den Generationen und Geschlechtern" (Jurczyk et al. 2005, 14) verursachen, dazu, dass die Veränderung des traditionellen Ge-

nahmen zur höheren Beteiligung an Versorgungsaufgaben) und speziell die Zielgruppe Männer stärker fokussieren (sowohl was den alimentären Kompetenzerwerb und die Ernährungsarbeit als auch Fragen gesunder Ernährung betrifft).

Ernährungskompetenz hat hohe Bedeutung für das Zurechtfinden der KonsumentInnen in der Welt des Essens. Mit dem Leitbild nachhaltiger Entwicklung sind die Anforderungen an die Kompetenzen der VerbraucherInnen größer geworden. Jetzt geht es nicht nur um das Einkaufen von Lebensmitteln und das Kochen von Speisen, um Sättigung, Geschmack und Gusto, sondern auch um Umweltverträglichkeit, Sozialverträglichkeit und die Berücksichtigung der Lebensqualität zukünftiger Generationen. Diese Ansprüche erhöhen die Anforderungen an Ernährungskompetenz. Es wurde gezeigt, dass die Verfügung über Kompetenzen zur Bewältigung des Ernährungsalltags und die Übernahme von Ernährungsverantwortung häufig eine Bedingung für nachhaltige Ernährung sind (Kapitel 5, 7 und 12). Ohne Ernährungskompetenz ist die Übernahme von Ernährungsverantwortung nur schwer möglich und umgekehrt fördert die Übernahme von Ernährungsverantwortung die (weitere) Ausbildung von Ernährungskompetenz. Diese Tatsache ist eng mit der Genderfrage verknüpft (Kapitel 5). Ernährungskompetenz wird noch immer in hohem Ausmaß entlang weiblicher Linien weitergegeben. Nachhaltigkeitspolitisch bedeutet dies, dass Maßnahmen zum einen auf die generelle Erhöhung der Ernährungskompetenzen von Frauen und Männern und andererseits auf die stärkere Beteiligung der Männer an der Ernährungsarbeit gerichtet sein sollten. Es müssten Bedingungen geschaffen und Anreize identifiziert werden, die Männer zur Übernahme von Ernährungsverantwortung motivieren. Da dies aber vermutlich ein Langzeitprojekt darstellt, geht es auch darum, die Übernahme der Ernährungsverantwortung für Frauen zu erleichtern und Strategien für nachhaltige Formen der Auslagerung von Ernährungsarbeit aus dem Haushalt zu entwickeln.

Die Analyse der ernährungsbiographischen Dimensionen hat die Bedeutung eines ernährungs- und nachhaltigkeitsfreundlichen Klimas in der Herkunftsfamilie für die Entwicklung nachhaltigkeitsaffiner Ernährungspraktiken deutlich gemacht (Kapitel 7). Bietet die Herkunftsfamilie Möglichkeiten zum Erwerb von Ernährungskompetenz, dann sind die Bedingungen für nachhaltige Ernährung im weiteren Leben günstig. Ist dies in der Herkunftsfamilie nicht oder nur sehr eingeschränkt der Fall, kann die Schule als Kompetenzvermittlungs- bzw. als alimentäre Sensibilisierungsinstanz fungieren. Auch wenn die schulischen Angebote in diese Richtung häufig nur rudimentär vorhanden sind, scheint ihnen doch sensibilisierende Funktion zuzukommen. Ist eine Nachhaltigkeitsaffinität durch positive Erfahrungen in der Herkunftsfamilie oder durch andere Instanzen nicht ausgebildet worden, dann können Übergänge von einem Status in einen anderen (z.B. vom Jugend- in das Erwachsenenalter) und Umbrüche im Lebenslauf die Barrieren für nachhaltige Ernährung z.T. deutlich senken und Chancen zu einer nachhaltigkeitsförderlichen Reflexion und Veränderung der Ernährungspraktiken ermöglichen. Nachhaltigkeitspolitisch lassen sich aus diesen Befunden vor allem zwei Schlussfolgerungen ableiten: Es müssen gesellschaftlich verstärkt Anstrengungen unternommen werden, die Ernährungskompetenzen der Menschen auszubilden und zu stärken und dazu auch die entsprechenden institutionellen Settings auszubauen (z.B. Vermittlung von Ernährungskompetenz in Schule und Erwachsenenbildung). Da biographische Umbruchsituationen häufig ein Einfallstor für nachhalti-

---

schlechterverhältnisses nicht nur zu einem Gewinn für beide Geschlechter führt, sondern auch den Weg zur nachhaltigen Entwicklung ebnet.

ge Ernährung sein können, sollten AkteurInnen im Ernährungssystem, die an solchen Umbruchsituationen angesiedelten Institutionen (z.B. Krankenhäuser, Beratungseinrichtungen) und andere gesellschaftliche Stakeholder verstärkt kommunikativ und angebotsorien-
tiert an diesen Umbruchsituationen ansetzen und den KonsumentInnen in diesen Phasen
der Ent-Routinisierung mit nachhaltigen Angeboten entgegen kommen.

Nimmt man den Kauf von Bio-Lebensmitteln als Kriterium für nachhaltige Ernährung, dann kann zumindest im städtischen Kontext davon gesprochen werden, dass der
Zug in Richtung nachhaltige Ernährungszukunft bereits auf dem Weg ist. Die verschiede-
nen Ernährungsorientierungen und Motivlagen bei den KonsumentInnen bieten zahlreiche
Anknüpfungspunkte für den Bio-Konsum (Kapitel 10). Allerdings ist ein erweiterter Bio-
Konsum trotz aller Demokratisierungsbestrebungen immer noch häufig eine Option privi-
legierter Personengruppen. Problematisch im Hinblick auf eine Verknüpfung mit dem Bio-
Landbau ist, dass für viele VerbraucherInnen der Gesundheitsnutzen von Bio-
Lebensmitteln im Zentrum steht und demgegenüber der Umweltgedanke eher nachrangige
Bedeutung besitzt. Die geringe Verbindung zum Bio-Landbau als nachhaltiger Form der
Lebensmittelproduktion (und einem daraus resultierenden wenig ausgeprägten Wissen ü-
ber landwirtschaftliche Produktionsbedingungen) kann als Konsequenz dazu führen, dass
es vor allem bei den Gelegenheits- und SeltenheitskäuferInnen sehr weit gefasste Vorstellungen von „Bio" geben kann, die letztlich dem Bio-Konsum schaden. Nachhaltigkeitskommunikation müsste stärker auch die umweltbezogenen Vorteile von Bio-
Lebensmitteln und einer nachhaltigen Ernährungswirtschaft in den Vordergrund rücken.
Gerade im Zusammenhang mit der gesellschaftlichen Klimawandel-Diskussion böten sich
hier Möglichkeiten. Auch die von uns befragten ExpertInnen sehen es als Problem, dass
der Bio-Konsum zu sehr mit Gesundheits- und Wellnessargumenten verknüpft kommuniziert wird und Aspekte des Umweltschutzes ins Hintertreffen geraten. Da der Außer-Haus-
Konsum zunimmt, müssen Nachhaltigkeitsstrategien auch den Bio-Konsum außer Haus
sowohl in Betrieben der Gastronomie als auch in Einrichtungen der Gemeinschaftsverpflegung wie Betrieben, Schulen oder Krankenhäusern fördern.

Der Fleischkonsum nimmt im Nachhaltigkeitsdiskurs eine zentrale Rolle ein (Kapitel 9). Ein hoher Fleischkonsum ist aus verschiedensten Gründen wenig nachhaltig (z.B.
Mitverursachung des Klimawandels, Gesundheitsbeeinträchtigungen). Fleisch ist allerdings ein Lebensmittel mit hoher kultureller Wertigkeit, dementsprechend ist der Fleischgenuss in der Gesellschaft weit verbreitet. Zwar gibt es Umschichtungen in den Präferenzen für verschiedene Fleischarten, reagieren KonsumentInnen auf Skandale im Fleischbe-
reich mit kurzzeitiger Reduktion, Änderungen im großen Stil sind aber nicht zu beobachten. Dies zeigen auch unsere Ergebnisse. Während allerdings im ländlichen Kontext das
Fleischparadigma (Brunner 2001) trotz leichter Erschütterungen noch weitgehend Gültigkeit besitzt, stellt sich dies im städtischen Kontext etwas anders dar. Zwar ist für eine große Gruppe der KonsumentInnen Fleisch ein zentrales und selbstverständliches Lebensmittel, es wurden aber auch Personen identifiziert, für die Fleisch keinen zentralen Stellenwert mehr einnimmt und als ein Nahrungsmittel unter anderen fungiert und Personen, die
bewusst wenig Fleisch konsumieren. Dazu kommt die Gruppe der VegetarierInnen. Re-
duktionsmotive sind vor allem Gesundheit, das Interesse an einem schlanken Körper, geis-
tiges und körperliches Wohlbefinden und fallweise auch eine kritische Haltung zu Produktionsbedingungen und Tierhaltung. Bewusst geringer Fleischkonsum ist vor allem eine Sa-
che der Frauen. Da der Fleischkonsum bisher im Nachhaltigkeitsdiskurs wenig thematisiert wurde, wäre eine gesellschaftliche Grundresonanz zu dieser Thematik nicht nur im

Gesundheits-, sondern auch im Umwelt- und Nachhaltigkeitsrahmen kommunikativ herzustellen. Anknüpfungspunkte für Strategien bieten vor allem solche KonsumentInnen, bei denen Fleisch nicht mehr im Zentrum ihrer Ernährung steht. Jenen Personen, die Fleisch als Lebensmittel sehr schätzen, sollten die positiven Auswirkungen biologischer Produktionsbedingungen deutlicher kommuniziert werden.

Vergleichen wir den städtischen Kontext mit der von uns analysierten Kleingemeinde (Kapitel 8), dann zeigt sich auf den ersten Blick, dass die Bedingungen für Nachhaltigkeit am Land nicht einfach sind: Ein hoher Fleischkonsum, wenig Interesse an Bio-Lebensmitteln, eine nach wie vor weitgehend unhinterfragte geschlechtsspezifische Arbeitsteilung und alimentäre Verantwortungszuschreibung an Frauen, eine ausgeprägte Preisorientierung und Discounter-Präferenz (die allerdings auch im städtischen Bereich häufig sind) sind nur einige Aspekte wenig nachhaltiger Ernährungspraktiken. Auf der anderen Seite sind aber auch in diesem noch immer sehr traditional geprägten Kontext nachhaltigkeitsförderliche Bedingungen erkennbar: Eine hohe Bedeutung (traditionaler) Esskultur, der partielle Selbstanbau im eigenen Garten und damit verbunden eine Sensibilität für Saisonalität, ein wachsender Stellenwert von Gesundheit und damit verknüpft eine moderate Distanzierung vom hohen Fleischkonsum, eine partielle Regionalorientierung, die allerdings häufig mit einer damit verbundenen Distanz zu Bio-Lebensmitteln einhergeht. Möglichkeiten zu nachhaltiger Ernährung im Gemeindekontext bestünden vor allem in einer – allerdings sehr voraussetzungsvollen – ernährungsbezogenen Gemeindeentwicklungsstrategie, durch die für Gemeinde- und Ernährungsprobleme gemeinsam zukunftsorientierte Lösungen entwickelt werden könnten.

13.2.   Gezielte Veränderung von Ernährungspraktiken?

Wer die öffentliche Debatte zu Adipositas, ernährungsbedingten Krankheiten oder zum Zusammenhang von Ernährung und Klimawandel beobachtet, wird feststellen, dass häufig (insbesondere von PolitikerInnen) gefordert wird, die Menschen müssten ihren Lebens- und Ernährungsstil ändern und im Sinne des Nachhaltigkeitsgedankens handeln. Damit wird zum einen unterstellt, dass es *den* Lebensstil gibt und sich Lebens- und Ernährungsstile qua Willensleistung so einfach ändern ließen, zum anderen wird die Verantwortung für viele Probleme den einzelnen KonsumentInnen zugeschrieben. Beide Annahmen sind aus sozial- und kulturwissenschaftlicher Sicht in Frage zu stellen. Lebensstile sind eng mit der Identität von Menschen verbunden und in soziale Zusammenhänge eingebettet, weshalb eine Änderung sehr voraussetzungsvoll ist. KonsumentInnen handeln nicht sozial entbettet im luftleeren Raum, sondern innerhalb sozialer, kultureller und ökonomischer Kontexte. Wir haben dies mit dem Kontextualisierungsansatz des Ernährungshandelns zum Ausdruck gebracht. Die Kontextualität menschlichen Handelns bedeutet aber auch, dass Konsumhandlungen innerhalb dieser Kontexte ermöglicht oder erschwert werden, d.h. eine Verantwortungszuschreibung an die KonsumentInnen vergisst, dass auch geeignete kontextuelle Rahmenbedingungen vorhanden sein müssen, damit ein bestimmtes Konsumhandeln möglich wird. Damit soll den KonsumentInnen die Verantwortung nicht abgesprochen werden, da es in jedem Handeln mehr oder weniger große Spielräume gibt, sondern auf das Zusammenspiel von Handeln und Kontext und kollektive Verantwortlichkeiten der Kontextgestaltung verwiesen werden.

In der Nachhaltigkeitsdebatte wird große Hoffnung in die Veränderung von Konsummustern gesetzt. Die österreichische Nachhaltigkeitsstrategie formuliert als Leitziel 1 die Entwicklung eines „zukunftsfähigen Lebensstils". Zur Erreichung dieses Ziels wird vor allem auf Bildung, Sensibilisierung, Information und Wertewandel als zentrale Ansatzpunkte gesetzt (BMLFUW 2002). Wie wir aus der sozialwissenschaftlichen Umweltforschung wissen (Kapitel 1) und wovon auch die Ernährungsforschung ein Lied singen kann, sind ein ausgeprägtes Umwelt- und Ernährungsbewusstsein (Wissen, Werte und Einstellungen) denkbar schwache Voraussetzungen für entsprechendes Handeln. Informations- und Aufklärungsbemühungen sind zwar notwendige, aber keineswegs hinreichende Voraussetzungen für eine Veränderung von Ernährungspraktiken in Richtung von mehr Nachhaltigkeit. Wie in Kapitel 1 ausgeführt wurde, sind Ernährungspraktiken das „Ergebnis" einer Vielzahl von persönlichen, sozialen und kontextuellen Einflussfaktoren. Brand (2007) spricht vom „systemischen" Charakter von Konsum, d.h. Konsummuster sind sozial und kulturell eingebettet, mit technischen Systemen verkoppelt und in oft weltweit verflochtene Produktions- und Vermarktungssysteme involviert. Im Hinblick auf Veränderbarkeit bedeutet dies, dass es nicht *den* zentralen Hebel zur Veränderung von Konsumpraktiken gibt. Veränderungen werden meist nur durch das Ineinandergreifen und die wechselseitige Stützung verschiedener Strategien und Instrumente erzielt. Information, Moral, Technik, Angebote, finanzielle Anreize oder kulturelle Standards alleine werden das System Konsum nicht aufbrechen. Wenn wir dem Kontextualisierungs- und Praxisansatz folgen, geht es nicht nur darum, KonsumentInnen entsprechend aufzuklären, um ihnen informierte Entscheidungen zu ermöglichen oder über rechtliche oder ökonomische Regulierungen das Konsumhandeln in die gewünschte Richtung zu steuern, sondern auch darum, Einfluss auf das „System Konsum" zu nehmen. Da Konsumpraktiken immer auch in die alltäglichen Routinen eingebettet sind, mit der alltäglichen Lebensführung verbunden sind, gilt es „Stellschrauben" so zu verändern, dass das System in eine andere Richtung angestoßen wird. In der Auseinandersetzung mit sozialen Wandlungsphänomenen sowohl in der Sphäre der entlohnten Arbeit als auch im Rahmen der alltäglichen Lebensführung jenseits der Lohnarbeit und dem Wechselspiel der verschiedenen Sphären könnte das Ernährungssystem in seiner gesellschaftlichen Eingebettetheit einen zentralen Anker bilden, um Neuarrangements der Alltagspraktiken in Richtung Nachhaltigkeit gesellschaftlich auszuhandeln und zu erproben (Rink 2002; Shove 2004).

Was heißt dies konkret für nachhaltige Ernährung? Wir haben in diesem Buch verschiedene Chancen und Anknüpfungspunkte für nachhaltige Ernährung bei den KonsumentInnen herausgearbeitet, aber auch Hemmnisse identifiziert. Diese Chancen müssen aber politisch und gesellschaftlich gestaltet und identifizierte Hemmnisse abgebaut werden, soll nachhaltige Ernährung in tragendem Ausmaß gesellschaftliche Realität werden: „Nur durch die Schaffung günstiger Rahmenbedingungen, Angebote und Anreizsysteme, nur durch kooperative Bemühungen der verschiedenen gesellschaftlichen Akteursgruppen, durch die Bildung themenspezifischer Akteursallianzen und durch eine möglichst hohe Sichtbarkeit dieses Prozesses werden sich institutionelle Praktiken, Alltagsroutinen und Handlungsleitbilder im Rahmen der gegebenen Chancenstruktur in Richtung nachhaltiger Konsum verschieben" (Brand et al. 2002, 255f.).

Die österreichische Strategie zur Nachhaltigen Entwicklung (BMLFUW 2002) bietet auf der Ebene der Leitziele viele Anknüpfungspunkte für ein gesellschaftliches Projekt „Nachhaltige Ernährung". Allerdings ist in der bisherigen Umsetzung keine konsistente Strategie für nachhaltigen Konsum im Allgemeinen und eine nachhaltige Ernährung im Besonderen erkennbar. Viele Aktivitäten im Handlungsfeld Ernährung erscheinen wenig zusammenhängend. Folgende Maßnahmen lassen sich auf Basis der Ergebnisse unseres

Projekts für eine gesellschaftliche Verbreiterung des Weges in Richtung nachhaltiger Ernährungspraktiken aus KonsumentInnen-Perspektive als Handlungsempfehlungen ableiten:

- *Initiierung eines breiten, gesellschaftlichen Verständigungsprozesses über nachhaltige Ernährung:*

In Österreich gibt es bisher keine umfassende gesellschaftliche Auseinandersetzung über die Zukunft unserer Ernährung. Im Sinne eines dialogisch-prozessualen Verständnisses von Nachhaltigkeit wäre eine solche Auseinandersetzung von der Politik in Gang zu bringen, eine Auseinandersetzung, die nicht nur auf einen engen Kreis von ExpertInnen beschränkt ist, sondern breite Kreise der Bevölkerung einbezieht und öffentlich geführt wird. Ohne die Entwicklung und Kommunikation von Leitbildern nachhaltiger Ernährung und der Formulierung von Ernährungszielen für Österreich wird die Resonanz für nachhaltige Ernährung bei den KonsumentInnen nicht groß sein. Nachhaltige Ernährung braucht öffentliche Leitbilder und Botschaften, um die KonsumentInnen in ihren wie auch immer rudimentären nachhaltig orientierten Ernährungspraktiken zu unterstützen und ihnen die gesellschaftliche Erwünschtheit dieser Praktiken und den persönlichen Gewinn durch nachhaltige Ernährung vor Augen zu führen. Politik, Wirtschaft, Zivilgesellschaft und Wissenschaft sind an diesem Prozess zu beteiligen.

- *Umweltkommunikation im Handlungsfeld Ernährung intensivieren:*

Gegenwärtige Ernährungsleitbilder beziehen sich häufig auf Gesundheitsförderung und die Notwendigkeit der Alltagsangepasstheit (Eberle et al. 2006). Umwelt- und Sozialverträglichkeit ist demgegenüber noch weitgehend unterbelichtet. Die Interviewanalyse hat deutlich gemacht, dass die Dimension der Umweltverträglichkeit nachhaltiger Ernährung in den Ernährungspraktiken eine untergeordnete Bedeutung spielt. Bisher ist der Zusammenhang von Ernährung und Ökologie noch wenig kommuniziert worden. Im Unterschied zu anderen umweltrelevanten Themen gibt es bei Fragen des Essens deutliche Defizite in der Umwelt- und Nachhaltigkeitskommunikation. Um eine öffentliche Grundresonanz aufzubauen, müsste umweltbezogene Ernährungskommunikation forciert werden (z.B. zum Zusammenhang von Schnitzelessen und Klimawandel). Dabei kann am hohen Umweltbewusstsein der österreichischen Bevölkerung angeknüpft werden. Auch die von uns befragten ExpertInnen fordern, dass nachhaltiges Essen und eine nachhaltige Ernährungswirtschaft stärker als bisher als Beitrag zum Umweltschutz kommuniziert werden müssten.

- *Ansetzen an den differenten Motiven und Orientierungen der KonsumentInnen:*

Die Analyse hat verschiedene Ernährungsorientierungen von KonsumentInnen herausgearbeitet, die in unterschiedlichem Ausmaß die Ernährungspraktiken bestimmen. In Verbindung mit diesen Ernährungsorientierungen stehen auch differente Vorstellungen über den Zusammenhang von Ernährung und Gesundheit oder Deutungsmuster von Regionalität. „Motivallianzen" wurden deutlich, die VerbraucherInnen für nachhaltiges Essen anschlussfähig machen und potenzielle Erweiterungen des Konsums ermöglichen. Gleichzeitig wurden auch verschiedene Barrieren sichtbar, die nachhaltiges Essen erschweren oder sehr unwahrscheinlich machen. Nachhaltigkeitsmaßnahmen müssen an diesen differenten Motiven und Orientierungen der KonsumentInnen ansetzen, um die Menschen dort abzuholen, wo sie anschlussfähig für Nachhaltigkeit sind. Dies erfordert ein Abgehen von Strategien, die an die Allgemeinheit gerichtet sind und ein Forcieren zielgruppenspezifischer Informations- und Marketingstrategien sowie die Entwicklung zielgruppenspezifischer

Produkt- und Dienstleistungsangebote im Bereich nachhaltiges Essen. Dafür plädieren auch die ExpertInnen, die teilweise in direktem KundInnenkontakt stehen und die unterschiedlichen Zugänge der KonsumentInnen zu nachhaltiger Ernährung aus täglicher Erfahrung kennen. Angesprochen sind mit dieser Forderung aber nicht nur MarktakteurInnen, sondern auch Politik, Verwaltung und Wissenschaft sowie andere zivilgesellschaftliche AkteurInnen.

- *An biographischen Umbruchsituationen anknüpfen:*

Biographische Umbruchsituationen bieten für Nachhaltigkeitsmaßnahmen Erfolg versprechende Interventionsmöglichkeiten. Da in solchen Situationen routinisierte Ernährungspraktiken hinterfragt werden und Menschen sensibel für neue Antworten sind, ergeben sich hohe Nachhaltigkeitspotenziale, wie das Beispiel Bio-Konsum zeigt. Die Umbruchsituation „Geburt von Kindern" wird bereits von Unternehmen, Politik und Beratungseinrichtungen genutzt, um nachhaltiges Essen populär zu machen. Andere Umbruchsituationen finden demgegenüber noch wenig Beachtung (z.B. der Übergang in den Ruhestand).

- *Strategien zum Erwerb und zur Ausweitung von Ernährungskompetenzen entwickeln und umsetzen:*

Ernährungskompetenz hat sich als wesentliche Voraussetzung für nachhaltige Ernährung herausgestellt. Ohne Ernährungskompetenz fällt es KonsumentInnen schwer, Ernährungsverantwortung zu übernehmen und sich im Handlungsfeld Ernährung selbstbestimmt zurechtzufinden. Ernährungskompetenz umfasst aber nicht nur Kochkompetenz, sondern auch soziale, ökologische, ökonomische, naturwissenschaftliche und kulturelle Fähigkeiten, Fertigkeiten und entsprechendes Wissen. Im Kontext von Nachhaltigkeit ist damit auch die Fähigkeit gemeint, erkennen zu können, welche Lebensmittelqualitäten mit welchen gesellschaftlichen, sozialen und ökologischen Folgen verbunden sind (Nölle/Pfriem 2006). Wie gezeigt wurde, wird Ernährungskompetenz teilweise noch in der Herkunftsfamilie und/oder – wie auch immer rudimentär – im schulischen Kontext bzw. im Freundeskreis vermittelt. Auch die eigene Aneignung spielt eine wesentliche Rolle. Da der Ernährungsalltag aber an Komplexität zunimmt und die genannten Instanzen zwar notwendige, aber keineswegs hinreichende Lernorte sein können bzw. ihre Bedeutung in diesem Zusammenhang eher abnehmen wird, muss (nachhaltige) Ernährungsbildung auch als gesellschaftliche Aufgabe begriffen werden. Ernährungskulturelle Bildung darf nicht nur als „Holschuld" der KonsumentInnen verstanden werden, sondern auch als „Bringschuld" gesellschaftlicher AkteurInnen (Schule, Erwachsenenbildung, Wirtschaft, Politik usw.). Angesichts gegenwärtiger ernährungsbezogener Problemlagen (z.B. Übergewicht) wäre es dringend notwendig, Konzepte und Strategien zur Vermittlung von Ernährungskompetenz zu entwickeln[52] und gesellschaftliche Lernräume zur Umsetzung zu schaffen sowie Bildungsangebote zu nachhaltiger Ernährung auszubauen. Die Frage der Ernährungskompetenz und -bildung wird auch von den ExpertInnen als sehr zentrale angesehen. KonsumentInnen bräuchten mehr Wissen über Lebensmittel und deren Produktionsbedingungen, müssten mehr praktische Fähigkeiten im Ernährungs- und Konsumbereich erwerben und

---

[52] Der englische Begriff „Literacy" wird in der internationalen Bildungsdebatte zunehmend in einer weit über den ursprünglichen Sinn von Lese- und Schreibfähigkeit hinausgehenden Bedeutung verwendet. So ist auch von „Food Literacy" als Fähigkeit die Rede, „den Ernährungsalltag selbst bestimmt, verantwortungsbewusst und genussvoll zu gestalten" (Schnögl et al. 2006, 10). Entsprechende Materialien und Tools zum Erwerb von „Food Literacy" für Erwachsenenbildung und Beratung wurden im gleichnamigen Projekt entwickelt (www.food-literacy.org).

sich diese Kompetenzen in genussfreundlichen Erfahrungs- und Bildungsräumen aneignen. Der Erwerb von Ernährungskompetenz sollte allerdings kein primär kognitives Lernen sein, sondern ein sinnliches Erleben und Lernen ermöglichen. Geschmacksbildung wird als wesentliche Voraussetzung für nachhaltige Ernährung gesehen. Angesichts des noch immer stark geschlechtsspezifisch strukturierten Kompetenzerwerbs sollten beide Geschlechter gleichermaßen einbezogen und auf genderspezifische Ausgangsbedingungen Rücksicht genommen werden. Wichtig wäre es, „die privat-häuslichen, die privatwirtschaftlichen sowie die öffentlichen sozialen Institutionen in einem Bündnis für die zukunftsfähige Erlangung ernährungskultureller Kompetenzen zusammenzubringen" (Nölle/Pfriem 2006, 113).

- *Alle AkteurInnen des Ernährungssystems einbinden, Nachhaltigkeitsallianzen und -netzwerke bilden:*

Unser Kontextualisierungsansatz konzipiert Ernährung als gesellschaftlich eingebettete Praxis. Nachhaltiger Konsum ist nicht nur eine individuelle Angelegenheit, sondern kontextuell mitbestimmt. Deshalb ist eine alleinige Verantwortungszuschreibung an die KonsumentInnen verkürzt. Nachhaltiger Konsum braucht förderliche, kontextuelle Rahmenbedingungen, um entsprechende Handlungen zu ermöglichen. Wenn nachhaltige Entwicklung als gesellschaftliches Projekt verstanden wird, dann sind alle im Handlungsfeld Ernährung relevanten AkteurInnen gefragt, nachhaltige Angebotsstrukturen zu entwickeln und bereitzustellen und an der ernährungskulturellen Bildung teilzunehmen. Nachhaltigkeitsallianzen und -netzwerke von AkteurInnen im Ernährungssystem und anderen gesellschaftlichen Anspruchsgruppen sind wichtige Voraussetzungen, damit nachhaltigkeitsförderliche Strukturen für den nachhaltigen Ernährungskonsum geschaffen werden (Brunner 2004b).

- *Außer-Haus-Essen nachhaltiger machen und nachhaltige Ernährung in öffentliche Institutionen bringen:*

Obwohl für viele KonsumentInnen noch immer der eigene Haushalt der primäre Ort des Essens ist, gewinnt das Außer-Haus-Essen einen zunehmend höheren Stellenwert. Während beispielsweise KonsumentInnen mit einer traditionellen Ernährungsorientierung eher selten außer Haus essen, ist dies bei jungen Männern mit den Orientierungen „Lust und Emotion" sowie „Ressourcenorientierung und Effizienz" sehr häufig der Fall. Außer-Haus-Essen kann verschiedenste Gründe haben (z.B. Verpflegung während der Arbeit, Essensbereitstellung in öffentlichen Einrichtungen wie Schulen oder Krankenhäusern, Essen in der Freizeit oder beim Zurücklegen von Wegen in der alltäglichen Lebensführung) und an unterschiedlichen Orten stattfinden (z.B. Betriebskantine, Gasthaus, Imbiss-Buden, auf der Strasse). Nachhaltigkeitsstrategien müssen neben den privaten Haushalten zunehmend auch das Außer-Haus-Essen erfassen. Oft entsprechen die Angebote beim Außer-Haus-Essen den Ansprüchen der KonsumentInnen nicht. In den Interviews zeigte sich, dass häufig – vor allem von Frauen – moniert wird, dass es am Arbeitsplatz keine adäquaten Angebote für gesundes Essen gibt und die entsprechenden Essens-Orte keine angenehme Atmosphäre ausstrahlen, sodass Essenszeiten auch als Rekreation und Ruhephase im Kontrast zum stressigen Berufsalltag erlebt werden könnten. In diesem Zusammenhang sind viele Potenziale für nachhaltiges Essen ungenützt. Gerade im Kontext der Flexibilisierung der Arbeitsformen und erhöhten gesundheitlichen Anforderungen kommt einer gesünderen Ernährung eine wachsende Bedeutung zu. Nachhaltigkeitsallianzen zwischen Unternehmen und Gewerkschaften im Rahmen betrieblicher Gesundheitsförderung böten Möglichkeiten zu nachhaltigerem Essen. Ungenutzte Potenziale gibt es auch in der Gastronomie (Maier 2002; Strassner 2005) und in der institutionellen Gemeinschaftsverpflegung. In öffentlichen Institutionen könnten Strategien für nachhaltige Ernährung den gemeinschaftsstiftenden Aspekt von Ernährung für die Ziele der Nachhaltigkeit nutzen.

- *Maßnahmen zu mehr Gendergerechtigkeit setzen, Männer als Zielgruppe ins Zentrum stellen:*

Nachhaltige Entwicklung zielt auf den Abbau von Ungleichheiten und ist eng mit Gerechtigkeitsnormen verbunden. Dies betrifft auch die Frage von Gendergerechtigkeit. Wie gezeigt wurde, wird Ernährungsverantwortung und -arbeit noch immer weitgehend den Frauen zugeschrieben bzw. von ihnen ausgeführt. Auch bei weiblicher Vollbeschäftigung ändert sich dies nur in geringem Maße. Männer übernehmen selten Ernährungsverantwortung und entsprechende Tätigkeiten. Zum Abbau dieser Ungleichheiten sind verstärkt Maßnahmen für mehr Gendergerechtigkeit zu setzen. Männer sind in Nachhaltigkeitskommunikation und -strategien bisher eine „vernachlässigte Zielgruppe" (Franz-Balsen 2002). Es wäre höchste Zeit, sich dieser Zielgruppe nachhaltigkeitsstrategisch zu widmen (Brunner 2004a).

- *Eine politikfeldübergreifende, inter- und transdisziplinäre Ernährungsforschung fördern, nachhaltige Ernährung und nachhaltigen Konsum als gesellschaftlich gewünschtes Forschungsthema prominent machen:*

Eine fundierte Nachhaltigkeitspolitik im Ernährungsbereich braucht wissenschaftlich detaillierte Kenntnisse über die Ernährungspraktiken der ÖsterreicherInnen und deren Veränderung. Der Wissensstand zu dieser Thematik ist allerdings äußerst dürftig. Dies hängt auch mit der politikfeldspezifischen Filetierung von Ernährung zusammen. Das Thema Ernährung wird in Österreich politisch von mehreren Ressorts verantwortet. Für die naturwissenschaftlich-physiologische Seite der Ernährung ist das Gesundheitsministerium zuständig (mit dem ernährungswissenschaftlich dominierten „Ernährungsbericht" als Flagschiff der Ernährungsberichterstattung; Elmadfa et al. 2003), für die Seite der Lebensmittel zeichnet das Landwirtschafts- und Umweltministerium verantwortlich (mit dem vor allem angebotsdominierten "Lebensmittelbericht" als Instrument der Ernährungsberichterstattung; BMLF 1997; BMLFUW 2003). Nachhaltige Ernährung als Querschnittsthematik würde eine integrierte, politikfeldübergreifende Bearbeitung erfordern, die leider bisher nicht erkennbar ist. Die Ernährungsforschung in Österreich ist immer noch weitgehend von den Ernährungswissenschaften dominiert. Die soziale und kulturelle Seite der Ernährung ist in der österreichischen Forschung bisher wenig untersucht (eine Ausnahme bildet eine interdisziplinäre Studie aus dem Jahre 1994; IKUS 1994).[53] Nachhaltige Ernährung als integratives Konzept böte hier Möglichkeiten, die bisher streng disziplinenorientierte Forschung in Richtung einer inter- und transdisziplinären Forschungslandschaft zu überschreiten und die Zweiteilung des Themas Ernährung in ein „Naturthema" und ein „Kulturthema" zu überwinden. Die Förderung einer solchen Forschung wäre dringend notwendig. Generell wäre die Intensivierung einer inter- und transdisziplinären Forschung im gesamten Themenfeld „Nachhaltiger Konsum" sinnvoll, um wichtiges Grundlagenwissen für

---

[53] Zwar geben die ersten beiden Lebensmittelberichte (BMLF 1997; BMLFUW 2003) ansatzweise Auskunft über den Ernährungsalltag der ÖsterreicherInnen, im letzten Lebensmittelbericht (BMLFUW 2006) wurde es allerdings verabsäumt, eine Kontinuität zu den beiden ersten Berichten herzustellen und die Strategie einer konzeptlosen, patchworkartigen Ansammlung von Datenfragmenten gewählt.

Nachhaltigkeitsmaßnahmen und die Umsetzung der österreichischen Nachhaltigkeitsstrategie bereitzustellen.

Aufgrund ihrer Komplexität und Multidimensionalität sind Ernährungspraktiken nur bedingt steuerbar. Die empfohlenen Maßnahmen könnten aber Anstöße dazu liefern, dass nachhaltige Ernährung bei den KonsumentInnen eine größere Resonanz gewinnt und verstärkt Eingang in die alltäglichen Ernährungspraktiken findet. Dass bei den KonsumentInnen viele Chancen für nachhaltige Ernährung zu finden sind, hoffen wir gezeigt zu haben. Auch die von uns befragten ExpertInnen schätzen die Chancen für Nachhaltigkeit im Ernährungsbereich in Österreich im Vergleich zu anderen europäischen Staaten als relativ gut ein. In Abgrenzung zu den EinwohnerInnen „nördlicher" Staaten wird den ÖsterreicherInnen ein positives Verhältnis zu Essen und Genuss konstatiert. Die Rahmenbedingungen seien in Österreich insgesamt gesehen positiv, sowohl durch das hohe Umweltbewusstsein der ÖsterreicherInnen als auch durch positive Ansätze zur ernährungsbezogenen Nachhaltigkeitskommunikation seitens der Politik. Hinsichtlich der Potenziale gibt es allerdings deutliche Einschätzungsunterschiede: Während manche für den Qualitäts-Lebensmittelmarkt (z.B. Bio-Produkte) in baldiger Zukunft bereits eine Marktsättigung und eine weiter ungebremste Nachfrage nach möglichst billigen Lebensmitteln voraussehen, konstatieren andere noch deutliche Potenziale für nachhaltiges Essen, eine entsprechende KonsumentInnenbildung und glaubwürdige Kommunikationsstrategien vorausgesetzt. Kritisch werden der Preisdruck auf den Lebensmittelmärkten, der niedrige Preis von Lebensmitteln insgesamt und schwierige Bedingungen für die Lebensmittelproduktion eingeschätzt. Es sei kein Ende des Trends in Richtung Größe und Quantität absehbar, was das Überleben für kleinere ProduzentInnen immer schwieriger mache. Eine Umsteuerung des gesamten Ernährungssystems in Richtung Nachhaltigkeit setzt Umorientierungen in sämtlichen Politikfeldern, dem Wirtschaftssystem und der gesamten Gesellschaft voraus. Dazu reicht die viel beschworene Macht der KonsumentInnen nicht aus.

14. Literaturverzeichnis

Alisch, M., Herrmann, H. (2001): Soziale Nachhaltigkeit: Lernprozesse für eine nachhaltige Zukunft. In: Alisch, M. (Hg.): Sozial – Gesund – Nachhaltig. Vom Leitbild zu verträglichen Entscheidungen in der Stadt des 21. Jahrhunderts. Opladen (Leske+Budrich).

American Dietetic Association (2003): Position of the American Dietetic Association and Dietitians of Canada. Vegetarian Diets 103, S. 748-765. Abrufbar unter: http://www.eatright.org/ada/files/veg.pdf [03.01.2006].

Antoni-Komar, I. (2006): Ernährungskultur als alimentäre Praxis. Oder: Die Grenzen der bloßen Beschreibung. In: Pfriem, R., Raabe, T., Spiller, A. (Hg.): OSSENA – Das Unternehmen nachhaltige Ernährungskultur. Marburg (Metropolis).

Antonovsky, A. (1993): Gesundheitsforschung versus Krankheitsforschung. In: Franke, A., Brode, M. (Hg.): Psychosomatische Gesundheit. Versuch einer Abkehr vom Pathogenese-Konzept. Tübingen (Dgvt).

Appadurai, A. (Hg.) (1986): The social life of things. Commodities in cultural perspective. Cambridge (Cambridge University Press).

Arbeiterkammer Wien (2005): Gütezeichen für Lebensmittel. Ein Leitfaden durch den Zeichendschungel. Produktkennzeichnungen am Lebensmittelsektor. Abrufbar unter: http://wien.arbeiterkammer.at/pictures/d31/guetezeichen2005.pdf [25.02.06].

Askegaard, S., Jensen, A. F., Douglas B. (1999): Lipophobia. A Transatlantic Concept? Advances in Consumer Research 26, S. 331-336.

Backett, K. (1992): Taboos and Excesses. Lay Health Moralities in Middle Class Families. Sociology of Health and Illness 14, S. 255-275.

Barlösius, E. (1995): Lebensstilanalyse und arme Lebenssituationen. In: Barlösius, E., Feichtinger, E., Köhler, B. M. (Hg.): Ernährung in der Armut. Gesundheitliche, soziale und kulturelle Folgen in der Bundesrepublik Deutschland. Berlin (Ed. Sigma).

Barlösius, E. (1999): Soziologie des Essens. Eine sozial- und kulturwissenschaftliche Einführung in die Ernährungsforschung. Weinheim und München (Juventa).

Barlösius, E. (2006): Pierre Bourdieu. Frankfurt und New York (Campus).

Barlösius, E., Feichtinger, E., Köhler, B. M. (Hg.) (1995): Ernährung in der Armut. Gesundheitliche, soziale und kulturelle Folgen in der Bundesrepublik Deutschland. Berlin (Ed. Sigma).

Barlösius, E., Braun, C. von (2000): Essen und Gesellschaft. Die Politik der Ernährung. Innsbruck, Wien und München (STUDIENVerlag).

Barthes, R. (1982): Für eine Psychosoziologie der zeitgenössischen Ernährung. Freiburger Universitätsblätter, Heft 75, 21. Jg., S. 65-73.

Baur, S. (2005): We feed the world. Materialien zu einem Film von Erwin Wagenhofer. Reihe „Kino macht Schule". Herausgegeben von Filmladen Filmverleih, Wien. Abrufbar unter: http://www.kinomachtschule.at/wefeedtheworld/wftwmaterial.html.

Bayer, O., Kutsch, T., Ohly, H.-P. (Hg.) (1999): Ernährung und Gesellschaft. Opladen (Leske+Budrich).

Beardsworth, A., Keil, T. (1992): The vegetarian option: varieties, conversions, motives and careers. Sociological Review 40, 2, S. 253-293.

Beardsworth, A., Keil, T. (1997): Sociology on the Menu. An Invitation to the Study of Food and Society. London und New York (Routledge).

Beck, U. (1986): Die Risikogesellschaft. Frankfurt (Suhrkamp).

Beck, U. (1993): Die Erfindung des Politischen. Frankfurt (Suhrkamp).

Bell, D., Valentine, G. (1997): Consuming Geographies. We are where we eat. London und New York (Routledge).

Belz-Merk, M. (1995): Gesundheit ist Alles und alles ist Gesundheit. Die Selbstkonzeptforschung zur Beschreibung und Erklärung subjektiver Vorstellungen von Gesundheit und Gesundheitsverhalten. Frankfurt, Berlin, Bern, New York, Paris und Wien (Peter Lang).

Benshausen, J. (2002): Die Konstruktion von Gesundheit und Krankheit im sozialen System Familie – Theorie und Empirie. Dissertation Fachbereich Sozialwissenschaften, Universität Oldenburg. Abrufbar unter: http://www.archido.de/eldok/diss/jb02/inhalt.htm [19.03. 2006].

Berg, I., Rumm-Kreuter, D. (1996): Die Nahrungszubereitung im privaten Haushalt. In: Oltersdorf, U., Preuss, T. (Hg.): Haushalte an der Schwelle zum nächsten Jahrtausend. Aspekte haushaltswissenschaftlicher Forschung – gestern, heute, morgen. Frankfurt und New York (Campus).

Besch, M. (2002): Globalisierung und Regionalisierung in der Ernährung – Fast Food versus Slow Food. In: Gedrich, K., Oltersdorf, U. (Hg.): Ernährung und Raum. Ethnische Ernährungsweisen in Deutschland. 23. Wissenschaftliche Arbeitstagung der Arbeitsgemeinschaft Ernährungsverhalten (AGEV). Abrufbar unter: http://www.bfa-ernaehrung.de/Bfe-Deutsch/Information/e-docs/AGEV2001.pdf [25.02.06].

Birzle-Harder, B., Empacher, C., Schubert, S., Schultz, I., Stieß, I. (2003): „bio+pro" – Zielgruppen für den Bio-Lebensmittelmarkt. Frankfurt (ISOE).

Blasius, J., Winkler, J. (1989): Gibt es die „Feinen Unterschiede"? Eine empirische Überprüfung der Bourdieuschen Theorie. Kölner Zeitschrift für Soziologie und Sozialpsychologie, Jg. 41, 1, S. 72-94.

Blotevogel, H.-H. (2000): Zur Konjunktur der Regionsdiskurse. Informationen zur Raumentwicklung H. 9/10, S. 491-506.

BMGF (Bundesministerium für Gesundheit und Frauen) (2004): Gesundheit und Krankheit in Österreich. Gesundheitsbericht Österreich 2004. Abrufbar unter: http://bmgf.cms.apa.at/cms/site/ [19.03.2006].

BMLF (Bundesministerium für Land- und Forstwirtschaft) (in Zusammenarbeit mit CULINAR) (1997): Lebensmittelbericht Österreich. Die Entwicklung des Lebensmittelsektors nach dem EU-Beitritt 1995. Wien.

BMLFUW Bundesministerium für Land und Forstwirtschaft, Umwelt und Wasserwirtschaft (2002): Die österreichische Strategie zur Nachhaltigen Entwicklung. Abrufbar unter: http://www.nachhaltigkeit.at/strategie/pdf/strategie020709_de.pdf [19.03.2006].

BMLFUW (Bundesministerium für Land- und Forstwirtschaft, Umwelt, Wasser) (2003): 2. Lebensmittelbericht Österreich. Die Entwicklung des Lebensmittelsektors von 1995 bis 2002. (Projektleitung: Nohel, C., Payer, H., Rützler, H.) Wien (Bundesministerium für Land- und Forstwirtschaft, Umwelt, Wasser).

BMLFUW (2005): Grüner Bericht 2005. 46. Grüner Bericht gemäß § 9 des Landwirtschaftsgesetztes BGBl. Nr. 375/1992. Wien (Bundesministerium für Land- und Forstwirtschaft, Umwelt und Wasserwirtschaft). Abrufbar unter: www.gruenerbericht.at [18.01. 2006].

BMLFUW (Bundesministerium für Land- und Forstwirtschaft, Umwelt, Wasserwirtschaft) (2006): Lebensmittelbericht Österreich 2006. Wertschöpfungskette Agrarerzeugnisse – Lebensmittel und Getränke. Wien (Bundesministerium für Land- und Forstwirtschaft, Umwelt, Wasserwirtschaft).

BMUJF (Bundesministerium für Umwelt, Jugend und Familie) (Hg.) (1996): Materialflussrechnung Österreich. Gesellschaftlicher Stoffwechsel und nachhaltige Entwicklung (Autoren: Hüttler, W., Payer, H., Schandl, H.). Schriftenreihe des BMUJF, Bd. 1. Wien (Bundesministerium für Umwelt, Jugend und Familie).

BMUJF (Bundesministerium für Umwelt, Jugend und Familie) (1999): Familie – zwischen Anspruch und Alltag. Österreichischer Familienbericht (journalistische Kurzfassung). Wien (Bundesministerium für Umwelt, Jugend und Familie).

Bögenhold, D. (2000): Konsum und soziologische Theorie. In: Rosenkranz, D., Schneider, N. F. (Hg.): Konsum. Soziologische, ökonomische und psychologische Perspektiven, Opladen (Leske+Budrich).

Bourdieu, P. (1982): Die feinen Unterschiede. Frankfurt (Suhrkamp).

Bove, C. F., Sobal, J., Rauschenbach, B. S. (2003): Food choices among newly married couples. Convergence, conflict, individualism, and projects. Appetite 40, S. 25-41.

Brand, K.-W. (1997): Probleme und Potentiale einer Neubestimmung des Projekts der Moderne unter dem Leitbild „Nachhaltige Entwicklung". In: Brand, K.-W. (Hg.): Nachhaltige Entwicklung. Eine Herausforderung an die Soziologie. Opladen (Leske+Budrich).

Brand, K.-W. (Hg.) (2006a): Die neue Dynamik des Bio-Markts. Folgen der Agrarwende im Bereich Landwirtschaft, Verarbeitung, Handel, Konsum und Ernährungskommunikation, Ergebnisband 1. München (oekom).

Brand, K.-W. (Hg.) (2006b): Von der Agrarwende zur Konsumwende? Die Kettenperspektive, Ergebnisband 2. München (oekom).

Brand, K.-W. (2006c): Ergebnisse, Bewertung und Handlungsempfehlungen. In: Brand, K.-W. (Hg.): Die neue Dynamik des Bio-Markts. Folgen der Agrarwende im Bereich Landwirtschaft, Verarbeitung, Handel, Konsum und Ernährungskommunikation, Ergebnisband 1. München (oekom).

Brand, K.W. (2007): Konsum im Kontext. Der „verantwortliche Konsument" – ein Motor nachhaltigen Konsums? In: Lange, H. (Hg.): Nachhaltigkeit als radikaler Wandel: Die Quadratur des Kreises? Wiesbaden (Verlag für Sozialwissenschaften).

Brand, K.-W., Jochum, G. (2000): Der Deutsche Diskurs zu Nachhaltiger Entwicklung. München (MPS).

Brand, K.-W., Gugutzer, R., Heimerl, A., Kupfahl, A. (2002): Sozialwissenschaftliche Analysen zu Veränderungsmöglichkeiten nachhaltiger Konsummuster. Berlin (Umweltbundesamt).

Brand, K.-W., Brumbauer, T., Sehrer, W. (2003): Diffusion nachhaltiger Konsummuster. München (ökom).

Brandl, S. (2002): Konzepte sozialer Nachhaltigkeit im deutschen Diskurs. In: Ritt, T. (Hg.): Soziale Nachhaltigkeit: Von der Umweltpolitik zur Nachhaltigkeit? Wien (Bundeskammer für Arbeiter und Angestellte).

Brannen, J., Dodd, K., Oakely, A., Storey, P. (1994): Young People, Health and Family Life. Buckingham und Philadelphia (Open University Press).

Brombacher, J. (1992): Ökonomische Analyse des Einkaufsverhaltens bei der Ernährung mit Produkten des ökologischen Landbaus. Münster-Hiltrup.

Bruckmeier, K. (1994): Strategien globaler Umweltpolitik. Münster (Westfälisches Dampfboot).

Brug, J., Van Assema, P. (2001): Beliefs about Fat. Why do we hold beliefs about fat and why and how do we study these beliefs? In: Frewer, L., Risvik, E., Schifferstein, H. (Hg.): Food, People and Society. A European Perspective of Consumers Food Choices. Berlin, Heidelberg, New York, Barcelona, Hong Kong, London, Milan, Paris, Singapore und Tokyo (Springer).

Bruhn, M. (2001): Die Nachfrage nach Bioprodukten. Eine Langzeitstudie unter besonderer Berücksichtigung von Verbrauchereinstellungen. Frankfurt, Berlin, Bern, New York, Paris und Wien (Peter Lang).

Brunner, K.-M. (2000): Soziologie der Ernährung und des Essens – die Formierung eines Forschungsfeldes? Soziologische Revue, 23. Jg., 2, S. 173-184.

Brunner, K.-M. (2001): Zukunftsfähig Essen? Kommunikation über Nachhaltigkeit am Beispiel des Handlungsfeldes Ernährung. In: Fischer, A., Hahn, G. (Hg.): Vom schwierigen Vergnügen einer Kommunikation über die Idee der Nachhaltigkeit. Frankfurt (VAS).

Brunner, K.-M. (2002): Menüs mit Zukunft: Wie Nachhaltigkeit auf den Teller kommt oder die schwierigen Wege zur gesellschaftlichen Verankerung einer nachhaltigen Ernährungskultur. In: Scherhorn, G., Weber, C. (Hg.): Nachhaltiger Konsum. München (ökom).

Brunner, K.-M. (2004a): Kann eine ökologische Wende in der Landwirtschaft auf die KonsumentInnen zählen? Ernährungssoziologische Überlegungen mit Blick auf den kulinarischen Alltag. In: Serbser, W., Inhetveen, H., Reusswig, F. (Hg.): Land – Natur – Konsum. Bilder und Konzeptionen im humanökologischen Diskurs. München (oekom).

Brunner, K.-M. (2004b): Nachhaltige Ernährung: Das ganze Ernährungssystem ist gefordert! Internetbeitrag zum Themenschwerpunkt nachhaltiger Konsum und zukunftsfähiges Essen. Abrufbar unter: www.nachhaltigkeit.at (September 2004).

Brunner, K.-M. (2005): Konsumprozesse im alimentären Alltag: Die Herausforderung Nachhaltigkeit. In: Brunner, K.-M., Schönberger, G. U. (Hg.): Nachhaltigkeit und Ernährung. Produktion – Handel – Konsum. Frankfurt und New York (Campus).

Brunner, K.-M. (2006a): Risiko Lebensmittel? Lebensmittelskandale und andere Verunsicherungsfaktoren als Motiv für Ernährungsumstellungen. Wien (Diskussionspapier Nr. 15 im Rahmen des BMBF-Forschungsprojekts „Von der Agrarwende zur Konsumwende? Abrufbar unter: www.konsumwende.de).

Brunner, K.-M. (2006b): Konsumprozesse: Ernährungspraktiken und nachhaltige Entwicklung. In: Schnedlitz, P., Buber, R., Reutterer, T., Schuh, A., Teller, C. (Hg.): Innovationen in Marketing und Handel. Wien (Linde).

Brunner, K.-M., Jost, G., Lueger, M. (1994): Flüchtlingsunterbringung in einer Kleingemeinde. Soziale Welt 2, S. 125-146.

Brunner, K.-M., Schönberger, G. U. (Hg.) (2005): Nachhaltigkeit und Ernährung. Produktion – Handel – Konsum. Frankfurt und New York (Campus).

Brunner, K.-M., Sehrer, W. (2005): Organic Consumers – Between Green Ideologies and Mundane Motives. Vortrag am XXI Congress of the European Society of Rural Sociology (ESRS), Keszthely/Hungary.

Brunner, K.-M., Geyer, S., Jelenko, M., Weiss, W. (2006a): Ernährungspraktiken im Wandel: Chancen für Nachhaltigkeit? In: Neunteufel, M., Pfusterschmid, S. (Hg.): Esskultur & Agrikultur in unserem heutigen Schlaraffenland. Wien (Bundesanstalt für Agrarwirtschaft).

Brunner, K.-M., Kropp, C., Sehrer, W. (2006b): Wege zu nachhaltigen Ernährungsmustern. Zur Bedeutung von biographischen Umbruchsituationen und Lebensmittelskandalen für den Bio-Konsum. In: Brand, K.-W. (Hg.): Die neue Dynamik des Bio-Markts. München (oekom).

Bryant, C. A., Courtney, A., Markesberry, B. A., DeWalt, K. M. (1985): The Cultural Feast: an introduction to food and society. St.Paul, New York, Los Angeles und San Francisco (West Publishing Company).

BUND, Misereor (Hg.) (1996): Zukunftsfähiges Deutschland. Ein Beitrag zu einer global nachhaltigen Entwicklung. Studie des Wuppertal Instituts für Klima, Umwelt, Energie GmbH. Basel, Boston und Berlin (Birkhäuser).

Calnan, M., Cant, S. (1990): The social organization of food consumption. A comparison of middle class and working class households. International Journal of Sociology and Social Policy 10, 2, S. 53-79.

Cansier, D. (1996): Ökonomische Indikatoren für eine nachhaltige Umweltnutzung. In: Kastenholz, H. G., Erdmann, K.-H., Wolff, M. (Hg.): Nachhaltige Entwicklung. Zukunftschancen für Mensch und Umwelt. Berlin, Heidelberg, New York, Barcelona, Budapest, Hongkong, London, Mailand, Paris, Singapur und Tokio (Springer).

Caplan, P., Keane, A., Willets, A., Williams, J. (1998): Studying food choice in it's social and cultural contexts. Approaches from a social anthropological perspective. In: Murcott, A. (Hg.): The Nation's Diet. The Social Science of Food Choice. London und New York (Longman).

Caraher, M., Coveney, J. (2004): Public Health Nutrition and Food Policy. Public Health Nutrition 7 (5), S. 591-598.

Carlsson-Kanyama, A. (1998): Climate change and dietary choices – how can emissions of greenhouse gases from food consumption be reduced? Food Policy 23, 3-4, S. 277-293.

Charles, N., Kerr, M. (1986): Eating properly, the family and state benefit. Sociology 20, 3, S. 412-429.

Charles, N., Kerr, M. (1988): Women, Food and Families. Manchester (Manchester University Press).

Corrigan, P. (1997): The Sociology of Consumption: An Introduction. London, Thousand Oaks/CA und New Dehli (Sage).

Counihan, C. M. (1999): The Anthropology of Food and Body. Gender, Meaning, and Power. New York und London (Routledge).

Coveney, J. (1999): The Government of the Table: Nutrition Expertise and the Social Organisation of Family Food Habits. In: Germov, J., Williams, L. (Hg.): A Sociology of Food and Nutrition. The Social Appetite. Melbourne (Oxford University Press).

Crouch, M., O'Neill, G. (2000): Sustaining identities? Prolegomena for inquiry into contemporary foodways. Social Science Information 39, 1, S. 181-192.

Daly, H. E. (1999): Wirtschaft jenseits vom Wachstum. Salzburg und München (Anton Pustet).

Dangschat, Jens S. (2001): Wie nachhaltig ist die Nachhaltigkeitsdebatte? In: Alisch, M. (Hg.): Sozial – Gesund – Nachhaltig. Vom Leitbild zu verträglichen Entscheidungen in der Stadt des 21. Jahrhunderts. Opladen (Leske+Budrich).

Dausien, B. (1999): „Geschlechtsspezifische Sozialisation" – Konstruktiv(istisch)e Ideen zu Karriere und Kritik eines Konzepts. In: Dausien, B., Hermann, M., Oechsle, M., Schmerl, C., Stein-Hilbers, M. (Hg.): Erkenntnisprojekt Geschlecht – Feministische Perspektiven verwandeln Wissenschaft. Opladen (Leske + Budrich).

Delphy, C. (1995): Sharing the same table: consumption and the family. In: Jackson, S., Moores, S. (Hg.): The Politics of Domestic Consumption. Critical Readings. London, New York, Toronto, Sydney, Tokyo, Singapore, Madrid, Mexico City und Munich (Prentice Hall /Harvester Wheatsheaf). Orig. Keele 1979.

DGE (Deutsche Gesellschaft für Ernährung) (Hg.) (1996): Ernährungsbericht 1996. Frankfurt (DGE).

DGE, ÖGE, SGE, SVE (2000): Referenzwerte für die Nährstoffzufuhr. Frankfurt (Umschau).

DGVN – Deutsche Gesellschaft für die Vereinten Nationen e. V. (Hg.) (2005): Bericht über die menschliche Entwicklung 2005. Internationale Zusammenarbeit am Scheidepunkt. Entwicklungshilfe, Handel und Sicherheit in einer ungleichen Welt. Berlin (UNO-Verlag).

Dickinson, R., Leader, S. (1998): Ask the family. In: Griffiths, S., Wallace, J. (Hg.): Consuming Passions. Food in the age of anxiety. Manchester (Mandolin).

Dobson, B., Beardsworth, A., Keil, T., Walker, R. (1994): Diet, Choice and Poverty. London (Family Policy Studies Centre).

Döcker, U. (1994): Zur Geschichte der Lebensmittelproduktion und Esskultur. Eine wirtschafts- und sozialhistorische Studie. Bd. 5 des multidisziplinären Forschungsprojektes „Ernährungskultur in Österreich" des Instituts für Kulturstudien. Wien (IKUS).

Döcker, U., Kloimüller, I., Landsteiner, G., Nohel, C., Payer, H., Rützler, H., Sieder, R., Stocker, K. (1994): Fetter, Schwerer, Schneller, Mehr. Mythen und Fakten vom Essen und Trinken. Wien (IKUS).

Dörr, G. (1996): Der technisierte Rückzug ins Private – zum Wandel der Hausarbeit. Frankfurt und New York (Campus).

Dorandt, S., Leonhäuser, I.-U. (2004): Analyse des Konsumenten- und Anbieterverhaltens im Hinblick auf einen verbesserten Konsumenten-Anbieter-Dialog am Beispiel von regionalen

Lebensmitteln. Vortrag 44. Jahrestagung der Gesellschaft für Wirtschafts- und Sozial-wissenschaften des Landbaus, Humboldt-Universität zu Berlin. Abrufbar unter: http://www.gewisola.de [25.02.06].

Douglas, M. (1972): Deciphering a Meal. Daedalus 101, S. 61-81.

Douglas, M. (1981): Ritual, Tabu und Körpersymbolik. Sozialanthropologische Studien in Industriegesellschaften und Stammeskultur. Frankfurt (Fischer).

Douglas, M. (1998): Coded messages. In: Griffiths, S., Wallace, J. (Hg.): Consuming Passions. Food in the age of anxiety. Manchester (Mandolin).

Douglas, M., Isherwood, B. (1979): The world of goods. Towards an anthropology of consumption. London und New York (Routledge).

Durning, A. B., Brough, H. B. (1993): Zeitbombe Viehwirtschaft. Folgen der Massentier-haltung für die Umwelt. Eine ökologische Bilanz. Schwalbach/Ts. (Wochenschau).

Eberle, U., Fritsche, U., Hayn, D., Empacher, C., Simshäuser, U., Rehaag, R., Waskow, F. (2004a): Umwelt-Ernährung-Gesundheit. Beschreibungen eines gesellschaftlichen Handlungs-feldes. Diskussionspapier Nr. 1. Abrufbar unter: http://www.ernaehrungswende.de [19.03.2006].

Eberle, U., Hayn, D., Simshäuser, U. (2004b): Ernährungswende. In: Statusseminar 2004. Kompetenznetzwerk zur Agrar- und Ernährungsforschung. Berlin.

Eberle, U., Fritsche, U., Hayn, D., Empacher, C., Simshäuser, U., Rehaag, R., Waskow, F. (2005): Nachhaltige Ernährung. Ziele, Problemlagen und Handlungsbedarf im gesellschaftli-chen Handlungsfeld Umwelt – Ernährung – Gesundheit. Diskussionspapier Nr. 4. Abrufbar un-ter: http://www.ernaehrungswende.de [19.03.2006].

Eberle, U., Hayn, D., Rehaag, R., Simshäuser, U. (Hg.) (2006): Ernährungswende. Eine Herausforderung für Politik, Unternehmen und Gesellschaft. München (oekom).

Eder, K. (1989): Klassentheorie als Gesellschaftstheorie. Bourdieus dreifache kulturtheore-tische Brechung der traditionellen Klassentheorie. In: Eder, K. (Hg.): Klassenlage, Lebensstil und kulturelle Praxis: Beiträge zur Auseinandersetzung mit Pierre Bourdieus Klassentheorie. Frankfurt (Suhrkamp).

Edgell, S., Hetherington, K. (1996): Introduction: consumption matters. In: Edgell, S., Hetherington, K., Warde, A. (Hg.): Consumption Matters. Oxford und Cambridge (Blackwell).

Eisendle, R., Miklautz, E. (Hg.) (1992): Produktkulturen. Dynamik und Bedeutungswandel des Konsums. Frankfurt und New York (Campus).

Ekström, M. (1991): Class and Gender in the Kitchen. In: Fürst, E. L., Prätällä, R., Ek-ström, M., Holm, L., Kjaernes, U. (Hg.): Palatable Worlds. Oslo (Solum).

Ekström, M. (2005): Family Meals: Competence, Cooking and Company. Abrufbar unter: http://home.edu.helsinki.fi/%7Epalojoki/english/nordplus/ FAMILY_MEAL Spipping.pdf [05.12.05].

Elias, N. (1976): Über den Prozeß der Zivilisation. Soziogenetische und psychogenetische Untersuchungen. Frankfurt (Suhrkamp). Orig. Basel (Haus zum Falken) 1939.

Elmadfa, I., Freisling, H., König, J. et al. (2003): Österreichischer Ernährungsbericht. Wien (Robidruck).

Elmadfa, I., Weichselbaum, E. (2005): European Nutrition and Health Report 2004. Forum of Nutrition 58. Basel (S. Karger AG).

Empacher, C., Götz, K. (1999): Ansprüche an ökologische Innovationen im Lebensmittel-bereich. Frankfurt (ISOE).

Empacher, C., Wehling, P. (1999): Indikatoren sozialer Nachhaltigkeit. Grundlagen und Konkretisierungen. Frankfurt (ISOE).

Empacher, C., Götz, K., Schultz, I. (unter Mitarbeit von Birzle-Harder, B.) (2000): De-monstrationsvorhaben zur Fundierung und Evaluierung nachhaltiger Konsummuster und Ver-haltensstile. Frankfurt (ISOE).

Empacher, C., Götz, K., Schultz, I. (unter Mitarbeit von Birzle-Harder, B.) (2002): Haushaltsexploration der Bedingungen, Möglichkeiten und Grenzen nachhaltigen Konsumverhaltens. In: Umweltbundesamt (Hg.): Nachhaltige Konsummuster. Berlin (Erich Schmidt).

Empacher, C., Hayn, D., Schubert, S., Schultz, I. (2002b): Die Bedeutung des Geschlechtsrollenwandels. In: Umweltbundesamt (Hg.): Nachhaltige Konsummuster. Berlin (Erich Schmidt).

Empacher, C., Hayn, D. (2005): Ernährungsstile und Nachhaltigkeit im Alltag. In: Brunner, K.-M., Schönberger, G. U. (Hg.): Nachhaltigkeit und Ernährung. Produktion – Handel – Konsum. Frankfurt und New York (Campus).

Erdmann, L., Sohr, S., Behrendt, S., Kreibich, R. (2003): Nachhaltigkeit und Ernährung. Berlin (Institut für Zukunftsstudien und Technologiebewertung).

Ermann, U. (2002): Regional Essen? Wert und Authentizität der Regionalität von Nahrungsmitteln. In: Gedrich, K., Oltersdorf, U. (Hg.): Ernährung und Raum. Ethnische Ernährungsweisen in Deutschland. 23. Wissenschaftliche Arbeitstagung der Arbeitsgemeinschaft Ernährungsverhalten (AGEV). Abrufbar unter: http://www.bfa-ernaehrung.de/Bfe-Deutsch/Information/e-docs/AGEV2001.pdf [25.02.06].

Ermann, U. (2005): Regionalprodukte. Vernetzungen und Grenzziehungen bei der Regionalisierung von Nahrungsmitteln. Sozialgeographische Bibliothek, Band 3. Wiesbaden (Franz Steiner).

Europäische Kommission (2004): Der Europäische Aktionsplan Umwelt und Gesundheit 2004-2010. Abrufbar unter: http://europa.eu.int/comm/environment/health/pdf/com2004416_de.pdf [19.03.2006].

Faltermaier, T. (1994): Gesundheitsbewusstsein und Gesundheitshandeln. Weinheim (Beltz-PVU).

Faltermaier, T., Kühnlein, I., Burda-Viering, M. (1998): Gesundheit im Alltag. Laienkompetenz in Gesundheitshandeln und Gesundheitsförderung. München und Weinheim (Juventa).

FAO – Food and Agriculture Organization of the United Nations (2004): The State of Food insecurity in the World 2004. Monitoring progress towards the World Food Summit and Millennium Development Goals. Rom (FAO).

Feichtinger, E. (1995): Armut und Ernährung im Wohlstand: Topographie eines Problems. In: Barlösius, E., Feichtinger, E., Köhler, B. M. (Hg.). Ernährung in der Armut. Gesundheitliche, soziale und kulturelle Folgen in der Bundesrepublik Deutschland. Berlin (Ed. Sigma).

Feichtinger, E. (1998): Armut und Ernährung – Eine Literaturübersicht. In: Köhler, B. M., Feichtinger, E. (Hg.): Annotierte Bibliographie Armut und Ernährung. Berlin (Ed. Sigma).

Fine B., Heasman, M., Wright J. (1996): Consumption in the Age of Affluence. The World of Food. London und New York (Routledge).

Fine, B., Heasman, M., Wright, J. (1998): What we eat and why: social norms and systems of provision. In: Murcott, A. (Hg.): The Nation's Diet. The Social Science of Food Choice. London und New York (Longman).

Fischer-Kowalski, M., Madlener, R., Payer, H., Pfeffer, T., Schandl, H. (1995): Soziale Anforderungen an eine nachhaltige Entwicklung. Wien (IFF).

Fischer-Kowalski, M., Haberl, H., Hüttler, W., Payer, H., Schandl, H., Winiwarter, V., Zangerl-Weisz, H., (1997): Gesellschaftlicher Stoffwechsel und Kolonisierung von Natur. Ein Versuch in sozialer Ökologie. Amsterdam (Fakultas).

Fischler, C. (1988): Food, self and identity. Social Science Information 27, 2, S. 275-292.

Flaig, B. B., Meyer, T., Ueltzhöffer, J. (1997): Alltagsästhetik und politische Kultur. Zur ästhetischen Dimension politischer Bildung und politischer Kommunikation. Bonn (Dietz).

Flechsig, K.-H. (2000): Kulturelle Orientierungen. Internes Arbeitspapier 1 des Instituts für Interkulturelle Didaktik (IKUD). Abrufbar unter: http://www.ikud.de/iikdiaps1-00.htm.

Flick, U. (1991): Alltagswissen über Gesundheit und Krankheit. Subjektive Theorien und soziale Repräsentationen. Heidelberg (Asanger).

Flick, U. (1995): Qualitative Forschung. Theorie, Methoden, Anwendungen in Psychologie und Sozialwissenschaften. Reinbek bei Hamburg (Rowohlt).

Flick, U. (Hg.) (2002): Innovation durch New Public Health. Göttingen, Bern, Toronto und Seattle (Hogrefe).

Frank, R., Stollberg, G. (2004): Sind Patienten asiatischer Medizin aktive Konsumenten? Forschende Komplementärmedizin und klassische Naturheilkunde 11, S. 83-92.

Franz-Balsen, A. (2002): Nachhaltigkeit und „Gender". In: Umweltbundesamt (Hg.): Perspektiven für die Verankerung des Nachhaltigkeitsbildes in der Umweltkommunikation. Chancen, Barrieren und Potenziale der Sozialwissenschaften. Berlin (Erich Schmidt).

Freidl, W., Stronegger, W.-J., Neuhold, C. (2003): Lebensstile in Wien. Im Auftrag der Gesundheitsberichterstattung der Stadt Wien. Abrufbar unter: https://www.wien.gv.at/who/lebensstile/pdf/gesamt.pdf [25.10.2005].

Frerichs, P., Steinrücke, M. (1997): Kochen – ein männliches Spiel? Die Küche als geschlechts- und klassenstrukturierter Raum. In: Dölling, I., Krais, B. (Hg.): Ein alltägliches Spiel – Geschlechterkonstruktion in der sozialen Praxis. Frankfurt (Suhrkamp).

Freyer, B., Eder, M., Schneeberger, W., Darnhofer, I., Kirner, L., Lindenthal, T., Zollitsch, W. (2001): Der biologische Landbau in Österreich – Entwicklungen und Perspektiven. Agrarwirtschaft 50, Heft 7, S. 400-409.

Froschauer, U., Lueger, M. (1992): Das qualitative Interview zur Analyse sozialer Systeme. Wien (Wiener Universitätsverlag).

Geier, B. (1999): Überleben unsere Lebens-Mittel? In: Lutzenberger, J., Gottwald, F.-T. (Hg.): Ernährung in der Wissensgesellschaft. Frankfurt und New York (Campus).

Gelinsky, E. (2003): „Landschaft essen" – Slow Food und die Verteidigung der regionalen Vielfalt. IAKE Mitteilungen, Heft 10. Abrufbar unter: http://www.gesunde-ernaehrung.org/mediadb/pdf/1/Bildschirm%2520pdf.pdf [25.02.06].

Georg, W. (1998): Soziale Lage und Lebensstil. Eine Typologie. Opladen (Leske+Budrich).

Gerhards, J., Rössel, J. (2002): Lebensstile und ihr Einfluss auf das Ernährungsverhalten von Jugendlichen. Soziale Welt 53, S. 261-284.

Gestring, N., Heine, H., Mautz, R., Mayer, H.-N., Siebel, W. (1997): Ökologie und urbane Lebensweise. Untersuchungen zu einem anscheinend unauflöslichen Widerspruch. Braunschweig und Wiesbaden (Vieweg).

Gesundheit. Das Magazin für Lebensqualität (2001): Ernährung. Zurück zum Sonntagsbraten. Heft 05. Abrufbar unter: http://www.gesundheit.co.at/ gt_printversion.cfm/id/374.

Giddens, A. (1996): Leben in einer posttraditionalen Gesellschaft. In: Beck, U., Giddens, A., Lash, S.: Reflexive Modernisierung. Eine Kontroverse. Frankfurt (Suhrkamp).

Glaser, B. G., Strauss, A. L. (1967): The Discovery of Grounded Theory. New York (Aldine Publishing Company).

Goodman, D., Redclift, M. (1991): Refashioning Nature. Food, Ecology and Culture. London und New York (Routledge).

Gottwald, F.-T., Kolmer, L. (Hg.) (2005): Speiserituale. Essen, Trinken, Sakralität. Stuttgart (Hirzel).

Grossmann, R., Scala, K. (2001): Gesundheit durch Projekte fördern. Ein Konzept zur Gesundheitsförderung durch Organisationsentwicklung und Projektmanagement. Weinheim und München (Juventa).

Grunert, K. G., Brunso, K., Bredahl, L., Bech, A. C. (2001): Food-Related Lifestyle: A Segmentation Approach to European Food Consumers. In: Frewer, L. J., Risvik, E., Schifferstein, H. (Hg.): Food, People and Society. A European Perspective on Consumer's Food

Choices. Berlin, Heidelberg, New York, Barcelona, Hong Kong, London, Milan, Paris, Singapore und Tokyo (Springer).

Gugele, B., Rigler, E., Ritter, M. (2005): Kyoto-Fortschrittsbericht Österreich 1990-2003 (Datenstand 2005). BE 270. Wien (Umweltbundesamt). Abrufbar unter: http://www.umweltbundesamt.at/fileadmin/site/publikationen/BE270.pdf [18.01.2006].

Haan, G. de, Kuckartz, U. (1996): Umweltbewusstsein. Denken und Handeln in Umweltkrisen. Opladen (Westdeutscher Verlag).

Haan, G. de, Kuckartz, U. (1998): Umweltbewußtseinsforschung und Umweltbildungsforschung. Stand, Trends, Ideen. In: Haan, G. de, Kuckartz, U. (Hg.): Umweltbildung und Umweltbewußtsein. Forschungsperspektiven im Kontext nachhaltiger Entwicklung. Opladen (Leske+Budrich).

Härlen, I., Simons, J., Vierboom, C. (2004): Die Informationsflut bewältigen. Über den Umgang mit Informationen zu Lebensmitteln aus psychologischer Sicht. Norderstedt (Books on Demand).

Hagemann, H. (2000): Umweltverhalten zwischen Arbeit, Einkommen und Lebensstil. In: Hildebrandt, E. (in Zusammenarbeit mit Linne, G.) (Hg.): Reflexive Lebensführung. Zu den sozialökologischen Folgen flexibler Arbeit. Berlin (Ed. Sigma).

Halweil, B., Nierenberg, D. (2004): Watching What We Eat. In: Worldwatch Institute: State of the World 2004. New York und London (W.W. Norton & Company).

Hans-Böckler-Stiftung (Hg.) (2000): Verbundprojekt „Arbeit und Ökologie". Berlin und Wuppertal.

Hansen, U., Schrader, U. (Hg.) (2001): Nachhaltiger Konsum. Frankfurt und New York (Campus).

Harris, M. (1988): Wohlgeschmack und Widerwillen. Die Rätsel der Nahrungstabus. Stuttgart (Klett-Cotta).

Harrus-Révidi, G. (1998): Die Lust am Essen. Eine psychoanalytische Studie. München (DTV).

Hasslinger, R. (2001): Repräsentativstudie zum Thema Einstellungen des österreichischen Konsumenten zu Biolebensmitteln. Wien (Gallup).

Hauff, V. (Hg.) (1987): Unsere gemeinsame Zukunft. Der Brundtland-bericht der Weltkommission für Umwelt und Entwicklung. Greven (Eggenkamp).

Haupt, H.-G. (1997): Konsum und Geschlechterverhältnisse. Einführende Bemerkung. In: Siegrist, H. (Hg.): Europäische Konsumgeschichte. Zur Gesellschafts- und Kulturgeschichte des Konsums (18. bis 20. Jahrhundert). Frankfurt und New York (Campus).

Hawlik, J. (2005): Die Wahrnehmung von Gütezeichen durch die Konsumenten. Vortrag im Rahmen der Umweltzeichenenquete am 10. Oktober 2005, Wien. Abrufbar unter: http://www.qualityaustria.com/fileadmin/user_upload/OEQA/Guetezeichen_Fessel_Gfk.pdf [25.02.06].

Hayn, D. (2005): Ernährungsstile. Über die Vielfalt des Ernährungshandelns im Alltag. In: AgrarBündnis e.V. (Hg.): Landwirtschaft 2005. Der kritische Agrarbericht. Rheda-Wiedenbrück (ABL Bauernblatt).

Hayn, D., Empacher, C. (2004): Ernährungsleitbilder und Alltag. In: Hayn, D., Empacher, C. (Hg.): Ernährung anders gestalten – Leitbilder für eine Ernährungswende. München (oekom).

Hayn, D., Schultz, I. (2004): Ernährung und Lebensstile in der sozial-ökologischen Forschung – Einsichten in die motivationalen Hintergründe des alltäglichen Ernährungshandelns. In: Bundesamt für Naturschutz (Hg.): Ernährungskultur: Land(wirt)schaft, Ernährung und Gesellschaft. 26. Wissenschaftliche Jahrestagung der AGEV. Bonn und Bad Godesheim (Bundesamt für Naturschutz).

Hayn, D., Empacher, C., Halbes, S. (2005): Trends und Entwicklungen von Ernährung im Alltag. ISOE Materialband Nr. 2. Abrufbar unter:

http://www.ernaehrungswende.de/fr_ver.html [25.02.06].

Hayn, D., Eberle, U., Stieß, I., Hünecke, K. (2006): Ernährung im Alltag. In: Eberle, U., Hayn, D., Rehaag, R., Simshäuser, U. (Hg.): Ernährungswende. München (oekom).

Hedtke, R. (2001): Konsum und Ökonomik. Grundlagen, Kritik und Perspektiven. Konstanz (UVK).

Heine, H., Mautz, R. (2000): Die Mütter und das Auto. PKW-Nutzung im Kontext geschlechtsspezifischer Arbeitsteilung. In: Lange, H. (Hg.): Ökologisches Handeln als sozialer Konflikt. Umwelt im Alltag. Opladen (Leske+Budrich).

Heins, B. (1998): Soziale Nachhaltigkeit. Berlin (Analytica).

Heinze, T. (1992): Qualitative Sozialforschung: Erfahrungen, Probleme und Perspektiven. Opladen (Westdeutscher Verlag).

Heinze, T., Klusemann, H.-W. (1980): Versuch einer sozialwissenschaftlichen Paraphrasierung am Beispiel eines Ausschnittes einer Bildungsgeschichte. In: Heinze, T., Soeffner, H.-G., Klusemann, H.-W. (Hg.): Interpretationen einer Bildungsgeschichte. Bensheim (Beltz).

Heiskanen, E., Pantzar, M. (1997): Toward Sustainable Consumption: Two New Perspectives. Journal of Consumer Policy, 20, S. 409-442.

Hesse-Biber, S. (1991): Women, Weight and Eating Disorders. A Socio-cultural and Political-economic Analysis. Women's Studies International Forum 14, S. 173-191.

Hietala, M. (1997): Adoption of Food and Meal Innovations in Finland. In: Teuteberg, H. J., Neumann, G., Wierlacher, A. (Hg.): Essen und kulturelle Identität. Europäische Perspektiven. Berlin (Akademie Verlag).

Hildebrandt, E. (2000): Flexible Arbeit und nachhaltige Lebensführung. In: Hildebrandt, E. (in Zusammenarbeit mit Linne, G.) (Hg.): Reflexive Lebensführung. Zu den sozialökologischen Folgen flexibler Arbeit. Berlin (Ed. Sigma).

Hörning, K. H., Reuter, J. (Hg.) (2004): Doing Culture. Neue Positionen zum Verhältnis von Kultur und sozialer Praxis. Bielefeld (transcript).

Hofer, K. (1999): Ernährung und Nachhaltigkeit. Entwicklungsprozesse – Probleme – Lösungsansätze. Stuttgart (Akademie für Technikfolgenabschätzung in Baden-Württemberg).

Hopf, C. (2000): Qualitative Interviews – ein Überblick. In: Flick, U., von Kardorff, E., Steinke, I. (Hg.): Qualitative Forschung. Ein Handbuch. Reinbek bei Hamburg (Rowohlt).

Horx, M. (2002): Nahrungsmittel müssen der modernen Gesellschaft angepasst werden. Bild der Wissenschaft online [21.3.2002].

Huber, J. (1995): Nachhaltige Entwicklung. Strategien für eine ökologische und soziale Erdpolitik. Berlin (Ed. Sigma).

Hughner, S., Schultz, R., Kleine, S. (2004): Views of health in the lay sector. A compilation and review of how individuals think about health. Health. An Interdisciplinary Journal for the Social Study of Health, Illness and Medicine 8, S. 395-422.

Hurrelmann, K. (2000): Gesundheitssoziologie. Eine Einführung in sozialwissenschaftliche Theorien von Krankheitsprävention und Gesundheitsförderung. 4., völlig überarbeitete Auflage von „Sozialisation und Gesundheit". Weinheim und München (Juventa).

IKUS (1994): Ernährungsweisen und Eß- und Trinkkulturen in Österreich, Bd. 1. Wien (Institut für Kulturstudien).

ISMA (2004): Projekt AMA-Gütesiegel. Wien.

ISOPUBLIC (2003): Grundlagenstudie über Ernährungstrends. Schwerzenbach (ISOPUBLIC Institut für Markt- und Meinungsforschung).

Joerges, B. (Hg.) (1982): Verbraucherverhalten und Umweltbelastung. Frankfurt und New York (Campus).

Jörissen, J., Kneer, G., Rink, D. (2000): Synopse zur Umsetzung des Leitbildes der Nachhaltigkeit in konzeptionellen Studien und nationalen Plänen. Leipzig und Halle (UFZ).

Jungbluth, N. (2000): Umweltfolgen des Nahrungsmittelkonsums. Beurteilung von Produktmerkmalen auf Grundlage einer modularen Ökobilanz. Freiburg (Öko-Institut).

Jungbluth, N., Frischknecht, R. (2000): Methodologies for the Evaluation of the Environmental Impacts from Food Consumption. Paris (OECD).

Jürgens, K. (2001): Familiale Lebensführung. Familienleben als alltägliche Verschränkung individueller Lebensführungen. In: Voß, G. G.. Weihrich, M. (Hg.): tagaus – tagein. Neue Beiträge zur Soziologie Alltäglicher Lebensführung. München und Mering (Rainer Hampp).

Jurczyk, K. (2005): Work-Life-Balance und geschlechtergerechte Arbeitsteilung. Alte Fragen neu gestellt. In: Seifert, H. (Hg.): Flexible Zeiten in der Arbeitswelt. Frankfurt und New York (Campus).

Jurczyk, K., Rerrich, M. S. (1993): Einleitung: Alltägliche Lebensführung: der Ort, wo ‚alles zusammenkommt‘. In: Jurczyk, K., Rerrich, M. S. (Hg.): Die Arbeit des Alltags. Beiträge zu einer Soziologie der alltäglichen Lebensführung. Freiburg (Lambertus).

Jurczyk, K., Lange, A., Szymenderski, P. (2005): Zwiespältige Entgrenzungen: Chancen und Risiken neuer Konstellationen zwischen Familien- und Erwerbstätigkeit. In: Mischau, A., Oechsle, M. (Hg.): Arbeitszeit – Familienzeit – Lebenszeit: Verlieren wir die Balance? Wiesbaden (Verlag für Sozialwissenschaften).

Karmasin, H. (1999): Die geheime Botschaft unserer Speisen. Was Essen über uns aussagt. München (Antje Kunstmann).

Karmasin, H., Karmasin, M. (1997): Cultural Theory – ein neuer Ansatz für Kommunikation, Marketing und Management. Wien (Linde).

Kaufmann, F.-X. (2000): Zum Konzept der Familienpolitik. In: Jans, B., Habisch, A., Stutzer, E. (Hg.): Familienwissenschaftliche und familienpolitische Signale. Festschrift zum 70. Geburtstag von Max Wingen. Grafschaft (Vektor).

Kaufmann, J.-C. (2006): Kochende Leidenschaft. Soziologie vom Kochen und Essen. Konstanz (UVK).

Kearney, J. M., McElhone, S. (1999): Perceived barriers in trying to eat healthier – results of a pan-EU consumer attitudinal survey. British Journal of Nutrition 81, S. 133-137.

Kelle, U., Kluge, S. (1999): Vom Einzelfall zum Typus: Fallvergleich und Fallkontrastierung in der qualitativen Sozialforschung. Opladen (Leske+Budrich).

Kemmer, D., Anderson, A. S., Marshall, D. W. (1998): The ‚Marriage Menu‘: life, food and diet in transition. In: Murcott, A. (Hg.): The Nation's Diet. The Social Science of Food Choice. London und New York (Longman).

Kickbusch, I. (1999): Good Planets are hard to find. In: Honari, M., Boleyn, T. (Hg.): Health Ecology. Health, Culture and Human-Environment. London und New York (Routledge).

Kickbusch, I. (2003): Die Gesundheitsgesellschaft zwischen Markt und Staat. Vortrag Technische Universität Berlin am 24. Juni 2003. Abrufbar unter: www.wellnessverband.de [19.03.2006].

Kleinhückelkotten, S. (2002): Die Suffizienzstrategie und ihre Resonanzfähigkeit in den sozialen Milieus Deutschlands. In: Rink, D. (Hg.): Lebensstile und Nachhaltigkeit. Opladen (Leske+Budrich).

Klocke, A. (1995): Der Einfluß sozialer Ungleichheit auf das Ernährungsverhalten im Kinder- und Jugendalter. In: Barlösius, E., Feichtinger, E., Köhler, B. M. (Hg.): Ernährung in der Armut. Berlin (Ed. Sigma).

Knaus, A., Renn, O. (1998): Den Gipfel vor Augen. Unterwegs in eine nachhaltige Zukunft. Marburg (Metropolis).

Koerber, K. von, Männle, T., Leitzmann, C. (2004): Vollwert-Ernährung. Konzeption einer zeitgemäßen und nachhaltigen Ernährung. Stuttgart (Karl F. Haug).

Köhler, B. M. (1995): Ernährung in der Armut – Folgen für die Gesundheit. In: Barlösius, E., Feichtinger, E., Köhler, B. M. (Hg.): Ernährung in der Armut. Gesundheitliche, soziale und kulturelle Folgen in der Bundesrepublik Deutschland. Berlin (Ed. Sigma).

Köhler, B. M., Feichtinger, E. (Hg.) (1998): Annotierte Bibliographie Armut und Ernährung. Berlin (Ed. Sigma).

Köpcke, U. (2002): Umweltleistungen des Ökologischen Landbaus. Ökologie & Landbau 30, 2, S. 6-18.

Kolb, B. (2001): Fotobefragung. Bilder zur Gesundheit. Dissertation an der Fakultät für Human- und Sozialwissenschaften. Wien (Universität Wien).

Kolip, P. (1999): Riskierte Körper: Geschlechtsspezifische somatische Kulturen im Jugendalter. In: Dausien, B., Herrmann, M., Oechsle, M., Schmerl, C., Stein-Hilbers, M. (Hg.) (1999): Erkenntnisprojekt Geschlecht. Feministische Perspektiven verwandeln Wissenschaft. Opladen (Leske+Budrich).

Kopfmüller, J., Brandl, V., Jörissen, J., Paetau, M., Banse, G., Coenen, R., Grunwald, A. (2001): Nachhaltige Entwicklung integrativ betrachtet. Berlin (Ed. Sigma).

Koppetsch, C., Burkart, G. (unter Mitarbeit von Maier, M.) (1999): Die Illusion der Emanzipation. Zur Wirksamkeit latenter Geschlechtsnormen im Milieuvergleich. Konstanz (UVK).

Kraemer, K. (2002): Konsum als Teilhabe an der materiellen Kultur. In: Scherhorn, G., Weber, C. (Hg.): Nachhaltiger Konsum. München (ökom).

Krämer, G., Scheffler, M. (2001): Atlas der Weltverwicklungen. Ein Schaubilderbuch über Armut, Wohlstand und Zukunft in der Einen Welt. Wuppertal (Hammer).

Kreimer, M. (2000): Der österreichische Wohlfahrtsstaat und die Frauen. Beitrag zur Sektionsveranstaltung der Sektion Frauenforschung auf dem Jubiläumskongress der Österreichischen Gesellschaft für Soziologie. Abrufbar unter: http://www.univie.ac.at/OEGS-Kongress-2000/On-line-Publikation/kreimer.pdf.

Kropp, C., Brunner, K.-M. (2004): Ökologisierungspotentiale der privaten Konsum- und Ernährungsmuster. München (MPS-Diskussionspapier Nr. 1, BMBF-Forschungsprojekt „Von der Agrarwende zur Konsumwende? Abrufbar unter: www.konsumwende.de).

Kuckartz, U. (1998): Umweltbewußtsein und Umweltverhalten. Berlin, Heidelberg, New York, Barcelona, Budapest, Hongkong, London, Mailand, Paris, Santa Clara, Singapur und Tokio (Springer).

Kudera, W. (2000): Lebensführung als individuelle Aufgabe. In: Kudera, W., Voß, G. G. (Hg.): Lebensführung und Gesellschaft. Beiträge zu Konzept und Empirie alltäglicher Lebensführung. Opladen (Leske+Budrich).

Kudera, W., Voß, G. G. (Hg.) (2000): Lebensführung und Gesellschaft. Opladen (Leske+Budrich).

Kutsch, T. (1996): Haushalt und Ernährung. In: Oltersdorf, U., Preuss, T. (Hg.): Haushalte an der Schwelle zum nächsten Jahrtausend. Aspekte haushaltswissenschaftlicher Forschung – gestern, heute, morgen. Frankfurt und New York (Campus).

Kutsch, T., Szallies, R., Wiswede, G. (1990): Mensch und Ernährung 2000. In: Szallies, R., Wiswede, G. (Hg.): Wertewandel und Konsum. Landsberg/Lech (moderne industrie).

Lamnek, S. (1993): Qualitative Sozialforschung. Weinheim (Beltz-PVU).

Landsteiner, G., Mayer, M. (1994): Praxisformen des Essens, Trinkens und Kochens – Empirische Ergebnisse einer repräsentativen Untersuchung. Bd. 2 des multidisziplinären Forschungsprojektes „Ernährungskultur in Österreich" des Instituts für Kulturstudien. Wien (IKUS).

Lang, T., Barling, D., Caraher, M. (2001): Food, Social Policy and the Environment: Towards a New Model. Social Policy & Administration 35, S. 538-558.

Lang, T. (2005): Food control for food democracy? Re-engaging nutrition with society and the environment. Public Health Nutrition 8 (6A), S. 731-737.

Lange, I.-M. (1996): Das Ernährungsverhalten erwerbstätiger Frauen. In: Kutsch, T., Weggemann, S. (Hg.): Ernährung in Deutschland nach der Wende: Veränderungen in Haushalt, Beruf und Gemeinschaftsverpflegung. Witterschlick und Bonn (Wehle).

Lange, H. (2000): Eine Zwischenbilanz der Umweltbewußtseinsforschung. In: Lange, H. (Hg.): Ökologisches Handeln als sozialer Konflikt. Umwelt im Alltag. Opladen (Leske+Budrich).

Lange, H. (2005): Lebensstile – der sanfte Weg zu mehr Nachhaltigkeit? Artec-paper Nr. 122, Mai 2005. Abrufbar unter: http://www.artec.uni-bremen.de/files/papers/paper_122.pdf [14.11.05].

Lange, H., Warsewa, G. (2005): Nachhaltige Konsummuster im Alltag. Strategien für lokale Agendaprozesse am Beispiel Bremen. München (oekom).

Lass, W./Reusswig, F. (1999): Konzeptionelle Weiterentwicklung der Nachhaltigkeitsindikatoren zur Thematik Konsummuster – Kapitel 4 der Agenda 21. In: Umweltbundesamt (Hg.): Konzeptionelle Weiterentwicklung der Nachhaltigkeitsindikatoren der UN-Commission on Sustainable Development (CSD). Berlin.

Lehmkühler, S., Leonhäuser, I.-U. (1999): Das Ernährungsverhalten von ausgewählten Familien mit vermindertem Einkommen in Gießen – Eine qualitative Studie. Hauswirtschaft und Wissenschaft 2, S. 86-92.

Lentz, C. (Hg.) (1999): Changing Food Habits. Case Studies from Africa, South America and Europe. Amsterdam (harwood academic publishers).

Lettke, F., Eirmbter, W., Hahn, A., Hennes, C., Jacob, R. (1999): Krankheit und Gesellschaft. Zur Bedeutung von Krankheitsbildern und Gesundheitsvorstellungen für die Prävention. Konstanz (UVK).

Lindenthal, T., Verdorfer, R., Bartel-Kratochvil, R. (2006): Konventionalisierung oder Professionalisierung. Entwicklung des Biolandbaus am Beispiel Österreichs. Ringvorlesung „Ökolandbau – mehr als eine Verfahrenslehre?". Universität Kassel/Witzenhausen.

Littig, B. (1995): Die Bedeutung von Umweltbewusstsein im Alltag oder: Was tun wir eigentlich, wenn wir umweltbewusst sind? Frankfurt, Berlin, Bern, New York, Paris und Wien (Peter Lang).

Littig, B. (2001): Feminist Perspectives on Environment and Society. Harlow (Pearson Education Limited).

Littig, B. (2002): Arbeitnehmerbeteiligung am Umweltschutz als ein Baustein sozialer Nachhaltigkeit. In: Ritt, T. (Hg.): Soziale Nachhaltigkeit: Von der Umweltpolitik zur Nachhaltigkeit? Wien (Bundeskammer für Arbeiter und Angestellte).

Litzenroth, H., GfK (1995): Dem Verbraucher auf der Spur – quantitative und qualitative Konsumtrends. Jahrbuch der Absatz- und Verbrauchsforschung, Jg. 95, 3, S. 213-306.

Lönneker, J. (2003): Trends in der Ernährungskultur von Kindern. Kurzfassung. Informationsdienst Fleisch aus Deutschland, Ausgabe 07. Köln.

Lueger, M. (2000): Grundlagen qualitativer Feldforschung. Wien (WUV).

Lupton, D. (1995): The Imperative of Health. Public Health and the Regulated Body. London, Thousand Oaks/CA und New Dehli (Sage).

Lupton, D. (1996): Food, the Body and the Self. London, Thousand Oaks/CA und New Dehli (Sage).

Lutzenberger, J., Gottwald, F.-T. (1999): Ernährung in der Wissensgesellschaft. Vision: Informiert essen. Frankfurt und New York (Campus).

MacClancy, J. (1997): Gaumenkitzel. Von der Lust am Essen. Frankfurt (Fischer).

Maier, S. (2002): Bioprodukte in der Schweizer Gastronomiebranche. Vermarktung als Herausforderung für organisatorisches Lernen. Zürich (vdf).

Markant Unternehmensberatung (2005): Know How Basics Bio-Lebensmittel in Österreich. Ergebnis einer repräsentativen Konsumentenbefragung. Abrufbar unter: www.markant.cc/download/pressetexte/htmls/artikelbio.html [16.06.2005].

Mármora, L. (1992): ‚Sustainable Development' im Nord-Süd-Konflikt. PROKLA 86, 22. Jg., S. 34-46.

Marshall, D. (2001): Food Availability and The European Consumer. In: Frewer, L. J., Risvik, E., Schifferstein, H. (Hg.): Food, People and Society. A European Perspective on Consumer's Food Choices. Berlin, Heidelberg, New York, Barcelona, Hong Kong, London, Milan, Paris, Singapore und Tokyo (Springer).

McIntosh, W. A. (1996): Sociologies of Food and Nutrition. New York und London (Plenum Press).

McIntosh, W. A., Kubena, K. S. (1999): Food and Ageing. In: Germov, J., Williams, L. (Hg.): A Sociology of Food and Nutrition. The Social Appetite. Melbourne (Oxford University Press).

McMichael, A. J. (2005): Integrating nutrition with ecology. Balancing the health of humans and biosphere. Public Health Nutrition 8 (6A), S. 706-715.

Meier, U. (2004): Zeitbudget, Mahlzeitenmuster und Ernährungsstile. In: Deutsche Gesellschaft für Ernährung e. V. (Hg.): Ernährungsbericht 2004. Bonn (DGE).

Meier-Ploeger, A. (2000): Praktische Umsetzung der Ernährungsziele. In: Oltersdorf, U., Gedrich, K. (Hg.): Ernährungsziele unserer Gesellschaft. Die Beiträge der Ernährungsverhaltenswissenschaft. 22. Wissenschaftliche Jahrestagung der AGEV. Abrufbar unter: http://www.agevrosenheim.de/tagung2000/dokumentation.htm [19.03.2006].

Mellinger, N. (2004): Vom Fleisch als Ernährungsleitbild par excellence. In: Hayn, D., Empacher, C. (Hg.): Ernährung anders gestalten – Leitbilder für eine Ernährungswende. München (oekom).

Mennell, S. (1988): Die Kultivierung des Appetits. Frankfurt (Athenäum).

Mennell, S., Murcott, A., Otterloo, A. H. van (1992): The Sociology of Food. Eating, Diet and Culture. London, Thousand Oaks/CA und New Dehli (Sage).

Methfessel, B. (2000): Körperbeziehungen und Ernährungsverhalten bei Mädchen und Jungen. Lehr- und Lernvoraussetzungen in der Ernährungserziehung. In: Methfessel, B. (Hg.): Essen lehren – Essen lernen. Beiträge zur Diskussion und Praxis der Ernährungsbildung. Baltmannsweiler (Schneider Verlag Hohengehren).

Metzner, A. (1998): Nutzungskonflikte um ökologische Ressourcen: die gesellschaftliche ‚Natur' der Umweltproblematik. In: Brand, K.-W. (Hg.): Soziologie und Natur. Opladen (Leske+Budrich).

Meyer-Abich, K. M. (2005): Human health in nature – towards a holistic philosophy of nutrition. Public Health Nutrition 8 (6A), S. 738-742.

Meyer, R., Sauter, A. (2002): Nahrungsmittel aus der Region – für die Region? TAB-Brief Nr. 22. Abrufbar unter: http://www.tab.fzk.de/de/brief/brief22.pdf [25.02.06].

Minsch, J., Eberle, A., Meier, B., Schneidewind, U. (1996): Mut zum ökologischen Umbau. Innovationsstrategien für Unternehmen, Politik und Akteurnetze. Basel, Boston und Berlin (Birkhäuser).

Minsch, J., Feindt, P.-H., Meister, H.-P., Schneidewind, U., Schulz, T. (1998): Institutionelle Reformen für eine Politik der Nachhaltigkeit. Berlin, Heidelberg, New York, Barcelona, Budapest, Hongkong, London, Mailand, Paris, Singapur und Tokio (Springer).

Mintz, S. W. (1993): The changing roles of food in the study of consumption. In: Brewer, J., Porter, R. (Hg.): Consumption and the World of Goods. London und New York (Routledge).

Mitterlehner, U. (2002): Hausarbeit zum Nulltarif? No fun, no money. Graz (Leykam).

Moisander, J. (o. J.): Motivation for ecologically oriented consumer behaviour. Abrufbar unter: http://www.lancs.ac.uk/users/scistud/esf/lind2.htm [17.11.05].

Müller, H.-P. (1992a): Sozialstruktur und Lebensstile. Der neuere Diskurs über soziale Ungleichheit. Frankfurt (Suhrkamp).

Müller, H.-P. (1992b): „De Gustibus non est disputandum": Bemerkungen zur Diskussion um Geschmack, Distinktion und Lebensstil. In: Eisendle, R., Miklautz, E. (Hg.): Produktkulturen. Dynamik und Bedeutungswandel des Konsums. Frankfurt und New York (Campus).

Murcott, A. (1992): Anderes Essen. Zur Geschichte der Kostform in England. In: Schaffner, M. (Hg.): Brot, Brei und was dazugehört. Über sozialen Sinn und physiologischen Wert der Nahrung. Zürich (Chronos).

Murcott, A. (1993): Kochen, Planung und Essen zu Hause. Männer, Frauen und Ernährung. Österreichische Zeitschrift für Soziologie 18, S. 19-28.

Murcott, A. (1995): Raw, cooked and proper meals at home. In: Marshall, D. (Hg.): Food Choice and the Consumer. London, Glasgow, Weinheim, New York, Tokyo, Melbourne und Madras (Blackie Academic & Professional).

Murcott, A. (2002): Nutrition and inequalities. A note on sociological approaches. European Journal of Public Health 12, S. 203-207.

Murdoch, J., Miele, M. (2004): A new aesthetic of food? Relational reflexivity in the „alternative" food movement. In: Harvey, M., McMeekin, A., Warde, A. (Hg.): Qualities of food. Manchester (Manchester University Press).

Myers, N. (2000): Sustainable consumption: the meta-problem. In: Heap, B., Kent, J. (Hg.): Towards Sustainable Consumption. A European Perspective. London und Oxford (Royal Society).

Neumann, G., Wierlacher, A., Wild, R. (Hg.) (2001): Essen und Lebensqualität. Natur- und kulturwissenschaftliche Perspektiven. Frankfurt und New York (Campus).

Nölle, V., Pfriem, R. (2006): Zur Stärkung subjektbezogener Theorien – Kulturelle Kompetenzen, Fähigkeiten und Fertigkeiten. In: Pfriem, R., Raabe, T., Spiller, A. (Hg.): OSSENA – Das Unternehmen nachhaltige Ernährungskultur. Marburg (Metropolis).

Nohel, C., Payer, H., Rützler, H. (1999): Lebensmittelreport. Wien (Holzhausen).

Nohel, C., Rützler, H., Schöffl, H. (2002): Lebensmittelkennzeichnung in Österreich. Was steht drauf? Kammer für Arbeiter und Angestellte Wien. Abrufbar unter: http://marktcheck.greenpeace.at/uploads/media/Lebensmittelkennzeichnung.pdf [25.02.06].

Norton, K. I., Olds, T. S., Olive, S., Danks, S. (1996): Ken and Barbie at Life-Size. Sex Roles 34, S. 287-294.

OCED (1997): Sustainable Consumption and Production. Paris (OECD Publications).

OECD (2001): Sustainable Consumption: Sector Case Study Series. Household Food Consumption: Trends, Environmental Impacts and Policy Responses. Paris (OECD Publications).

Österberg, J. (2002): Food Consumption in Risk Society. Consumers' Use of Health Related Notions in Constructing Discourses about Food Consumption. Abrufbar unter: www.lri.lu.se/lifs [19.03.2006].

Paquette, M.-C. (2005): Perceptions of Healthy Eating. State of Knowledge and Research Gaps. Canadian Journal of Public Health 96, S. 15-19.

Paulus, P., Stoltenberg, U. (2002): Agenda 21 und Universität – auch eine Frage der Gesundheit? Frankfurt (VAS).

Payer, H., Schmatzberger, A. (2000): Lebensmittelwirtschaft und nachhaltige Entwicklung. Strukturwandel, Problemfelder und Erfolgspotenziale zwischen Fast Food und Slow Food – Eine Bestandsaufnahme für Österreich. Wien.

Penker, M., Payer, H. (2005): Lebensmittel im Widerspruch zwischen regionaler Herkunft und globaler Verfügbarkeit. In: Brunner, K.-M., Schönberger, G. U. (Hg.): Nachhaltigkeit und Ernährung. Produktion – Handel – Konsum. Frankfurt und New York (Campus).

Penz, O. (2001): Metamorphosen der Schönheit. Eine Kulturgeschichte der modernen Körperlichkeit. Wien (Turia und Kant).

Peuckert, R. (1999): Familienformen im sozialen Wandel. Opladen (Leske+Budrich).

Pfriem, R., Raabe, T., Spiller, A. (Hg.) (2006): OSSENA – Das Unternehmen nachhaltige Ernährungskultur. Marburg (Metropolis).

Pimentel, D., Pimentel, M. (Hg.) (1996): Food, Energy and Society. Niwot/Colorado (University Press of Colorado).

Plasser, G. (1994): Essen und Lebensstil. In: Richter, R. (Hg.): Sinnbasteln. Beiträge zur Soziologie der Lebensstile. Wien, Köln und Weimar (Böhlau).

Poferl, A. (2000): „Umweltbewusstsein" und soziale Praxis. Gesellschaftliche und alltagsweltliche Voraussetzungen, Widersprüche und Konflikte. In: Lange, H. (Hg.): Ökologisches Handeln als sozialer Konflikt. Umwelt im Alltag. Opladen (Leske+Budrich).

Poferl, A. (2004): Die Kosmopolitik des Alltags. Zur ökologischen Frage als Handlungsproblem. Berlin (Ed. Sigma).

Poferl, A., Schilling, K., Brand, K.-W. (1997): Umweltbewußtsein und Alltagshandeln. Eine empirische Untersuchung sozial-kultureller Orientierungen. Opladen (Leske+Budrich).

Poschacher, R. (1999): Analyse, Struktur und Entwicklungstendenzen am österreichischen Obst- und Gemüsemarkt sowie Konsequenzen für erfolgreiches Marketing. In: Wytrzens, H. K. (Hg.): Effizienz und Wettbewerbsfähigkeit in der Agrarpolitik. Kiel.

Prahl, H.-W., Setzwein, M. (1999): Soziologie der Ernährung. Opladen (Leske+Budrich).

Preisendörfer, P. (1999): Umwelteinstellungen und Umweltverhalten in Deutschland. Opladen (Leske+Budrich).

Projektgruppe „Alltägliche Lebensführung" (Hg.) (1995): Alltägliche Lebensführung. Arrangements zwischen Traditionalität und Modernisierung. Opladen (Leske+Budrich).

Quist, J., Toth, K. S., Green, K. (1998): Shopping, Cooking and Eating in the Sustainable Household. Paper presented at the workshop ‚The sustainable household: Technological and cultural changes'. Rome.

Radcliffe-Brown, A. R. (1922): The Andaman Islanders. Cambridge (Cambridge University Press).

Ralph, A. (1998): Unequal health. In: Griffiths, S., Wallace, J. (Hg.): Consuming Passions. Manchester (Mandolin).

Rásky, É., Noack, R. H. (2002): New Public Health in Österreich. Hat es ein Innovationspotential? In: Flick, U. (Hg.): Innovation durch New Public Health. Göttingen, Bern, Toronto und Seattle (Hogrefe).

Reckwitz, A. (2000): Die Transformation der Kulturtheorien. Zur Entwicklung eines Theorieprogramms. Weilerswist (Velbrück).

Reckwitz, A. (2003): Grundelemente einer Theorie sozialer Praktiken. Eine sozialtheoretische Perspektive. Zeitschrift für Soziologie 32, S. 282-301.

Redclift, M. (1996): Wasted. Counting the Costs of Global Consumption. London (Earthscan).

Reisch, L. A., Roepke, I. (Hg.) (2004): The Ecological Economics of Consumption. Cheltenham und Northampton (Edward Elgar).

Reusswig, F. (1994): Lebensstile und Ökologie. Frankfurt (IKO).

Reusswig, F. (1999): Umweltgerechtes Handeln in verschiedenen Lebensstil-Kontexten. In: Linneweber, V., Kals, E. (Hg.): Umweltgerechtes Handeln. Barrieren und Brücken. Berlin, Heidelberg, New York, Barcelona, Hongkong, London, Mailand, Paris, Singapur und Tokio (Springer).

Rifkin, J. (2001): Das Imperium der Rinder. Frankfurt und New York (Campus).

Rink, D. (2002): Lebensweise, Lebensstile und Lebensführung. Soziologische Konzepte zur Untersuchung von nachhaltigem Leben. In: Rink, D. (Hg.): Lebensstile und Nachhaltigkeit. Opladen (Leske+Budrich).

Robertson, A., Tirado, C., Lobstein, C., Lobstein, T., Jermini, M., Knai, C., Jensen, J. H., Ferro-Luzzi, A., James, W. P. T (2004): Food and Health in Europe: A New Basis for Action. WHO Regional Publications, European Series No. 96. Abrufbar unter: http://www.euro.who.int/document/E82161.pdf [19.03.2006].

Roepke, I. (1999): The dynamics of willingness to consume. Ecological Economics 28, S. 399-420.

Rösch, C. (2002): Trends in der Ernährung – eine nachhaltige Entwicklung? In: Scherhorn, G., Weber, C. (Hg.): Nachhaltiger Konsum. München (ökom).

Rösch, C., Heincke, M. (2001): Ernährung und Landwirtschaft. In: Grunwald, A., Coenen, R., Nitsch, J., Sydow, A., Wiedemann, P. (Hg.): Forschungswerkstatt Nachhaltigkeit. Berlin (Ed. Sigma).

Rützler, H. (2003): Future Food. Die 18 wichtigsten Trends für die Esskultur der Zukunft. Kelkheim (Zukunftsinstitut GmbH).

Rützler, H. (2005): Was essen wir morgen? 13 Food Trends der Zukunft. Wien und New York (Springer).

Salmhofer, C., Strasser, A., Sopper, M. (2001): Ausgewählte ökologische Auswirkungen unseres Ernährungssystems am Beispiel Klimaschutz. Natur und Kultur. Transdisziplinäre Zeitschrift für ökologische Nachhaltigkeit 2, S. 60-81.

Sandgruber, R. (1997): Österreichische Nationalspeisen. Mythos und Realität. In: Teuteberg, H. J., Neumann, G., Wierlacher, A. (Hg.): Essen und kulturelle Identität. Europäische Perspektiven. Berlin (Akademie).

Sauter, A., Meyer, R. (2004): Regionalität von Nahrungsmittel in Zeiten der Globalisierung. Berichte des Büros für Technikfolgen-Abschätzung beim Deutschen Bundestag (TAB). Frankfurt (Deutscher Fachverlag).

Schäfer, M. (2002): Berliner Biokäufer/innen unter der Lupe. In: Meyer-Renschhausen, E., Kemna, J., Müller, R. (Hg.): Welternährung durch Ökolandbau? Die Agrarwende nimmt Konturen an. Berlin (Landwirtschaftlich-Gärtnerische Fakultät der Humboldt-Universität, Arbeitsgruppe Agrarkultur und Sozialökologie).

Schäfer, M. (2005): Bio-Einkaufsstätten – Nachhaltigkeit durch Vielfalt. In: Brunner, K.-M., Schönberger, G. U. (Hg.): Nachhaltigkeit und Ernährung. Produktion – Handel – Konsum. Frankfurt und New York (Campus).

Schäfer, M., Schön, S. (2000): Nachhaltigkeit als Projekt der Moderne. Skizzen und Widersprüche eines zukunftsfähigen Gesellschaftsmodells. Berlin (Ed. Sigma).

Schandl, H. (2000): 50 Jahre Umgang mit Natur. Die biophysischen Dimensionen von Modernisierung in Österreich. In: Bruckmüller, E., Winiwarter, V. (Hg.): Umweltgeschichte. Zum historischen Verhältnis von Gesellschaft und Natur. Wien (ÖBV-HPT).

Schatzki, T., Knorr Cetina, K., Savigny, E. von (Hg.) (2001): The Practice Turn in Contemporary Theory. London und New York (Routledge).

Scherhorn, G., Reisch, L. A., Schrödl, S. (1997): Wege zu nachhaltigen Konsummustern. Überblick über den Stand der Forschung und vorrangige Forschungsthemen. Marburg (Metropolis).

Scherhorn, G., Weber, C. (Hg.) (2002): Nachhaltiger Konsum. München (ökom).

Schipperges, H. (1991): Heilkunst als Lebenskunde oder die Kunst, vernünftig zu leben. Freudenstadt (VUD).

Schipperges, H. (2003): Gesundheit und Gesellschaft. Ein historisch-kritisches Panorama. Berlin, Heidelberg und New York (Springer).

Schleicher, R., von Gleich, A., Lucas, R. (1989): Regional- statt Weltmarktorientierung. Notwendiger Perspektivenwechsel für eine menschen- und naturgerechte Technologiepolitik. In: Hucke, J., Wollmann, H. (Hg.): Dezentrale Technologiepolitik? Technikförderung durch Bundesländer und Kommunen. Basel, Boston und Berlin (Birkhäuser).

Schlich, E., Fleissner, U. (2003): Comparison of Regional Energy Turnover with Global Food. Gate to EHS, S. 1-6.

Schneider, N. F. (2000): Konsum und Gesellschaft. In: Rosenkranz, D., Schneider, N. F. (Hg.): Konsum. Soziologische, ökonomische und psychologische Perspektiven. Opladen (Leske+Budrich).

Schnögl, S., Zehetgruber, R., Danninger, S., Setzwein, M., Wenk, R., Freudenberg, M., Müller, C., Groeneveld, M. (2006): Schmackhafte Angebote für die Erwachsenenbildung und Beratung. Food Literacy. Handbuch und Toolbox. Wien (BEST).

Schönberger, G. U., Brunner, K.-M. (2005): Nachhaltigkeit und Ernährung – Eine Einführung. In: Brunner, K.-M., Schönberger, G. U. (Hg.): Nachhaltigkeit und Ernährung. Frankfurt und New York (Campus).

Schöppl, G. (2001): Lebensmittelsicherheit und Gesundheit – Marktchancen durch gesunde Lebensmittel. In: European Summer Academy on Organic Farming. Lednice-Czech Republic.

Schülein, J. A., Brunner, K.-M., Reiger, H. (1994): Manager und Ökologie. Eine qualitative Studie zum Umweltbewußtsein von Industriemanagern. Opladen (Westdeutscher Verlag).

Schultz, I. (1997): Umweltbewußtsein, Umweltverhalten und Lebensstile. Ergebnisse und Möglichkeiten der sozialwissenschaftlichen Umweltforschung. In: Umweltbundesamt (Hg.): Trendsetter – Schritte zum Nachhaltigen Konsumverhalten am Beispiel der privaten Haushalte. Berlin (Umweltbundesamt).

Schultz, I. (2001): Umwelt- und Geschlechterforschung: eine notwendige Übersetzungsarbeit. In: Nebelung, A., Poferl, A., Schultz, I. (Hg.): Geschlechterverhältnisse – Naturverhältnisse. Feministische Auseinandersetzungen und Perspektiven der Umweltsoziologie. Opladen (Leske+Budrich).

Schumacher, J., Klaiberg, A., Brähler, E. (2003): Diagnostik von Lebensqualität und Wohlbefinden – Eine Einführung. In: Schumacher, J., Klaiberg, A., Brähler, E. (Hg.): Diagnostische Verfahren zu Lebensqualität und Wohlbefinden. Göttingen (Hogrefe).

Sehrer, W. (2004): Krankheit als Chance für nachhaltige Ernährungsumstellungen. Diskussionspapier Nr. 5. BMBF-Forschungsprojekt „Von der Agrarwende zur Konsumwende". Abrufbar unter: http://www.konsumwende.de/downloads_fr.htm [19.03.2006].

Sellner, M. (2003): Studieren mit Kind – Chancen und Risiken. Eine theoretische und empirische Untersuchung über „Studieren mit Kind" als Lebensmodell, in seiner Bedeutung für die Studienzeit und den Berufsverlauf. Frankfurt, Berlin, Bern, New York, Paris und Wien (Peter Lang).

Senatsarbeitsgruppe „Qualitative Bewertung von Lebensmitteln aus alternativer und konventioneller Produktion" (2003): Bewertung von Lebensmitteln verschiedener Produktionsverfahren. Berlin.

Setzwein, M. (1997): Zur Soziologie des Essens. Tabu. Verbot. Meidung. Opladen (Leske+Budrich).

Setzwein, M. (2004): Ernährung – Körper – Geschlecht: Zur sozialen Konstruktion von Geschlecht im kulinarischen Kontext. Wiesbaden (Verlag für Sozialwissenschaften).

Shove, E. (2004): Changing human behaviour and lifestyle: A challenge for sustainable consumption? In: Reisch, L. A., Roepke, I. (Hg.): The Ecological Economics of Consumption. Cheltenham und Northampton (Edward Elgar).

Shove, E., Warde A. (2002): Inconspicuous Consumption. The Sociology of Consumption, Lifestyles and Environment. In: Dunlap, R. E., Buttel, F. H., Dickens, P., Gijswijt, A. (Hg.): Sociological Theory and the Environment – Classical Foundations, Contemporary Insights. Lanham, Boulder, New York und Oxford (Rowman & Littlefield Publishers).

Siegrist, J. (2002): Gesundheit und Krankheit. Medizinsoziologische Perspektiven. In: Flick, U. (Hg.): Innovation durch New Public Health. Göttingen, Bern, Toronto und Seattle (Hogrefe).

Sinus Sociovision (2002): Strategische Zielgruppenanalyse für den Öko-Ernährungs-Markt. Heidelberg.

Slater, D. (1997): Consumer Culture and Modernity. Cambridge (Polity Press).

Sobal, J. (1999): Sociological Analysis of the Stigmatisation of Obesity. In: Germov, J., Williams, L. (Hg.): A Sociology of Food and Nutrition. The Social Appetite. Oxford und New York (Oxford University Press).

Sobal, J., Bove, C. F., Rauschenbach, B. S. (2002): Commensal careers at entry into marriage: establishing commensal units and managing commensal circles. The Sociological Review, Vol. 50, 3, S. 378-397.

Sopper, M., Salmhofer, C., Purtscher, C. (2000): Wieviel Fleisch erträgt die Welt? SOL – Zeitschrift für Solidarität, Ökologie und Lebensstil Nr. 101 – September 2000. Abrufbar unter: http:/www.vegan.at/stichworte/umwelt2.html oder
http:/www.nachhaltigkeit.at/sol/zschr.html.

Spaargaren, G. (1997): The Ecological Modernization of Production and Consumption. Wageningen.

Spaargaren, G. (2000): Ecological Modernization Theory and the Changing Discourse on Environment and Modernity. In: Spaargaren, G., Mol, A. P. J., Buttel, F. H. (Hg.): Environment and Global Modernity. London, Thousand Oaks/CA und New Dehli (Sage).

Spangenberg, J. H., Lorek, S. (2002): Lebensqualität, Konsum und Umwelt: Intelligente Lösungen statt unnötiger Gegensätze. Köln und Overath (Friedrich Ebert Stiftung).

Spiekermann, U. (2000): Europas Küchen. Eine Annäherung. Internationaler Arbeitskreis für Kulturforschung des Essens – Mitteilungen, Heft 5, S. 31-47.

Spiekermann, U. (2002a): Deutsche Küche – eine Fiktion. Regionale Verzehrsgewohnheiten im 20. Jahrhundert. In: Gedrich, K., Oltersdorf, U. (Hg.): Ernährung und Raum. Ethnische Ernährungsweisen in Deutschland. 23. Wissenschaftliche Arbeitstagung der Arbeitsgemeinschaft Ernährungsverhalten (AGEV). Abrufbar unter:
http://www.bfa-ernaehrung.de/Bfe-Deutsch/Information/e-docs/AGEV2001.pdf [25.02.06].

Spiekermann, U. (2002b): Das Deftige für den Mann, das Leichte für die Frau? Über den Zusammenhang von Ernährung und Geschlecht im 20. Jahrhundert. In: Jahn, I., Voigt, U. (Hg.): Essen mit Leib und Seele. Theorie und Praxis einer ganzheitlichen Ernährung. Bremen (Edition Temmen).

Spiekermann, U. (2004): Exkurs: Von Ernährungszielen zu Leitbildern für den Alltag – Rückfragen aus kulturwissenschaftlicher Perspektive. In: Hayn, D., Empacher, C. (Hg.): Ernährung anders gestalten – Leitbilder für eine Ernährungswende. München (oekom).

Spiller, A., Engelken, J. (2003): Positionierung virtueller Communities für Bio-Lebensmittel: Ergebnisse der Käuferforschung. Göttingen.

Statistik Austria (Hg.) (2004): Statistisches Jahrbuch Österreichs. Wien (Verlag Österreich).

Statistik Austria (2005): Versorgungsbilanzen für tierische Produkte 2004. Schnellbericht. Wien. Abrufbar unter:
http://www.statistik.at/fachbereich_landwirtschaft/schnellberichte/Versorgungbilanzen_tier_20 04.pdf [30.12.2005].

Steinfeld, H., Gerber, P., Wassenaar, T., Castel, V., Rosales, M., de Haan, C. (2006): Livestock's Long Shadow – Environmental Issues and Options. Rome (FAO).

Stephan, P. (1999): Umweltmedien und Umweltschäden. In: Hauchler, I., Messner, D., Nuscheler, F. (Hg.): Globale Trends 2000. Frankfurt (Fischer).

Stern, P. C., Dietz, T., Ruttan, V. W., Socolow, R. H., Sweeney, J. L. (Hg.) (1997): Environmentally Significant Consumption. Research Directions. Washington (National Academy Press).

Stieß, I., Hayn, D. (2005): Ernährungsstile im Alltag: Ergebnisse einer repräsentativen Untersuchung. Diskussionspapier Nr. 5 des Projektes "Ernährungswende – Strategien für sozial-ökologische Transformationen im gesellschaftlichen Handlungsfeld Umwelt – Ernährung – Gesundheit". Frankfurt (ISOE).

Strassner, C. (2005): Nachhaltigkeit in der Gastronomie. In: Brunner, K.-M., Schönberger, G. U. (Hg.): Nachhaltigkeit und Ernährung. Produktion – Handel – Konsum. Frankfurt und New York (Campus).

Strauss, A. L. (1991): Grundlagen qualitativer Sozialforschung. Datenanalyse und Theorie-bildung in der empirischen soziologischen Forschung. München (Fink).

Strittmatter, R. (1995): Alltagswissen über Gesundheit und gesundheitliche Protektivfakto-ren. Frankfurt, Berlin, Bern, New York, Paris und Wien (Peter Lang).

Stollberg, G. (2002): Heterodoxe Medizin. Weltgesellschaft und Glokalisierung. Asiatische Medizinformen in Westeuropa. In: Brünner, G., Gülich, E. (Hg.): Krankheit verstehen. Biele-feld (Aisthesis).

Tansey, G., Worsley, T. (1995): The Food System. London (Earthscan Publications).

Tappeser, B., Baier, A., Dette, B., Tügel, H. (1999): Die blaue Paprika. Globale Nahrungs-mittelproduktion auf dem Prüfstand. Basel, Boston und Berlin (Birkhäuser).

Teuteberg, H. J., Neumann, G., Wierlacher, A. (Hg.) (1997): Essen und kulturelle Identität. Europäische Perspektiven. Berlin (Akademie Verlag).

Thiele-Wittig, M. (2003): Kompetent im Alltag. Bildung für Haushalt und Familie. Aus Po-litik und Zeitgeschichte B 9, S. 3-6.

Tolksdorf, U. (1975): Ernährung und soziale Situation. In: Valonen, N., Lehtonen, J. U. E. (Hg.): Ethnologische Nahrungsforschung. Ethnological Food Research. Helsinki.

Torjusen, H., Sangstad, L., O'Doherty Jensen, K., Kjaernes, U. (2004): European consum-ers' conceptions of organic food: A review of available research. Oslo.

Trojan, A., Legewie, H. (2001): Nachhaltige Gesundheit und Entwicklung. Leitbilder, Poli-tik und Praxis der Gestaltung gesundheitsförderlicher Umwelt- und Lebensbedingungen. Frank-furt (VAS).

Umweltbundesamt (2002a): Nachhaltige Konsummuster. Ein neues umweltpolitisches Handlungsfeld als Herausforderung für die Umweltkommunikation. Berlin (Erich Schmidt).

Umweltbundesamt (2002b): Nachhaltige Entwicklung in Deutschland. Die Zukunft dauer-haft umweltgerecht gestalten. Berlin (Erich Schmidt).

Uusitalo, L. (1998): Consumption in Postmodernity. Social structuration and the construc-tion of the self. In: Bianchi, M. (Hg.): The active consumer. Novelty and Surprise in Consumer Choice. London und New York (Routledge).

Twigg, J. (1979): Food For Tought: Purity and Vegetarianism. Religion 9, S. 13-35.

Twigg, J. (1983): Vegetarianism and the Meaning of Meat. In: Murcott, A. (Hg.): The So-ciology of Food and Eating. Aldershot (Gower).

Valentine, G. (1999): Eating in: home, consumption and identity. The Sociological Review 47, 3, S. 491-524.

deVault, M. L. (1991): Feeding the family: the social organisation of caring as gendered work. Chicago (University Chicago Press).

Velimirov, A., Müller, W. (2003): Die Qualität biologisch erzeugter Lebensmittel. Umfas-sende Literaturrecherche zur Ermittlung potenzieller Vorteile biologisch erzeugter Lebens-mittel. Wien (Bio Austria).

Vinz, D. (2005): Zeiten der Nachhaltigkeit: Perspektiven für eine ökologische und ge-schlechtergerechte Zeitpolitik. Münster (Westfälisches Dampfboot).

Voß, G. G. (1991): Lebensführung als Arbeit. Über die Autonomie der Person im Alltag der Gesellschaft. Stuttgart (Enke).

Voß, G. G. (1993): Der Strukturwandel der Arbeit und die alltägliche Lebensführung. In: Jurczyk, K., Rerrich, M. S. (Hg.): Die Arbeit des Alltags. Beiträge zu einer Soziologie der all-täglichen Lebensführung. Freiburg (Lambertus).

Voß, G. G. (2001): Der eigene und der fremde Alltag. In: Voß, G. G., Weihrich, M. (Hg.): tagaus – tagein. Neue Beiträge zur Soziologie Alltäglicher Lebensführung. München und Me-ring (Rainer Hampp).

Voß, G. G., Weihrich, M. (Hg.) (2001): tagaus - tagein. Neue Beiträge zur Soziologie all-täglicher Lebensführung. München und Mering (Rainer Hampp).

Wagenhofer, E. (2005): We feed the world. Dokumentarfilm. Buch, Regie und Kamera: Erwin Wagenhofer; Produzent: Helmut Grasser; Produktion: Allegrofilm; Hergestellt mit Unterstützung von: Österreichisches Filminstitut Filmfonds Wien. Abrufbar unter: http://www.we-feed-the-world.at/ [25.11.2005].

Warde, A. (1996): Afterword: the future of the sociology of consumption. In: Edgell, S., Hetherington, K., Warde, A. (Hg.): Consumption Matters. Oxford und Cambridge (Blackwell).

Warde, A. (1997): Consumption, Food and Taste. Culinary Antinomies and Commodity Culture. London, Thousand Oaks/CA und New Dehli (Sage).

Warde, A. (2002): Social mechanisms generating demand: a review and manifesto. In: McMeekin, A., Green, K., Tomlinson, M., Walsh, V. (Hg.): Innovation by demand. An interdisciplinary approach to the study of demand and its role in innovation. Manchester und New York (Manchester University Press).

Warde, A. (2005): Consumption and Theories of Practice. Journal of Consumer Culture, Vol. 5, 2, S. 131-153.

Warde, A., Hetherington, K. (1994): English households and routine food practices: a research note. The Sociological Review 42, 4, S. 758-778.

Warde, A., Martens, L. (1998): A sociological approach to food choice: the case of eating out. In: Murcott, A. (Hg.): The Nation's Diet. The Social Science of Food Choice. London und New York (Longman).

Warde, A., Harvey, M., Gayo-Gel, M., Wales, C., Martens, L. (2004): Explaining variations in trust in food in Europe: a qualitative comparative analysis. Paper for the XI Congress of Rural Sociology. Trondheim.

Weihrich, M., Voß, G. G. (Hg.) (2002): tag für tag. Alltag als Problem – Lebensführung als Lösung? Neue Beiträge zur Soziologie Alltäglicher Lebensführung 2. München und Mering (Rainer Hampp).

Weiss, B. (1999): Wiener Frauenbarometer. Wellness, Ernährung und Diät. IFES-Erhebung im Auftrag des Frauenbüro Wien MA 57. Abrufbar unter: http://www.wien.gv.at/ma57/forms/pdf/baroernahr.pdf [19.03.2006].

Weizsäcker, E. U. von (1994): Erdpolitik. Darmstadt (WBG).

Weller, I. (2004): Nachhaltigkeit und Gender. Neue Perspektiven für die Gestaltung und Nutzung von Produkten. München (ökom).

Weller, I., Hayn, D., Schultz, I. (2002): Geschlechterverhältnisse, nachhaltige Konsummuster und Umweltbelastungen. In: Balzer, I., Wächter, M. (Hg.): Sozial-ökologische Forschung. München (ökom).

West, C., Zimmerman, D. H. (1987): Doing Gender. Gender & Society, Vol. 1, 2, S. 125-151.

White, T. (2000): Diet and the distribution of environmental impact. Ecological Economics 34, S. 145-153.

WHO – Weltgesundheitsorganisation (1988): The Adelaide Recommendations. Healthy Public Policy. Health Promotion International 3, S. 183-186.

WHO – Weltgesundheitsorganisation (1989): Ottawa-Charta zur Gesundheitsförderung. Abrufbar unter: http://www.who.int/about/definition/en/ [19.03.2006].

WHO – Weltgesundheitsorganisation (1998): Health Promotion Glossary. Division of Health Promotion, Education and Communications. Abrufbar unter: http://www.who.int/hpr/NPH/docs/hp_glossary_en.pdf [19.03.2006].

WHO – Weltgesundheitsorganisation (2001): The First Action Plan for Food and Nutrition Policy. European Region 2000 – 2005. Abrufbar unter: http://www.euro.who.int/Document/E72199.pdf [19.03.2006].

WHO – Weltgesundheitsorganisation (2002): Der Europäische Gesundheitsbericht. Regionalbüro für Europa, Kopenhagen. Europäische Schriftenreihe Nr. 97. Abrufbar unter: http://www.euro.who.int/document/e76907g.pdf [19.03.2006].

Wierlacher, A., Neumann, G., Teuteberg, H. J. (Hg.) (1993): Kulturthema Essen. Ansichten und Problemfelder. Berlin (Akademie).

Winter, F., Sobal, L., Bisogni, J., Connors, M., Devine, C. M. (2001): Managing Healthy Eating. Definitions, Classifications and Strategies. Health Education & Behaviour 28, S. 425-439.

Williams, L., Germov, J. (1999): The Thin Ideal. Women, Food, and Dieting. In: Germov, J., Williams, L. (Hg.): A Sociology of Food and Nutrition. The Social Appetite. Oxford und New York (Oxford University Press).

Worsley, A. (1988): Co-habitation-gender Effects on Food Consumption. International Journal of Biosocial Research 10, 2, S. 107-122.

Wuppertal-Institut (2005): Analyse vorhandener Konzepte zur Messung des nachhaltigen Konsums in Deutschland einschließlich der Grundzüge eines Entwicklungskonzeptes. Wuppertal (Wuppertal Institut für Klima, Umwelt, Energie GmbH).

Zauner, A. (2005): Was mit Cross Compliance auf die Bauern zukommt. Cross-Compliance-Teil1-BZ-46-04[1]. Wien (Bundesministerium für Land- und Forstwirtschaft, Umwelt und Wasserwirtschaft). Abrufbar unter:
http://www.lebensministerium.at/article/archive/5073/[22.01.2006].

Ziegelmann, J. P. (2002): Gesundheits- und Krankheitsbegriffe. In: Schwarzer, R. (Hg.): Gesundheitspsychologie von A-Z. Göttingen (Hogrefe). Abrufbar unter:
http://de.wikipedia.org/wiki/Kochkunst.

Zingerle, A. (1997): Identitätsbildung bei Tische. Theoretische Vorüberlegungen aus kultursoziologischer Sicht. In: Teuteberg, H. J., Neumann, G., Wierlacher, A. (Hg.): Essen und kulturelle Identität. Europäische Perspektiven. Berlin (Akademie).

AutorInnenverzeichnis

Florentina Astleithner, Mag.ª rer. soc. oec.; Studium der Soziologie an der Universität Wien; wissenschaftliche Mitarbeiterin am Institut für interdisziplinäre Nonprofit-Forschung an der Wirtschaftsuniversität Wien und Lektorin an der Universität Wien; Arbeitsschwerpunkte: Nachhaltigkeits- und Evaluationsforschung, qualitative Sozialforschung.

e-mail: florentina.astleithner@wu-wien.ac.at

Karl-Michael Brunner, Mag. Dr. phil.; Studium der Soziologie und Pädagogik an den Universitäten Klagenfurt und Wien; außerordentlicher Universitätsprofessor für Soziologie am Institut für Soziologie und empirische Sozialforschung an der Wirtschaftsuniversität Wien; Arbeitsschwerpunkte: Ernährungs- und Konsumsoziologie, Umwelt- und Nachhaltigkeitsforschung.

e-mail: karl-michael.brunner@wu-wien.ac.at

Sonja Geyer, Mag.ª rer. soc. oec.; Studium der Soziologie mit Fächerkombination an der Universität Wien; Universitätslektorin am Institut für Soziologie und empirische Sozialforschung an der Wirtschaftsuniversität Wien; diplomierte Kindergesundheitstrainerin; Arbeitsschwerpunkte: Projektplanung und –organisation, individuelle Beratungstätigkeit sowie Seminare und Trainings im Bereich Ernährung/Bewegung/Entspannung für die Zielgruppe Kinder und Jugendliche.

e-mail: sonja_geyer@hotmail.com

Marie Jelenko, Mag.ª rer. soc. oec.; Studium der Soziologie und Politikwissenschaft an der Universität Wien; wissenschaftliche Mitarbeiterin bei abif (analyse beratung und interdisziplinäre forschung); Universitätslektorin am Institut für Soziologie und empirische Sozialforschung an der Wirtschaftsuniversität Wien; Arbeitsschwerpunkte: Arbeitssoziologie, Ernährung und Nachhaltigkeit, Genderforschung, work-life-balance.

e-mail: jelenko@abif.at

Walpurga Weiß, Mag.ª Dr.ⁱⁿ rer. nat.; Studium der Ernährungswissenschaften und Public Health Nutrition an der Universität Wien und am Karolinska Institutet Stockholm; Post-Doc-Fellow am Institut für Europäische Ethnologie der HU-Berlin; Mitarbeiterin bei der Wiener Agentur Science Communications; Arbeitsschwerpunkte: Lebenswissenschaften (Schwerpunkte: Ernährung, Prävention, Genomik), Transdisziplinarität, Wissenschaftsforschung und Wissenschaftskommunikation.

e-mail: walpurga.weiss@staff.hu-berlin.de

SpringerMedizin

C. Ekmekcioglu,
W. Marktl

W. Marktl, B. Reiter,
C. Ekmekcioglu (Hrsg.)

Essentielle Spurenelemente

Klinik und Ernährungsmedizin

Säuren – Basen – Schlacken

Pro und Contra –
eine wissenschaftliche Diskussion

2006. IX, 205 S. 10 Abb.
Broschiert **EUR 49,80**, sFr 76,50
ISBN 978-3-211-20859-5

2007. VIII, 170 S. 53 Abb.
Broschiert **EUR 39,95**, sFr 61,50
ISBN 978-3-211-29133-7

Publikationen zu den essentiellen Spurenelementen sind in der gängigen Literatur bisher hauptsächlich als einzelne Kapitel in ernährungsorientierten Büchern zu finden. Ein aktuelles Buch, das vor allem Mediziner in der klinischen Praxis anspricht, fehlte völlig. Dieses Werk füllt diese Marktlücke. Am Beginn wird ein praxisrelevanter Überblick zu Funktionen, Stoffwechsel, Nahrungsquellen und empfohlenen täglichen Aufnahmemengen gegeben, um dann vertieft klinische Krankheitsbilder zu behandeln, wie z.B. Krebs und Immunschwäche, die vor allem durch Mangel, jedoch auch durch Toxizität der Spurenelemente mitverursacht werden bzw. die auch zu einer Unterversorgung führen können. Dabei werden vor allem Empfehlungen für eine symptom -bzw. krankheitsorientierte Ernährung bereitgestellt, sowie die Frage der therapeutischen und prophylaktischen Supplementation diskutiert.

Im Frühling haben Entschlackungskuren Hochsaison. Sie entsprechen dem Bedürfnis mobil, fit und gesund zu sein. Aber was sind „Schlacken" eigentlich? Angeblich nicht verstoffwechselte Produkte, die im Körper, vor allem im Interstitium oder der „Grundsubstanz" verbleiben und die Funktionstüchtigkeit des Körpers beeinträchtigen. Diese „Schlacken" existieren aber nicht als stofflich vorfindliche Substanzen, wendet die naturwissenschaftliche Medizin ein. Macht es also Sinn, von „Schlacken" zu sprechen? Und was verstehen naturheilkundliche Schulen darunter? Umstritten ist ebenfalls die „Balance aus Säuren und Basen". Obwohl es pathophysiologisch keine Hinweise auf eine „Übersäuerung" gibt, werden Produkte und Therapien, die den Körper mit „Basen" versorgen, sehr breit nachgefragt. Pro und Contra werden von Experten aufgezeigt und wertfrei diskutiert.

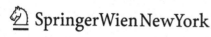 SpringerWienNewYork

P.O. Box 89, Sachsenplatz 4–6, 1201 Wien, Österreich, Fax +43.1.330 24 26, books@springer.at, **springer.at**
Haberstraße 7, 69126 Heidelberg, Deutschland, Fax +49.6221.345-4229, SDC-bookorder@springer.com, springer.com
P.O. Box 2485, Secaucus, NJ 07096-2485, USA, Fax +1.201.348-4505, service@springer-ny.com, springer.com
Preisänderungen und Irrtümer vorbehalten.

SpringerMedizin

Hanni Rützler

Was essen wir morgen?

13 Food Trends der Zukunft

2005. 172 Seiten. Mit zahlr. farb. Abb.
Gebunden **EUR 27,95**, sFr 43,–
ISBN 978-3-211-21535-7

Dieses Buch ist ein echter „Leckerbissen" für alle, die sich mit der Zukunft des Essens beschäftigen – und wer tut das nicht? Was die Autorin sich damit vorgenommen hat, beschreibt sie selbst so:
'Theoretisch können wir tagtäglich unter einer fast unendlichen Vielfalt an Lebensmitteln und Kostformen frei wählen. Praktisch werden aber unsere alltäglichen Essentscheidungen von gesellschaftlichen Megatrends beeinflusst. Zudem verändern sich die individuellen Lebensgeschichten und adäquat dazu die Essstile. Mit meinem Buch möchte ich dem bewegten Lebensmittelmarkt Struktur geben und mit Hilfe von 13 Food Trends die zentralen Entwicklungschancen für Landwirtschaft, Lebensmittelverarbeiter, Gastronomie und Handel aufzeigen. Dabei sollen auch die KonsumentInnen auf den Geschmack kommen: Sie erhalten spannende Einblicke in die „essbare Konsumwelt" von morgen und eine profunde Orientierung für einen bewussten Lebensmitteleinkauf.'

Paul Haber

Ernährung und Bewegung für jung und alt

Älter werden – gesund bleiben

Illustrator P. Lercher.
2007. X, 244 Seiten. 36 Abb. in Farbe.
Gebunden **EUR 24,90**, sFr 38,50
ISBN 978-3-211-29183-2

Gesund und fit zu sein sind Attribute, die keine Altergrenze kennen. Das Altern selbst ist gewiss nicht zu verhindern, doch eine angepasste Lebensführung verzögert die Alterungsvorgäge signifikant und steigert Wohlbefinden, Vitalität und Lebensqualität. In diesem Sachbuch vermittelt Ihnen Univ.-Prof. Dr. Paul Haber leicht verständlich und wissenschaftlich fundiert, wie optimale Ernährung und regelmäßige Bewegung als Eckpfeiler eines gesunden Lebensstils zusammenwirken und in den persönlichen Alltag integriert werden können. Sie erfahren informatives und praxisnahes Hintergrundwissen über Stoffwechselvorgänge, Ernährung und altersspezifisches Ausdauer- und Krafttraining. Die humorvollen Karikaturen von Dr. Piero Lercher begleiten Sie in eine spannende Reise durch den menschlichen Körper und motivieren eine gesunde Lebensweise anzustreben, die mit mehr Lebensfreude und einer höheren Leistungsfähigkeit verbunden ist.

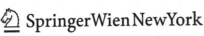 Springer Wien New York

P.O. Box 89, Sachsenplatz 4–6, 1201 Wien, Österreich, Fax +43.1.330 24 26, books@springer.at, **springer.at**
Haberstraße 7, 69126 Heidelberg, Deutschland, Fax +49.6221.345-4229, SDC-bookorder@springer.com, springer.com
P.O. Box 2485, Secaucus, NJ 07096-2485, USA, Fax +1.201.348-4505, service@springer-ny.com, springer.com
Preisänderungen und Irrtümer vorbehalten.

Springer und Umwelt

ALS INTERNATIONALER WISSENSCHAFTLICHER VERLAG
sind wir uns unserer besonderen Verpflichtung der
Umwelt gegenüber bewusst und beziehen umwelt-
orientierte Grundsätze in Unternehmensentschei-
dungen mit ein.

VON UNSEREN GESCHÄFTSPARTNERN (DRUCKEREIEN,
Papierfabriken, Verpackungsherstellern usw.) verlangen wir, dass sie sowohl beim Herstellungsprozess
selbst als auch beim Einsatz der zur Verwendung
kommenden Materialien ökologische Gesichtspunk-
te berücksichtigen.

DAS FÜR DIESES BUCH VERWENDETE PAPIER IST AUS
chlorfrei hergestelltem Zellstoff gefertigt und im
pH-Wert neutral.